多源地质空间信息智能处理
与区域矿产资源预测

何彬彬　陈翠华　陈建华 等　著

科学出版社

北京

内 容 简 介

本书是一部将 GIS 技术、遥感技术和智能信息处理技术与区域矿产资源评价预测需求紧密结合的专著。其综合论述了基于海量地质空间数据的区域矿产资源预测方法，并进行了详细的实验对比验证。主要内容包括高寒山区高光谱遥感岩矿专题信息提取方法及实验；传统的证据权模型、扩展证据权模型和逻辑斯谛回归模型的详细技术流程及实验验证；新的区域矿产资源预测方法：融合 C4.5 决策树和概率平滑技术、地质空间数据挖掘方法、证据推理方法、成矿案例推理方法和地质空间场景相似性推理方法，详细阐述了这些新方法的理论依据、技术流程和实验结果对比分析。并在此基础上，自主研发软件系统"智能区域成矿预测系统"，对该软件系统设计思路、数据库构建、功能模块划分等方面进行了详细介绍。

本书可供从事矿产资源勘查评价、遥感和 GIS 应用研究人员参考使用，亦可作为地理信息科学和资源勘查等相关专业的研究生和高年级本科生专业教学参考书。

图书在版编目（CIP）数据

多源地质空间信息智能处理与区域矿产资源预测 / 何彬彬等著 . —北京：科学出版社，2014.6
　ISBN 978-7-03-041065-8

Ⅰ.①多…　Ⅱ.①何…　Ⅲ.①地理信息系统–研究 ②矿产资源–资源预测–研究　Ⅳ.①P208②F416.1

中国版本图书馆 CIP 数据核字（2014）第 125365 号

责任编辑：张井飞　韩　鹏／责任校对：桂伟利
责任印制：赵德静／封面设计：耕者设计工作室

科学出版社 出版
北京东黄城根北街 16 号
邮政编码：100717
http://www.sciencep.com
骏杰印刷厂 印刷
科学出版社发行　各地新华书店经销
*
2014 年 6 月第 一 版　开本：787×1092　1/16
2014 年 6 月第一次印刷　印张：25 1/2　插页：6
字数：587 000
定价：148.00 元
（如有印装质量问题，我社负责调换）

序

近年来，通过基于地球科学数据的定量化，以发现未知资源、环境、灾害等信息的空间分析模型及应用日益增多，为海量地学信息挖掘提供了强有力的分析决策工具。同时，遥感科学和地理信息技术的快速发展，为资源探测和环境监测提供了多时空分辨率的监测和快速分析手段，已在土地资源动态监测、生态环境监测、大气环境监测等资源环境应用领域发挥越来越重要的作用。

何彬彬、陈翠华、陈建华等人编著的《多源地质空间信息智能处理与区域矿产资源预测》一书汇集了作者主持的国家 863 项目、国家自然科学基金、教育部新世纪优秀人才支持计划项目和参加的青海省科技厅重大项目等研究课题的研究成果，将遥感、GIS和人工智能领域的理论方法与矿产资源探测应用需求相结合，开展了新颖的区域矿产资源预测方法研究，建立了智能化区域成矿预测系统，并以我国青海东昆仑成矿带为例，进行了不同空间尺度的方法验证，为各地质矿产单位进行找矿勘探提供空间分析和决策的基础平台。书中提出的地质空间数据挖掘方法、成矿案例推理方法、地质空间场景相似性推理方法等区域矿产资源预测方法，思路新颖，效果良好，体现了作者宽泛的知识面和良好的创新思维。

《多源地质空间信息智能处理与区域矿产资源预测》是一部典型的跨学科交叉研究成果专著。该书的作者既有来自高校的遥感、GIS、地质、计算机等方向的中青年学者，也有常年在西北艰苦地区从事野外地质矿产勘查的地质工作者。书中的很多方法思路新颖、实验翔实、并有大量的野外调查验证，是一本集成方法创新和应用实践的专著。

我非常欣喜地看到，这支年轻的团队本着严谨的态度，历时三年撰写此书，多次进行修改和更新，不断完善，使之终于与广大科技工作者见面。期待本书的成果能够进一步应用于地质矿产行业部门，推动遥感和地理信息技术在矿产资源预测评价中的应用。

李小文

中国科学院院士

前　言

　　区域矿产资源预测是综合性和交叉性较强的科学。现代地球探测手段和空间信息处理技术的快速发展使得快捷的数据获取和信息处理技术成为可能。目前，全国范围内的地质、地球物理、地球化学和遥感找矿等数据的日益丰富，为区域矿产资源预测提供了海量基础数据。如何充分利用已有的海量地质空间数据，从大量的具有不确定性的多源地质空间数据中挖掘出深层次的找矿信息，突破传统的矿产资源预测思路，建立快速、高效、智能化的区域矿产资源预测方法，从而降低矿产勘查的成本，进一步提高矿产预测的效率和精度，显得极具科学意义和应用价值。本书作者自 2007 年以来在国家 863 项目（No. 2007AA12Z227）、国家自然科学基金（No. 41171302）、教育部新世纪优秀人才支持计划项目（No. NCET-12-0096）、青海省科技厅重大项目等研究课题的连续资助下，深入开展了系统的区域矿产资源预测方法研究，并以我国青海东昆仑成矿带为例，进行了不同空间尺度的方法验证。该书以矿床学理论、成矿系统和成矿模式理论为指导，顾及地质空间数据的不确定性特性，将空间数据挖掘、案例推理、空间场景相似性、证据权等方法有机耦合，充分利用海量地质空间数据，建立智能化区域矿产资源预测模型，并自主研发了软件系统"智能区域成矿预测系统"，为我国的区域矿产资源预测与评价提供新的技术方法支持。

　　本书共分 14 章，第 1 章绪论，主要简述了该书后面章节相关技术内容的国内外研究现状分析，包括研究背景及意义、区域矿产资源预测方法、空间数据挖掘、案例推理、地质空间数据的不确定性、空间数据挖掘的不确定性、矿产资源预测的不确定性等；第 2 章总结阐述了本书实验区的地质概况，为后面章节实验的基础内容，包括区域地理概况、区域成矿地质背景、成矿系列等；第 3 章和第 4 章主要阐述了应用遥感数据提取成矿专题信息的方法和实验，包括高寒山区岩矿光谱测试实验与分析、权重光谱角制图方法、耦合整体光谱匹配和局部光谱匹配方法、特征参数匹配方法、基于 Hyperion 高光谱遥感数据的高寒山区岩矿填图实验；第 5~7 章主要阐述了传统的证据权、扩展证据权和逻辑斯谛回归模型在区域矿产资源预测中的技术流程及实验验证，包括数据预处理、控矿因素及空间分析、条件独立性检验、预测结果制图、预测精度统计及对比分析等；第 8~12 章重点阐述了 5 种新的区域矿产资源预测方法，包括融合 C4.5 决策树和概率平滑技术、地质空间数据挖掘方法、证据推理方法、成矿案例推理方法和地质空间场景相似性推理方法，详细介绍了这些新方法的理论依据、技术流程和实验结果分析，并与传统的证据权模型进行了对比分析；第 13 章简要介绍了一种集成多种模型的综合预测方法，并进行了相应实验对比分析；第 14 章主要阐述了自主研发的"智能区域成矿预测系统"的设计思路、数据库构建、功能模块划分及系统界面展示。

本书的完成历时 3 年，凝聚了课题组多位成员的辛勤工作。具体分工为：第 1 章，何彬彬、陈翠华；第 2 章，何彬彬、庄永成、陈翠华、刘岳；第 3 章，何彬彬、何中海；第 4 章，何彬彬、何中海；第 5 章，陈翠华、刘岳、何彬彬；第 6 章，陈翠华、刘岳、何彬彬；第 7 章，陈翠华、刘岳、何彬彬；第 8 章，何彬彬，曾泽，陈翠华；第 9 章，何彬彬，崔莹；第 10 章，何彬彬，崔莹；第 11 章，陈建华，何彬彬；第 12 章，何彬彬，曾泽；第 13 章，陈建华，何彬彬；第 14 章，何彬彬，陈建华，崔莹。此外，研究生全兴文、蒋雪梅、王宁宁、周文英、闫永帅等参与了本书书稿的校对工作。中国科学院遥感与数字地球研究所的研究员曹春香、燕守勋、武晓波在资料收集和野外工作等方面给予了帮助和指导。感谢科学出版社编辑韩鹏先生和张井飞先生对本书写作出版的关注和支持。

特别感谢李小文院士在课题研究过程中给予的悉心指导和帮助，并在百忙中欣然为本书作序。

何彬彬

2013 年国庆于成都

目　录

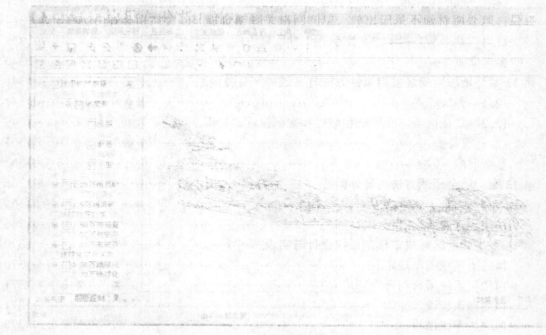

第1章 绪   论

1.1 研究背景及意义

矿产资源是一种具有产出隐蔽性、认识不确定性和勘查风险性的不可再生的自然资源。进入 21 世纪，矿产资源勘查面临新形势：传统的矿产资源短缺、出现了一批传统资源面临枯竭的"危机矿山和矿城"；未发现矿产很多属于难识别、难发现和难利用的复杂矿床（赵鹏大，2002）。地质找矿工作已由直接找矿阶段转为以间接推断和科学预测为主的"理论找矿、综合找矿、立体找矿、定量找矿、智能找矿"方向发展（Zhao et al.，2008）。为了解决矿产资源短缺问题，对陆地近地表未查明矿产资源潜力的区位、数量和质量的评价工作已经成为当前十分迫切的任务（叶天竺等，2007）。近年来，通过基于地球科学数据的定量化，以发现未知矿产资源为目标的空间分析模型的应用日益增多，这些空间分析模型作为预测矿床出现和不出现的分析手段，通常可以将空间分析模型分为三类，即知识驱动模型、数据驱动模型、混合驱动模型。其中，知识驱动模型是基于启发式的经验模型，模型中的变量权重值依靠专家经验评判给出，即领域地质学家对矿床的认知程度作为知识表达来权衡及综合证据图层，具有很大的主观性，知识驱动模型主要有模糊逻辑（Choi et al.，2000；Luo and Dimitrakopoulos，2003）、证据理论模型（An et al，1991，1994；Chung and Fabbri，1993；Carranza and Hale，2003）；数据驱动模型是基于统计关系的经验模型，模型中的变量权重值可以根据已知空间中数据的统计分析得出，更多地被认为是一种独立于专家知识之外的客观模型（Carranza and Hale，2003），数据驱动模型主要包括逻辑斯谛回归模型（Agterberg et al.，1993；Carranza and Hale，2001；Sahoo and Pandala，1999）、证据权模型（Bonham-Carter et al.，1989；Agterberg et al.，1990；Carranza，2004）、扩展证据权模型（Porwal et al.，2001）、神经网络模型（Rigol-Sanchez et al.，2003；Koike et al.，2002；Nykänen，2008）等；同时综合上述两种或多种模型称为混合驱动模型，如模糊–神经网络模型（Brown et al.，2003；Porwal et al.，2004）、模糊证据权模型（Cheng and Agterberg，1999；Porwal et al.，2006）。一些矿产资源定量预测与评价方法已得到广泛应用并取得良好效果，代表性成果包括：美国地质调查局推行的"三部式"矿产资源潜力评价方法（Singer，1993；Singer and Menzie，2010）、Agterberg 教授等提出的证据权法（Agterberg，1992；Agterberg and Cheng，2002）、赵鹏大院士提出的"三联式"矿产预测理论与方法（赵鹏大，2002；赵鹏大等，2003）、成秋明教授提出的非线性矿产预测理论（成秋明，2006）。

矿产资源预测是综合性和交叉性较强的科学，它不仅涉及矿床学、成矿系统等理论，而且更强调对矿产资源时空分布规律的认识和资源潜力的识别（成秋明，2006）。正确认识和刻画矿产资源的时空分布规律、有效地获取矿产资源信息，合理地进行信息综合和建模是成功进行矿产资源预测的关键。现代地球探测手段和空间信息处理技术的快速发展使得快捷的数据获取和信息处理技术成为可能。目前，全国范围内的地质、地球物理、地球化学和遥感找矿等数据的日益丰富，为矿产资源预测提供了海量基础数据。如何充分利用已有的海量地质空间数据，从大量的具有不确定性的多源地质空间数据中挖掘出深层次的找矿信息，突破传统的矿产资源预测思路，建立快速、高效、智能化的区域矿产资源预测方法，从而降低矿产勘查的成本，进一步提高矿产预测的效率和精度，显得极具科学意义和应用价值。该研究以矿床学理论、成矿系统和成矿模式理论为指导，顾及地质空间数据的不确定性特性，将空间数据挖掘、案例推理和证据权模型有机耦合，充分利用海量地质空间数据，建立智能化区域矿产资源预测模型，进一步提高矿产资源预测的效率和精度，为我国的矿产资源预测与评价提供新的理论与方法支持。

1.2　区域矿产资源预测方法

总体上，区域矿产资源预测方法经历了 3 个主要的发展时期。20 世纪五六十年代，主要是矿床模型预测方法；20 世纪七八十年代，许多新的矿产资源预测方法相继被提出，这一时期多元统计分析方法和计算机技术被广泛应用于矿产资源预测工作；20 世纪 80 年代以后，随着科学技术的发展，日益严峻的矿产资源短缺形势把矿产预测工作推向新的顶点。这一时期，以地学信息的综合处理和地质过程的数据模拟为主要特点。同时，以 GIS 技术的发展为契机，开始产生了立足于 GIS 的矿产资源预测方法。Boham-Carter（1994）应用 GIS 多源信息综合分析技术进行金矿床评价。Wyborn 等（1995）建立了基于 GIS 的澳大利亚金属矿床预测空间数据库专家系统。池顺都和赵鹏大（1998）开展了基于 GIS 的地质异常分析、金属矿产经验预测、找矿有利度分析、找矿有利地段圈定、矿产资源潜力评价和成矿强度、广度定量分析等方面的研究；张寿庭等（2007）开展了区域多目标矿产资源预测评价理论与方法研究。陈建平等（2008）开展了基于 GIS 的多元信息矿产资源预测研究；娄德波等（2010）在 MAPGIS 软件平台上开发了矿产资源评价系统（MRAS）并在全国进行了应用推广。21 世纪以来，新的矿产资源预测与评价方法也不断提出和应用，赵鹏大院士（2002）提出"三联式"成矿预测方法，该方法将地质异常、成矿多样性及矿床谱系三项研究工作紧密结合形成矿产预测及定量评价的切入点；成秋明教授（2006）开展了非线性成矿预测理论研究，在开展非线性理论、复杂性理论以及矿产资源综合研究基础上所形成的"奇异性—广义自相似—分形谱系"为主要内容的多重分形成矿预测新理论、方法和技术体系。国际上，比较有影响力的矿产预测方法包括：Agterberg（1992）提出的基于证据权模型的矿产资源潜力评价方法，是一种根据后验概率来圈定研究区有利成矿部位的数学模型，以贝叶斯条件概率为基础，应用统计模型揭示地质因素与矿产分布的关系，该方法已得到广泛应用

（Carranza，2004；Masetti et al.，2007；Corsini et al.，2009；Porwal et al.，2010；He et al.，2010）；Singer（1993）提出的"三步式"矿产资源勘查及定量评价方法，该方法基于"根据矿床描述性模型圈定可行地段，矿床数估计，通过品位吨位模型估计资源量"三步式矿产资源潜力评价。以上这些矿产资源预测与评价方法对于提高我国矿产资源勘查的效率与效果起到了很好的促进作用。

1.3　空间数据挖掘

空间数据挖掘（spatial data mining，SDM），或称从空间数据库发现知识（knowledge discovery from spatial databases，KDSD），是指从空间数据库中提取用户感兴趣的空间模式与特征、空间与非空间数据的普遍关系及其他一些隐含在数据库中的普遍的数据特征（Han，1996；邸凯昌，2000）。本书采用空间数据挖掘的广义观点：空间数据挖掘是指从大量的、不完全的、有噪声的、模糊的、随机的实际应用空间数据中提取隐含的、未知的、潜在的、有用的知识的过程（邸凯昌，1999）。数据挖掘和知识发现（data mining and knowledge discovery，简称 DMKD）起源于从数据库发现知识（knowledge discovery in databases，简称 KDD），它首次出现在 1989 年举行的第十一届国际联合人工智能学术会议上。1994 年在加拿大渥太华举行的国际 GIS 会议上，我国学者李德仁院士提出了从 GIS 数据库中发现知识的概念，并将从 GIS 数据库中发现知识的概念持续发展为空间数据挖掘。随后，国内外的学者开展了一系列空间数据挖掘方法研究，并取得很多研究成果（Koperski and Han，1995；Fayyad et al.，1996；Ester et al.，2000；邸凯昌，2000；Wang et al.，2003；李德仁等，2006；何彬彬，2007），使得空间数据挖掘成为地球空间信息领域中的热点之一。

空间数据挖掘的主要步骤包括空间数据选取、空间数据预处理、空间数据挖掘、模式评价和知识表达。空间数据挖掘不同于普通的数据挖掘，挖掘对象是空间数据库或空间数据仓库，具有多时空尺度、不确定性等特点。空间数据挖掘主要方法包括空间统计学、空间关联规则挖掘、聚类分析、空间分析、云理论、粗集理论、神经网络、证据理论、地图信息图谱方法和支持向量机等。空间数据挖掘系统开发方面，国际上有代表性的空间数据挖掘系统有：加拿大 Simon Fraser 大学计算机科学系的数据挖掘研究小组，在 MapInfo 平台上建立的空间数据挖掘的原型系统 GeoMiner；德国 Fraunhofer 大学自动智能系统研究所主持的空间数据挖掘与知识发现原型系统——SPIN 和 ESRI 公司开发的 ArcView GIS 的 S-PLUS 接口。国内，武汉大学基于 MapObject2.0 控件，以 VB 为开发工具，开发了基于 GIS 数据的 GISDBMiner 系统和基于遥感图像数据的 RSImageMiner 系统。袁红春和熊范纶（2002）开发了 GISMiner 系统，该系统以 MapInfo 为空间数据管理平台，采用 VB 或 VC 开发挖掘计算程序，通过 OLE 自动化方式进行集成，主要进行农田利用特征规则和农产品价格关联规则的挖掘。

国内外一些学者应用空间数据挖掘技术进行了初步的矿产资源预测研究工作。Chung 和 Moon（1991）、Chung 和 Fabbri（1993）、Wright 和 Bonham-Cartev（1996）使用一组地质数据和 D-S 证据理论进行了矿产资源评价实验。An 等（1992，1994a，1994b）应用 D-S 证据理论对一批地球物理数据进行融合进而预测铁矿矿产资源潜力。琚锋（2007）采用人工神经网络技术进行基于成矿区带的空间数据挖掘实验。刘世翔等（2008）采用证据权重法和神经网络进行矿产地质信息挖掘。何彬彬等（2011）构建了基于地质空间数据挖掘的区域成矿预测方法，并对青海东昆仑成矿带进行了矿产资源预测应用实验。

1.4　案例推理

　　案例推理（case-based reasoning，简称 CBR）是人工智能的一个分支，是一种用以前的经验和方法，通过类比和联想来解决当前相似问题的求解策略，也可称为类比推理。其研究始于 Roger Schank 及其他研究者在 20 世纪 80 年代的工作，目前已广泛应用于分类、预测、控制、监测、规划、设计、诊断、在线技术支持等方面，涉及工业制造、企业管理、交通运输、金融、司法、医学、地学、环境、气象等领域。当前，案例推理在国际上已得到广泛的研究与应用，国际案例推理大会至 2010 年 7 月已召开 18届；研究者与研究工作尤以欧洲和美国最具代表性。案例推理基本思想可简述为：针对新问题（待求解案例），在历史案例库中搜索与之匹配的相似案例，并重用相似案例，将其结果赋予新问题（待求案例得解）；如果待求案例获取的结果值不合理，依据领域知识对其进行修订，从而使该待求案例最终得解。进一步，将直接得解或修订得解的典型案例加入案例库中，以扩充案例库。案例推理一般由案例表达、案例库存储组织、案例相似性检索模型等构成。而一个案例通常由典型特征描述和结果描述共同组成。

　　CBR 的应用基于两个基本的假设：一是客观世界是有规律的，相似的问题具有相似的解，二是相似的问题有可能再次发生。CBR 基于相似性原理寻找新问题的解决策略，并提供了一种与人类解决问题很相似的方法，便于抽取和存储专家知识。从方法论的角度看，CBR 提出了一种面向问题的综合分析方法。CBR 具有比基于规则的推理和基于模型的推理更广泛的适应性，对于模糊性、不确定性问题的求解具有显著的优势；被认为特别适合于那些专业知识难以被概括、抽象和表达的领域。CBR 无须细究机理即可实现定量分析和预测。并且，CBR 具有简化知识获取、提高求解效率、改善求解质量、进行知识积累等优点。其案例的推理和识别过程自动化程度较高，可重用性强，在先验知识较为缺乏，或者构建定量模型难度较大的复杂问题中，CBR 是一种比较有效的方法。

　　近年来，一些学者陆续将案例推理应用到土地利用、城市规划等领域。叶嘉安和施迅（2001）将 CBR 与 GIS 集成用于城市规划审批；杜云艳等（2005）将案例推理应用于海洋涡旋特征信息空间相似性研究；黎夏和刘小平（2007）开展了时间序列案例推理检测土地利用短期快速变化和基于案例推理的元胞自动机及大区域城市演变模拟方面的研究；Du 等（2010）将案例推理应用于土地利用变化预测；Chen 等（2010）和 He等（2012）将案例推理应用于区域成矿预测。与传统 CBR 只针对属性特征进行描述与推理不同，地学案例是描述发生在地理空间的地理现象或事件，由于地理空间的区域分异和综合规律，导致地学案例具有显性或隐性呈现出一定的时间和空间分布模式。地学案例自身的空间形态和属性特征随不同的研究尺度和层次而变化；同时，地学案例之间存在着一定的空间制约或空间依赖关系。进行地学案例推理需要考虑特定的时空分布模式或区域分布规律、地理时空关系和规则。因此，地学案例推理的案例表达、案例库存储组织与索引构建、案例相似性检索模型与传统 CBR 案例表达、案例库存储组织与索引构建、案例相似性检索模型具有显著区别。由于地理实体、现象或事件的空间分异、区域规律、模糊性与不确定性，使得 CBR 的引入尤显优势和必要，结合地学特征，开展地学案例推理研究，将推进智能空间分析的发展和应用，并推进地学相关分支研究领域从传统定性研究转变为基于人工智能的定量研究或定性与定量相结合的研究，从而推动该领域研究的深入和应用的提升。

1.5　地质空间数据的不确定性

空间数据质量是指空间数据的渊源（lineage）、精度（accuracy）、完整性（completeness）、逻辑一致性（logical consistency）、语义精度（semantic accuracy）、现时性（currency）（FGDC，1998）。由于不可能为无限复杂的现实世界生成一个完美的表达，所以所有类型的空间数据都存在不确定性（Goodchild，2003）。不确定性的含义很广，数据误差的随机性和数据概念上的不完整性及模糊性，都可视为不确定性问题。空间数据不确定性的外在表现形式包括位置不确定性、属性不确定性和拓扑不确定性等。空间数据质量与不确定性是目前 GIS 研究的重要基础理论之一。地质空间数据是典型的空间数据类型之一，由于地质本身的变化性和复杂性，如矿床类型的多样性，矿床成因的复杂性，控矿因素的隐蔽性和找矿信息的多解性以及人类认识的不完备性等因素，使得地质空间数据的不确定性更为普遍和复杂。Cheng 和 Agterberg（1999）指出在区域矿产资源潜力预测与评价中数据缺失是主要的不确定性来源之一，利用模糊成员函数代替缺失数据可最大限度地降低不确定性。Bardossy 和 Fodor（2001，2004）总结地质不确定性主要来源包括地质体的变化性、样品误差、观测误差、数学方法误差及模型误差。左仁广等（2007）探讨了矿产资源预测定性数据的不确定性问题。总之，地质空间数据不确定性一方面源于地质现象自身存在的不稳定性和人类对其认识的不完备性；另一方面，地质空间数据的采集、解译、录入、编辑、处理和表达都会带来不确定性，而且前一阶段的不确定性又会传播给后一阶段，从而导致相当数量的不确定性累积与传播。

1.6　空间数据挖掘的不确定性

空间数据挖掘过程（数据选取、数据预处理、数据挖掘、知识表示与评价）存在相当数量的不确定性积累和传播（图 1.1），而且比空间数据中的不确定性更为复杂。

同时，空间数据的不确定性类型和来源、不确定性度量模型等会直接或间接地影响空间数据挖掘的质量。

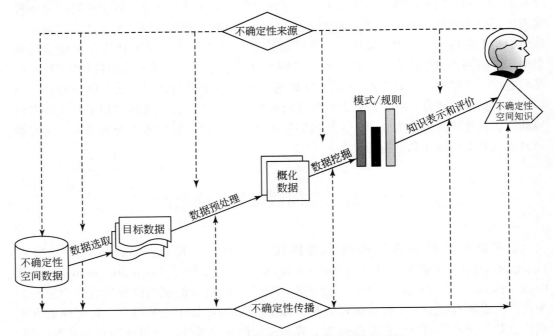

图 1.1　空间数据挖掘的不确定性来源及其传播

　　空间数据选取阶段的不确定性主要是指根据空间数据挖掘任务的要求，主观选择目标数据过程中带来的不确定性，包括哪些数据应该被选择、多少数据量才足够等。数据选取阶段的不确定性主要受应用数据挖掘技术想要解决问题的定义和参与人员的知识结构的影响。

　　空间数据预处理主要包括数据清理、数据变换和数据归约。数据清理主要是试图填充空缺的值、识别孤立点、消除噪声和纠正数据中的不确定性；数据变换是将数据转换成适合于挖掘的形式，主要包括平滑、聚集和数据概化（用高层次新的属性归并属性集，以帮助挖掘过程）。在这一阶段中，一方面处理不确定性，另一方面在处理过程中又可能带来新的不确定性。

　　数据挖掘本身带来的不确定性主要是指由于挖掘算法的局限性而造成挖掘结果与真实情况的不完全一致，这也是造成数据挖掘不确定性的重要原因之一。每一种数据挖掘算法都有其优缺点和适用范围，而且经典的数据挖掘算法一般并没有考虑算法的不确定性和数据的不确定性。

　　知识表示中的不确定性主要是指知识本身隐含的不确定性，包括随机性、模糊性等。同一知识可以用多种方法表示。有些知识用这种方法表示比较好，有些则可能采用另一种表示方法比较合适。空间数据挖掘所获得的知识，大都是经过归纳和抽象的定性知识，或是定性和定量相结合的知识。对这些知识的最好表示方法就是自然语言，至少在知识表示方法中含有语言值，即用语言值表达其中的定性概念。

空间数据挖掘中的一个被广为认可的要求是，发现的模式是有效和易于理解的。另一个重要但被低估的要求是揭露和掌握数据挖掘中的不确定性。近几年，一些学者对数据挖掘的不确定性进行了探索性研究，如 Li 等（2000）、邸凯昌（1999）、Wang 等（2003）运用云理论对（空间）数据挖掘的不确定性进行了探讨，主要是在（空间）数据挖掘的数据离散化过程中，运用云模型对定量数据到定性概念进行不确定转换。Vazirgiannis 和 Halkidi（2000）和 Halkidi（2002）运用模糊逻辑方法探讨了数据挖掘中分类和聚类过程中的不确定性，主要是针对数据预处理的数据离散化方法进行改进。在（空间）数据挖掘数据预处理阶段，传统的连续型数据离散化方法是将属性空间划分为不重叠的区间或区域，而将连续型数据映射到这些区间或区域，这种方法称为“硬”划分方法；但由专家用自然语言来划分的定性概念，总是存在着不确定性，云模型和模糊逻辑模拟人类灵活地划分属性空间的机制，相邻的语言值允许有重叠，这种方法称为“软”划分方法。这些方法的共同点是在数据挖掘的预处理阶段，采用“软”划分方法进行连续型数据的离散化，但缺乏对空间数据本身所固有的不确定性考虑。Clementini（2000）提出了基于宽边界对象的多层次空间关联规则挖掘思想，其用宽边界对象模型来度量空间数据的位置不确定性，进而进行基于不确定性空间数据的空间关联规则挖掘。但它缺乏考虑空间数据挖掘算法本身所引起的不确定性和空间属性数据的不确定性。当然，最好是将空间数据本身的不确定性和空间数据挖掘过程中的不确定性有机结合起来进行分析评价。

1.7　矿产资源预测的不确定性

传统的矿产资源评价预测，主要是基于数学统计模型，然而模型中使用的数据和知识表达的质量及稳健性也同样重要（Porwal et al.，2006），这也是基于 GIS 矿产资源评价过程中遇到的一个重要的实际问题。任何一种矿产资源评价的可行性分析最终取决于两个因素：①输入数据集的准确度、精确度和一致性表达；②对基本的成矿系统的理解程度。这两个因素在评价过程中产生的不确定性将会在最终输出的预测结果中传播和累积，因此，未来的矿产资源评价需要对数据的不确定性进行评价，包括研究区内缺失数据的不确定性评价和结果的不确定性评价（Bárdossy and Fodor，2004；Porwal and Kreuzer，2010）。

此外，由于矿床类型的多样性、矿床成因的复杂性、控矿因素的隐蔽性、多源性以及找矿信息的多解性，在成矿预测评价中加入这种人为因素造成的不确定性依然存在（赵鹏大，2007），如何做到客观化、定量化和精确化地度量产生的不确定性依然是成矿预测学所面临的重要研究课题。

国内外学者针对矿产资源预测中的不确定性处理和评价问题进行了初步研究，Porwal 等（2006）指出模糊集为处理矿产资源预测与评价中的不确定性提供了基本的框架。左广仁（2009）对基于地质异常的矿产资源定量化预测与不确定性评价方法进行了系统研究，但这些不确定性处理和评价方法主要是针对地质空间数据的属性不确定性进行处理和评价，缺乏对地质空间对象的空间关系进行不确定性处理，更不具备不确定性推理功能。

参 考 文 献

陈建平，陈勇，王全明．2008．基于 GIS 的多元信息成矿预测研究——以赤峰地区为例．地学前缘，15（4）：18~26

成秋明．2006．非线性成矿预测理论：多重分形奇异性—广义自相似性—分形谱系模型与方法．地球科学，31（3）：337~348

池顺都，赵鹏大．1998．应用 GIS 圈定找矿可行地段和有利地段．地球科学，23（2）：125~128

邸凯昌，李德毅，李德仁．1999．云理论及其在空间数据发掘和知识发现中的应用．中国图像图形学报，4A（11）：930~935

邸凯昌．1999．空间数据发掘和知识发现的理论与方法．武汉：武汉测绘科技大学博士学位论文

邸凯昌．2000．空间数据发掘与知识发现．武汉：武汉大学出版社

杜云艳，苏奋振，仉天宇．2005．基于案例推理的海洋涡旋特征信息空间相似性研究．热带海洋学报，24（3）：1~9

何彬彬．2007．空间数据挖掘不确定性理论及其应用．徐州：中国矿业大学出版社

何彬彬，崔莹，陈翠华等．2011．基于地质空间数据挖掘的区域成矿预测．地球科学进展，26（6）：41~49

琚锋．2007．基于成矿区带基础数据库的空间数据挖掘技术研究．武汉：中国地质大学硕士学位论文

李德仁，王树良，李德毅．2006．空间数据挖掘理论与应用．北京：科学出版社

黎夏，刘小平．2007．基于案例推理的元胞自动机及大区域城市演变模拟．地理学报，62（10）：1097~1109

刘世翔，薛林福，贺金鑫，等．2008．矿产地质信息挖掘与评价系统的设计与实现．计算机工程与科学，30（8）：89~91

娄德波，肖克炎，丁建华，等．2010．矿产资源评价系统（MRAS）在全国矿产资源潜力评价中的应用．地质通报，29（11）：1677~1684

钱峻屏，黎夏，艾彬，等．2007．时间序列案例推理检测土地利用短期快速变化．自然资源学报，22（5）：735~746

武汉大学测绘学院测量平差学科组．2003．误差理论与测量平差基础．武汉：武汉大学出版社

叶嘉安，施迅．2001．基于案例的推理和 GIS 相集成的技术在规划申请审批中的应用．城市规划汇刊，3：34~40

叶天竺，肖克炎，严光生．2007．矿床模型综合地质信息预测技术研究．地学前缘，12（5）：104~115

袁红春，熊范纶．2002．一个适用于地理信息系统的数据挖掘工具——GISMiner．中国科学技术大学学报，2：217~224

赵鹏大．2002．"三联式"资源定量预测与评价——数字找矿理论与实践探讨．地球科学—中国地质大学学报，27（5）：482~489

赵鹏大．2007．成矿定量预测与深部找矿．地学前缘，2007，14（5）：1~10

赵鹏大，陈建平，张寿庭．2003．"三联式"成矿预测新进展．地学前缘，10（2）：455~462

张寿庭，赵鹏大，夏庆霖．2007．区域多目标矿产预测评价理论与实践探讨——以滇西北地区喜马拉雅期富碱斑岩相关矿产为例．地学前缘，14（5）：11~19

左仁广．2009．基于地质异常的矿产资源定量化预测与不确定性评价．北京：中国地质大学博士学位论文

左仁广, 夏庆霖. 2007. 矿产预测定性数据不确定性评价. 金属矿山, 8: 7 ~ 11

Agterberg F P. 1992. Combining indicator patterns in weights of evidence modeling for resource evaluation. Nonrenewable Resources, 1 (1): 39 ~ 50

Agterberg F P, Cheng Q. 2002. Conditional independence test of weights- of- evidence modeling: Natural Resources Research, 11 (4): 249 ~ 255

Agterberg F P, Bonham-Carter G F, Wright D F. 1990. Statistical pattern integration for mineral exploration. Gaál, G. D. F. Merriam In Computer Applications in Resource Estimation Prediction and Assessment for Metals and Petroleum, Oxford-New York: Pergamon Press 1 ~ 21

Agterberg F P, Bonham-Carter G F, Cheng Q, et al. 1993. Weights of evidence modeling and weighted logistic regression in mineral potential mapping. // Davis J C, Herzfeld U C. New York: Computers in Geology: 25 years of progress Oxford Univ. Press, 13 ~ 32

An P. 1992. Spatial reasoning techniques and integration of geophysical and geological information for resource exploration. Manitoba: The University of Manitoba Ph. D. dissertation

An P, Moon W M, Rencz A. 1991. Integration of geological, geophysical, and remote sensing data using fuzzy set theory. Canadian Journal of Exploration Geophysics, 27 (1): 1 ~ 11

An P, Moon W M, Bonham- Carter G F. 1994a. An object- oriented knowledge representation structure for exploration data integration. Nonrenew Resources, 3: 132 ~ 145

An P, Moon W M, Bonham- Carter G F, et al. 1994b. Uncertainty management integration of exploration data using the belief function. Nonrenewable Resources, 3: 60 ~ 71

Bardossy G, Fodor J. 2001. Traditional and new ways to handle uncertainty in geology. Natural Resources Research, 10 (3): 179 ~ 187

Bárdossy G, Fodor J. 2004. Evaluation of Uncertainties and Risks in Geology: New Mathematical Approa- ches to their Handling. Berlin Heidelberg: Springer- Verlag, 1 ~ 221

Brown W, Groves D, Gedeon T. 2003. Use of fuzzy membership input layers to combine subjective geological knowledge and empirical data in a neural network method for mineral- potential mapping. Natural Resources Research, 12 (3): 183 ~ 200

Bonham- Carter G F. 1994. Geographic information systems: modeling with GIS. pergamon, Ontario.

Bonham- Carter G F, Agterberg F P, Wright D F. 1989. Weights of evidence modeling: a new approach to mapping mineral potential. // Agterberg F P, Bonham- Carter G F. Statistical Applications in the Earth Sciences: Geol. Survey of Canada Paper, 89-91: 171 ~ 183

Carranza E J M. 2004. Weights of evidence modeling of mineral potential: a case study using small number of prospects, Abra, Philippines. Natural Resources Research, 13 (3): 173 ~ 187

Carranza E J M, Hale M. 2001. Logistic regression for geologically constrained mapping of gold potential, Baguio District, Philippines. Exploration and Mining Geology, 10 (3): 165 ~ 175

Carranzaa E J M, Hale M. 2003. Evidential belief functions for data-driven geologically constrained mapping of gold potential, Baguio district, Philippines. Ore Geology Reviews, 22 (1-2): 117 ~ 132

Chen J, He B, Cui Y, et al. 2010. Case- based reasoning and GIS approach to regional metallogenic prediction. Proceedings of Geoinformatics 2010, 18 ~ 20

Cheng Q, Agterberg F P. 1999. Fuzzy weights of evidence method and its application in mineral potential mapping. Natural Resources Research, 8 (1): 27 ~ 35

Chung C F, Moon W M. 1991. Combination rules of spatial geosciences data for mineral exploration. Geoinfor- matics, 2: 159 ~ 169

Chung C F, Fabbri A G. 1993. The representation of geosciences information for data integration. Nonrenewable Resources, 2: 122 ~ 139

Clementini E, Felice P D, Koperski K. 2000. Mining mutiple-level spatial association rules for objects with a broad boundary. Data & Knowledge Engineering, 34: 251 ~ 270

Corsini A, Cervi F, Ronchetti F. 2009. Weight of evidence and artificial neural networks for potential groundwater spring mapping: an application to the Mt. Modino area (Northern Apennines, Italy). Geomorphology, 111: 79 ~ 87

Choi S, Moon W M, Choi S G. 2000. Fuzzy logic fusion of W-Mo exploration data from Seobyeog-ri, Korea. Geosciences Journal, 4 (2): 43 ~ 52

Du Y, Wen W, Cao F, et al. 2010. A case-based reasoning approach for land use change prediction. Expert Systems with Applications, 37: 5745 ~ 5750

Ester M, Frommelt H, Kriegel P, et al. 2000. Spatial data mining: databases primitives, algorithms and efficient DBMS support. Data Mining and Knowledge Discovery, 4 (2-3): 193 ~ 216

Fayyad U, Piatetsky-Shapiro G, Smyth P. 1996. From data mining to knowledge discovery in databases. Artificial Intelligence Magazine, 37 ~ 54

FGDC (Federal Geographic Data Committee). 1998. Content standard for digital geospatial metadata, FGDC-STD-001-1998. National Technical Information Services, Computer Products Office, Springfield, Virginia

Goodchild M F. 2003. Models for uncertainty in area-class maps. Proceedings of the 2nd International Symposium on Spatial Data Quality, Hong Kong, 1 ~ 9

Han J. 1996. Data mining techniques, ACM-SIGMOD' 96 Conference Tutorial

Halkidi M, Vazirgiannis M. 2002. Managing uncertainty and quality in the classification process, Proceedings of SETN conference, 273 ~ 287

He B, Chen C, Liu Y. 2010. Mineral potential mapping for Cu-Pb-Zn deposits in the east Kunlun region, Qinghai province, China, integrating multi-source geology spatial data sets and extended weights-of-evidence modeling. Giscience& Remote Sensing, 47 (4): 514 ~ 540

He B, Chen J, Chen C. 2012. Mineral prospectivity mapping method integrating multi-sources geology spatial data sets and case-based reasoning. Jourhal of Geographical Information System, 4: 77-85.

Koike K, Matsuda S, Suzuki T, et al. 2002. Neural Network-Based Estimation of Principal Metal Contents in the Hokuroku District, Northern Japan, for Exploring Kuroko-Type Deposits. Natural Resources Research, 11 (2): 135 ~ 156

Koperski K, Han J. 1995. Discovery of spatial association rules in geographic information databases. Proceedings of the 4th International Symposium on Large Spatial Databases. Springer, 47 ~ 66

Li D, Cheng T. 1994. KDG-Knowledge Discovery from GIS: propositions on the use of KDD in an Intelligent GIS. Ottawa: Proceedings of the Canadian Conference on GIS

Li D, Di K, Li D, et al. 2000. Mining association rules with linguistic cloud models Journal of Software, 11 (2): 143 ~ 158

Luo X, Dimitrakopoulos R. 2003. Data-driven fuzzy analysis in quantitative mineral resource assessment. Computers & Geosciences, 29 (1): 3 ~ 13

Masetti M, Poli S, Sterlacchini S. 2007. The use of the weights-of-evidence modeling technique to estimate the vulnerability of groundwater to nitrate contamination. Natural Resources Research, 16 (2): 109 ~ 119

Nykänen V. 2008. Radial basis functional link nets used as a prospectivity mapping tool for orogenic gold deposits within the central lapland greenstone belt, Northern Fennoscandian Shield. Natural Resources

Research, 17 (1): 29 ~ 48

Porwal A, Kreuzer O. 2010. Introduction to the special Issue: mineral prospectivity analysis and quantitative resource estimation. Ore Geology Reviews, 38: 121 ~ 127

Porwal A, Carranza E J M, Hale M. 2001. Extended weights- of- evidence modeling for predictive mapping of base metal deposit potential in Aravalli province, western India. Explor Mining Geol, 10 (4): 273 ~ 287

Porwal A, Carranza E J M, Hale M. 2004. A hybrid neuro- fuzzy model for mineral potential mapping. Mathematical Geology, 36 (7): 803 ~ 826

Porwal A, Carranza E J M, Hale M. 2006. A Hybrid fuzzy weights- of- evidence model for mineral potential mapping. Natural Resources Research, 15 (1): 1 ~ 14

Porwal A, González-Álvarez I, Markwitz V, et al. 2010. Weights- of- evidence and logistic regression modeling of magmatic nickel sulfide prospectivity in the Yilgarn Craton, Western Australia. Ore Geology Reviews, 38 (3): 184 ~ 196

Rigol-Sanchez J P, Chica-Olmo M, Abarca-Hernandez F. 2003. Artificial neural networks as a tool for mineral potential mapping with GIS. International Journal of Remote Sensing, 24 (5): 1151 ~ 1156

Sahoo N R, Pandala H S. 1999. Integration of sparse geologic information in gold targeting using logistic regression analysis in the Hutti- Maski Schist Belt, Raichur, Karnataka, India——a case study. Natural Resources Research, 8 (3): 233 ~ 250

Singer D A. 1993. Basic concepts in three part quantitative assessments of undiscovered mineral resources. Nonre-newable Resources, 2 (2): 69 ~ 81

Singer D A, Menzie W D. 2010. Quantitative mineral resource assessments——an integrated approach. Oxford: Oxford University Press

Vazirgiannis M, Halkidi M. 2000. Uncertainty handling in the data mining process with fuzzy logic. IEEE International Conference on Fuzzy Systems, Greece, 393 ~ 398

Wang S. , Shi W. , Li D. , et al. 2003. A method of spatial data mining dealing with randomness and fuzziness, // Shi W. , Goodchild M F. , Fisher P F. Proceedings of the 2nd International Symposium on Spatial Data Quality, Hong Kong, 370 ~ 383

Wyborn L. 1995. Using GIS for mineral potential evaluation in areas with few know mineral occurrences. The second forum on GIS in the geosciences, AGSO, 199 ~ 211

Wright D F, Bonham-Carter G F. 1996. VHMS favourability mapping with GIS-based integration models, Chisel Lake-Anderson Lake area // Bonham- Cater, Galley, Hall. EXTECHI: A Multidisciplinary Approach to Massive Sulfide Research in the RustyLake-SnowLake Greenstone Belts, Manitoba. Geol. Survey Can. Bull, 426. 339 ~ 376

Zhao P, Cheng Q, Xia Q. 2008. Quantitative prediction for deep mineral exploration. Journal of China University of Geosciences, 19 (4): 309 ~ 318

第2章 实验区地质概况

根据研究目的和内容，项目组选取我国西部典型成矿带——青海东昆仑地区作为实验区，搜集实验区的区域和矿区地质、地球物理和地球化学数据，并进行了扫描、地质要素矢量化和坐标投影转换等预处理工作，为进行基于海量多源地质空间数据的区域矿产资源预测实验积累基础数据。同时，项目组于2007年9月、2008年8月、2011年8月三次赴青海东昆仑地区的20余个矿区进行野外地质调查、并测试典型岩石、蚀变岩石样品近200件。通过野外实地调查，对青海东昆仑地区典型矿床成矿类型的成矿地质条件有了较详细的了解，为项目开展区域矿产资源预测实验提供了翔实的第一手数据和先验知识。

2.1 青海东昆仑地区地理概况

青海东昆仑地区属于干旱、半干旱气候，昼夜温差悬殊，自然地理和交通条件差，是一个经济落后、亟待开发的高原少数民族地区。该地区人口稀少，除格尔木市、都兰县等地人口相对集中外，广大地区为藏族、蒙古族游牧区。农业区多集中在格尔木河及诺木洪河、香日德等地。东昆仑地区地势西高东低，南高北低，平均海拔4000m以上。昆仑山主脊以北切割强烈，地形陡峭，沟谷狭窄，为深切割高山区；昆仑山南坡切割较浅，地形起伏相对平缓，呈缓丘起伏高山地貌景观。区内属高原大陆性气候，冬长无夏，四季不分。昆仑山以北地区干旱少雨，寒冷多风，昼夜温差大，年降水量<150mm，平均气温2~5℃。昆仑山以南地区年均气温在0℃以下，年降水量>250mm，属于寒冷–半干旱性气候。因地形、气候的影响，不同地区存在着差异，主要以高寒–高山荒漠、草原土、草甸植被和山地草原为主。

2.2 区域成矿地质背景

青海东昆仑成矿带地处青藏高原东北缘，位于秦岭—祁连—昆仑缝合系的中段南侧（边千韬等，2002），跨越昆仑—柴达木和巴颜喀拉—松甘两地体（尹安，2001）。属于中国大陆中央造山带西段，处于中朝、塔里木—柴达木、扬子和印度板块的拼合部位，特殊的大地构造位置决定了其构造演化的复杂性和独特性，是一个具多旋回复杂演化历史的造山带（潘裕生等，1996；殷鸿福和张克信，1997）。该地区东西最长达850km、南北最宽达150km，面积约9.5万km²，大地位置见图2.1青海东昆仑TM遥感影像图见图 2.2。近十多年来，在该地区开展的金铜多金属矿产勘查工作取得了重大突破，先后发现了巨大型、超大型金矿资源潜力区和一些较大找矿潜力的金异常区（袁万明等，2000；张德全等，2001；丰成友等，2004；郭晓东等，2004），以及一些重要的独立钴矿产和钴金铋多金属成矿潜力区（潘彤等，2001；高章鉴等，2001）。特别是在祁漫塔格地区已发现的一些铁矿床，近年来的研究表明该类矿床还伴随有铜、铅、锌、金、钴等多种金属矿产资源（刘云华等，2005；李世金等，2008a，2008b；李宏录等，2009；吴健辉等，2010；寇玉才等，2010），这使得青海东昆仑成矿带成为我国一条最具成矿潜力和重大找矿突破的钴、铜、铅、锌、金、铁等多金属成矿带之一。

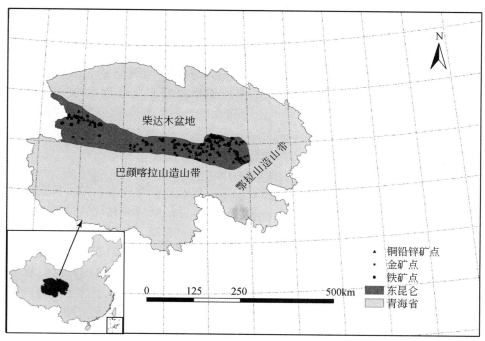

图 2.1　青海东昆仑地理位置简图

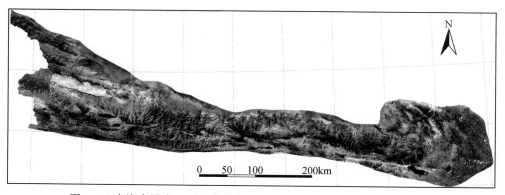

图 2.2　青海东昆仑 TM 遥感影像（R：band7；G：band4；B：band1）

2.2.1 青海东昆仑成矿带地质特征

1. 区域构造

青海东昆仑地区，自北向南主要有三条深大断裂，分别为昆北断裂、昆中断裂和昆南断裂，东昆仑东部的哇洪山—温泉断裂将昆北断裂和昆中断裂截断。由于研究程度、研究目的和认识的不同，对东昆仑区域构造划分有不同的方案，姜春发等（1992）根据东昆仑地区的地层、构造和岩浆特征，把东昆仑地区划分为东昆仑北带、东昆仑中带、东昆仑南带三个构造单元，许志琴等（1996）依据东昆仑地区存在的两条蛇绿岩带（昆中蛇绿岩带和阿尼玛卿蛇绿岩带）将东昆仑地区划分出昆中地体、昆南地体和巴颜喀拉地体三大构造单元，李廷栋和肖序常（1996）将其划分为北昆仑地体、南昆仑地体和巴颜喀拉地体。在详细研究区域地质背景、地球物理、火山岩及区域构造特征等的基础之上，结合前人的研究成果，本研究将东昆仑地区划分为五个构造带，分别为昆北构造带、昆中构造带、昆南构造带、阿尼玛卿构造带和鄂拉山构造带（图2.3）。

1）昆北构造带

昆北构造带主要包括西部的祁漫塔格裂陷带，以及东部香日德一带。昆北祁漫塔格弧后裂陷带位于柴达木盆地西南缘，在南面的格尔木隐伏断裂和北部的那凌郭勒断裂之间，呈 NWW 向展布，构成祁漫塔格优地槽，切割元古宙和上奥陶统，为早古生代褶皱带，北侧由大面积的第四系沉积物覆盖，南侧由奥陶纪海相沉积岩和大量的轻变质枕状玄武岩组成（Yang et al.，1996），下部为碎屑岩，由下至上为滨海相砾岩、粗砂岩滨浅海相砂岩粉砂岩、泥灰岩，滨海砂岩，为裂陷早期的盆地沉积；上部主要为一套中酸性凝灰岩、砾岩、英安岩、流纹岩、板岩等岩相组合，属浅海相喷发沉积环境，为裂陷晚期的沉淀沉积（李荣社等，2007）。出露地层主要有古元古代白沙河岩群、奥陶系滩涧山群、泥盆系牦牛山组、石炭系缔敖苏组和大干沟组、三叠系鄂拉山组等。

早古生代晚期，原特提斯洋俯冲消减至闭合过程中，在祁漫塔格地区形成弧后裂陷带，局部形成弧后盆地拉张构造环境，出露有晚奥陶世-早志留世花岗岩类侵入体，是地幔底侵导致地壳物质熔融的产物，而非造山型花岗岩侵入（姜耀辉等，1999；郝杰等，2003；高晓峰等，2010）。海西期酸性、中酸性侵入岩也相当发育，并伴有海相火山岩。晚海西—印支期的俯冲和碰撞作用在祁漫塔格形成钙碱性及偏碱性火成岩系列，形成闪长岩、斜长花岗岩、花岗闪长岩、二长花岗岩、石英斑岩等侵入岩。

2）昆中构造带

昆中构造带位于昆北断裂以南，昆中断裂之北，由前寒武纪结晶基底岩系和广泛分布的花岗岩类构成。基底岩系由古元古代白沙河岩群和中元古代小庙岩群组成，早古生代造山作用过程中发生了活化（张建新等，2003），形成了一套以角闪岩相为主，局部为麻粒岩相的中高级变质地层。

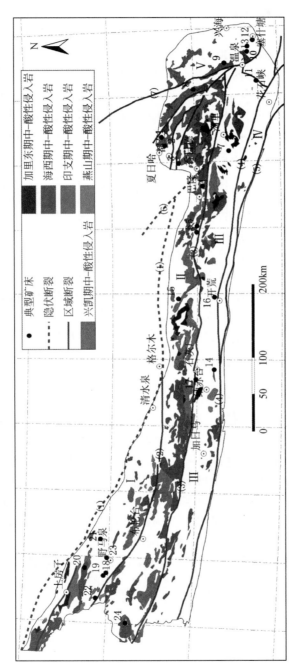

图2.3　青海东昆仑地区构造分区及中酸性岩浆岩分布图（据青海省地质调查院资料汇编）

构造分区：I-昆北构造带；II-昆中构造带；III-昆南构造带；IV-阿尼玛卿蛇缘构造带；V-鄂拉山构造带

断裂构造：(1)-那凌郭勒河隐伏断裂；(2)-昆北断裂；(3)-昆中断裂；(4)-昆南断裂；(5)-阿尼玛卿蛇缘断裂；(6)-昆北缘隐伏断裂；(7)-哇洪山—温泉断裂

典型矿床产地：1-小卧龙；2-海寺；3-白石崖；4-托克妥；5-清水河；6-洪水河；7-督冷沟；8-什多龙；9-茶拉沟；10-镴峪沟；11-苦海；12-赛什塘；

13-日龙沟；14-驼路沟；15-五龙沟；16-开荒北；17-小干沟；18-青德可克；19-虎头崖；20-乌兰乌珠尔；21-水林格；22-鸭子沟；23-野马泉；24-茶拉吉尔

昆中构造带在元古宙为多岛洋环境，前兴凯期形成古裂陷槽；早古生代，原特提斯洋向北俯冲，在奥陶纪—志留纪的消减闭合过程中，昆中构造带与昆北构造带汇聚，在昆北地区形成了塔里木—柴达木板块南部隆升的岛弧区，构成陆缘活动带，分布有加里东期构造旋回过程中的中-酸性侵入岩；晚古生代，古特提斯洋与陆缘活动带之间的分界线为现今的昆中断裂（钱壮志等，2000），伴随古特提斯洋向北俯冲，致使昆中带基底隆升，同时发生海侵，伴随大量海西期中酸性岩浆岩侵入，沿昆中断裂带有泥盆系海陆交互相中基性-中酸性火山岩夹碎屑岩和石炭系滨海相碳酸盐岩夹砂岩、砾岩；印支期为古特提斯洋的消减闭合和新特提斯洋的演化阶段，发生了陆内造山运动，印支期—燕山期造山运动使该地区不断隆升，同时有大量的印支期中-酸性岩浆岩侵入，最终形成了昆中基底隆升和岩浆岩带，并造就了多个造山型金矿床的形成和定位。

3）昆南构造带

昆南构造带夹持于昆中断裂和昆南断裂之间，由于古特提斯洋向北俯冲，致使昆南地体隆升，具陆壳增生楔结构，形成碰撞造山链（杨经绥等，2010）。主要由两套地层组成，下部由中元古界万宝沟群、奥陶—志留系纳赤台群浅变质碎屑岩、火山岩和碳酸盐岩组成，上部由志留—泥盆系牦牛山组磨拉石建造、上石炭统浩特洛洼组碎屑岩、下三叠统洪水川组和中三叠统闹仓坚沟组碎屑岩。地层东西向展布，严格受区域性断裂控制。昆南带的万宝沟群、纳赤台群是加里东期喷气-沉积型铜、钴、铅、锌矿床赋存的有利地层。现有的研究成果表明，东昆南成矿带是东昆仑地区寻找钴、铜、金、铅、锌（汞、锑）矿床最具潜力的成矿带。

4）阿尼玛卿构造带

阿尼玛卿构造带位于昆南深大断裂与阿尼玛卿断裂之间，地质上称之为阿尼玛卿优地槽带。阿尼玛卿构造带广泛发育下二叠统马尔争组碎屑岩-中基性火山岩-灰岩沉积组合，具有双峰式火山碎屑岩的特点，代表了弧后盆地的沉积环境，控制着阿尼玛卿构造带晚海西--印支期海底喷流-沉积型矿床的分布。主要出露两种类型的火山岩，一是产于蛇绿岩套中的基性火山岩，一是产于花石峡一带的弧火山岩系。在阿尼玛卿中东段分布有海西期基性-超基性侵入岩，岩石类型主要为辉橄岩，辉长岩、辉绿玢岩等，形成时代在早二叠世。该构造带内高背景富集元素有两组（党兴彦和李智明，2004），一组为金、锑、铯、铜、汞，反映了本区中低温元素富集特点，其中 Hg 主要反映了断裂及局部地段有矿化的可能；另一组铬、镍、钒、铊、锰、氧化镁、氯化钙，反映了构造带内地质背景特征。主要的地球化学异常有马尔争地区金、铜、锑、镍、钴异常；布青山地区铬、镍、钴、铜、铯异常。

5）鄂拉山构造带

昆北构造带东部，包括都兰—温泉—赛什塘一带，地处东昆仑与西秦岭造山带的接合部，将该地区划分为鄂拉山构造带。鄂拉山构造带为一增生岩浆岩造山带，中间被哇洪山—温泉断裂斜截，分为东西两套不同的构造格局，西部为东昆仑造山带，东部为盆地环境，属于青藏高原北部古特提斯造山系 NNW 向斜截东昆仑晚加里东期造山带的构造单元。都兰至温泉一带，分布有大面积的 NWW 向印支期中-酸性岩浆岩及三叠系中-酸性火山岩夹砂岩，部分早古生代地层和晚古生代地层零星分布。中生代三叠纪鄂拉山组分布较广泛，为一套陆相火山-沉积岩系，其中火山岩部分以富钾玄武-高钾钙碱性为特征，火山岩类型主要为安山质岩石，发育少量玄武质和流纹质岩石（罗照华等，1999），古生代火山岩具钙碱性系列的岛弧特征，属汇聚构造相的岩浆岩弧相（刘增铁等，2008）。

早古生代以前形成结晶基底，伴随早古生代祁连洋扩张活动，局部地段出现早古生代碎屑沉积，并有中基性海相火山活动，后期祁连洋俯冲形成基底隆起带（潘彤等，2006）。晚古生代（石炭纪-二叠纪）由于碰撞后地壳伸展形成裂陷盆地或小洋盆，构成赛什塘-苦海古特提斯洋的分支洋（张智勇等，2004），并于中-晚二叠世闭合。早-中三叠世时期，再次发生拉张裂陷，在三叠纪裂陷盆地西缘形成构造-岩浆活动带和弧后蛇绿岩增生楔。晚印支期，鄂拉山组陆相高钾钙碱性火山岩的出现，标志着该地区进入了陆内造山阶段，火山岩及中酸性侵入岩受哇洪山—温泉断裂控制，呈 NWW 向展布。

2. 地层

青海东昆仑成矿带出露地层具有时代跨属范围大、区域差异明显的特点。主要集中在前寒武纪、早古生代寒武—奥陶纪、晚古生代石炭—二叠纪、中生代—三叠纪及新生代等时间段。在区域分布上，昆北、昆中和昆南带出露地层较相近，但奥陶纪、泥盆纪及晚三叠纪地层在这三个构造带中的发育程度仍有一定区别，可统一归为东昆仑山南坡地层分区。东昆仑地区出露的主要地层见图 2.4，下面主要将与区域成矿和构造演化相关的部分地层做介绍。

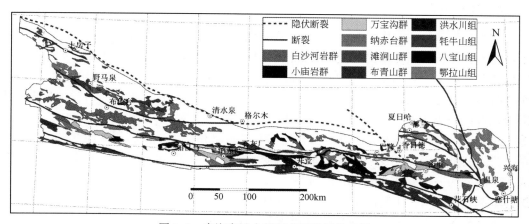

图 2.4　青海东昆仑地区主要地层分布图

1）前寒武纪

古元古代阶段，东昆仑地区以昆中构造混杂岩为界，地层结构及组成南北差异悬殊，前寒武纪基底岩系划分为北部的金水口岩群和南部的苦海岩群，前者可解体为太古宙—古元古代的白沙河岩群和中元古代的小庙岩群（王国灿等，2007b），南部苦海岩群其上未见中–新元古代地层出露。南北地壳成熟度有一定差异，但都经历了陆核形成后的陆壳增生过程，并都在古元古代末期的构造事件中成长为比较稳定的大陆地块，早古生代的构造热事件使寒武纪变质基底岩系在造山作用过程中发生了活化（张建新等，2003；王国灿等，2004），并成为后期金属成矿作用的主要矿源层（姜春发等，1992；张德全等，2002a；郭晓东等，2004）。

2）纳赤台群

纳赤台群为一套轻变质级地层，主要的岩性组分为片岩、基性火山岩、硅质岩、结晶灰岩，形成于弧前盆地沉积，与超镁铁岩等共同组成弧前复理石增生楔杂岩带，火山岩的地球化学特征、碎屑岩的稀土元素特征及粒度分析显示为与岩浆弧关系密切的沉积环境（李荣社等，2007）。纳赤台群是在裂陷剧烈下沉时期形成的，由于强烈频繁的火山活动，堆积了较厚的火山岩和火山碎屑岩、岩屑砂岩和硅质岩等。

关于纳赤台群的形成年代存在争议，1981 年青海省第一区调队在 1∶20 万纳赤台幅报告中根据采集到的化石，定时代为晚奥陶世（青海省地质矿产局，1981）；李光岑和林宝玉（1982）根据灰岩中发现的珊瑚、腕足类、头足类等化石，将时代大致定为晚奥陶世—志留纪；姜春发等（1992）将重新厘定后的纳赤台群划为上奥陶统，并指出可能包括下–中奥陶统和下–中志留统；郭宪璞等（2003）根据基质系统中产出的孢粉化石，认为纳赤台群主体时代为晚二叠世，一部分可能延至早三叠世早期。丰成友等（2006）通过对驼路沟矿区含矿岩系的对比研究及精细定年结果，认为纳赤台群的地层时代主要为早古生代，可能有时代交心的混杂岩。

3）金水口岩群

金水口岩群是一套中–高级变质岩夹变火山岩–沉积岩系（陈能松等，2002），经历了早古生代原特提斯洋向昆北俯冲消减闭合过程中诱发的麻粒岩相变质和深熔作用有关的构造热事件（张建新等，2003）。王国灿等（2007b）将金水口岩群中的白沙河组和小庙组重新厘定为白沙河岩群和小庙岩群，即下部太古宙—古元古代的白沙河岩群和上部中元古代的小庙岩群，两者属于两个不同构造旋回的产物（张建新等，2003；王国灿等，2007a）。白沙河岩群广泛出露于昆中带和祁漫塔格南缘地区，属东昆仑结晶基底岩系，为一套低角闪岩相变质岩系。岩性由变粒岩、片麻岩、混合岩、斜长角闪岩等组成，其原岩为一套变质火山–沉积岩系，为活动类型的沉积建造。王国灿等（2007a）测得单晶锆石 U- Pb 年龄的上交点年龄为 1920±129Ma，认为原岩的形成年代属古元古代，陈能松等（2008）将形成年代重新厘定为中元古代。

小庙岩群主要分布在柴达木盆地南缘昆中带，与下伏白沙河岩群断层接触，与上覆狼牙山组平行不整合，为一套变质程度相对较浅的角闪岩相变质岩系，主要由石英岩、大理岩、片麻岩和变粒岩组成。王国灿等（2004）对巴隆中元古代小庙岩群变质碎屑岩系中的碎屑锆石进行的 SHRIMP U-Pb 年龄测定，认为小庙岩群的源区可能存在古太古代陆核，其沉积时代被限定在 10～19 亿年的中元古代（殷鸿福等，2003）。

4）万宝沟群

万宝沟群是从原始的纳赤台群中解体出来的（Pan et al.，1996），其地层年代一直存在争议，姜春发等（1992）将万宝沟群自下而上分为下碎屑岩组、火山岩组、碳酸盐岩组和上碎屑岩组，定为中、新元古代。王国灿等（2007b）通过对万宝沟地区变玄武岩定年，认为万宝沟群应限定于中元古代，而不是延续到新元古代。该套岩性组合为火山岩组和碳酸盐岩（阿成业等，2003），属前寒武系褶皱基底或称软基底，为一套浅变质岩系，其中的玄武岩主要表现为典型的洋岛玄武岩，是洋盆闭合和陆块碰撞的产物（王国灿等，2007b；魏启荣等，2007），而基质系统的硅质岩代表了一种远离陆源区的深水沉积环境（郭宪璞等，2004）。万宝沟群作为中-晚元古代与地幔柱活动有关的大洋玄武岩高原拼贴后的残留，其中的基性火山岩和碳质板岩构成了昆南带重要的贵金属（Au、Ag）、有色金属（Cu、Co、Ni 等）的矿源层，是火山喷流-沉积矿床的含矿岩系（徐文艺等，2001）。出露的岩浆岩主要为不同时代的花岗岩，与成矿密切的是海西期花岗岩以及印支期花岗岩。海西期—印支期沿昆中和昆南断裂先后多阶段俯冲、导致陆缘增生及与之相随的特征岩浆活动，形成了该时期内广泛、多样和持续发展的区域成矿环境（钱壮志等，2000）。

5）滩涧山群

滩涧山群主要分布在西部祁漫塔格地区和东部都兰地区，为一套碎屑岩、火山岩及碳酸盐岩组合，与周围地层多为断层接触，以强烈的多期叠加褶皱变形为主要特征。火山岩系岩石类型复杂，主要为一套镁铁、超镁铁岩，其中包括橄榄岩、辉石岩、辉长岩及不同类型的火山岩和一些中酸性侵入岩体。王惠初等（2003）认为滩涧山群的火山岩属于一套岛弧火山岩，袁桂邦等（2002）据 TIMS U-Pb 定年获得侵入滩涧山群和超基性岩中的辉长岩体中锆石结晶年龄为（496±6）Ma，为晚寒武纪—早奥陶纪的产物。史仁灯等（2004）通过对锡铁山一带出露的这套火山岩研究，发现其具有变质程度低、绿片岩相海底热液蚀变特征，岩石类型有拉斑玄武岩和钙碱性中酸性岩石多种类型。与超基性-基性岩体一起构成早古生代蛇绿杂岩组合，最近的研究表明，其中的火山岩主要为一套岛弧火山岩。滩间山群为东昆仑地区 Pb、Zn、Cu、Au、Co 等矿化元素的矿源层，也是寻找热水沉积型 Cu、Co、Pb、Zn 矿床理想地层和赋矿层位。

3. 岩浆岩

东昆仑区域岩浆活动十分强烈，时间上从元古代到新生代均有岩浆活动，既有地幔演化过程中的镁铁—超镁铁质岩和岩浆分异产生的火山岩，又有造山旋回过程中的花岗岩类和火山岩。其中，中性-酸性岩分布最广，规模最大，构成岩浆活动的主体。这些不同的岩石类型记录了东昆仑不同时期的地质演化特征。洋中脊扩张或洋盆演化过程中产生的超镁铁岩、基性侵入杂岩、基性熔岩以及海相沉积物构成的岩套，则构成了东昆仑地区南北两套显著的蛇绿岩套，它们是构造演化的重要标准，东昆仑地区出露的不同时代的侵入岩见图2.3，下面主要对该地区的中性-酸性岩体和蛇绿岩特征描述。

1）中性-酸性岩体

花岗岩是研究区侵入岩的主体，花岗质岩类在昆北、昆中、昆南三个构造带均有出露，尤以昆中带最密集，又被称为东昆仑花岗岩带。资料显示，东昆仑花岗岩主要集中于晋宁期、加里东期、海西期、印支期及燕山期，其中海西期、印支期最发育。

加里东期花岗质岩石零星出露，主要见于昆北带及昆中带，以后者为主，在昆南带分布较少，岩体规模多数较小，主要由二长花岗岩、花岗闪长岩组成。已有确切年龄依据的岩体有万宝沟岩体等。万宝沟岩体，出现黑云母花岗岩和白云母花岗岩组合，具造山期侵入岩的特征（郭正府等，1998）。海西期是东昆仑最重要的岩浆活动时期。在东昆仑北带及中带均有分布，特别是在昆中带，规模宏大，构成昆中花岗岩带的主体组成部分。在昆南带，除东部地区（与昆中断裂靠近）有较大规模岩体出露外，其余均为中-小型，且分布零星。岩性主要为黑云二长花岗岩，具条带状构造。印支期岩体中性-酸性侵入岩主要分布在昆中构造带、昆南构造带及都兰—鄂拉山地区，以八宝山组和鄂拉山组陆相火山岩为代表，具高钾钙碱性系列和钙碱性系列岩石特征（郭正府等，1998；罗照华等，1999）。燕山期岩体较前几期岩体规模明显变小，多呈岩株状或岩脉状，分布零散，主要分布着昆南构造带。主要岩石类型有：钾长花岗岩、花岗岩、二长花岗岩、石英粒闪长岩等。

2）蛇绿岩带

蛇绿混杂岩带是大陆裂解和洋盆存在的直接证据。东昆仑地区为中国中央造山带的西端，主要存在两条蛇绿岩带，分别为东昆中蛇绿混杂岩带和东昆南蛇绿混杂岩（姜春发等，1992；许志琴等，1996；朱云海等，1997）。

A. 昆中蛇绿岩带

昆中蛇绿岩带主要沿昆中断裂带展布，是东昆中微陆块南侧洋盆俯冲消减的遗迹，其变形以不同层次的断裂带为特征。主要在乌妥、清水泉、沟里-塔妥、诺木洪河上游和温泉沟等地出露。王国灿等（1999）通过对昆中带乌妥昆—沟里一带的地质填图结果表明，昆中蛇绿岩带至少存在三种不同时期的蛇绿岩带组合，分别为中元古代或更早清水泉蛇绿岩带，新元古代乌妥绿岩带以及石炭纪—早二叠世蛇绿岩带。根据东昆仑造山带所体现的多旋回演化、多岛洋及多期变形复合特点，"东昆中断裂带"与"东昆中蛇绿混杂岩带"具有不同的含义。"东昆中蛇绿混杂岩带"并不限于东昆中断裂带，其不同时期有其不同的空间分布特征（王国灿等，1999）。泉水清蛇绿岩带延伸数百千米，岩带内以缺失放射虫硅质岩、岛弧构造和板内玄武岩为特征，反映了晚古生代未成熟洋盆和边缘海裂解环境（Liu et al.，2005），主要由下古生代火山岩和海相沉积岩组成（Yang et al.，1996）。多个事实表明，昆中蛇绿岩带中保存了原特提斯洋洋盆演化的记录（杨经绥等，2010），这对于研究昆中构造带在新元古代至早古生代之间的演化特征具有重要的意义。

B. 南蛇绿岩带

昆南蛇绿岩带沿昆南断裂延伸 1200km，包含了大量二叠—三叠系蛇绿岩（姜春发等，1992；Yang et al.，1996），主要出露于黑刺沟和布青山—下大武一带，为印度板块和欧亚板块的印支期缝合带，对应古特提斯洋的闭合。Yang et al.（1996）认为昆南蛇绿岩带为不同构造背景下蛇绿岩：①大洋中脊环境，如布青山和玛沁一带的蛇绿岩；②洋岛环境，如玛积雪山一带；③岛弧环境，如下大武一带，构成了东昆南蛇绿岩带。Bian et al（2004）认为在昆南布青山蛇绿岩的形成过程存在两期，分别形成于早古生代和早石炭—早二叠纪。刘战庆等（2011）在对布青山地质填图基础上，通过 U-Pb 定年，认为布青山地区存在早寒武世和早石炭世两期蛇绿岩，代表了布青山—阿尼玛卿构造带古洋盆两次扩张过程中岩浆活动的产物，表明原特提斯洋和古特提斯洋的形成及其构造演化。

4. 成矿特征

陈毓川（1999）将全国划分为 17 个二级成矿带，73 个三级成矿带。东昆仑成矿带属于秦—祁—昆（Ⅰ级成矿带），昆仑—柴达木金、铅、锌、银、铜、镍、铬、硼、钾盐（铁、宝玉石）Ⅱ级成矿带，东昆仑前寒武纪—海西期金、铜、铅、锌（铁）Ⅲ级成矿带。本书结合区域大地构造、成矿作用背景、区域岩浆岩–地层特征、区域地质时空演化特征以及区域地球物理特征，在 5 个构造分区的基础上，将东昆仑成矿带划分为5 个Ⅳ级成矿带，分别为东昆北铜（钼）、钴（金）、铁、铅、锌成矿带；东昆中金（砷、锑）、铁、钨、锡、铜（钼）成矿带；东昆南钴、金、铜、铅、锌（汞、锑）成矿带；都兰–鄂拉山铜、铅（锌）、锡、铁、银、钨成矿带；阿尼玛卿铜、钴、金、银等金属成矿带。

一定的金属矿床组合通常孕育于一定的构造地质环境，纵观东昆仑地质演化史，先后经历了前寒武纪、早古生代、晚古生代—早中生代、晚中生代—新生代 4 个发展阶段或构造旋回。前寒武纪造陆期和晚中生代—新生代造山期对成矿意义不大，早古生代（加里东旋回造山）和晚古生代—早中生代（海西期—印支期造山旋回）对东昆仑地区大规模成矿具有重要意义（姜春发等，1992；郭晓东等，2004；丰成友等，2004）。

前寒武纪地层在区域热动力变质作用下，使得结晶基底岩系中的有用组分活化、富集，形成初始的矿源层，为进一步富集成矿奠定了基础（姜春发等，1992；张德全等，2002a；郭晓东等，2004）。如出露于昆南构造带的中元古代万宝沟群火山沉积岩系为铜、钴、铅、锌等矿床的重要赋矿层（莫宣学和邓晋福，1998）。

东昆仑在早古生代早期，稳定的陆台开始裂解，地壳进入以拉伸为主的新阶段。至奥陶纪域内已经历了多次地壳伸缩拉伸，由此产生的陆缘裂陷槽及火山沉积盆地控制了早期以热水活动和部分海相火山喷气活动为主的多金属成矿作用，为形成块状硫化物碱金属矿床（点）提供了合适的地质构造空间（党兴彦等，2006）。其中，在昆北陆缘裂谷中的三级海盆中，有 SEDEX 型铅锌矿床（点），如肯德可克铁、钴、铅、锌、铜多金属矿床等。而在东昆南的洋盆、岛弧和弧后盆地中，则有 VHMS 型铜、钴矿床，如驼路沟钴金矿床，督冷沟铜、钴、金矿床等。这一时期，在西部祁漫塔格地区和东部都兰—香日德地区形成的一套奥陶系碳酸岩盐地层为海西期—印支期形成的夕卡岩型矿床提供了矿源物质。早古生代晚期，随着洋盆俯冲，东昆仑地区进入了陆-陆碰撞造山阶段，大规模流体沿碰撞带、构造边界和大型剪切带运移，形成了与晚加里东期与陆陆碰撞有关的铜、钴、铅、锌多金属矿床、矿（化）点，祁漫塔格弧后裂陷带中的多数矿床（点）正是该碰撞造山的记录。陆-陆碰撞同时导致了金、锑等成矿元素在构造带中富集和矿化，为造山型金矿床的产生提供了条件。

晚古生代—早中生代（海西期-印支期造山旋回），东昆仑地区进入了另一个重要的、连续演化的构造-岩浆成矿期。晚古生代早期区内相对稳定，处于一个长期经受剥蚀-夷平的阶段，晚泥盆纪后由于受到阿尼玛卿洋向北俯冲消减作用，引发区内大规模岩浆活动，形成了与俯冲裂解有关的火山-沉积岩型铜、钴多金属矿床。石炭系火山岩和二叠系火山岩中出现大量铜、金异常和铜金矿（化）点，构成东昆仑南缘金、铜、汞成矿带（李智明等，2007）。主要分布在东昆南蛇绿岩混杂带和与俯冲有关的弧后拉张盆地沉积环境中，如昆南具海相沉积特征的马尔争组，其火山岩系中的铜、钴含量分别达$97.5×10^{-6}$和$43×10^{-6}$，远高于同类其他岩石，是主要的矿源层和赋矿层，具备了形成喷气-沉积型铜、钴、锌矿床的基本条件（徐文艺等，2001；党兴彦等，2006）。晚海西—印支期陆内复合造山过程，形成了一系列与金、铜、铅、锌等多金属矿床。伴随着中酸性岩浆的侵入，形成了一系列夕卡岩型、斑岩型、热液型矿床，在昆北和昆中地区广泛分别，这些矿床的形成大多是后期构造-热液改造进一步富集成矿，矿床的物质来源主要来自壳幔混合源（丰成友等，2009），与区域上幔源岩浆底侵作用和壳-幔岩浆混合作用的认识（罗照华等，2002；谌宏伟等，2005；刘成东等，2004）是相一致的。鄂拉山地区，于早中二叠世，分割东昆仑与秦岭的古特提斯洋—苦海—赛什塘分支洋向西俯冲（王国灿等，1999；王秉璋等，2000；张智勇等，2004）。在晚二叠世发生陆陆碰撞，苦海—赛什塘分支洋闭合，在昆秦结合部位形成了一套石炭纪—二叠纪碎屑岩、碳酸岩盐夹中基性-酸性火山岩组合，并伴有基性、超基性小岩体和元古代结晶基底岩系，铜峪沟铜多金属矿床、赛什塘铜矿床等矿床就赋存在这套地层中（潘彤等，2006；刘增铁等，2008）。造山后的隆升剥蚀过程使得早期形成的丰富的深成金属矿产得以抬升地表。

总之，东昆仑地区于古生代具多岛洋/裂陷槽、多碰撞和多旋回造山的特点，不同阶段造就的成矿环境和成矿条件是导致区内金属矿床在成因、类型和成矿元素组合上显示规律性变化的主要因素。同时，不同矿床类型也代表了不同构造旋回阶段，其中具拉张环境的矿床组合类型形成于板块构造旋回的伸展作用阶段，包括火山岩型、层控型、火山-海相沉积型等喷气、喷流-沉积矿床组合，是东昆仑地区铜、铅、锌、钴等矿产资源的重要来源。造山型矿床则代表了不同造山阶段下形成的斑岩型、接触交代型（夕卡岩型）、热液脉型（构造蚀变岩型和石英脉型）等多金属矿床组合类型和造山型金矿床，这类矿床主要与晚加里东造山旋回和叠加在其上的海西—印支造山旋回有关，是青海东昆仑地区金、锑、汞、锡等矿产资源的重要来源。

5. 地质演化特征

东昆仑成矿带主要经历了4个地质构造演化阶段，分别为前寒武纪结晶基底形成、早古生代加里东旋回阶段、晚古生代—早中生代海西—印支期旋回阶段、晚中生代—新生代燕山—喜山期旋回阶段。

中元古代结晶基底形成阶段，以一套中高级角闪相变质岩为代表（Pan et al.，1996），1000Ma 左右的聚合事件，使东昆仑地区在中元古代分离成一系列小陆块-含海山的有限裂解小洋盆复杂组合的构造格局。新元古代，东昆仑地区乃至整个中国西部地区处于一个相对稳定的大陆环境（王国灿等，2007b）。

早古生代加里东旋回阶段：在早古生代，伴随 Rodinia 超大陆的再次裂解，"西域大陆"（葛肖虹和刘俊来，2000；段吉业和葛肖虹，2005）离解成一系列小块体，形成了包括东昆仑在内的青藏高原北部地区原特提斯洋的多岛弧、多洋（海）盆、多地体的复杂构造格局（潘桂堂等，1997；杨经绥等，2010；许志琴等，2010）。晚奥陶—志留纪，由于加里东造山运动，原始裂谷和小洋盆闭合，东昆仑地区从大陆裂谷演化为成熟洋盆环境（Pan et al.，1996）。晚加里东时期（晚志留世—中泥盆世），东昆仑、柴达木和祁连已再次拼合为一体（姜春发等，1992），并成为中央造山带微板块群的一部分（殷鸿福和张克信，1997）。早古生代末的加里东碰撞造山运动，在早-中泥盆世形成前陆盆地沉积特征，在晚泥盆世开始裂陷（陈守建等，2008），形成具有多岛洋、软碰撞、堑垒相间的构造格局（姜春发等，1992；殷鸿福和张克信，1997），碰撞但不"造山"（张德全等，2005）。

晚古生代—早中生代（海西-印支期构造旋回）阶段：这一历史时期主要表现为古特提斯洋形成演化阶段，于石炭系古特提斯洋开始向北俯冲，在东昆仑地区发生了广泛的岩浆侵入和高钾钙碱性系列、钙碱性系列火山岩喷发，一直持续到二叠纪末—三叠纪初（郭正府等，1998；罗照华等，1999），并导致昆南地体抬升，形成碰撞型地壳增生楔构造（杨经绥等，2010）。中二叠世晚期昆仑地区发生了一次显著的汇聚作用（海西运动），洋盆和活动大陆边缘裂谷闭合，隆升遭受剥蚀，完成了一次盆山转换（陈守建等，2010）。东昆仑东段，分割冈瓦纳大陆和欧亚大陆的古特提斯洋的分支洋，即阿尼玛卿洋（Yang et al.，1996）向北俯冲增生，形成昆南蛇绿岩混杂岩带，在阿尼玛卿和西秦岭复理石海盆以及晚三叠世形成磨拉石建造，于晚三叠世碰撞闭合，奠定了阿尼玛卿带现今的构造格局（王国灿等，2007a）。

燕山期—喜马拉雅旋回：燕山期—喜马拉雅旋回为新特提斯叠加改造阶段，晚三叠世至白垩纪，由于太平洋板块北北西向移动和新特提斯洋向北俯冲，昆仑山、阿尼玛卿和西秦岭等年轻的印支山系发生了大规模的基底滑脱、推覆逆掩和新生沉积物的连续变形，导致东昆仑地区持续的造山运动。晚白垩世至新近纪，新特提斯洋经过长期的俯冲增生运动，逐渐消减闭合，此时印度板块向欧亚板块移动并发生碰撞挤压。由于受到亚洲大陆的阻挡，东昆仑地区发生了一系列与走滑拉分和升降旋转有关的现象。进入古近纪以来，由于印度板块和欧亚板块的碰撞，演化为陆内造山，使早期形成的复合造山带卷如其中，导致了新特提斯洋的闭合，印度板块下地壳和地幔向北俯冲至亚洲板块下形成增生的喜马拉雅地体（许志琴等，2010）。主要表现为山脉急剧隆起、地壳增生，产生新的逆冲、走滑构造，并伴随强烈的岩浆和变质作用，地壳发生伸展剥离，距今 56～45Ma，古新世的构造热事件，致使东昆仑向柴达木盆地方向阶梯状正向断裂（王国灿等，

2007a)，山体抬升塌陷和盆地的形成以及早期的褶皱山系复活，在东昆仑山前堆积了巨厚的磨拉石建造。

总之，东昆仑地区经历了早古生代、晚古生代—早中生代、晚中生代—新生代长期的碰撞、造山、拼贴过程，指示了亚洲大陆由北向南不断增生、整体抬升的过程。昆仑造山带基本构造是早古生代和晚古生代多次洋陆转换的结果，造山带拼贴和独特的大陆增生方式，记载了古特提斯洋盆的兴衰、微陆块的拼合、东昆仑造山带最终隆起和定位的陆内造山的演化历程。

6. 地球物理特征

区域地质构造演化与区域成矿作用具有相关一致性，这是广大地质学者普遍认可的事实。地质历史时期中的多次地质构造演化形成了现今的区域地质构造格局，实测的区域重力场、航磁场等地球物理场正是这些区域地质构造在地球物理场中的反映。因此，重力场、航磁场等地球物理场与区域成矿作用，矿产资源富集成矿带的形成与分布有密切联系。

1) 重力场特征

布格重力异常是由大地水准面以下的地壳、上地幔物质分布不均匀引起的，其变化趋势和特征与深部构造以及岩性密度差异密切相关，特别是断裂和褶皱带，多为重力梯度带，深部对应着地壳厚度的陡变带以及上地幔中剪切波垂向低速带，在这些不同的断裂和褶皱带上，火山作用和岩浆作用强烈，为金属成矿提供了良好的环境。

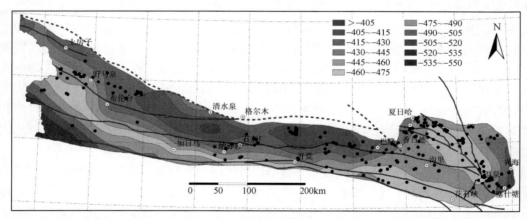

图 2.5　矿点、构造断裂与布格重力场叠加（据青海物探队 1991 年 1 : 100 万布格重力异常图编绘）

由图 2.5 可知，东昆仑地区布格重力场在柴南缘较高，西南部最低，从北往南整体上逐渐减小，反映了地壳厚度逐渐增高的趋势。东部和西部布格重力场较低，中部地区较高。在鄂拉山地区和沿昆南断裂分布的地壳厚度明显要大，与这些地区在晚古生代阿尼玛卿洋向北俯冲及现今的昆秦接合部向西俯冲增生造山作用相关。在昆北带祁漫塔格裂陷带地壳厚度较薄，与该地区加里东期和海西期构造旋回也是密切相关的。沿昆中断裂带至昆南断裂带，异常梯度级增大，反映了岩性和构造活动的复杂性，而昆北断裂以北重力场较为平缓。从布格重力场与矿床、矿点之间的关系分析，已知的矿床、矿点主要分布在（-415～-475）×10⁻⁵ m/s²的布格重力异常区域内，大都位于异常梯度带上以及沿 EW 向或 NW 向展布的断裂和褶皱带内。东昆仑西南部重力场较低的区域，已知的矿床（点）很少，该地区地势较高，可能与矿床的保存或研究程度有关。

2）航磁场特征

航磁异常场是地壳中的含铁磁性地质体在地磁场作用下所产生的附加磁场，它不仅反映了基底变质岩系的磁性特征，而且在一定程度上反映了地壳中磁性物质空间分布的不均匀状态，以及深部磁性层的性质和发育程度，因此利用航磁异常场可以直接或间接地寻找矿床、区分和圈定各类磁性地质体、划分某些成矿远景区、研究地质构造。

图 2.6 为东昆仑地区航磁异常图，总体上航磁异常较高，磁异常特征呈 EW 向展布，异常连续性好，跳跃较大，强度高，正负异常伴生，表明东昆仑地区由多条东西向展布的地质块体，各块体间以深大断裂为界。块体中有大量强异常深变质或基性、超基性岩体。

东昆仑西部，野马泉，布伦台、纳赤台、清水泉一带，正负异常伴生，呈带状、椭圆状，异常梯度大，受 EW 向深大断裂控制，且表现为高磁异常值，与该地区分布的奥陶纪纳赤台群、中元古代万宝沟群基性、中基性火山岩以及前寒武纪变质基底岩系有关，在断裂带两侧以及野马泉裂陷槽一带表现为低异常值，与海西—印支期中酸性岩体有关。东昆仑中部地区，开荒北、格尔木以东、五龙沟一带，出现大面积的负异常，中部磁异常低，南北侧高，形成明显的重磁异常梯度带。东昆仑东部，香日德、都兰、鄂拉山、赛什塘一带，主要表现为清晰的串珠状异常带，大面积的负异常，局部有带状、椭圆状、呈 NW 和 NE 向展布的正异常，航磁异常主要由海西—印支期中酸性侵入岩及不同矿物成分的火山岩引起，这些形态多样的磁场组合体及其展布方向反映了不同磁性地质体、地质构造的形态、规模和延展方向。整体上，沿昆南断裂和昆中断裂出现串珠状线性磁异常，呈弧形分段向南弯凸，沿断裂带为条带状较强磁异常，两侧为较为平缓的带状负异常。

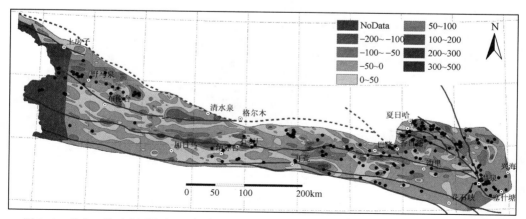

图 2.6　矿点、构造断裂与航磁场叠加（据青海地质局物探队 1979 年 1∶50 万航磁图编绘）

从航磁异常与已知矿点的空间关系分析，已知的金属矿产主要分布负异常区内，而表现为高异常且为深大断裂带上很少有矿产发生，进而说明研究区内的金属矿产主要形成于由深大断裂产生的次级断裂系统内。线状异常、正负异常递变带主要与深大断裂带有关，带状、串珠状磁异常往往是构造、岩浆活动带的标志。总之，航磁异常显示出各地质单元间磁异常特征存在明显的差异，反映地质单元不同构造演化历史、地壳结构及介质磁性，揭示了东昆仑地区构造组成上的复杂性。在都兰—鄂拉山一带表现为明显的NE、NW异常带，主要由印支—燕山期中性-酸性岩体组成。

2.2.2　野马泉成矿亚带地质特征

野马泉成矿亚带位于青海东昆仑西部，蕴藏着丰富的铁、铜、铅、锌等多金属资源，为青海省重要的多金属成矿带之一。该地区属于典型的高寒干旱内陆高原盆地气候，交通不便，环境条件差，研究程度低。20世纪60年代的矿产普查，在野马泉等地发现了一些铁、铅、锌矿化（点或矿床），主要是以铁为主；七八十年代开展有关基础地质、矿产方面的勘察。20世纪90年代末开展了1∶20万区域地球化学调查，圈定了找矿靶区；自2000年，开始对野马泉地区铁、铜、铅、锌多金属矿进行普查，取得了多金属找矿的重大突破，发现了一些具有代表性的矿床，如景仁东铜锡矿床多金属矿床、虎头崖铜多金属矿床、野马泉铁多金属矿床、肯得可克铁、钴、金多金属矿床等（图2.7）。不少学者也开展了一系列的研究，如刘云华等（2005，2006）对该地区与夕

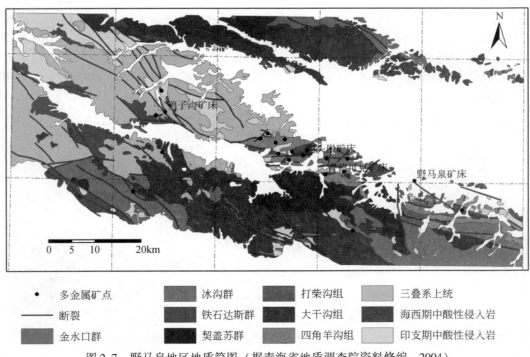

图 2.7　野马泉地区地质简图（据青海省地质调查院资料修编，2004）

卡岩有关的多金属成因及控矿特征的研究与成矿时代鉴定；李宏录等（2009）应用航磁数据对野马泉地区铁多金属成矿远景区评价；莫宣学等（2004）对野马泉地区主要矿床（点）特征进行了整理（表2.1）。

表 2.1　野马泉地区矿床（点）统计表（莫宣学等，2004）

产地名称	矿床特征	成因类型
景忍东多金属矿点	有两个矿点，分别产于钙石榴子石夕卡岩中和绿泥石、阳起石化镁石榴子石夕卡岩中。一条倾向175°，倾角80°，呈透镜状，延伸不清，宽5m。矿石呈浸染状构造，半自形—自形粒状结构，由黄铜矿、闪锌矿组成。品位铜0.12～3.10%，平均1.89%；锌0.4～4.7%，平均2.63%；钨0.11～2.06%，平均1.22%；另一条倾向120°，倾角70°左右，铜0.3～1.1%，平均0.689%；锌0.033～4.30%，平均1.84%；铅0.017～7.22%，平均1.84%；银4～310g/t，平均96g/t	夕卡岩型
景忍东铅锌矿点	矿体呈脉体产于两组断裂复合部位或附近的夕卡岩中。见东西两个矿体：东矿体产于辉石石英安山岩中的夕卡岩内，断续长114m，宽1.5～3.3m，倾向南，倾角50°左右；西矿体产北西向产于蚀变碳酸盐岩中的透辉石夕卡岩、石榴子石夕卡岩、石榴子石绿帘石夕卡岩内，断续长120m，宽3.1m，倾向南西，倾角30°。矿石呈浸染状构造，它形粒状结构、填隙结构、交代结构。由方铅矿、闪锌矿及微量黄铜矿褐铁矿等组成，品位：铅最高1.17%，最低0.3%，一般0.55～3.27%，锌最高3.5%，最低0.37%，一般0.67～2.88%	夕卡岩型
楚鲁套海高勒北侧铅锌矿点	矿体产于断裂破碎带中的透辉石夕卡岩、符山石透辉石夕卡岩内见矿体一个，长约30m，宽1.2m，倾向北西，倾角38°。矿石呈浸染状构造，半自形—它形粒状结构、填隙结构，交代结构。金属矿物有方铅矿。闪锌矿、褐铁矿等。品位：铅2.44%、锌3.49%、金0.2%。矿体围岩（夕卡岩）局部含Cu、Pb、Zn可达边界品位；一个样含钨0.045%（光谱分析）、锡0.025%	夕卡岩型
五一河铁多金属矿床	铜、锡矿体产于夕卡岩中，顶板为钾长花岗岩，底板为大理岩，倾向南，倾角50°～60°。矿石与磁铁矿共生，黄铜矿呈半自形—自粒状，矿体延伸达1580m，厚1.85～11.01m，平均5.3m。品位Cu0.43～1.17%，平均0.81%；锡0.21～0.27%，平均0.24%	夕卡岩型
楚鲁套海高勒南多金属矿点	矿体沿北西向断裂破碎带分布，产于花岗岩之外接触带中的角岩化安山岩内。共见3条矿脉，宽分别为2m、5.3m、6.5m，因覆盖，矿体产状长度不清。矿石由黄铜矿、方铅矿、闪锌矿和黄铁矿组成，多呈稀疏浸染状、脉状构造，它形粒状结构。品位：铜0.14～1.28%、铅最高2.93%、锌1.28～4.72%、金0.2g/t。矿石经光谱分析其伴生元素镉0.01%、钼0.0015%、锂0.01%、铋0.04%、钨0.1%	夕卡岩型
巴音郭勒河北铁矿点	矿体产于碎屑岩中，长3km，呈透镜状或似层状作近东西向展布，倾向北，倾角63°～88°。由11个矿群组成，最长115m，一般60～70m，最厚12m，一般2.5～5.3m。矿石主要由磁铁矿和赤铁矿组成，呈稀疏浸染状和中等浸染状构造，半自形、它形细粒—微粒结构，品位低，全铁最高39.52%，一般18.09～25.82%	沉积变质型

续表

产地名称	矿床特征	成因类型
虎头崖多金属矿床	产于虎头崖 I、II 号含矿带近东西向构造破碎带中。由 21 条多金属矿体组成。矿体顶板岩性为含碳生物碎屑灰岩，底板为灰岩夹含铁石英砂岩。主矿体为 I—5、17，两条矿体均为铜、铅、锌、银复合矿体。I—5 矿体长 557m，平均厚度 4.72m。产状 6°～345°∠45°～80°。矿石为致密块状—稠密浸染状。矿石类型为方铅黄铜闪锌矿矿石。含矿岩性为含石榴透辉夕卡岩。矿体平均品位：铜 2.05%，铅 5.79%，锌 4.46%，银 1290g/t。I—17 矿体长 423m，平均厚度分别为 7.41m、6.43m。矿体平均品位：铜 1.12%，铅 6.28%，锌 4.69%。产状 340°～8°∠40°～76°，矿体呈透镜状。矿体呈稠密浸染—致密块状，含矿岩性为含石榴透辉石夕卡岩	夕卡岩型
狼牙山铁矿点	矿体呈似层状、透镜状产于绿灰色砂岩、板岩或千枚岩中，沿断裂破碎带分布，断续长约 7km。共见矿体 5 个，长 50～300m，厚 0.3～3.8m，矿石成分单一，主要为褐铁矿，次为少量硬锰矿、黑柱石。呈胶结结构、偏胶体结构、半自形粒状结构	淋滤型
肯得可克铁多金属矿床	铁矿石 67.3 万 t，伴生有铜、铅、锌。目前有色地勘局在矿区新发现金、钴矿体	夕卡岩型

1. 构造

在漫长的地质年代史中，野马泉地区经历了多次复杂而强烈的构造变动。NWW 向、NW 向压性、压扭性断裂组成了区域主体构造，且对各时代地层分布、各类岩浆岩和变质作用及矿产等起着重要的控制作用。区域上分布的各期侵入岩主要受 NW 向和 NWW 向两组断裂控制，矿区范围内断裂主要为 NWW 向、EW 向。岩体和围岩的接触面、岩体附近的断裂破碎带及地层不整合面是本矿区的主要容矿构造。控矿构造主要为与区域东西向主断裂平行的次级压扭性断裂破碎带，带内夕卡岩化和其他蚀变作用强烈，是主要的赋矿和容矿空间，大量的铜、铅、锌、银等多金属矿产于其中（刘云华等，2005）。

2. 地层

出露的地层有元古界金水口群、冰沟群；奥陶系上统铁石达斯群；泥盆系上统契盖苏群；石炭系下统大干沟组、上统四角羊沟组；二叠系下统打柴沟组；三叠系上统；新近系；第四系（图 2.5）。主要的地层特征为：金水口群分布在区内西南角、北部乌兰乌珠尔山北坡一带，为一套中深变质岩；冰沟群呈东西向展布于巴音郭勒河一带，为滨-浅海相碳酸盐岩；下统大干沟组零星分布在巴音郭勒河西侧，地层走向东西向，与元古界冰沟群，上奥陶统铁石达斯群下岩组呈断层接触；与上石炭统四角羊沟组呈平行不整合接触；上统四角羊沟组呈条带状分布于野马泉南侧及巴音郭勒河两侧，地层总体走向近东西，与元古界金水口群下岩组呈不整合接触，与奥陶统铁石达斯群下岩组呈断层接触。

3. 侵入岩

区域上分布的侵入岩属东昆仑花岗岩之祁漫塔格花岗岩亚带。如图 2.5 所示，区内侵入岩分布广泛，侵入岩时代主要为海西期、印支期和燕山期，其中以海西期最为强烈。各期侵入岩明显受到 NW 向和 NWW 向两组断裂构造控制。岩体边部或断层附近，岩石普遍具碎裂或压碎结构，个别岩体受动力变质作用，岩石具有片理和片麻状构造。各期岩体和围岩的接触带上均具同化混染现象。围岩蚀变普遍有硅化、绿帘石化、黄铁矿化、角岩化和夕卡岩化等。侵入体与大理岩接触处常产生夕卡岩接触变质带，并有夕卡岩型铁矿、多金属矿生成。海西期侵入岩以酸性岩为主，主要类型为辉长岩、花岗闪长岩、二长花岗岩、斑状二长花岗岩，其中斑状二长花岗岩分布最广。印支期侵入岩分布较广，以中酸性岩为主，岩石类型有闪长岩、花岗闪长岩、斑状二长花岗岩、二长花岗岩。燕山期侵入岩仅有钾长花岗岩，在冰沟南、景忍东、野马泉出露，岩体呈不规则岩珠状产出，侵入于上奥陶统铁石达斯群下岩组、石炭系、下二叠统打柴沟组下段及印支期花岗闪长岩中，外接触带见夕卡岩型铁、多金属矿体。

4. 成矿特征

野马泉地区位于祁漫塔格弧后裂陷带，前寒武系是结晶基底变质岩形成时期，基底地层以沉积铁或高背景铁、钨、铜、锡、金元素为主，是重要的矿质来源层和赋矿层位；早古生代早期，陆块开始裂解，地壳发展进入到以拉伸为主的新阶段。呈现出弧后裂陷槽或小洋盆环境格局，热水沉积成矿作用明显；晚古生代本区转为活动大陆边缘，发生了自南而北有限陆-陆俯冲，并伴有以热液活动为主的成矿作用，晚泥盆世的磨拉石建造和强烈陆相火山喷发及花岗岩侵入代表这一时期的结束。这一构造旋回多形成与碰撞造山有关的热液脉型铜多金属矿床；中生代本区处于强烈的造山活动阶段，岩浆活动强烈，加之区内各类构造的发育，成矿作用主要以热液成矿为主，形成了一系列与造山作用、造山带有关的斑岩型、夕卡岩型、热液型矿床。前期高背景地层内的铁、钨、锡、金等元素在海西—印支期进一步富集，同时改造了前期热水沉积型的铜、铅、锌、钴、金、镍等矿床，形成成因为类型复杂的叠加改造型矿床。主要的控矿构造为各时期的侵入岩与围岩的接触带和岩体附近的破碎断裂带，明显受岩性及地层接触带控制。

2.2.3　五龙沟成矿区地质特征

五龙沟地区位于青海省都兰县境内，构造位置处于昆中断裂以北、昆中带中段，北临柴达木盆地，是目前东昆仑地区发现最早、规模最大、工作程度最高的一个金矿集中区。近年的研究表明，五龙沟地区有很高的金矿找矿潜力，已发现矿床、矿点、矿化点多个，并发现十多条含金蚀变带（图 2.8），已控制矿床规模达大型。

1. 控矿特征

五龙沟金矿区控矿地质因素主要表现为线性地质体（褶皱、断裂、接触带、破碎带

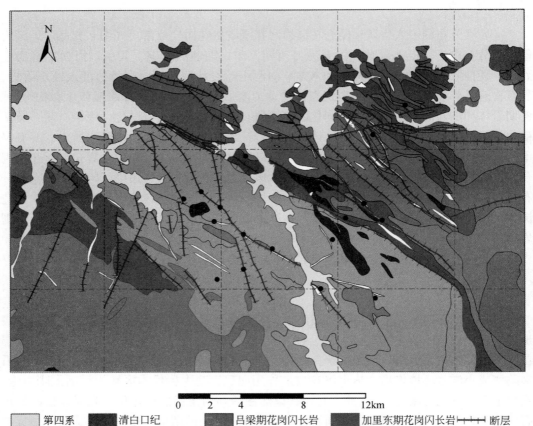

第四系	清白口纪	吕梁期花岗闪长岩	加里东期花岗闪长岩
长城纪	吕梁期石英闪长岩	加里东期二长花岗岩	加里东期石英闪长岩
白沙河组	吕梁期角闪花岗岩	华力古期花岗岩	印支期钾长花岗岩

断层   · 矿点

图 2.8　五龙沟地区地质简图（据青海省地质调查院资料修编）

等）控矿特征。空间上，金矿点沿韧性剪切带以及侵入体边缘接触带分布，主要出露在中酸性侵入岩与基地变质岩系接触带附近或岩体中的构造破碎蚀变带中，对地层选择不大，形成了金矿床定位的线状分布特征。成矿时期主要为海西期和印支期，矿床类型主要是构造蚀变岩型及部分热液脉型，为海西—印支期造山作用下的产物（袁万明等，2000；张德全等，2001，2007）。

1）构造

多数学者（袁万明等，2000；刘继庆等，2000；钱壮志等，1998）认为五龙沟地区金矿点主要产出在 NW 向大型韧性剪切带及其旁侧形成的次级 NW—NNW 向韧-脆性断裂带内并受其控制。其中 EW 向断裂规模大，时间早，发生时间长，控制着本区的区域构造格局及地层和岩浆岩的分布，而 NW（NNW）向次级断裂比较发育，形成脆性断裂及剪切带，控制了金矿体（矿化带）和侵入岩（脉）体的产出和分布（邹长毅和史长义，2004）。

2）接触带

接触带是岩体侵位时与围岩相遇发生交代蚀变而形成的相变带。构造作用不仅形成流体运移通道和矿石堆积空间，而且也造成了不同结构构造、物理性质和化学组分的岩块和岩石直接接触，在其接触带上形成物理化学上的突变界面，促使了成矿物质元素再富集与分散，在有利的裂隙和容矿空间就可能聚集成矿。大多数金矿床点主要沿海西期花岗岩与长城纪地层的接触带以及钾长花岗岩蚀变带外侧分布（图2.6）。所以详细研究侵入体接触带及侵入岩体的空间形态及其对矿体的控制规律，对该地区矿床的成矿预测、勘探和开发均具有重要意义。

2. 成矿特征

东昆仑造山带在印支期存在一期广泛发育的幔源岩浆侵入活动，侵入到印支花岗质基岩中（袁万明等，2000；罗照华等，2002），产生多种蚀变型花岗岩。邹长毅等（2004）通过对东昆仑海西期和燕山期中酸性侵入岩类微量元素分析表明，燕山期和海西期花岗岩类侵入体金含量显著高于花岗岩丰度值，这为后期复合成矿提供了充足的矿质来源。特别是中元古代长城纪地层中的金元素含量，具有高背景特征，是金元素后期成矿的矿源层。海西—印支期造山运动导致大规模的酸性花岗质岩浆侵入到中元古代变质基底地层中，与携带丰富的金等其他成矿元素的幔源岩浆，促使金元素的进一步富集成矿。晚海西—印支期造山运动形成了一系列沿大型断裂旁侧分布的NW、NWW向脆性断裂系统，这些次级断裂系统控制和限定了该地区金及其他成矿元素化学异常的分布及产出部位，形成了沿韧–脆性剪切带金矿床定位的线状地质异常模式。

金矿化类型主要为蚀变构造岩型金矿化，伴有玢岩–隐爆角砾岩型、石英脉型等多种矿化类型（李厚民等，2001；邹长毅和史长义，2004）。围岩蚀变强烈，以硅化、绢云母化、黄铁矿化、毒砂化为主，围岩蚀变组合沿矿化剪切带分布，构成醒目的地表找矿标准，在近地表多发生褐铁矿化、高岭土化（图2.9，图2.10）。

图2.9　褐铁矿化及高岭土化　　　　　图2.10　破碎带中的石英脉

2.3　成矿系列

2.3.1　典型金属矿床

典型矿床类型是指在特定的成矿地质作用过程中受特定的成矿地质因素控制而形成的具有典型意义的矿床（叶天竺等，2007），是区域成矿规律研究的出发点和归结点，对理论上指导找矿和成矿预测研究具有重要意义。东昆仑成矿带矿产资源丰富，其中，铁、钴、铅、锌等矿产主要分布于昆北的祁漫塔格裂陷槽和都兰地区，而金、铜、钴主要分布于昆中及昆南地区，阿尼玛卿混杂岩带以金、汞、锑为主。在漫长的地史演化过程中，该地区经历了多期、多阶段的复杂构造-岩浆活动，因此不同地段的成矿特征和成矿类型相差较大，铁、铜、铅、锌、钴多产于裂陷环境，成矿类型以火山喷气-喷流型为主（包括 SEDEX 和 VHMS 型），次为与造山有关的夕卡岩-斑岩-热液脉型。而金矿床大都属于造山型，包括构造蚀变岩型、石英脉型等，根据前人资料和最近研究成果，按照矿床规模、成矿特征、控矿特征和矿物组合等方面总结了一些典型的矿床特征见表 2.2，部分典型矿床的产出位置见图 2.1。

2.3.2　矿床组合特征

成矿系列的核心思想之一是认为矿床是以矿床自然体的形式存在，矿床组合是在相同构造环境下形成的一套不同时代、不同成因类型的矿床（陈毓川，1999）。矿床组合是划分成矿系列的基础，根据成矿环境和矿床成矿特征，青海东昆仑成矿带大致可以划分为两大金属矿床组合类型（张德全等，2002b），一是与板块裂解有关的火山岩-海相沉积矿床组合，一是与陆-陆碰撞或陆内俯冲有关的造山矿床组合。

1）与板块裂解有关的火山岩-海相沉积矿床组合

与板块裂解有关的火山岩-海相沉积矿床组合包括 SEDEX 型和 VHMS 型铜、钴、铅、锌矿床。SEDEX 型矿床形成于被动陆缘-裂陷环境，是喷流沉积作用的产物（Sangster，1990；Large et al.，2001）。东昆仑地区表现为在大陆地壳基底之上的正常沉积盆地中成矿，以沉积岩容矿为主，火山岩喷出活动较弱或远离火山活动中心条件较容易成矿，主要有洋中脊沉积岩容矿和弧后盆地沉积岩容矿（刘增铁等，2008），如铜峪沟铜多金属矿床、索拉沟铜-银矿床；VMS 型矿床大多形成于洋中脊扩张环境，岩浆驱动的海底热水对流循环是主要的形成机制（Urabe et al.，1995；Franklin et al.，2005）。东昆仑地区，矿床主要产出在大陆裂谷带，洋脊或岛弧带，如督冷沟铜-钴（金）多金属矿床。

表 2.2　青海东昆仑地区典型矿床特征

矿床	规模	构造位置	矿床类型	成矿年代	元素组合	金属矿物	控矿因素	围岩蚀变	参考资料
青德可克铁钴金多金属矿床	铁、锌、铅、铜、钴、金小型	祁漫塔格裂陷槽	热水喷流沉积-夕卡岩化改造型	印支期	Fe-Co-Bi-An-Cu	磁铁矿、闪锌矿、方铅矿、黄铜矿、黄铁矿、白铁矿、毒砂、胶黄铁矿、辉钼矿、自然铋、自然金等	矿体产出严格受地层、岩性的综合控制，金矿化主要赋存在热水沉积成因的层状夕卡岩中	硅化、角岩化、夕卡岩化、金云母化、绿帘石化、绿泥石化、绢云母化、碳酸盐化	潘彤等，2001，2006；高章鉴等，2001
鸭子沟多金属矿床	规模不清	东昆北早古生代弧后裂陷槽	斑岩型	印支期	Cu-Mo-Pb-Zn	黄铁矿、辉钼矿、黄铜矿、方铅矿、闪锌矿、磁铁矿	赋矿岩层为钾长花岗岩，滩涧山群碳酸盐岩与中酸性侵入岩接触带发育夕卡岩化	黏土化、碳酸盐化、绢云母化、褐铁矿化、钾钾铁矿化、孔雀石化、碳酸盐化	李世金等，2008a；何书跃等，2008
驼路沟钴（金）矿床	小型	昆南构造带中段	热水喷流-沉积型	奥陶纪	Co-Au	黄铁矿、毒砂、磁黄铁矿、闪锌矿、黄铜矿	受地层和构造控制，赋存地层为奥陶纪纳赤台群哈拉巴依沟组，肉红色石英钠长石为重要的找矿标志	黄铁矿化、黄钾铁矾化、硅化及碳酸盐化等，其中黄铁矿化的强度与钴的含量呈正消长关系	丰成友等，2005，2006；张德全等，2002a
督冷沟铜钴矿床	小型	昆南裂陷槽山带东端	火山-喷流型	新中元古代	Cu-Co（Au）	黄铜矿、辉铜矿、斑铜矿、黄铁矿、黄钴矿、磁铁矿等	矿体受地层、构造的联合控制，赋矿地层为万宝沟群变火山-沉积岩系	绢云母化、碳酸盐化及硅化，其中硅化和绢云母化与矿化关系较为密切	党兴彦等，2006；李智明等，2007
日龙沟锡铜铅锌多金属矿床	锡为主中型	鄂拉山三叠纪弧前增生楔	夕卡岩型	早二叠世	Sn-Cu-Zn-Pb	锡石、黄铜矿、黄铁矿、磁黄铁矿、闪锌矿等	地层岩性控矿及接触带控矿	硅化、碳酸盐化、阳起石化、绿帘泥石化、绢云母化、电气石化	王增生，1990；潘彤等，2006

续表

矿床	规模	构造位置	矿床类型	成矿年代	元素组合	金属矿物	控矿因素	围岩蚀变	参考资料
铜峪沟铜铅锌多金属矿床	大型铜矿床	鄂拉山三叠纪弧前增生楔	热水喷流-沉积型	早-中三叠系	Cu-Zn-Pb	磁黄铁矿、黄铜矿和黄铁矿、方铅矿	矿床受地层、岩浆岩、构造及次代岩控制，矿体赋存在沉积岩系与火山沉积岩系过渡部位	围岩蚀变主要有角岩化、类夕卡岩化、硅化、钾长石化、阳起石化-绿帘石等	潘彤等，2006；张汉文，2001
赛什塘铜铅锌多金属矿床	大型铜矿床	鄂拉山三叠纪弧前增生楔	热水喷流-沉积型和斑岩型	晚二叠世-早三叠世	Cu-Mo；Cu-Zn-Pb	矿石主要的金属矿物为黄铁矿、磁铁矿、黄铜矿、闪锌矿、方铅矿等	与成矿关系密切的代表性岩体为石英闪长岩杂岩体，是一套以印支期为主的中酸性岩体	夕卡岩化、硅化、绢云母化、绿泥石化	李东生等，2009；吴健辉等，2010
卡尔却卡铜多金属矿床	中型铜铅锌多金属矿床	祁漫塔格弧后裂陷槽	斑岩夕卡岩型	印支期	Cu-Mo；Cu-Mo-Zn-Pb	斑岩型矿化和夕卡岩型矿化，前者矿石矿物主要为黄铜矿、黄铁矿；后者矿石矿物主要有黄铜矿、辉钼矿、闪锌矿、方铅矿、磁黄铁矿等	NWW向断裂是重要控岩和控矿构造，矿区内强烈发育的夕卡岩多金属矿化与花岗闪长岩关系密切	斑岩体具黄铁矿化、绢云母化、向外钾化和硅化；夕卡岩型矿体蚀变以夕卡岩化为主	李世金等，2008b；王晓东等，2009
开荒北金矿床	中型	昆南构造带中段	石英脉型	印支期	Au-Sb-As	黄铁矿、黄铜矿、方铅矿、闪锌矿、毒砂等；微量矿物有自然金、自然银、自然铁等	地层、构造及深部隐伏的岩体、构造控矿最为明显	褐铁矿化、黄铁矿化、硅化、绢云母化、碳酸盐化	闫臻等，2000；郭彤东等，2004；丰成友等，2004

续表

矿床	规模	构造位置	矿床类型	成矿年代	元素组合	金属矿物	控矿因素	围岩蚀变	参考资料
尕林格铁多金属矿床	中型以上	祁漫塔格弧后裂陷槽	热水喷流沉积-夕卡岩化改造型	印支	Fe-Co-Bi-Au	磁铁矿、黄铁矿、磁黄铁矿，含少量黄铜矿、铅锌矿	断裂与其附近的层裂隙与接触带控矿	夕卡岩化，围岩富钙铁夕卡岩类	吴庭祥和李宏录，2009；寇玉才等，2010
乌兰乌珠尔铜矿床	中小型	祁漫塔格弧后裂陷槽	斑岩型	印支期	Cu-Mo	磁黄铁矿、黄铜矿、白铁矿、毒砂、磁铁矿	花岗斑岩脉控矿，显示良好的蚀变分带	蚀变有钾化、绢英岩化和青磐岩化	佘宏全等，2007；何书跃等，2008
什多龙锌铅多金属矿床	中型	鄂拉山构造带	夕卡岩型	印支期	Zn-Pb-Cu	闪锌矿、方铅矿、黄铜矿、黄铁矿、磁黄铁矿、白铁矿、毒砂、磁铁矿等	同生张性断裂及造山阶段形成的韧性剪切构造和推覆体控矿	夕卡岩化、硅化、绿泥石化、方解石化、白云母化	宋治杰等，1995；吴健辉等，2010
果洛龙洼金矿床	中型	昆中荟岩带	变质热液型	晚古生代	Au-As-Sb	银金矿、自然金、黄铜矿、黄铁矿、磁铁矿、赤铁矿、方铅矿、孔雀石、褐铁矿等	沉积建造，NWW-NW向韧性剪切型、岩浆-热液活动	硅化、绢云母化、绿泥石化、黄铁矿化等	潘彤等，2006；杨小斌等，2006
苦海汞矿	大型	东昆南造山带南带	渗滤交代型	印支晚期	Hg-(Au)	主要由辰砂组成，有少量辉锑矿、毒砂；其他金属矿物有黄铁矿，偶见铜黄铜矿、硫锑汞矿	构造和地层联合控制	主要有硅化、碳酸盐化，其次为褐铁矿化	丁正江等，2010

续表

矿床	规模	构造位置	矿床类型	成矿年代	元素组合	金属矿物	控矿因素	围岩蚀变	参考资料
托克妥铜金多金属矿床	小型	昆中构造带	斑岩型	印支期	Cu-Au	主要有黄铁矿，其次为黄铜矿、斑铜矿、闪锌矿、方铅矿等	高钾钙碱性中酸性斑岩体	含矿斑岩向外：钾化、绢云母化、青磐岩化、绢英岩化	张德全等，2002b；吴健辉等，2010
野马泉铁多金属矿床	中型	祁漫塔格裂陷带	夕卡岩型	印支期	Fe-Zn-Cu-Pb	磁铁矿、闪锌矿、黄铜矿、方铅矿、磁黄铁矿、黝铜矿、蓝铜矿、白铁矿	受岩体侵入接触带、围岩性、断裂、裂隙及层间破碎综合控制	硅化、钠长石化、绿帘石化、绿泥石化、角岩化、阳起石化等	刘云华等，2005，2006
五龙沟金矿床	大型	昆中构造带中段	构造蚀变岩型	海西期矿化，印支期富集成矿	Au-As-Sb	黄铁矿、辉(锑)矿、毒砂；闪锌矿、方铅矿中的金含量非常低	NWW向大型剪切带旁侧的NW-NNW向剪切带或断裂带-裂隙带	硅化、绢云母化、黄铁矿化等，其次有辉锑矿化、铁碳酸盐化、高岭土化	李厚民等，2001；钱壮等，1998；丰成友等，2004
虎头崖矿床	大型	祁漫塔格裂陷带	夕卡岩型	海西期	Cu-Pb-Zn	闪锌矿、方铅矿、黄铜矿、磁黄铁矿、黄铁矿、脆硫锑铅矿	地层及其接触带	硅化、绿泥石化、绿帘石化、透闪石化、透辉石化为主	刘增铁等，2008；张爱奎等，2010
马尔争铜钴矿点	尚未形成矿床	昆南构造带	火山喷流型	早二叠世	Cu-Co-Au	磁铁矿、黄铁矿、黄铜矿、辉铜矿、方铅矿、闪锌矿	产于马尔争组基性火山岩中，金矿化受控于NW向同断裂构造剪切破碎带内	青磐岩化、绢云母化、硅化	张德全等，2002b

2）与陆–碰撞或陆内俯冲有关的造山型矿床组合

与陆–碰撞或陆内俯冲有关的造山型矿床组合包括夕卡岩型、斑岩型、造山型铜、金、铁、钨、锡、钴、铅、锌等矿床，造山型金矿常与超地壳断裂构造有关（侯增谦，2010），东昆仑地区造山型金矿床大多产于构造边界和/或深大断裂旁侧，受韧性或韧脆性次级断裂构造系统控制（张德全等，2007），如五龙沟金矿床、开荒北金矿床等。由于造山运动，特别是古特提斯洋在晚海西—印支期向北俯冲碰撞作用下，东昆中、东昆北形成了一系列与造山运动有关的斑岩型、夕卡岩型矿床，如乌兰乌珠尔斑岩铜矿床、肯德可克夕卡岩型铜、铁、钴、金多金属矿床、卡尔却卡夕卡岩–斑岩型铜多金属矿床、野马泉夕卡岩型铁多金属矿等。

2.3.3　成矿系列

1. 成矿系列研究现状

成矿系列理论是程裕琪等（1979）在"几层楼"成矿概念和"汾岩铁矿"模式启发下提出的，并将该理论进一步发展应用到多种成矿地质背景下的不同矿床的成矿系列研究。矿床成矿系列（程裕琪等，1979；程裕琪，1983；陈毓川，1998，1999）是指在一定的地质时期和地质环境中，在一定的主导地质成矿作用下形成的，时间、空间和成因上有密切联系，但其具体生成条件有差别的一组（两个以上）矿床类型的组合。这些矿床自然体主要形成于同一成矿期，大致相当于三、四级大地构造单元的同一成矿区，并在区域成矿的发生、发展上有着内在联系，但由于所处的成矿演化阶段的不同，具体的成矿空间、构造与围岩条件、成矿元素和地球化学性质等的差异，可以分属于不同的成因类型。矿床成矿系列包含"四定"（陈毓川等，2007），即：在一定的地质历史时期或构造运动阶段，在一定的地质构造单元及构造部位，与一定的成矿作用有关，形成一组具有一定成因联系的矿床的自然组合。

矿床组合可以根据不同时代的矿床划分，而成矿系列是指同一成矿时代下的不同矿床的组合。通常对矿床成矿系列研究，主要是对一定区域内互有成因联系的矿床进行共生组合分析，理顺它们之间的内在关系，建立区域成矿模式，研究它们在地质历史发展中的相互联系和成矿演化。运用成矿系列理论可以有效深刻地认识和总结区域成矿规律。近年来，国内的矿产勘察评价和研究表面，应用矿床成矿系列进行区域成矿预测和成矿规律分析是行之有效的理论，并取得了显著的成绩（刘凤山和石准立，1998；梅燕雄等，2004；王登红等，2007；任涛等，2009）。在矿床成矿系列的厘定中，对构造及成矿环境的时空演化研究是建立矿床成矿系列的关键因素。

2. 矿床成矿系列划分

矿床类型或矿床式是成矿系列中的基本组成单元，一个成矿系列通常有两个或两个以上的矿床式组成。

在对青海东昆仑成矿带金属矿床成矿系列划分的过程中，考虑了如下几个问题。

（1）矿床成矿系列划分是根据矿床成矿系列理论和当前研究区内研究程度的基础之上进行的，显然现有的研究资料和对不同矿床的成因特征、成矿特征、构造特征以及时空演化特征的认识和理解是非常关键的。因此，矿床成矿系列的划分是一个动态的过程，它是随着对不同矿床特征研究程度的差异以及新型矿床的不断发现而不断变化的，致使划分的矿床成矿系列也会有差别。同一个研究地区，也会因研究者研究角度以及出发点或认识程度的不同也会有不同的划分方案，但矿床成矿系列的第一个级别，即矿床成矿系列组合的划分方案应大致相同，如与岩浆活动有关的成矿系列和与沉积作用有关的成矿系列等。

（2）矿床成矿系列的划分是一个不断修正、不断补充的过程。随着矿产调查勘察评价工作的深入，不少矿床、矿（化）点的规模、地质特征、矿床成因类型将会得到新的认识，因此，本次有关矿床成矿系列的认识和划分方案只是在现有资料基础之上的总结。

（3）某些矿床成矿系列中的个别矿床式在东昆仑地区仅以一些矿点、矿化点的形式存在，并没有形成规模的矿床，在研究区内没有找到合适的矿床实例来建立相应的矿床式，因此，借用了研究区外的个别矿床式，如德尔尼式，它在昆南构造带和阿尼玛卿造山带具有相应的矿化线索和相似的成矿特征。

张德全等（2002b）将东昆仑地区内生金属矿床划分为两个矿床组合，并将金铜多金属矿床划分为5个成矿系列18个矿床式。程裕淇（1983）认为在对与岩浆作用有关的矿床成矿系列组合划分时，主要是依据岩浆的酸度和碱度、产出的相深条件（浅成、中浅成、中深成）、火山作用成矿的海相、陆相条件等，在划分时应综合考虑有关因素，其中与岩浆岩成矿专属性有密切关系的酸碱度常具有首要的意义。本研究对与岩浆作用有关的矿床组合进行成矿系列划分时，着重考虑岩浆的酸碱度。在矿床成矿系列理论和原理指导下，参考前人的资料和最新的研究成果，对青海东昆仑成矿带矿床成矿系列重新厘定为7个成矿系列14个矿床式，见表2.3。

1）新元古代与火山–沉积变质有关的 Fe 矿床成矿系列

该矿床成矿系列的矿床式是清水河式，主要分布在东昆仑元古界浅变质岩中，含矿岩系为中元古界喷流–沉积层，经后期造山运动进一步的富集，主体岩系为硅质碳酸盐岩。中元古代早期，古陆边缘形成稳定的沉积盆地，热水或热卤水不断从深部途径的围岩中吸取成矿物质，形成含矿热液并喷发到盆地中沉积，同生断裂作为形成热水循环的裂隙系统，是该类型铁矿床主要的控矿因素。形成铁矿层、含砾阳起石、含砾绿泥石绢云母千枚岩、含铁白云质大理岩等喷流热水沉积岩。经区域变质作用和构造、岩浆热液活动的改造，大部分赤铁矿、铁碳酸盐变为磁铁矿，形成含有菱铁矿赤铁矿的磁铁矿体和赤铁矿体，如清水河铁矿床、磁铁山铁矿床等。

表 2.3　青海东昆仑矿床成矿系列划分简表

矿床成矿系列组合系列	矿床成矿系列	矿床成矿亚系列	矿床式	典型矿床（点）
与沉积有关的矿床组合系列	新中元古代与火山-沉积变质有关的铁矿床成矿系列		清水河式	清水河铁（钴）多金属矿床，洪水河铁矿床、磁铁山铁矿床
	与火山-喷流作用有关的铜、钴、金矿床成矿系列（VHMS）	新中元古代与基性火山岩、火山碎屑岩、碳酸盐有关的铜、钴、金成矿成矿亚系列	督冷沟式	督冷沟铜钴矿床
		石炭-二叠系与中基性火山岩、变火山岩、砂岩、灰岩有关的铜、钴、金、铅、锌矿床成矿亚系列	德尔尼式	德尔尼铜矿床（刘增铁等，2008）、马尔争、布青山铜钴矿点
	与热水喷流-沉积有关的铜、铅、锌、锡矿床成矿系列（SEDEX）	奥陶系与浅变质火山岩、沉积岩有关的钴、金矿床成矿亚系列	驼路沟式	驼路沟钴金矿床
		早中二叠世与碳酸盐岩、细碎屑岩、夕卡岩、千枚岩等相沉积岩系有关的铜、铅、锌矿床成矿亚系列	铜峪沟式	铜峪沟铜矿床、日龙沟锡多金属矿床、赛什塘铜矿床
		印支期与泥岩、泥质硅岩、碳酸盐岩、不纯硅岩等碳硅泥岩有关的铜、铅、锌、银矿床成矿亚系列	索拉沟式	索拉沟铜银多金属矿床
	与新生代沉积作用有关的砂金矿床成矿系列		柯尔咱程式	柯尔咱程矿床、南木塘矿点、水塔拉矿点、曲让河矿点、扎莫托矿点
与岩浆作用有关的矿床组合系列	与造山运动有关的金、砷、锑、汞矿床成矿系列	海西-印支期与构造-岩浆活动有关的金、锑矿床成矿亚系列	五龙沟式	开荒北金矿床、五龙沟金矿床、石灰沟金矿床、巴隆金矿床、小干沟金矿床、中支沟金矿床
		印支期与低温热液活动有关的汞、金、铊矿床成矿亚系列	苦海式	苦海汞矿
	与中酸性岩浆侵入有关的铁、铜、铅、锌、钼、钨矿床成矿系列	印支期与钙碱性系列酸性侵入岩类有关的铜、钼（金、银）矿床成矿亚系列	乌兰乌珠尔式	乌兰乌珠尔铜多金属矿床
		印支期与高钾钙碱性系列酸性侵入岩类有关的铜、钼（金、银）、铅、锌矿床成矿亚系列	卡尔却卡式	卡尔却卡铜多金属矿床、鸭子沟铜钼多金属矿床
		印支-燕山期与钙碱性系列中酸性侵入岩类有关的铜（钼、铅、锌）矿床成矿亚系列	托克妥式	托克妥铜多金属矿床、清水河东沟铜（钼）矿床点
		海西-印支期与高钾钙碱性系列中-酸性侵入岩类有关的铁、铜（钼）、钴、铅、锌、锡矿床成矿亚系列	野马泉式	野马泉铁多金属矿床、索拉吉尔铜钼矿床、五一河铁多金属矿床、海寺铁（钴金）多金属矿床、虎头崖铜多金属矿床
	印支期与中酸性岩侵入改造有关的铁、钴、铜、铅、锌矿床成矿系列		肯德可克式	肯德可克铁钴多金属矿床、尕林格铁多金属矿床

2) 与火山-喷流作用有关的铜、钴、金矿床成矿系列

（1）新中元古代与基性火山岩、火山碎屑岩、碳酸岩盐有关的铜、钴、金矿床成矿亚系列。该矿床成矿亚系列的矿床式为督冷沟式，赋矿地层为万保沟群基性火山岩、碳酸岩组和火山碎屑岩组，地层的变质程度比较高。其中，火山岩的原岩显示细碧角斑岩系特征，具有形成块状硫化物矿床的性质（刘增铁等，2008）；碳酸盐岩主要由一套灰质白云岩、白云岩、白云质灰岩组成，与基性火山岩之间呈断层接触。矿石构造有浸染状构造、块状构造、角砾状构造、脉状构造、斑杂状构造等，表现出明显的后生矿床构造特征。整个火山岩系缺乏粗火山碎屑岩类，岩石普遍遭受了绿片岩相的变质作用，形成绢云母绿泥片岩、绢云母石英片岩、粉砂质板岩等。近矿围岩通常发生硅化、绢云母化和碳酸盐化等蚀变作用（党兴彦等，2006）。成矿的初始阶段为新中元古代海底火山喷发阶段，火山喷流作用形成了初始的原始矿化，有可能形成矿体，但富集成矿主要集中在海西—印支期造山旋回过程中，对先前的矿化起到强烈的叠加改造作用。它们赋存于万保沟群下部基性火山岩段两个不同层位的玄武岩与碎屑岩的过渡部位，大多数矿体产于碎屑岩内或断裂旁侧，具明显的层位和构造双控特征。

（2）石炭-二叠系与中基性火山岩、变火山岩、砂岩、灰岩有关的铜、钴、金、铅、锌矿床成矿亚系列。该矿床成矿亚系列的矿床式为德尔尼式，赋矿围岩为布青山群，由一套结晶灰岩泥灰岩、中基性火山岩及碎屑岩组成，属原特提斯北缘活动带中的浅海相沉积，主要的岩石类型有纯橄岩、橄辉岩、辉橄岩和辉石岩，以橄辉岩为主，岩石均发生蛇纹石化。围岩以碳酸盐化、蛇绿岩化、硅化为主，与矿体空间分布关系最为密切，其次有滑石化、绿泥石化、钠闪石化、绿帘石化、金云母化等，与矿体关系不密切。该矿床亚系列形成于海底喷溢、喷流作用，与洋中脊或弧后扩张中心的大陆边缘。外围的岩石组合为变质橄榄岩-辉长岩-玄武岩-硅质板岩-砂板岩。在研究区内还没有发现成型矿床，仅发现一些矿点、矿化点，如马尔争、布青山铜钴矿点。

3) 与热水喷流-沉积有关的铜、铅、锌、锡矿床成矿系列

（1）奥陶系与浅变质火山岩、沉积岩有关的钴、金矿床成矿亚系列。该矿床亚系列的矿床式是驼路沟式，含矿岩系为一套浅变质、绿片岩相的火山-沉积岩系，为早古生代奥陶系裂解作用下的产物。赋矿地层为纳赤台群，构造环境为裂陷海盆（丰成友等，2005）。该套地层自下而上为变黑色页岩段、变凝灰岩-砂岩段、变火山-沉积岩段和变砂岩段，其中变火山-沉积岩段发育典型的喷气沉积岩-石英钠长石，如图2.11、图2.12。它不仅是含矿主岩，而且是重要的找矿标志（张德全等，2002a）。早古生代，海底火山喷发作用从深部基底物质中带出的，并与热水流体一起沉积下来，赋存在石英钠长石岩中，早古生代发生强烈的裂解作用致使驼路沟钴、金矿床的喷流沉积成矿作用即形成于该期裂陷海盆中。

大量研究表明，在东昆仑地区沿昆南、昆中构造带中西段分布有一系列与大陆裂解过程有关的火山-沉积岩系，这套岩系已延伸到东昆仑造山带的东段（陈能松等，2002；丰成友等，2006）。由于大规模的火山-喷流沉积成矿作用，这套岩系中形成了一些极具经济价值的铜、钴、金等矿床。因此，该成矿亚系列对探讨早古生代地质演化和预测同种成矿系列的矿床，均具有重要的科学意义和应用价值。

图 2.11　石英钠长石图　　　　　　　　　　图 2.12　石英钠长石

（2）早中二叠世与碳酸盐岩、细碎屑岩、夕卡岩、千枚岩等海相沉积岩系有关的铜、铅、锌矿床成矿亚系列。该矿床亚系列的矿床式为铜峪沟式，赋矿地层为一套以碎屑岩-碳酸盐岩沉积的海相沉积岩系，和一套火山-沉积岩系、粉砂千枚岩夹层状夕卡岩、不纯硅质岩，片理化凝灰质砂岩夹蚀变凝灰岩和变玄武岩。侵入岩以海西期花岗闪长岩、印支期以闪长岩及石英闪长岩为主。金属矿物主要为黄铜矿、磁黄铁矿，其次为黄铁矿、白铁矿、闪锌矿，少量黄锡矿、斑铜矿等。次生氧化矿物有褐铁矿、孔雀石和蓝铜等。围岩蚀变主要有角岩化、类夕卡岩化和热液蚀变，其中夕卡岩化与矿体密切共生。热液蚀变主要为硅化、钾长石化、阳起石化、绿帘石化、绿泥石化和碳酸盐化等。成矿物质具有多来源，主要来自早二叠世以后的含矿地层或地质体。层状矿体并与层夕卡岩和富硅质沉积物相伴生为突出特征，矿床形成于陆缘拉张裂陷盆地环境。

（3）印支期与泥岩、泥质硅岩、碳酸盐岩、不纯硅岩等碳硅泥岩有关的铜、铅、锌、银矿床成矿亚系列。该矿床亚系列的矿床式为索拉沟式，赋矿地层为中三叠系，成矿受地层控制（燕宁等，2011）。围岩主要为由粉砂质变泥岩、不纯硅质岩、粉（细）砂岩、凝灰岩等构成的类复理石建造。金属矿物主要有黄铜矿、方铅矿、闪锌矿。成矿特征：伴随着海西—印支期海底火山喷发作用，形成了富含铜、铅、锌、银等元素的高背景矿源层，后期的区域变质作用、构造-岩浆活动对高背景矿源层进行了强烈的改造，形成了热水沉积-热液叠加改造型矿床。

4）与造山运动有关的金、铯、锑、汞矿床成矿系列

（1）海西—印支期与构造-岩浆活动有关的金、锑矿床成矿亚系列。该矿床成矿亚系列的矿床式为五龙沟式，主要有如下特征：①矿床分布于大型复杂造山构造带内；②矿床的形成与增生造山过程密切相关；③矿床围岩蚀变程度一般较低，为绿片岩相变质，典型蚀变矿物组合为石英、碳酸盐、云母、绿泥石、黄铁矿等；④矿床受构造控制明显，矿床的形成则发生在韧-脆性变形的转换阶段；⑤矿床形成具有明显的时间滞后性，主要形成于同造山过程的峰变质期或峰期变质之后。该矿床式的构造旋回是叠加在加里东造山带之上的一次复合造山作用，晚海西—印支期的强烈俯冲及碰撞过程不但形成了一些深断裂、大型剪切带及次一级的褶皱和断裂-裂隙构造，而且发生了大规模金属成矿作用，尤其对金成矿至关重要，形成了如五龙沟、开荒北、小干沟、巴隆等金矿床（点），为本区最主要的金成矿期。

（2）支期与低温热液活动有关的汞、金、铊矿床成矿亚系列。该成矿亚系列矿床式为苦海式，矿体围岩主要为灰岩、千枚状板岩、石英砂岩，蚀变广泛发育，但蚀变种类简单，主要为硅化、碳酸盐化。灰岩多为碳酸盐化、硅化；砂岩以硅化为主，次为碳酸盐化。成矿特征是偏低温热液（丁正江等，2010），海西期伴随古特提斯洋壳沿昆南断裂向北的俯冲过程，不断接受滨海-浅海相沉积，大规模的陆源碎屑混杂沉积、海生生物沉积带来了丰富的汞矿质，含炭质碳酸盐砂岩建造富含金、汞、锑、铊、锡等成矿元素，为后期成矿提供了矿质来源；在印支晚期随着阿尼玛卿洋消减闭合，进入了陆-陆碰撞造山阶段，构造岩浆等热事件触发地下水热液及岩浆热液沿深大断裂及次级褶皱断裂构造迁移，不断从围岩中萃取成矿物质，在构造、物理地球化学条件适宜的地方聚集形成汞矿体。

5）与中酸性岩浆侵入有关的铁、铜、铅、锌、钼、钨矿床成矿系列

（1）印支期与钙碱性系列酸性侵入岩类有关的铜、钼（金、银）矿床成矿亚系列。该成矿亚系列矿床式为乌兰乌珠尔式，矿床类型为斑岩型，矿床产于乌兰乌珠尔斜长花岗岩体内，区内岩石主要为侵入岩，并未直接与地层接触。侵入岩主要为海西期斑状斜长花岗岩及中粒、细粒斜长花岗岩，二者呈相变关系。斑岩型与角砾岩型矿化紧密共生，铜矿（化）斑岩枝（脉）状两侧发育热液脉型及角砾岩型矿化。铜矿床具有典型的斑岩型矿床蚀变分带，自斑岩中心向外，可以划分出三个主要的蚀变带，钾化-绢英岩化带，绢英岩化带，青磐岩化带，控矿斑岩内部为钾化和硅化叠加绢英岩化带，蚀变越强，铜矿化越好。

（2）印支期与高钾钙碱性系列酸性侵入岩类有关的铜、钼（金、银）、铅、锌、矿床成矿亚系列。该成矿亚系列矿床式为卡尔却尔式，矿床类型为斑岩型，具夕卡岩型矿化体，在接触带部位形成夕卡岩型矿化带，是这类矿床的显著特点。赋矿地层为一套以火山岩、碳酸盐岩、碎屑岩组合为主的滩间山群。在侵入岩与碳酸盐岩的接触部位形成夕卡岩矿化带，不同的矿化夕卡岩带产出不同的成矿元素组合。含矿岩体主要为花岗斑岩、花岗闪长岩、黑云母二长花岗岩，少量闪长岩、闪长玢岩等。主要金属矿物为黄铜矿、黄铁矿，含少量黑钨矿、锡石、毒砂。含矿斑岩体发育黄铁矿化、青盘岩化、绢云母化矿化、黏土化等。蚀变特征表现为自矿体中心向外的面型，中部为钾化和硅化，外侧为黄铁绢英岩化，地表普遍有褐铁矿化。

岩石学及岩石地球化学特征显示含矿岩性属次铝-过铝的高钾钙碱性系列，具碰撞后花岗岩的特点。岩浆侵入过程中，与含碳酸盐地层围岩进行了物质交代，形成了夕卡岩矿化，常见夕卡岩型铅锌矿化和铜钼矿化，在中酸性岩体中不同方向的断裂破碎蚀变带中具有热液脉型多金属矿化。

（3）印支期–燕山期与钙碱性系列中酸性侵入岩类有关的铜（钼、铅、锌）矿床成矿亚系列。该成矿亚系列的矿床式为托克妥式。赋矿岩体是花岗岩类侵入岩，岩体侵入年代为晚海西期晚期，推断为印支期侵入体，成矿期为燕山期。与成矿有关的闪长玢岩外围是爆破角砾岩，其内部仅见微弱的钾长石化和绢云母化、岩体边缘大部分仅见微弱的绢云母化。

（4）海西—印支期与高钾钙碱性系列中性–酸性侵入岩类有关的铁、铜、钴、钼、铅、锌、锡矿床成矿亚系列。该成矿亚系列的矿床式为野马泉式。赋矿地层为早古生代具碳酸盐岩、硅质岩、变质大理岩、夕卡岩化大理岩组合的奥陶系滩间山群和石炭系上统缔敖苏组碳酸盐岩。前者为一套拉张环境下喷流–沉积形成的地层，后者为一套滨–浅海相沉积岩系。成矿岩性与海西—印支期中酸性侵入岩关系密切，特别是印支期侵入岩，岩石类型有含黑云母闪长岩、花岗闪长岩、斑状二长花岗岩等，其中细粒黑云母花岗闪长岩与夕卡岩型多金属矿化关系密切，属高钾钙碱性系列岩石（丰成友等，2009）。矿体一般产出在侵入体与滩间山群和石炭系地层接触部位，成矿作用受岩体侵入接触带、围岩岩性、断裂、裂隙及层间破碎综合控制。

6）印支期与中酸性岩侵入改造有关的铁、钴、铜、铅、锌矿床成矿系列

该成矿亚系列矿床式为肯德可克式，赋矿地层为早古生界滩间山群一套中基性火山岩组、碳酸盐岩组和碎屑岩组。围岩主要为滩间山群下岩组的硅质岩夹砂岩、硅质泥质岩、泥质岩、大理岩等，以大理岩和硅质泥质岩为主。含矿的硅质岩、含炭硅质岩、石榴子石透辉石岩、含炭钙质板岩、白云质碳酸盐岩是在弧后裂陷海盆地中、火山活动间歇期热水喷流沉积形成的热水沉积岩建造，或称炭硅泥建造。该类矿床的形成经历了加里东期火山喷流沉积阶段和后期印支—燕山期构造–岩浆热液改造阶段。奥陶纪时期海底热水喷流–沉积作用带来钴、金、铜、铋、镍、铅、锌和铁等成矿元素，盆地中形成了富含以上元素的硅质岩和碎屑岩，为后期热液改造成矿提供了物质基础并初步富集，印支—燕山期的构造岩浆作用，成矿物质进一步富集、叠加，形成叠生型矿床，印支—燕山早期的夕卡岩化热液改造是主要的成矿期，在构造破碎带内的夕卡岩顺层分布并富集成矿。

7）新生代与沉积作用有关的砂金矿床

新生代的成矿作用主要发生在陆内断陷盆地中，控矿断陷盆地形成于晚白垩世—新近纪，砂金矿的形成主要受控于矿源岩，在很大程度上也与新构造运动有关。在东昆仑地区主要分布在阿尼玛卿带和苦海—赛什塘一带，但到目前为止，还没有发现具规模的砂金矿床，仅在这些地区发现了一些矿点。主要分布在哇洪山—温泉断裂一带及其东侧盆地中，南木塘矿点、水塔拉矿点、曲让河矿点等。

参 考 文 献

阿成业，王毅智，任晋祁，等. 2003. 东昆仑地区万保沟群的解体及早寒武世地层的新发现. 中国地质，30（2）：199～206

边千韬，赵大升，叶正仁，等．2002．初论昆祁秦缝合系．地球学报，23（6）：501～508

程裕琪．1983．再论矿床的成矿系列问题．中国地质科学院院报，1～64

程裕琪，陈毓川，赵一鸣．1979．初论矿床的成矿系列问题．中国地质科学院院报，1（1）：32～58

陈毓川．1999．当代矿产资源勘查评价的理论与方法．北京：地震出版社

陈毓川，裴荣富，宋天锐，等．1998．中国矿床成矿系列初论．北京：地质出版社

陈毓川，王登红，朱裕生，等．2007．中国成矿体系与区域成矿评价．北京：地质出版社

陈能松，何蕾，孙敏，等．2002．东昆仑造山带早古生代变质峰期和逆冲构造变形年代的精确限定．科学通报，47（8）：628～631

陈能松，孙敏，王勤燕，等．2008．东昆仑造山带中带的锆石 U-Pb 定年与构造演化启示．中国科学 D辑：地球科学，38（6）：657～666

陈守建，李荣社，计文化，等．2008．昆仑造山带石炭纪岩相特征及构造古地理．地球科学与环境学报，30（3）：221～233

陈守建，李荣社，计文化，等．2010．昆仑造山带二叠纪岩相古地理特征及盆山转换探讨．中国地质，37（2）：374～393

段吉业，葛肖虹．2005．中国西北地区各构造单元之间地层和生物古地理的亲缘关系–兼论西北地区构造格局地质通报，24（6）：558～563

党兴彦，李智明．2004．青海昆仑山口成矿区矿产资源潜力评价．西宁：青海省地质调查院

党兴彦，范桂忠，李智明，等．2006．东昆仑成矿带典型矿床分析．西北地质，39（2）：143～155

丁正江，孙丰月，李碧乐．2010．青海省苦海汞（金）矿床地质特征及找矿前景分析．地质与勘探，46（2）：198～206

丰成友，张德全，王富春，等．2004．青海东昆仑复合造山过程及典型造山型金矿地质．地球学报，25（4）：415～422

丰成友，张德全，党兴彦，等．2005．青海格尔木地区驼路沟钴（金）矿床石英钠长石岩锆石 SHRIMPU-Pb 定年对"纳赤台群"时代的制约．地质通报，24（6）：501～505

丰成友，张德全，屈文俊，等．2006．青海格尔木驼路沟喷流沉积型钴（金）矿床的黄铁矿 Re-Os 定年．地质学报，80（4）：571～576

丰成友，李东生，吴正寿，等．2009．青海东昆仑成矿带斑岩型矿床的确认及找矿前景分析．矿物学报，增刊：171～172

葛肖虹，刘俊来．2000．被肢解的"西域克拉通"．岩石学报，16（1）：59～66

何书跃，祁兰英，舒树兰，等．2008．青海祁漫塔格地区斑岩铜矿的成矿条件和远景．地质与勘探，44（2）：14～22

郭宪璞，王乃文，丁孝忠．2004．东昆仑格尔木南部纳赤台群和万宝沟群基质系统与外来系统地球化学差异．地质通报，23（12）：1188～1195

郭宪璞，王乃文，丁孝忠，等．2003．青海东昆仑纳赤台群基质系统与外来系统的关系．地质通报，22（3）：160～164

郭正府，邓晋福，许志琴，等．1998．青藏东昆仑晚古生代末——中生代中酸性火成岩与陆内造山过程．现代地质，12（3）：344～352

郭晓东，张玉杰，刘桂阁，等．2004．东昆仑地区金铜等成矿规律及找矿方向．黄金地质，10（4）：16～22

高章鉴，罗才让，井继锋．2001．青海省肯德可克金矿热水沉积层夕卡岩特征及成矿意义．西北地质，34（2）：50～53

高晓峰，校培喜，谢从瑞，等．2010．东昆仑阿牙克库木湖北巴什尔希花岗岩锆石 LA-ICP-MS U-Pb 定

年及其地质意义. 地质学报, 29 (7)：1001~1008

郝杰, 刘小汉, 桑海清. 2003. 新疆东昆仑阿牙克岩体地球化学与^{40}Ar-^{39}Ar 年代学研究及其大地构造意义. 岩石学报, 19 (3)：517~522

侯增谦. 2010. 大陆碰撞成矿论. 地质学报, 84 (1)：30~58

姜春发, 杨经绥, 冯秉贵, 等. 1992. 昆仑开合构造. 北京：地质出版社

姜耀辉, 芮行健, 贺菊瑞, 等. 1999. 西昆仑加里东期花岗岩类构造的类型及大地构造意义. 岩石学报, 15 (1)：105~115

寇玉才, 李战业, 王英孝. 2010. 尕林格夕卡岩型铁多金属矿床地质——地球物理模型. 西北地质, 43 (2)：20~31

李宏录, 卫岗, 曾宪刚, 等. 2009. 应用航磁资料在野马泉地区寻找以铁为主多金属矿产. 物探与化探, 33 (2)：117~122

李厚民, 沈远超, 胡正国, 等. 2001. 青海五龙沟金矿床矿石、矿物含金性及金的赋存状态. 矿物学报, 21 (1)：89~94

李世金, 孙丰月, 丰成友, 等. 2008a. 青海东昆仑鸭子沟多金属矿的成矿年代学研究. 地质学报, 82 (7)：949~955

李世金, 孙丰月, 王力, 等. 2008b. 青海东昆仑卡尔却卡多金属矿区斑岩型铜矿的流体包裹体研究. 矿床地质, 27 (3)：399~406

李东生, 奎明娟, 古凤宝, 等. 2009. 青海赛什塘铜矿床的地质特征及成因探讨. 地质学报, 83 (5)：719~730

李荣社, 计文化, 赵振明, 等. 2007. 昆仑早古生代造山带研究进展. 地质通报, 26 (4)：373~381

李光岑, 林宝玉. 1982. 昆仑山东段几个地质问题的探讨. 青藏高原地质论文集

李廷栋, 肖序常. 1996. 青藏高原地体构造分析——青藏高原岩石圈结构构造和形成演化. 中华人民共和国地质矿产部地质专报, 20：6~20

李智明, 薛春纪, 王晓虎, 等. 2007. 东昆仑区域成矿特征及有关找矿突破问题分析. 地学评论, 53 (5)：708~718

刘继庆, 胡正国, 钱壮志, 等. 2000. 东昆仑 NW 向线性构造带地质特征及找矿意义. 西安工程学院学报, 22 (2)：18~21

刘凤山, 石准立. 1998. 太行山燕山造山带与中生代花岗岩有关的金属矿床成矿系列特征. 矿床地质, 17 (3)：193~203

刘云华, 莫宣学, 张雪亭, 等. 2005. 东昆仑野马泉地区夕卡岩矿床地质特征及控矿条件. 华南地质与矿产, 3：18~23

刘云华, 莫宣学, 喻学惠, 等. 2006. 东昆仑野马泉地区景忍花岗岩锆石 SHRIMP U-Pb 定年及其地质意义. 岩石学报, 22 (10)：2457~2463

刘增铁, 任家琪, 邬介人, 等. 2008. 青海铜矿. 北京：地质出版社

刘成东, 莫言学, 罗照华, 等. 2004. 东昆仑壳——幔岩浆混合作用：来自锆石 SHRIMP 年代学的证据. 科学通报, 49 (6)：592~602

刘战庆, 裴先治, 李瑞保, 等. 2011. 东昆仑南缘阿尼玛卿构造带布青山地区两期蛇绿岩的 LA-ICP-MS 锆石 U-Pb 定年及其构造意义. 地质学报, 85 (2)：185~194

罗照华, 邓晋福, 曹永清, 等. 1999. 青海省东昆仑地区晚古生代—早中生代火山活动与区域构造演化. 现代地质, 13 (1)：51~56

罗照华, 柯珊, 曹永清, 等. 2002. 东昆仑印支晚期幔源岩浆活动. 地质通报, 21 (6)：292~297

梅燕雄, 裴荣富, 李进文, 等. 2004. 中国中生代矿床成矿系列类型及其演化. 矿床地质, 23 (2)：

190 ~ 197

莫宣学, 邓晋福. 1998. 东昆仑中段铜金成矿条件及找矿方向的框架研究. 北京: 中国地质大学

莫宣学, 罗照华, 喻学惠, 等. 2004. 东昆仑造山带岩浆混合花岗岩及其填图方法基础研究. 《中国花岗岩重大地质问题研究》第六课题报告.

潘桂堂, 陈智梁, 李兴振, 等. 1997. 东特提斯地质构造形成演化. 北京: 地质出版社

潘彤, 马梅生, 康祥瑞. 2001. 东昆仑肯德可克及外围钴多金属矿找矿突破的启示. 中国地质, 28 (2): 17 ~ 20

潘彤, 罗才让, 伊有昌, 等. 2006. 青海省金属矿产成矿规律及成矿预测. 北京: 地质出版社

潘裕生, 周伟明, 许荣华, 等. 1996. 昆仑山早古生代地质特征与演化. 中国科学 (D 辑), 26 (4): 302 ~ 607

钱壮志, 胡正国, 刘继庆. 1998. 东昆仑北西向韧性剪切带发育的区域构造背景——以石灰沟韧性剪切带为例. 成都理工学院学报, 25 (2): 201 ~ 205

钱壮志, 胡正国, 刘继庆, 等. 2000. 古特提斯东昆仑活动陆缘及其区域成矿. 大地构造与成矿学, 24 (2): 134 ~ 139

青海省地质矿产局. 1981. 区域地质调查报告 (1:20 万), 格尔木市幅 (J2462 [35])、纳赤台幅 (I2462 [5])

任涛, 王瑞廷, 王向阳, 等. 2009. 秦岭造山带柞水——山阳沉积盆地铜矿勘查思路与方法. 地质学报, 83 (11): 1730 ~ 1738

谌宏伟, 罗照华, 莫宣学, 等. 2005. 东昆仑造山带三叠纪岩浆混合成因花岗岩的岩浆底侵作用机制. 中国地质, 32 (3): 385 ~ 395

史仁灯, 杨经绥, 吴才来, 等. 2004. 青藏高原北部柴北缘超高压变质带中的岛弧火山岩: 洋–陆俯冲伴随陆–陆俯冲的证据. 地质学报, 78: 52 ~ 64

宋治杰, 张汉文, 李文明, 等. 1995. 青海鄂拉山地区铜多金属矿床的成矿条件及成矿模式. 西北地质科学, 16 (1): 134 ~ 144

佘宏全, 张德全, 景向阳, 等. 2007. 青海省乌兰乌珠尔斑岩铜矿床地质特征与成因. 中国地质, 34 (2): 306 ~ 314

魏启荣, 李德威, 王国灿. 2007. 东昆仑万保沟群火山岩 (Pt_{2w}) 岩石地球化学特征及其构造背景. 矿物岩石, 27 (1): 97 ~ 106

吴庭祥, 李宏录. 2009. 青海尕林格地区铁多金属矿床的地质特征与地球化学特征. 矿物岩石地球化学通报, 28 (2): 157 ~ 161

吴健辉, 丰成友, 张德全, 等. 2010. 柴达木盆地南缘祁漫塔格—鄂拉山地区斑岩—夕卡岩矿床地质. 矿床地质, 29 (5): 760 ~ 774

王移生. 1990. 青海日龙沟锡——多金属矿床地质特征及成矿作用. 西北地质, 2: 43 ~ 48

王松, 丰成友, 李世金, 等. 2009. 青海祁漫塔格卡尔却卡铜多金属矿区花岗闪长岩锆石 SHRIMPU-Pb 测年及其地质意义. 中国地质, 36 (1): 74 ~ 84

王登红, 应立娟, 王成辉, 等. 2007. 中国贵金属矿床的基本成矿规律与找矿方向. 地学前缘, 14 (5): 71 ~ 81

王国灿, 张天平, 梁斌, 等. 1999. 东昆仑造山带东段昆中复合蛇绿混杂岩带及 "东昆中断裂带" 地质涵义. 地球科学 (中国地质大学学报), 24 (2): 129 ~ 133

王国灿, 王青海, 简平, 等. 2004. 东昆仑前寒武纪基底变质岩系的锆石 SHRIMP 年龄及其构造意义. 地学前缘, 11 (4): 481 ~ 490

王国灿, 向树元, 王岸, 等. 2007a. 东昆仑及相邻地区中生代—新生代早期构造过程的热年代学记录.

地球科学（中国地质大学学报），32（5）：605～614

王国灿，魏启荣，贾春兴，等．2007b．关于东昆仑地区前寒武纪地质的几点认识．地质通报，26（8）：929～937

王秉璋，张智勇，张森琦，等．2000．东昆仑东端苦海—赛什塘地区晚古生代蛇绿岩的地质特征．地球科学（中国地质大学学报），25（6）：592～598

王惠初，陆松年，袁桂邦，等．2003．柴达木盆地北缘滩间山群的构造属性及形成时代．地质通报，22（7）：487～493

许志琴，崔军文，张建新．1996．大陆山链变形构造动力学．北京：冶金工业出版社

许志琴，杨经绥，嵇少丞，等．2010．中国大陆构造及动力学若干问题的认识．地质学报，84（1）：1～29

徐文艺，张德全，阎升好，等．2001．东昆仑地区矿产资源大调查进展与前景展望．中国地质，28（1）：25～29

尹安．2001．喜马拉雅—青藏高原造山带地质演化——显生宙亚洲大陆生长．地球学报，22（3）：193～230

殷鸿福，张克信．1997．东昆仑造山带的一些特点．地球科学（中国地质大学学报），22（4）：339～342

殷鸿福，张克信．2003．中华人民共和国区域地质调查报告：冬给措纳湖幅（I47C001002），比例尺1：250000．武汉：中国地质大学出版社

杨经绥，许志琴，马昌前，等．2010．复合造山作用和中国中央造山带的科学问题．中国地质，37（1）：1～11

杨小斌，杨宝荣，王晓云．2006．青海果洛龙洼金矿床金的赋存状态研究．地质与勘探，42（5）：57～59

燕宁，李社宏，陆智平．2011．青海省兴海县索拉沟铜多金属矿矿地质特征与矿床成因．大地构造与成矿学，35（1）：161～166

闫臻，胡正国，刘继庆，等．2000．东昆仑开荒北金矿床地质特征及控矿条件．西安工程学院学报，22（1）：23～27

叶天竺，肖克炎，严光．2007．矿床模型综合地质信息预测技术研究．地学前缘，14（5）：11～19

袁万明，莫宣学，喻学惠，等．2000．东昆仑热液金成矿带及其找矿方向．地质与勘探，36（5）：20～23

袁桂邦，王惠初，李惠民，等．2002．柴北缘绿梁山地区辉长岩的锆石 U-Pb 年龄及意义．前寒武纪研究进展，25（1）：36～39

张爱奎，莫宣学，李云平，等．2010．青海西部祁漫塔格成矿带找矿新进展及其意义．地质通报，29（7）：1062～1074

张德全，丰成友，李大新，等．2001．柴北缘—东昆仑地区的造山型金矿床．矿床地质，20（2）：137～146

张德全，佘宏全，徐文艺，等．2002．驼路沟喷气沉积型钴（金）矿床成矿地质背景及矿床成因的地球化学限制．地球学报，23（6）：527～534

张德全，徐文艺，贾群子，等．2002．东昆仑地区综合找矿预测与突破．北京：中国地质科学院

张德全，党兴彦，佘宏全，等．2005．柴北缘—东昆仑地区造山型金矿床的 Ar-Ar 测年及其地质意义．矿床地质，24（2）：87～98

张德全，王富春，佘宏全，等．2007．柴北缘—东昆仑地区造山型金矿床的三级控矿构造系统．中国地质，34（1）：92～100

张汉文．2001．青海铜峪沟铜矿床的矿化特征、环境和矿床类型．西北地质，34（4）：30～42

张建新，孟繁聪，万渝生，等．2003．柴达木盆地南缘金水口群的早古生代构造热事件：锆石 U-Pb SHRIMP 年龄证据．地质通报，22（6）：397～404

张智勇，殷鸿福，王秉璋，等．2004．昆秦接合部海西期苦海—赛什塘分支洋的存在及其证据．地球科学（中国地质大学学报），29（6）：691～696

朱云海，陈能松，王国灿，等．1997．东昆中蛇绿岩中单斜辉石、角闪石矿物成分特征及岩石学意义．

地球科学（中国地质大学学报），22（4）：364～368

邹长毅，史长义. 2004. 五龙沟金矿区区域地球化学异常特征及找矿标志. 中国地质，31（4）：420～423

Bian Q T, Li D H, Pospelov I, et al. 2004. Age, geochemistry and tectonic setting of Buqingshan ophiolites, North Qinghai-Tibet Plateau, China. Journal of Asian Earth Sciences, 23：577～596

Franklin J M, Gibson H L, Jonasson I R, et al. 2005. Volcanogentic massive sulfide deposits. Economic Geology 100th Anniversary Volume, 523～560

Large R R, McPhie J, Gemmell J B, et al. 2001. The spectrum of ore deposit types, volcanic environments, alteration halos, and related exploration vectors in submarine volcanic successions some examples from Australia. Economic Geology, 96：913～938

Liu Y, Genser T J, Neubauer F, et al. 2005. ^{40}Ar/^{39}Ar mineral ages from basement rocks in the Eastern Kunlun Mountains, NW China, and their tectonic implications. Tectonophysics, 398：199～224

Pan Y S, Zhou W M, Xu R H, et al. 1996. Geological characteristics and evolution of the Kunlun Mountains region during the early Paleozoic. Science In China (Series D), 39（4）：337～347

Sangster D F. 1990. Mississippi Valley- type and Sedex lead- zinc deposits- a comparative examination：Institution of Mining and Metallurgy Transactions. Section B, Applied Earth Sciences, 99：21～42

Urabe T, Bake E T, Ishibashi J, et al. 1995. The effect of magmatic activity on hydrothermal venting along the superfast-spreading East Pacific Rise. Science, 269：1092～1095

Yang J S, Robinson P T, Jiang C F, et al. 1996. Ophiolites of the Kunlun Mountains, China and their tectonic implications. Tectonophysics, 258：215～231

第3章 高光谱遥感岩矿专题信息提取方法

3.1 概　　述

3.1.1 高光谱遥感发展现状

高光谱遥感，即高光谱分辨率成像遥感，是利用地表物质与电磁波的相互作用及其所形成的光谱辐射、反射、透射、吸收以及发射等特征研究地表物体，识别地物类型，鉴别物质成分，分析地物存在状态及动态变化的光学遥感技术（童庆禧等，2006）。高光谱遥感影像包含了丰富的空间、辐射和光谱三重信息，既能表现地物空间展布的几何影像特征，又可以表现像元尺寸地物目标的辐射亮度和光谱信息。这种地物空间、辐射、光谱信息合一的特点使其可以充分利用波谱信息，进行精细的地物识别和制图。高光谱遥感由于其具有的获取地物详细光谱信息资源的独特优势，使其成为现代遥感技术发展的重要方向和研究热点。1983 年第一台成像光谱仪 AIS-1 由美国喷气实验室（jet propulsion laboratory，JPL）研制成功，并成功应用于美国内华达州的试验区。自此，以成像系统和分光技术有机结合为特色的各类成像光谱仪陆续问世。航空机载成像光谱仪中，以美国的航空可见光/红外光谱成像仪 AVIRIS 和加拿大的小型机载成像光谱仪 CASI 最具影响力，这极大地推动了高光谱遥感技术及其应用的发展。在国内，以上海技术物理研究所研制的航空成像仪 MAIS、实用型模块化成像光谱仪 OMIS、宽式场面阵 CCD 超光谱成像仪 PHI 以及最新的高分辨率成像光谱仪 C-HRIS 为代表，不断跟踪国际先进水平，在地质、油气和生态等方面的应用都取得了一定成功（Kruse，1988）。星载成像光谱仪中，美国先后发射了中分辨率成像光谱仪 MODIS 和高光谱成像仪 HYPERION，军方发射的 Might-Sat 高光谱卫星现也正常运行；澳大利亚提出的资源信息与环境卫星 ARIES-1，原计划 2001 年投入运行，后因经费问题取消项目；欧空局于 2002 年 3 月发射的 ENVISAT 卫星以及 2003 年 6 月发射的火星探测器都搭载有高光谱仪；日本于 2009 年 1 月发射了世界首颗温室气体观测卫星"呼吸"号，专门用于检测二氧化碳、甲烷、一氧化氮等温室气体；德国计划于 2013 年发射被称为环境测绘与分析计划（Environmental Mapping and Analysis Program，EnMAP）的高光谱卫星。中国科学院上海技术物理研究所研制的中分辨率成像光谱仪 CMODIS 于 2002 年 3 月随"神州"三号飞船发射升空，这是继美国 1999 年发射 EOS 平台之后第二次将中分辨率成像光谱仪送上太空，从而使中国成为世界上第二个拥有航天成像光谱仪的国家。随后，在 2007 年 10 月我国发射的"嫦娥-1"探月卫星，2008 年 5 月发射的"风云-3"气象卫星，以及 2008 年 9 月发射的环境与减灾小卫星（HJ-1）星座中都搭载有高光谱成像仪，标志着我国的高光谱遥感已逐步走向成熟。随着成像光谱技术的发展，成像光谱仪的光谱覆盖范围和光谱分辨率都逐渐增大，反映的地物光谱信息也更为准确和丰富。自 20 世纪 80 年代以来，高光谱遥感作为现代遥感技术研究的重要方向，在地质找矿和制图（Fuan and William，2002；Kruse，1988；Enton，2009；阚明哲等，2005；徐元进，2009）、土地覆盖分类（Tsai and Philpot，2002；万军和蔡运龙，2003；吴剑等，2006）、油气勘查（王向成等，2007；沈渊婷等，2008）、农业和植被指数提取（Bisun et al.，2003；Gregory and Roberta，2008；Pu and Gong，2004；温兴平等，2008）、大气和环境监测（Margaret and Susan，2008；Cheng et al.，2008；唐伯惠等，2004；阎福礼等，2006）、湿地生态环境调查（Daria et al.，2008）等领域得到了长足的发展。

　　成像光谱技术最初应用于地质矿物识别中，岩矿填图则是成像光谱技术最成功也是最能发挥其优势的应用领域之一。应用高光谱数据根据岩矿标型波谱特征，可以直接识别岩矿类型和围岩蚀变矿物，定量或者半定量地估计相对蚀变强度和蚀变矿物含量。近年来，随着高光谱遥感的发展，岩矿填图技术也得到了不断地丰富和完善。其中岩矿光谱特征及其形成机理得到了充分的研究（童庆禧，1990；陈述彭等，1998；Hunt，1989；Clark，1999），并在指导岩矿填图和提高填图精度中发挥了重要作用；数据降维（Bruce et al.，2002；Yao and Tian，2003；Su and Chang，2007；Chen and Qian，2008；陈国明，2009）、纯像元提取（Craig，1994；Neville et al.，1999；Winter，2003；Berman et al.，2004；Miao and Qi，2007；Zare and Gader，2008；Thompson et al.，2010；耿修瑞等，2006）、异常探测（Chang and Chiang.，2002；Heesung and Nasser，2005；Amit et al.，2006；Goldberg et al.，2007；Nasrabadi，2008；耿修瑞，2005）等图像处理分析技术不断涌现，为岩矿填图提供了新的思路和流程；最小能量约束（constrained energy minimization，CEM）（Farrand and Harsanyi，1995）、正交子空间投影（orthogonal subspace projection，OSP）（Harsanyi and Chang，1994）、自适应一致性估计（adaptive coherence estimator，ACE）（Stéphanie et al.，2008）、支持向量机（support vector machine，SVM）（Camps-Valls et al.，2004）等光谱分类技术也在岩矿填图中得到了充分的应用，提高了不同情况下光谱匹配的可选择性。但是，针对岩矿光谱特征在不同地理环境影响下的变异性以及相似性矿物区分方面的研究仍然薄弱。

　　中国西部高寒山区自然环境恶劣，地理位置偏远，交通不便，地质调查研究十分困难。因此，怎样找到一种快速而又较为准确的勘察方法，具有非常重要的现实意义。高光谱遥感技术具有快速、宏观、真实以及独特的光谱特征识别能力，不仅可以客观地反映地质体、地质构造等的表征信息，而且在一定程度上可以显示浅地表及深部信息。再加上高寒山区独特的自然条件（岩石裸露，植被发育较少等），这使得利用高光谱遥感在西部高寒山区进行岩矿填图成为一种重要而又可行的技术手段。但我国西部高寒山区干旱少雨，温差明显，风沙较大，使岩石的风化作用加强，沙土覆盖严重，而岩矿的波谱特征会在外在环境的影响下产生一定的变化，这给利用高光谱遥感进行岩矿填图带来了极大的不确定性。

　　本研究以野外波谱测试、分析和岩矿波谱特征变化研究为基础，建立较为合适的信息提取方法，利用 Hyperion 数据在东昆仑重点地区进行岩矿填图实验，为区域矿产资源潜力预测提供重要的专题信息。

3.1.2　岩矿光谱学机理研究现状

1. 岩矿光谱研究现状

应用高光谱遥感技术对地物进行探测，是以各种物体的电磁辐射的反射、透射、吸收和发射等电磁辐射变化特征为基础的（甘甫平和王润生，2004）。遥感技术的发展带动并刺激了地物光谱特征的研究，两者相互依赖共同促进。研究分析各类地质体的电磁辐射特性及其测试、分析与应用，在最佳遥感波段的选择、空间传感器的设计、图像数字处理方法的选择、卫星遥感数据的大气校正、参数的确定以及应用解译标志的确定等方面都具有极其重要的意义（张宗贵等，2006）。岩矿光谱研究既能为岩矿等地物信息识别和提取提供理论基础，又能为遥感信息的分析处理和行业应用提供实际性的指导和方法。

对地物光谱特性的研究就是研究和了解电磁辐射与地物相互作用的机理和光谱响应及过程，这是认识所获得的高光谱遥感数据以及识别地物目标时必不可少、至关重要的研究内容。国内外的一些遥感研究部门都做了相应的研究。国际上对光谱特征的研究主要分为三个阶段（张宗贵等，2006）。第一阶段（20 世纪六七十年代）主要是岩矿光谱现状特性测试。此间，美国、前苏联等先进发达国家主要在野外和实验室对土壤、岩矿、水体等地物的光谱特性进行了测试和分析，积累了大量有价值的光谱信息，为航天遥感技术、航空多光谱的发展和应用打下了基础。第二个阶段（20 世纪 80 年代）主要是光谱特性数据分析期。随着遥感技术的发展和应用领域的扩展，岩矿光谱的研究开始进入数据分析处理以及应用方法设计阶段。这个时期，主要是对遥感地物波段型的光谱数据作一些统计分析处理，常见的有方差、均值和回归分析等。这些分析处理可以直接应用分析地物的物理化学性质以及指导遥感图像处理与建立解译标志。第三个阶段（20世纪 80 年代后期到 90 年代）主要是成像光谱分析期。在 20 世纪 80 年代后期，航空成像光谱技术的出现，使得传感器的光谱分辨率提高了数十倍，甚至数百倍，从微米级走向纳米级。野外遥感光谱仪也从波段型发展成为连续的高分辨率光谱仪。此时，地物光谱特征的量化表示与提取的方法的研究成为了光谱分析的热点。90 年代开始，成像光谱技术越发成熟，与之相应的遥感光谱研究也成为热点。其中光谱特征分析，包括特征的提取、分析技术、与成像光谱对应分析技术以及光谱数据库分析技术等得到了重要发展。我国的遥感研究比较晚，在 70 年代后期才开始，一些遥感研究部门，如中国科学院遥感应用研究所和中国科学院地理科学与资源研究所等，在 80 年代初期才开始岩矿光谱测试并结合 MSS 数据进行分析处理与应用（童庆禧，1990）。80 年代中后期，遥感光谱研究后劲不足，主要进行一些对应 TM 波段的光谱测试。此后随着 90 年代国内成像光谱技术的快速发展，与之相应的光谱特征研究方法技术也取得了长足的进步，分析方法与国外水平基本相当。其主要技术仍然是开发遥感光谱特征数据库，成像光谱图像与光谱对应分析处理方法、特征谱的提取与识别的方法等技术（张宗贵等，2006）。

遥感光谱的最初和最重要的应用之一就是地质应用，通过光谱特性分析来识别各种岩石、矿物以及它们的各种物理、化学特性，可为岩矿的理论研究提供新的手段。美国地质调查局（U. S. Geological Survey，USGS）和喷气推进实验室在相关领域进行了一系列的开创性的工作。其中，20 世纪六七十年代以 Hunt 和 Salisbury 为代表对各大岩类的光谱特征进行了详细的研究（Hunt，1989；Hunt and Salisbury，1970，1971a，1971b，1971c，1972，1973a，1973b，1973c，1976a；1976b，1989）；80 年代，Hunt 在归纳各种地物光谱特征的基础上提出，如能实现连续窄波段成像，则可能实现地面矿物的直接识别（Hunt，1989）；随后 Clark 等进一步研究了岩石矿物的光谱特征与处理技术，建立了岩石、矿物光谱数据库和实验室分析的原理和方法，为高光谱岩矿识别奠定了基础（Clark，1999；Clark and Roush，1984；Clark et al. ，1990a；1990b；2003；Clark and Swayze，1995）。随着高光谱遥感技术的发展，世界上很多国家，包括我国，都在相关领域做了研究（童庆禧，1990；Lênio et al. ，2008；Ray and Kloprogge，1999；Jorge and Edwards，2005；Francisco et al. ，2005；Naotatsu，1995；燕守勋等，2003），建立了不同的岩矿光谱及其特征数据库，推动了成像光谱技术在地质应用方面的发展。

2. 岩矿光谱特征形成机理研究现状

由物质的电磁波谱理论可知，任何物质的光谱产生方式都会有其严格的物理机制（童庆禧等，2006）。当一部分光进入物质内部时，将产生吸收行为，这种吸收行为是物质内部结构、微量元素以及具有指示物质类型的离子的光谱表现。深入地认识岩矿光谱特征的形成机理，可以从新的角度分析地质学中岩矿的结构、化学成分，并利用岩矿物化属性与光谱特征的相关性和对光谱物理模型的深入分析为遥感直接识别矿物、分析矿物内部晶体结构、提取矿物含量和化学成分以及为地质深层次信息挖掘等提供理论基础。同样，其也为减轻或者消除外在理化因素的影响，改善和提高遥感对岩矿观测和识别能力提供了一种新的途径（甘甫平和王润生，2004）。

Hunt 和 Clark 等经过大量的研究和实验总结出矿物、岩石光谱吸收特征的成因主要是在外来电磁波能量照射下，矿物、岩石表面与电磁波发生相互作用，受外来电磁波能量的激发而引起的物质内部的电子跃迁过程（晶体场效应、电荷迁移、导带、色心）或振动过程（羟基、水分子、碳酸根离子和其他盐类）（Hunt，1989；Clark，1999）。这是岩矿光谱特征产生的内在机制。随后，Hunt 等（1996a，1996b）、童庆禧（1990）、甘甫平（2004）、张宗贵（2006）等都分别对岩矿光谱特征在外在物理机制（颗粒大小、几何光学位置、矿物表面形态与风化作用等）影响下的变化做了深入的研究（甘甫平和王润生，2004；张宗贵等，2006；Lyon，1996；Chevrier，2006；Ferrier et al. ，2009；Barnaby，2004）。随着遥感应用的广泛，矿物和岩石的波谱测试及其机理分析也受到广泛的关注。

3.1.3　成像光谱岩矿识别方法研究现状

成像光谱岩矿识别的基本原理就是利用成像光谱数据的重建光谱与矿物标准光谱或

者实测光谱的定量分析对比（王润生等，2007）。目前，国内外发展的光谱识别模型从本质上主要集中在单特征识别和混合像元分解两种情况；另外，还有将上述两种情况结合在一起的以矿物学和矿物光谱知识为基础的识别系统（王润生等，2007）。

1. 单特征识别方法

单特征识别方法属于全像元匹配，它是对单个像元进行鉴别并把每个像元划分成单一的某类地物。单特征识别方法根据利用光谱的方式又可以分为两种情况。

1）基于光谱相似性测度

此类方法以某种测度函数来度量重建光谱与参考光谱的相似性或相关程度，从而实现对岩矿分布区域的识别。相似性测度函数有很多种，常见的有距离函数、相关系数、散度信息、相似系数、光谱矢量夹角等。参考光谱包括野外或实验室测试光谱、公开的光谱数据库中的标准光谱，或者直接从图像中提取的图像端元。整体匹配方法利用了整个光谱的形状的特性，受照度、光谱定标和光谱重建精度等的影响较小，但对矿物光谱的微小差异不够敏感（王润生等，2007）。这类方法主要有：光谱角制图（spectral angle mapper，SAM）（Kruse et al.，1993）、光谱相关填图（spectral correlation mapper，SCM）（Carvalho and Menese，2000）、交叉相关光谱匹配（cross correlogram spectral matching，CCSM）（Meer and Bakker，1997）、光谱信息散度（spectral information divergence，SID）（Wilson et al.，1997）、光谱二值编码（binary encoding，BE）（Mazer et al.，1988），另外，还有小波和分维数（李旭文，1992）、光谱傅立叶频谱的振幅和相位（李加宏、秦勇，1996；Qiu et al.，1999）、基于欧氏距离的相似指数方法（Fenstermaker and Miller，1994）等匹配方法。

2）基于光谱诊断吸收特征参数

此类方法可以从许多光谱参数中提取各种地质岩矿的定性和定量信息。光谱吸收谱带的特征参数包括：谱带的波长位置（P）、深度（H）、宽度（W）、斜率（K）、面积（A）、对称度（S）等（浦瑞良、宫鹏，2000）。其中具有代表性的方法有光谱吸收指数（spectral absorption index，SAI）（王晋年等，1996）、光谱特征拟合（spectral feature fitting，SFF）（Clark and Roush，1984；Clark et al.，1990）、吸收谱带定位分析（analysis of absorption band positioning，AABP）（Junior，2001）等。

光谱特征参数分析方法一般先对数据作连续统（continuum）（Clark and Roush，1984）去除处理，然后从连续统去除后数据中提取谱带变量，并进行矿物识别和含量分析。局部匹配方法对矿物光谱的微小差异比较敏感，但仅利用了特定的一些特征，受图像的信噪比、光谱定标和光谱重建精度等因素的影响较大（王润生等，2007）。

2. 混合像元分解方法

混合像元分解方法又称为"亚像元方法"，可以区分、鉴别多种地物及他们在一个像元内的相对丰度，是提高地物识别精度的重要方法，更是定量探测地物成分的有效途径。其基本原理是通过建立某种函数，使其能够表达像元中各成分端元所占比例，并可通过像元光谱和另外一些参数（成分端元或端元比例），反演出未知参数（甘甫平等，2002）。一般情况下，都是先确定数据中各成分端元，然后反演各端元在每个像元中所占的比例。

国内外学者多年来通过多年地探索，已经研究发展了多种混合光谱分解模型（Ichoku and Karnieli，1996），如线性混合模型（Boardman，1989；1991）、概率混合模型（Probabilistic Model）、光谱匹配滤波（Matched Filtering）（Boardman et al.，1995）、混合调制匹配滤波（mixture tuned matched filtering，MTMF）（Boardman，1998）和修正的光谱混合分析（modified spectral mixture analysis，MSMA）方法等。利用独立主成分分析（independent component correlation algorithm，ICA）（Jing and Chang，2006）改进传统的线性混合模型也很好地展现了其在图像处理中的可行性和巨大潜力。近来发展的比较成熟的方法包括最小能量约束（constrained energy minimization，CEM）（Farrand and Harsanyi，1995）、正交子空间投影（orthogonal subspace projection，OSP）（Harsanyi and Chang，1994）、自适应一致性估计（adaptive coherence estimator，ACE）（Stéphanie et al.，2008）等，在突出目标岩矿，压缩背景方面都取得了较好的效果。OSP 是一种正交子空间投影技术，其主要特点在于通过对信号光谱的逐步分离可以提取出感兴趣的信号，它属于子空间分析法。CEM 和 ACE 属于概率统计方法，与混合光谱分解模型不同的是，该方法更多地依赖于目标区的统计特征，可以取得更为精确的识别结果（王润生等，2007）。

3. 岩矿识别系统

岩矿识别系统通常是利用前面一种或多种方法的组合，并以矿物学和矿物光谱知识为基础，选取合适的具有诊断性的光谱特征或具有鉴别能力的光谱参量，建立识别规则，进行矿物识别。应用较多的有 JPL 的 SPAM 光谱分析管理系统，USGS 的 IRIS 数据系统，以及最具代表性的 Tetracorder 系统（Clark，2003）。Tetracorder 系统综合应用光谱特定谱带参量和光谱的相似性测度，以最小二乘法将去除连续统的标准光谱与重建光谱拟合，以拟合度、特定吸收谱带的深度和该吸收谱带中心处连续统的大小为指标进行综合判别，识别矿物的种类和正确率都比较高。

中国国土资源航空物探遥感中心承担了原地矿部重点科研项目"高光谱技术开发应用研究"，开发了高光谱数据分析处理系统 ISDPS，为高光谱技术在我国地质应用的实质化与推广奠定了技术基础。甘甫平和王润生等人根据光谱识别技术提出了基于特征谱带的矿物分层谱系识别技术，并进一步建立遥感矿物组合识别模型与技术集成（张宗贵等，2006）。

利用岩矿识别系统进行矿物识别和填图一般可以得到不错的识别效果，但受系统中所选方法的限制，以及部分与成矿作用有关的热液蚀变矿物本身的诊断光谱特征相近，在识别时仍会出现误判现象（王润生等，2007）。

3.1.4 遥感岩矿填图应用研究现状

区域地质制图和矿产勘测是高光谱的主要应用领域之一。各种矿物和岩石在电磁波谱上显示的诊断性光谱特征可以帮助人们识别不同的岩性和矿物成分，而高光谱数据能反映出这类诊断性光谱特征（Lyon，1996）。利用高光谱数据进行岩矿填图成为地质调查和矿产勘查的一种新手段。

20 世纪 80 年代，美国国家航空航天局（National Aeronautics and Space Administration，NASA）利用第一代航空成像光谱仪 AIS 数据在内华达州成功进行了高岭石、明矾石等单矿物光谱匹配识别，取得很好的效果（Kruse，1988）。90 年代后期，随着美国、澳大利亚、加拿大等国的一系列优良的成像光谱仪研制成功，高光谱遥感技术逐渐在世界范围内由试验走向实用阶段。澳大利亚地质调查局利用航空成像光谱数据结合矿物填图技术，在西澳 Panorama 地区通过分析绢云母化和绿泥石化的分布区域，找出了贫铝绢云母和相对富铝绢云母在空间分布上的规律性，并在贫铝绢云母分布区所指示的热液上升带中发现了新的矿化区域。加拿大 Noranda 矿业公司在南美的斑岩铜矿带上确定勘探目标时，从成像光谱矿物填图结果中，确定了明矾石加高岭石类组合是找矿的首选目标。澳洲 CSIRO 公司在美国内华达州 Comstock 金矿及其相邻地区进行了成像光谱技术矿物填图，结果表明，用成像光谱数据能细致的分辨多种黏土矿物，并准确地圈定出了酸性蚀变带和伊利石-蒙脱石带。丹麦和格陵兰地质调查所的 Enton 在 Sarfartoq 碳酸盐综合区采用 HyMap 高光谱数据进行岩性填图，成功地得到了白云石碳酸盐、霓长岩、黑云碳酸盐的空间分布（Enton，2009）。van der Meer（2004）利用 AVIRIS 数据分析波谱吸收特征，并利用线性内插技术对美国的 Cuprite 铜矿区进行填图取得了满意的结果。Kruse 等（2003）在美国 Cuprite 铜矿区实验，比较了机载成像光谱仪 AVIRIS 数据和星载高光谱数据 Hyperion 在矿物填图中的效果。巴西的 Lenio 等（2008）利用 AVIRIS 数据在巴西的 campo verde 附近地区进行岩矿识别，研究了此地区典型岩石的矿物和化学成分与地形之间的关系。Brian 等利用遗传算法在美国 Cuprite 地区进行了明矾石、高岭石和水铵长石的填图（Hunt and Salisbury，1976）。Rowan 等（2000）在美国东南的森林区利用 AVIRIS 数据进行了热液蚀变填图，表明某些类型的热液蚀变岩石能够根据它从森林植被覆盖后的波谱反射特征提取出来。

国内，阐明哲等（2005）利用 HyMap 数据在新疆哈密进行了三种典型蚀变矿物的提取。甘甫平等（2002）在西藏驱龙地区利用星载高光谱 Hyperion 数据，根据矿物光谱识别规则和识别谱系，初步识别并提取出高铝和低铝白云母化、高岭石化以及绿泥石化等蚀变矿物。刘圣伟等（2006）分析了白云母和绿泥石两种重要蚀变矿物的光谱特征及光谱变异特征，以新疆东天山黄山地区的 HyMap 数据为例，对目前已较为系统化的成像光谱识别技术（如 MNF 变换、像元纯度指数 PPI 和 N 维可视化端元识别）在典型蚀变矿物识别和填图中的应用做了介绍。刘超群（2007）针对中国西南地区的碳酸盐岩的信息提取做了研究。甘甫平等（2004）结合遥感技术的现状、发展趋势和资源环境应用需求，从遥感地质应用出发，提出多源遥感数据分层识别集成、基于岩矿识别技术体系集成和基于岩矿识别谱系集成的基本思路与框架。甘甫平等（2000）还提出了基于完全谱形特征的成像光谱遥感岩矿识别技术。刘庆生等（1999）在内蒙古哈达门沟金矿附近使用 MAIS 成像光谱数据，运用选择主成分分析法、混合像元分解技术进行信息提取，清晰显示了山前钾化带。徐元进（2009）在有一定植被覆盖下的云南省中甸普朗斑岩铜矿区及其外围区域通过实测光谱分析，提出了基于穷举法的高光谱遥感图像地物识别方法，并进行了实现。周强等（2005）在 ENVI 平台上，利用 IDL 语言开发了高光谱遥感影像矿物分层自动识别模块，该模块已经在新疆东天山哈密地区利用 HyMap 数据、西藏驱龙地区利用 Hyperion 数据以及美国 Cuprite 地区利用 AVIRIS 数据成功地进行了矿物识别，可识别的矿物或矿物组合可达 10 种以上，基本实现了高光谱矿物信息提取的智能化与批处理能力。万余庆和闫永忠（2003）介绍了宁夏汝箕沟煤田煤系地层和烧变岩的反射光谱特征。通过采样分析烧变岩的铁含量，借助多元回归分析，确定了烧变岩中 Fe^{3+} 含量与某些波段反射率的定量关系，提出了利用高光谱遥感图像提取 Fe^{3+} 的方法。王钦军（2006）根据谱带强度与波形特征相结合的思想，创建了新的识别算法体系——谱带强度与波形特征相结合的算法体系。唐攀科（2006）综述了成像光谱矿物区分、光谱重建的现状和理论方法，并对成像光谱矿物填图的不确定性做了研究。

3.1.5　存在问题

目前，利用高光谱数据进行岩矿填图存在以下几个主要问题。

（1）中国成熟公开的高光谱库仍然较少，区域性和全国性的实用化光谱库仍待进一步完善。由于地物光谱受到诸多因素（如风化、相邻地物和大气等）的影响，同一种物质的波谱特征会发生一定的变化，而这种改变化对岩矿填图的可靠性和精度会产生不利影响。获取高寒山区的岩矿光谱，理解和总结各类岩矿波谱的变异性及其形成机理，仍有大量的工作。

（2）岩石光谱特征的形成较为复杂，岩石中矿物的混合波谱及其本身化学成分的波动、同质多像和类质同像以及环境因素的影响，使得岩石特征谱带和整体波谱特征都会发生一定的改变，这就加大了岩石光谱的复杂性和不确定性，需要寻找到岩石光谱的稳定性参数和有效的识别方法。

（3）矿物的吸收特征形成机理较为简单，其晶体内部的结构或者离子发生改变只会造成光谱特征的微小变化，一般情况下波谱特征较为稳定。但是矿物的类质同像现象在自然界非常普遍，因此需要更细致地研究相似矿物光谱的微小差别，发展更为有效的区分方法。

（4）公开的岩矿标准波谱库中各种岩石和矿物的波谱，与各个国家不同地区岩矿的波谱会有较大的差异。在本文研究中的高寒山区，怎样利用公开的岩矿波谱库进行填图，并取得较好的效果，仍是待研究的重要内容。

（5）星载成像光谱数据带宽较窄，价格昂贵，难以大面积应用。Hyperion 数据难以获取同步的地面资料，加上星载高光谱数据信噪比较低，如何进行适当的预处理和光谱重建工作以获得更加真实的地物光谱，需要大量的实验。

3.2 岩矿波谱机理分析

3.2.1 岩矿光谱特征形成机理

1. 内部化学机制

岩石是矿物的集合体，我们研究岩石和矿物的光谱特性，首先要研究矿物的光谱特性。矿物是由阳离子和阴离子组成的无机化合物，不同的离子以主要成分、次要成分或者微量成分出现在矿物中，并可能形成相应的吸收谱带。

电磁波作用在岩矿表面除了反射辐射形成反射光谱之外，还在某些波长上形成吸收光谱，而岩矿光谱在不同波长上形成反射、吸收和透射的原因是不一样的。当太阳光或其他的光波照射在岩矿表面时，光波粒子与岩矿物质中原子、分子相互作用后，某些具有选择作用的原子、分子中的电子获得能量并在可见光、近红外波长产生电子能级跃迁，形成特征谱带；而在短波红外中形成的特征谱带则是由某些具有选择作用的原子或者分子中的电荷耦合极性发生变化产生（童庆禧，1990；陈述彭等，1998；Hunt，1989；Clark，1999）。总的来说，任何矿物、岩石光谱吸收特征的成因都可以归纳为：在外来电磁波能量照射下，矿物、岩石表面与电磁波发生相互作用，受外来电磁波能量的激发而引起的物质内部的电子跃迁过程或振动过程。

岩矿内部结构、化学成分的改变会使光谱反射强度、谱带位置和吸收深度发生变化，而且矿物中如果有新的离子产生也会出现新的特征谱带，这使深入认识岩矿光谱细微变化与物质内部组分、内部晶格结构之间的信息关联成为减轻或者消除外在物理影响因素的可能技术途径和提高遥感对地观测能力的关键（张宗贵等，2006）。

1）电子跃迁（甘甫平和王润生，2004；张宗贵等，2006；童庆禧，1990；陈述彭等，1998；Hunt，1989；Clark，1999）

电子跃迁是产生吸收光谱最主要的原因，其又分为下面几种情况。

A. 晶体场效应

所谓晶体场是指晶体结构中，阳离子周围的配位体与阳离子成配位关系的阴离子或负极朝向中心阳离子的偶级分子所形成的静电势场。在晶体场理论中，电子占据尽可能多的轨道，当其进入晶体场时，受到静电的影响会产生晶体场效应，其能级发生分离。当电子向高能级跃迁时，物质中原子、电子便会选择性吸收入射光的能量，此时反射波谱便会出现吸收特征。晶体场随着元素的晶体结构而变化，因而物质内部微粒组成的细微变化将导致物质波谱谱形的变化，这使我们能够利用波谱特征对矿物进行区别和鉴定。

B. 电荷转移效应

在一些岩矿物质中，电子吸收了入射光的能量后，电子能级升高，使其可在相邻离子之间移动，但其并没有完全变成游离的电子，这就是电荷转移。电荷转移产生的吸收作用是晶体场迁移的成千上万倍，谱带中心一般出现在紫外光范围，并向可见光范围内延伸。其形成的吸收谱带可以作为矿物的诊断性吸收谱带。氢氧化物和铁氧化物产生红色的主要原因就是电荷转移的吸收作用。

C. 导带跃迁吸收效应

通常允许电子存在的能级包括导带和价带。进入导带的电子具有足够高的能量，可在晶格中自由运动，并为整个晶体所有原子所共有，称之为自由电子。所谓导带跃迁是指通过吸收电磁波能量，电子从价带已填满的能级向导带的空隙跃迁或者在同一能带内不同状态之间的跃迁。能隙在某些电子中非常小或者根本不存在，而在一些电介质中非常大。一些矿物颜色往往由能隙产生，如硫的黄色。

D. 色心

在进行辐射照射时，具有完整周期势场的晶体不产生永久性的效应，一旦移除辐射源，受激发的电子就立即返回到它们离开时产生的带正电的空穴。但是，实际的晶体中总是存在的晶格缺陷却可以扰乱这种周期性。这些缺陷会产生分离的能级，当电子能落入这些能级中，就会被束缚在缺陷处，从而形成相应的光谱特征。缺陷的种类很多，最常见的是 F 色心，但具有色心的岩矿物质种类却比较稀少，其中主要都为卤化物。

2）基团振动（甘甫平和王润生，2004；张宗贵等，2006；童庆禧，1990；陈述彭等，1998；Hunt，1989；Clark，1999）

任何一个由 N 个粒子组成的原子、分子或基团都有 $3N-6$ 个振动方式。基团结构中原子的数目、种类、空间几何排布以及它们之间结合力大小决定了其振动的数目和形式。当两个或两个以上的量子激发一个基本模式时，就会产生倍频，其谱带位置分布在基频的两倍、整数倍处或者附近位置。当两个或两个以上的不同基频或倍频振动同时发生时，在所有基频与倍频之和附近，就会出现合频谱带。地球上绝大多数物质，特别是岩石、矿物，分子或基团的弯曲和伸展振动一般出现在短波红外（SWIR）和中红外（TIR）波段上。而这些分子或者基团振动产生的光谱特征能够通过基谐振动、倍频振动和合频振动 3 种方式区分开来。其中基谐振动出现在中红外（$>3.5\mu m$）区间中，而倍频和合频振动一般出现在短波红外区间。

2. 外在物理机制

岩矿的光谱特征主要是由组成物质的离子与基团的晶体效应与基团振动引起的，但外在的物理因素往往也会影响岩矿的光谱特征（甘甫平、王润生，2004；张宗贵等，2006）。因此，研究外在的物理因素对岩矿光谱特征的影响，对提高岩矿识别能力和精度具有十分重要的作用。

1）矿物颗粒效应

矿物颗粒会对光子散射和吸收的数量产生影响。当矿物颗粒越大，其内部光学路径便会增加，光子被吸收得越多，吸收作用就越明显；当颗粒越小，其表面反射将与内部光学路径成反比地增加，其反射的光子便会越多。这样，在可见光和近红外光谱区域，对于多级散射，随着岩矿颗粒的增大，反射率便会随之下降。Hunt、Clark、王润生等都对颗粒大小的影响作了深入的研究和证实（甘甫平和王润生，2004；张宗贵等，2006；童庆禧，1990；陈述彭等，1998）。

2）视场几何

视场几何包括入射光角度、反射光角度以及相位角 3 个方面。在地表粗糙度的影响下，视场几何的变化将改变光线传播距离，还可能导致阴影的产生，第一表面的属性将转向多态散射。对于任何表面和任何波长，当多级散射处于支配地位时，视场几何的变化对波段吸收深度的影响将非常微小。张宗贵等（2006）研究认为，视场几何关系仅会改变岩矿波谱的谱带强度，而不会对波谱的整体形态和吸收特征产生影响。

3）矿物表面与风化效应

王润生等研究认为，岩矿表面形态会对岩矿光谱反射强度产生影响，但是其谱带位置、偏依度则能保持稳定；而风化效应的影响比较复杂，光谱特征的变化呈现多样化（张宗贵等，2006）。一般认为，在外界环境的影响下，随着风化作用的加强，原岩成分会发生一定的变化，其光谱特征也会随之变化。在岩石、矿物中，金属离子较为活跃，容易发生化学作用，如 Fe^{2+} 被氧化成 Fe^{3+} 时，其谱带位置发生漂移，反射强度也有所增减；阴离子基团对应的谱带位置、波形和偏移度则相对稳定，一般风化生成的蚀变矿物中羟基和水的谱带会得到增强。莱昂研究了风化和其他类荒漠漆表面对高光谱遥感的影响，认为需要将岩石内部物质和表面光谱区分开来，才能反映岩石的真实特性（Lyon，1996）。

4）矿物混合

矿物混合大致可以分为线性混合、紧致混合、包裹混合与分子混合四种类型。矿物线性混合，各组成成分之间没有多级散射，一般能简单地描述混合光谱特征。紧致混合、包裹混合和分子混合都为非线性混合。其中紧致混合各组分之间存在着多级散射，而包裹混合物中每一包裹层都是散射或者反射层，他们的光学厚度随着矿物性质与波长而变化。分子级水平的分子混合则能使波长产生偏移。王润生等研究了不同矿物对的混合光谱特征，对其基本特征做了初步总结：混合光谱的整体反射率一般介于参与混合的单矿物反射率之间，近似为混合单矿物光谱反射率的线性组合，特征谱带强度与矿物的百分含量基本呈线性关系；混合矿物中每种矿物的吸收特征在混合光谱中基本上都能有所反应，但明显会随着源矿物的相对含量减少而降低，部分较弱的吸收谱带有可能被完全掩盖；不同矿物的吸收谱带在混合光谱中会叠加为复合谱带，当混合矿物的吸收谱带相邻或者部分重叠时，复合谱带的表现行为较为复杂。一般情况下，如果各种矿物见的吸收强度相差不大，复合谱带介于源矿物谱带之间；如果矿物间的特征谱带和相对含量差异较大时，仍能从混合谱带中辨识出其各自的特征谱带，但谱形会发生较大的变化（张宗贵等，2006）。

5) 大气环境

在自然光下测量，大气环境对岩石光谱特征的影响明显。大气窗口的限制、风力的随机变化、气温、气压及能见度等都会造成岩石光谱曲线形态的变化。

3.3 高寒山区岩矿光谱分析

3.3.1 常见光谱特征研究

矿物的大多数都是化合物，电学性质为中性。矿物的光谱特征主要起因于电子过程或分子振动，决定于其物质组分和内部晶格结构，是其物理、化学性质的外在反映，而一定化学组分和物理结构的矿物一般都具有较稳定的可诊断性光谱吸收特征（童庆禧等，2006）。

岩矿遥感光谱基础研究与高光谱遥感信息提取密不可分，光谱特征知识与矿物物化属性的关联是两者的重要研究方向。我们将不同离子与基团的吸收特征与其相关的矿物（燕守勋等，2003）归纳为表 3.1。其中矿物在 $0.38 \sim 1.1\mu m$ 波段的光谱特征，主要是金属离子产生的，其中以铁、铜、锰离子的吸收谱带最为显著和普遍，特别是铁离子广泛地存在于矿物中；矿物在 $1.1 \sim 2.5\mu m$ 波段的光谱特征，主要是阴离子基团中的 OH^-、CO_3^{2-} 和水分子产生的（陈述彭等，1998）。决定矿物光谱特征的因素除化学成分外，晶体结构也是另一重要因素。矿物吸收特征的尖锐程度取决于矿物的结晶程度，结晶程度越好吸收特征越明显（张宗贵等，2006）。

表 3.1　常见离子或者基团吸收特征及相关岩矿

产生机理	离子	吸收峰位置	相关岩矿
电子过程	Fe^{2+}	$1.0 \sim 1.1\mu m$、$0.55\mu m$、$0.51\mu m$、$0.43\mu m$、$0.45\mu m$、$1.8 \sim 1.9\mu m$	黑云母、角闪石、辉石等
	Fe^{3+}	$0.87\mu m$、$0.7\mu m$、$0.52\mu m$、$0.49\mu m$、$0.45\mu m$、$0.40\mu m$	绿泥石、阳起石、赤铁矿等
	Ni^{2+}	$1.25\mu m$、$0.75\mu m$、$0.4\mu m$	
	Cu^{2+}	$0.8\mu m$	
	Mn^{2+}	$0.4\mu m$、$0.55\mu m$、$0.7\mu m$	菱锰矿
	Cr^{3+}	$0.4\mu m$、$0.55\mu m$、$0.7\mu m$	置换 Al^{3+}，如红宝石
	Ti^{4+}	$0.45\mu m$、$0.55\mu m$、$0.60\mu m$、$0.64\mu m$	
	La^{2+}	$0.8\mu m$、$0.75\mu m$、$0.6\mu m$、$0.5\mu m$	
	色心		主要为卤化物（如萤石）
	导带		半导体材料（如硫、辰砂、辉锑矿等）

产生机理	离子	吸收峰位置	相关岩矿
振动过程	水	$1.875\mu m$、$1.454\mu m$、$1.38\mu m$、$1.135\mu m$、$0.942\mu m$；主要为 $1.4\mu m$、$1.9\mu m$	沸水石、石膏等
	羟基	Al-OH $2.2\mu m$、Mg-OH $2.3\mu m$	高岭石、绿泥石、绿帘石、明矾石及云母类等
	碳酸盐	$2.55\mu m$、$2.35\mu m$、$2.16\mu m$、$2.00\mu m$、$1.90\mu m$	方解石、白云石、菱铁矿等

3.3.2　高寒山区岩石光谱特征分析

一般来说，矿物的光谱特征较为简单，比较容易从实验和理论上加以分析和处理，而岩石光谱特征分析则比较复杂。现实中很难将岩石的某一光谱特征确切地归结为某一电子过程或分子振动，而且岩石一般由若干矿物种矿物组成，其中一种矿物的谱带往往会掩盖、加强或改变另一种矿物的谱带，并具有区域变异性，因此很难由此直接鉴定岩石。但是在多数情况下，造岩矿物的光谱特征在岩石光谱上是可以表现出来的，尤其是清晰的强吸收谱带；各种岩石光谱特征虽具有区域变异性，但也具有局部的稳定性和规律性。所以，岩石的可见光、近红外反射光谱，仍然是识别、区分岩石类型的重要依据。

为了更好地在五龙沟、石灰沟重点实验区域进行岩矿填图，我们将此地区的几种典型岩矿的光谱特征进行了分析。

1. 沉积岩光谱特征

沉积岩，又称为水成岩，是在地表不太深的地方，将其他岩石的风化产物和一些火山喷发物，经过水流或冰川的搬运、沉积、成岩作用形成的岩石。沉积岩主要包括有石灰岩、砂岩、页岩等。

沉积岩中的化学成分随主要造岩矿物含量差异而不同。其在可见光、近红外波段的光谱特征，主要表现有 CO_3^{2-} 谱带（$2.35\mu m$ 附近）、风化产物黏土谱带（水或者 OH^-，$2.2\mu m$ 和 $2.3\mu m$ 附近）、黏土中 Fe^{2+} 谱带（$1.0\mu m$ 附近）和风化产物 Fe^{3+} 谱带（$0.50\mu m$ 和 $0.86\mu m$ 附近）。

砂岩的主要成分是石英和长石，胶结物是钙质、铁质和泥质，因此砂岩的光谱特征出现了铁氧化物谱带（$0.47\sim0.7\mu m$、$0.9\mu m$ 附近的 Fe^{3+} 以及 $1.1\mu m$ 附近的 Fe^{2+} 吸收谱带）、黏土矿物特有的 OH^- 和水的清晰带（$2.2\mu m$ 附近）及 CO_3^{2-} 吸收带（$2.35\mu m$ 附近）。

试验中主要在五龙沟和石灰沟地区采集砂岩进行测试和分析。五龙沟地区测试的砂岩，表面有风化层，呈褐黄色，其光谱曲线见图 3.1；石灰沟地区测试的砂岩，风化较为严重，大部分表面有黄土层覆盖，露头砂岩呈灰黑色，其光谱曲线见图 3.2。

图 3.1   五龙沟砂岩及其测试光谱

图 3.2   石灰沟砂岩及其测试光谱

五龙沟砂岩光谱曲线在 0.6μm 前上升较快,曲线陡直,而在 0.6～2.14μm 区间中整体呈上升趋势,但走势较为平缓,而在 2.14μm 后下降较快。其在可见光-近红外区间包含有 0.50μm 左右的铁离子吸收谱带, 0.63μm 左右的 Fe^{3+} 弱吸收谱带, 0.95μm 左右和 1.0～1.1μm 的 Fe^{2+} 吸收谱带;短波区间在 2.2μm、2.25μm、2.3μm 、2.35μm 有强弱不同的吸收特征,主要是 OH^- 和 CO_3^{2-} 及其复合谱带的吸收作用形成,其中 CO_3^{2-} 的吸收谱带较强。石灰沟地区的砂岩光谱较五龙沟地区有较大变化,其在可见光-近红外区间中整体上升趋势明显, 1.0～1.1μm 的 Fe^{2+} 吸收谱带得到加强,吸收峰向右偏移;而 CO_3^{2-} 在 2.35μm 左右的强吸收特征由于岩石表面黑色碳物质的出现而呈现减弱趋势。

2. 岩浆岩光谱特征

火成岩或称岩浆岩,是指岩浆冷却后(地壳里喷出的岩浆,或者被融化的现存岩石),成形的一种岩石。现在已经发现 700 多种岩浆岩,大部分是在地壳里面的岩石。常见的岩浆岩有花岗岩、安山岩及玄武岩等。一般来说,岩浆岩易出现于板块交界地带的火山区。

火成岩在可见光、近红外波段的光谱特征主要是铁离子、羟基和水所引起的。火成岩主要成分为硅氧四面体、铝氧四面体,但没有明显光谱特征,致使试图利用可见、近红外光谱区的电子跃迁特征谱带进行岩性鉴定比较困难,而分子振动引起的光谱特征最常见最清楚的是羟基和水的谱带。

试验区主要采集花岗岩和闪长岩进行分析。花岗岩随着粒度降低,反射率升高是其典型特征。主要造岩矿物石英和正长石没有特征,但是石英一般含有包体中的水,正长石则含有 Fe^{3+},而且一般都风化为黏土矿物。试验区主要类型是肉红色以及浅肉红色的花岗岩。其光谱见图 3.3。闪长岩为全晶质中性深成岩的代表岩石,也是花岗石石材中主要岩石类型之一,主要由斜长石和一种或几种暗色矿物组成,多呈灰黑色。其光谱特征主要为 Fe^{2+}、Fe^{3+} 和 OH^- 在 $0.7\mu m$、$1.0\mu m$ 和 $2.2\mu m$ 左右形成的吸收特征,其光谱见图 3.4。

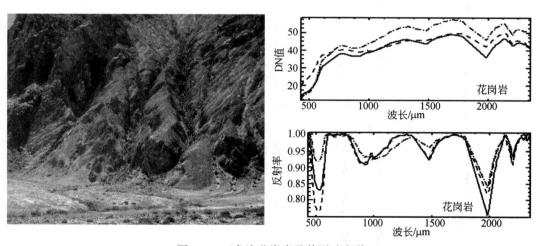

图 3.3　五龙沟花岗岩及其测试光谱

从图 3.3 花岗岩波谱可以看出,花岗岩的波谱特征较为清晰和明显,其波谱的整体形态在近红外-可见光内呈上升趋势,其中 Fe^{3+} 在 $0.52\mu m$ 左右的吸收特征较为清晰强烈,$0.92\mu m$ 和 $1.0\mu m$ 左右都有吸收谷,它们组成一个较宽的吸收带,应是 Fe^{3+} 和 Fe^{2+} 组成的复合谱带。短波区间,$2.2\mu m$ 左右的羟基吸收特征也较为明显,应是花岗岩中的长石蚀变成高岭土所致。

从闪长岩光谱可以看出,闪长岩的波谱曲线在 $0.6 \sim 1.8\mu m$ 区间有一宽而平缓的吸收谱带,而在短波区间 $2.14\mu m$ 后反射率下降较快。其中 $0.49\mu m$ 左右的吸收谷和

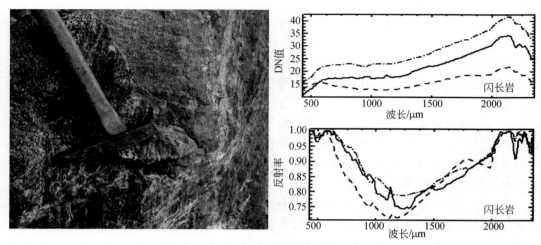

图 3.4　五龙沟闪长岩及其测试光谱

1.1μm 区间宽缓的吸收带表明含有铁离子，2.2μm 和 2.32μm 处有羟基吸收特征。

3. 变质岩光谱特征

变质岩是指受到地球内部力量（温度、压力、应力的变化、化学成分等）改造而成的新型岩石。固态的岩石在地球内部的压力和温度作用下，发生物质成分的迁移和重结晶，形成新的矿物组合。

变质岩在可见光、近红外波段（0.4～2.5μm）的光谱特征，主要是铁、锰、铜等金属离子和羟基、碳酸根离子及水所引起的。岩石中所含的铁、锰离子导致曲线的蓝光段的斜率增大，并在 1.1μm 之前出现明显的吸收带；岩石均在 2.2μm 附近和 2.35μm 附近，分别出现羟基和碳酸根离子的强吸收带。

千枚岩显微变晶片理发育面上呈绢丝光泽的低级变质岩。典型的矿物组合为绢云母、绿泥石和石英，可含少量长石及碳质、铁质等物质。有时还有少量方解石、雏晶黑云母、黑硬绿泥石或锰铝榴石等变斑晶。试验区的变质岩主要是千枚岩，伴随有绢云母化，其光谱见图 3.5。

千枚岩在 1.0μm 左右的吸收带宽而平缓，特征明显，表明含有 Fe^{2+}，而 2.32μm 左右的较强吸收特征主要是 CO_3^{2-} 产生的。其在 2.20μm 处的吸收特征极弱，表明未发生羟基蚀变，而 2.25μm 处的吸收特征为少量绢云母化中 Mg-OH 基团作用形成。

3.3.3　高寒山区蚀变岩石光谱特征分析

在实际应用中，蚀变矿物是地质找矿的主要研究对象，其矿化蚀变类型、蚀变矿物组合、矿化程度是高光谱遥感地质找矿的重要依据，对它们的识别和探测具有重要的意义。从遥感角度看，矿化蚀变岩包括热液蚀变和表生变化。富含过渡金属元素的高价阳离子、氢氧化物、羟基、水分子的氧化物、碳酸盐、硅酸盐和硫酸盐等是蚀变矿物的代

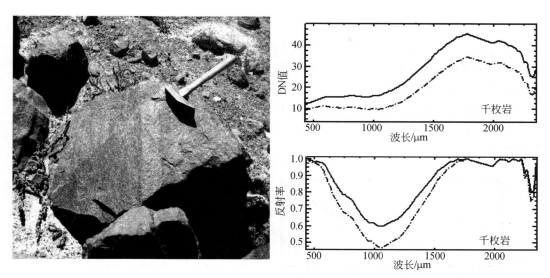

图 3.5　五龙沟千枚岩及其测试光谱

表。常见的蚀变作用有硅化（石英）、黏土化（高岭石、蒙脱石、叶蜡石等黏土类矿物）、碳酸盐化（方解石、白云石）、绢云母化（绢云母）、硫酸盐化（重晶石、钠明矾石、黄钾铁矾、无水芒硝）、绿泥石化（绿泥石）、褐铁矿化（褐铁矿、针铁矿）和长石化（钠长石、钾长石）。矿化蚀变岩光谱是其矿物组成中的各种蚀变矿物的特征信息的反映，虽然这些蚀变矿物的含量不高，但岩石光谱中却具有与之相关的可诊断性特征谱带。

　　五龙沟地区和石灰沟地区矿场较多，矿化蚀变信息强烈（图 3.6）。不过此地区风化较为严重，黄土覆盖层分布范围很广，矿体露头较少，直接识别矿物比较困难。因此，我们对近红外、短波红外区间中典型的蚀变吸收特征进行分析。

图 3.6　矿化蚀变区

1. 铁矿化光谱特征

五龙沟、石灰沟地区的岩石都有铁离子的吸收特征，但大部分铁离子含量极少，吸收特征也不规则。为了研究试验区的铁矿化，野外测试了两种比较典型的铁矿化吸收特征，分别为褐铁矿化、针铁矿化。

褐铁矿化的波谱特征主要是由 Fe^{2+} 和 Fe^{3+} 在 $0.5\mu m$、$0.7\mu m$ 和 $1.0\mu m$ 左右的近红外区域形成的 3 个强烈的吸收特征组成，其中 $1.0\mu m$ 左右的吸收带宽而深。其光谱曲线见图 3.7。

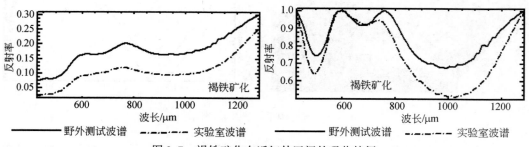

图 3.7　褐铁矿化在近红外区间的吸收特征

针铁矿化波谱特征主要是由 Fe^{2+} 和 Fe^{3+} 在 $0.51\mu m$、$0.67\mu m$ 和 $0.95\mu m$ 左右引起的几个强烈而清晰的的吸收特征。其与褐铁矿化光谱整体上较为相似，但是吸收特征的位置和深度有较小的差异。其光谱吸收特征见图 3.8。

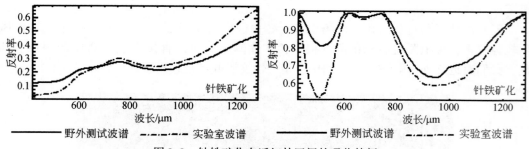

图 3.8　针铁矿化在近红外区间的吸收特征

2. 黏土矿化光谱特征

试验区属于高寒山区，天气变化较大，部分山峰有积雪和雪水，周围岩石都伴随有强烈的黏土化。其中比较常见的就是高岭土化和白云母化。

高岭土化的波谱特征主要是由羟基 Al-OH 在短波区间的形成强烈的吸收特征，分布在 $2.2\mu m$ 和 $2.3\mu m$ 左右，其光谱曲线见图 3.9。

白云母化主要是由 Mg-OH 在短波区间的吸收形成几个强烈的吸收特征，分布在 $2.2\mu m$ 和 $2.35\mu m$ 左右。高岭土化和白云母化岩石光谱也较为相似，在 $2.2\mu m$ 处的吸收特征形状有一定的差异。白云母花岩石光谱曲线见图 3.10。

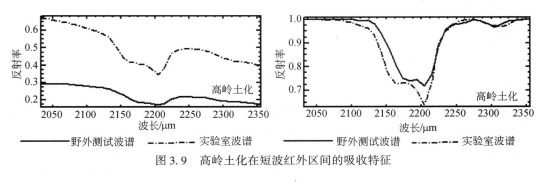

图 3.9　高岭土化在短波红外区间的吸收特征

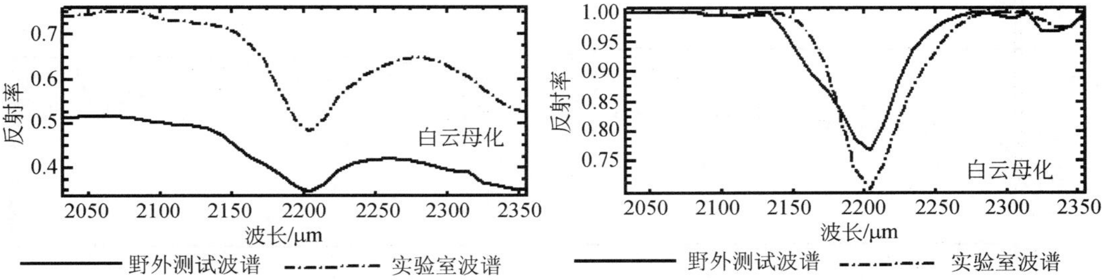

图 3.10　白云母化在短波红外区间的吸收特征

在实地测试中发现部分岩石发生褐铁矿化并次生高岭土化，而部分砂岩和千枚岩含有较多的云母。这类蚀变岩石的整个光谱特征曲线见图 3.11。

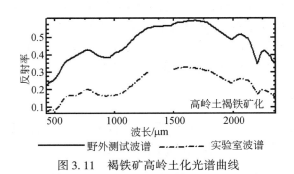

图 3.11　褐铁矿高岭土化光谱曲线

3.4　高寒山区岩矿光谱变异性分析

岩石光谱特征虽然本质上决定于物质的组分和晶体结构特征，但其外在表现行为却受环境条件、岩石颗粒度、表层风化程度和类型、微量矿物组分等因素的影响，具有一定程度的变异性，即通常所称的"同物异谱"现象（张宗贵等，2006）。试验区物理风化严重，岩石和矿物表面覆层较多，大多数山体的上部被黄土层覆盖。因此，为了提高岩矿填图的精度，本节对试验区中典型岩矿的光谱变异性做了分析。

3.4.1　高寒山区岩矿影响因素分析

1. 表面颜色

砂岩是源区岩石经风化、剥蚀、搬运在盆地中堆积形成，岩石由碎屑和填隙物两部分构成。碎屑除石英、长石外还有白云母、重矿物、岩屑等，填隙物包括胶结物和碎屑杂基两种组分。研究区中石灰沟和五龙沟地区的砂岩表面呈现两种颜色（图 3.1、图 3.2）。一种是褐黄色，出露较多，呈层状；另外一种露头为黑色，呈块状。两种岩石的光谱曲线见图 3.12。

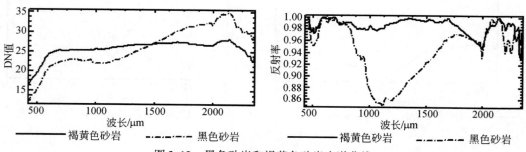

图 3.12　黑色砂岩和褐黄色砂岩光谱曲线

整体形态上，褐黄色砂岩在可见光—近红外区间的走势较为平缓，而黑色露头砂岩上升趋势明显。相对于褐黄色砂岩，黑色露头的砂岩由在 $0.5\mu m$ 左右 Fe^{3+} 吸收作用增强；水分子和 Fe^{2+} 在 $1.1\mu m$ 区间中形成新的复合谱带，吸收深度增加，吸收谷略向右偏移；$2.2\mu m$ 处的羟基吸收特征也得到增强。上面的差异说明黑色砂岩在含水量和铁离子含量都有所变化，黑色沉积物对其光谱产生了影响。

2. 岩矿结构颗粒大小

本文对测试区典型的肉红色花岗岩的颗粒结构大小对光谱特征的影响作了测试。图 3.13 为粗粒肉红色花岗岩和中粗粒花岗岩的测试光谱。

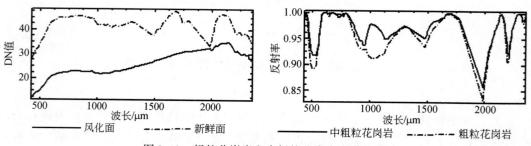

图 3.13　粗粒花岗岩和中粗粒花岗岩光谱曲线

从上面的曲线可以看出，中粗粒花岗岩光谱与粗粒花岗岩光谱整体形态上十分相似，只是光谱反射率高低有较小的差异，其局部特征在 $1.0\mu m$ 左右有较小的变化。

3. 风化作用

岩石表面暴露在空气中，会发生一定的物理和化学风化，致使其表面层发生变化。高寒山区的气候温差较大，风力作用强烈，风化现象比较严重，大部分岩石表面都有风化层覆盖。为了研究测试区风化现象对不同岩石光谱曲线的影响，我们对砂岩、花岗岩和闪长岩的风化面和新鲜面进行了光谱测试。

1）砂岩

测试区黑色砂岩的新鲜面、风化面的光谱见图 3.14。

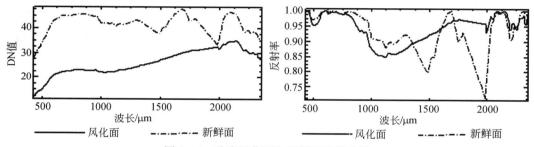

图 3.14　砂岩风化面和新鲜面光谱曲线

从左边的反射率曲线可以看出，新鲜面相对于风化面，其反射光谱强度在可见光－近红外区间增大。从下边去包络线后的波谱曲线可以看出，风化面和新鲜面光谱的吸收特征变化不大，但风化面在 $1.1\mu m$ 左右的吸收特征表现得很明显，表明风化面 Fe^{3+} 有所增加。

2）花岗岩

花岗岩是深成岩，常能形成发育良好、肉眼可辨的矿物颗粒，因而得名。花岗岩主要组成矿物为长石、石英、黑白云母等，石英含量是 10% ~ 50%，长石含量约 65%。由于其硬度高、耐磨损，表面风化层与新鲜面呈现的状态较为相似。试验中在五龙沟地区测试了花岗岩的新鲜面、风化面光谱，见图 3.15。

从实线和虚线的光谱走势和吸收特征可以看出，花岗岩风化面和新鲜面的反射率曲线变化十分小，只是风化面的整体反射率较低。说明在此地区花岗岩主要是物理风化作用，并没有产生内部结构的变化。

3）闪长岩

闪长岩为全晶质中性深成岩的代表岩石，也是花岗石石材中主要岩石类型之一。主要由斜长石（中－更长石）和一种或几种暗色矿物组成，不含或仅含少量的钾长石和石

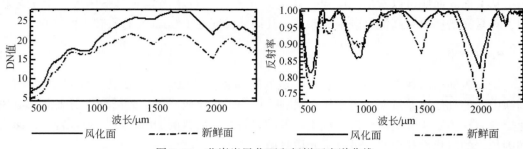

图 3.15　花岗岩风化面和新鲜面光谱曲线

英。暗色矿物以角闪石为主，有时有辉石和黑云母。副矿物主要有磷灰石、磁铁矿、钛铁矿和榍石等。图 3.16 为闪长岩的测试光谱。

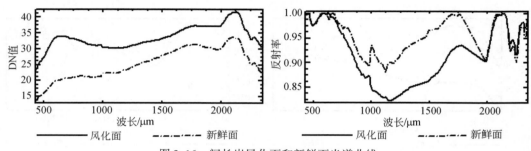

图 3.16　闪长岩风化面和新鲜面光谱曲线

风化面的整体反射率较高，在 $1.0\mu m$ 区间的铁离子吸收特征更为突出，说明 Fe_2O_3 在风化后有所增加。

4. 表面覆盖及黄土层

西部高寒山区由于植被极少，温差较大，风力较强，物理风化极为严重。大部分山体顶端都被黄土覆盖，不少岩石表面也覆盖有不少沙土薄层，这将对岩石的光谱产生影响。为此测试了岩石周围黄土层、风化面和黄土薄层覆盖面的光谱并作了分析。

1）黄土层

由于物理风化较强，试验区的黄土层覆盖较广。其光谱曲线见图 3.17。

砂岩在 $0.95\mu m$ 左右的吸收作用较强，说明 Fe_2O_3 含量较黄土层高。黄土层在 $2.20\mu m$ 处羟基和水的吸收特征明显，说明黄土层含水量较砂岩高。

2）黄土和岩石混合

大量的岩石夹杂在黄土层中间，黄土与岩石混合区域的光谱曲线见图 3.18。

从图中可以看出，3 种地物的光谱曲线在可见光—近红外区间整体形态上相似，混合区地物光谱在短波区间受到黄土影响，反射率强度有所降低。局部吸收特征中，混合区的光谱吸收特征在 $1.1\mu m$ 出现较深的复合谱带。总之，混合区光谱相对于砂岩光谱，

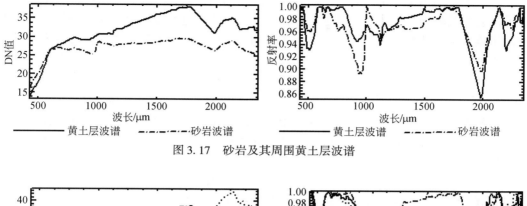

图 3.17　砂岩及其周围黄土层波谱

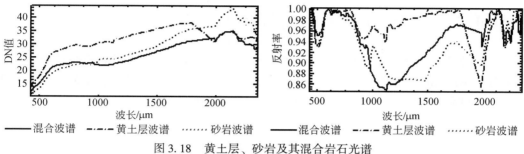

图 3.18　黄土层、砂岩及其混合岩石光谱

整体形态较为相似，局部特征主要是受到铁离子复合谱带的影响而有所差异。

3) 黄土沙粒附着

部分岩石有一层较薄的黄土附着在其表面，这会对光谱特征产生影响。试验区测试的有黄土薄层依附的岩石曲线见图 3.19。

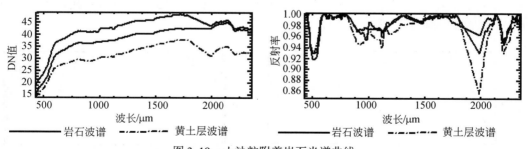

图 3.19　土沙粒附着岩石光谱曲线

图中两条实线分别是附着有黄土沙粒的砂岩和花岗岩测试光谱曲线，虚点线是测试的黄土层光谱曲线。三者在整体形态和局部特征方面都很相似，说明依附在岩石表面的黄土层已经掩盖了岩石本来的光谱特征。

5. 阴影

测试区为西部高寒山区，山体切割沟壑较多，卫星在获取地面数据时，入射光线与山体存在一定的角度，这将导致阴影的产生。特别是当太阳高度角较低的情况下，阴影区的反射光线较弱，卫星获取的地面数据存在大量的黑色区域。由于反射光较弱加上大气的影响，使这些黑色区域的光谱特性十分相似，对岩矿填图和制图的连续性产生了不利的影响。

6. 蚀变矿物

矿物的光谱特征较为简单，形成原因也较为简单。从前面的矿化蚀变光谱曲线和光谱特征分析可知，矿化蚀变岩的吸收特征明显清晰，变化较小，但是相似性矿物的分离较为困难。

3.4.2　实验室光谱与野外测试光谱分析

将野外测试波谱与美国地质调查局和喷气实验室的实验室参考波谱进行比较，一方面了解测试区光谱的独特性，另一方面总结相应的填图方法，指导实验室光谱进行岩矿填图。这对高寒山区（特别是人烟罕至地区）的填图十分重要。

1）砂岩

沉积岩类由于在地球表面的地球化学稳定性较高，所以，它们的光谱行为离散的程度较小。尤其是灰岩和砂岩，它们一般具有特殊的光谱。

图 3.20 为五龙沟地区野外测试波谱和 USGS 实验室长石砂岩波谱，两者的整体形态较为相似。在可见光—近红外区间两者的反射率走势基本一致，局部特征也较为相似，变化较小；短波区间内局部特征差异较大，实验室波谱曲线中砂岩波谱在 2.16μm 和 2.20μm 有明显的高岭石双吸收峰，2.30μm 有弱的羟基吸收峰，这都是长石高岭土化产生的吸收特征，而野外测试砂岩光谱在 2.25μm 和 2.35μm 左右由碳酸根离子形成的吸收特征较为明显，碳酸盐含量较高。

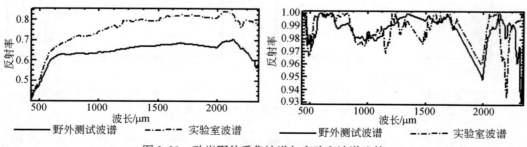

图 3.20　砂岩野外采集波谱与实验室波谱比较

图 3.21 为石灰沟地区野外测试波谱和 USGS 实验室砂岩波谱，两者的整体形态也较为相似。在可见光-近红外区间，实验室波谱曲线在 0.73μm 附近有一弱吸收峰；在短波区间，实验室波谱在 2.20μm 羟基吸收特征明显，主要是实验室中砂岩含水量相对较高。

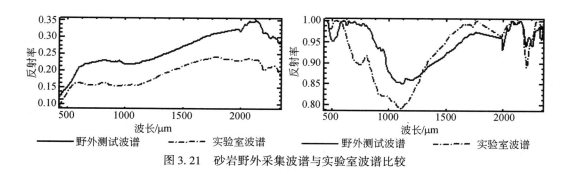

图 3.21　砂岩野外采集波谱与实验室波谱比较

2）花岗岩

组成火成岩的诸多主要造岩矿物，在其波长范围内，由于不能产生对成分鉴定有用的光谱特征，因此，由这样的矿物所构成的岩石也没有光谱特征。如果岩石的主要成分是没有光谱特征的矿物，那么，其光谱特征是少量组成或蚀变产物（与原生矿物只有间接关系）的光谱特征，且在该岩石的光谱中居突出地位。花岗岩的主要造岩矿物石英和正长石没有特征，但是石英一般含有包体中的水，正长石则含有 Fe^{3+}，而且一般都风化为黏土矿物。图 3.22 为 USGS 实验室波谱库中花岗岩的波谱与野外采集波谱的比较。

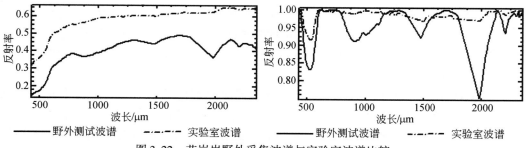

图 3.22　花岗岩野外采集波谱与实验室波谱比较

花岗岩野外测试波谱和实验室波谱在整体形态上有较大差异。由于花岗岩的主要造岩矿物石英和正长石没有明显的光谱特征，实验室测试的花岗岩波谱，在可见光–近红外区间整体走势较为平缓，无强吸收谱带，在短波区间由羟基和水分子振动产生了较弱的吸收特征。而野外测试的花岗岩中部分正长石风化成了黏土矿物，致使其在不同光谱区间的吸收作用得到加强，特别是在 0.9 μm 处的铁离子吸收特征和 2.2 μm 处的羟基吸收特征。

3）闪长岩

闪长岩的实验室波谱和野外测试波谱整体相似性和局部特征都有一定的差异，特别是吸收特征的形态变化较大（图 3.23）。实验室波谱在可见光—近红外区间以 1.1 μm 为中心有一宽缓的吸收区间，在整体形态和局部特征中都表现得较为明显，而野外测试

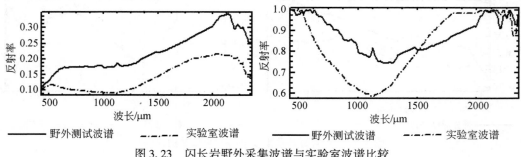

图 3.23　闪长岩野外采集波谱与实验室波谱比较

波谱其吸收峰向右偏移到 $1.12\mu m$ 区间，在 $2.2\mu m$ 和 $2.3\mu m$ 的羟基吸收特征也变得明显。由于测试区闪长岩处于两条砂岩夹杂带之中，砂岩的风化沙粒附着在闪长岩的表面，会对其光谱特性产生影响，这使闪长岩的光谱特性与相邻区域的砂岩光谱相似度较高，区分度较差。

3.4.3　高寒山区光谱特征变异性总结

通过实地调查和光谱分析可知，在不同的因素影响下，各种岩矿的光谱特征会产生一定的变化。试验中测试了研究区中几种典型的岩矿，得出了以下结论。

（1）岩矿颜色变化往往伴随有不同的物质附着和矿物含量的变化，一般情况下，它们之间的波谱曲线在整体形态和局部特征都会随着成分的改变而产生一定的差异。

（2）岩矿结构颗粒大小对其光谱的整体形态和局部特征的位置、深度和形态等都无影响，只对其反射率大小有影响。

（3）风化作用的影响较为复杂。物理风化只影响岩矿的反射率大小，而化学风化会改变岩矿的波谱特征。通过分析测试区砂岩、花岗岩和闪长岩的光谱可知，试验区主要是物理风化作用，特别是花岗岩和闪长岩新鲜面和风化面的光谱较为稳定。砂岩的局部光谱特征较为稳定，但其风化面的反射率在可见光—近红外区间较新鲜面降低。

（4）试验区大量的黄土覆盖，对岩石的光谱会产生影响。附着在岩石表面的黄土层会掩盖岩石本来的光谱特征，但是黄土和岩石相交区域光谱仍会产生岩石的吸收特征，其整体形态和吸收特征都与岩石光谱基本相似，这对填图十分有利。

（5）由于山区地形变化强烈，往往会产生大量的阴影，特别是星载成像光谱仪获取的数据受空间分辨率、带宽和大气的限制，这方面的问题更为严重，对填图的精度和连贯性有较大的影响。

（6）蚀变岩出露较少，但是矿物的波谱形成简单，吸收特征也较为强烈和明显，在外界物理风化的作用下，典型的吸收特征较为稳定，变化较小。

（7）美国霍普金斯大学和地质调查局提供的实验室岩石（jhu.sli）和矿物（usgs_min.sli）波谱与试验区测试的野外光谱存在一定的差异。其中砂岩主要是碳酸盐含量和水含量有差异，引起 $2.35\mu m$ 和 $2.2\mu m$ 处吸收特征强弱产生变化；试验区花岗岩出现黏土化，分别在 2.2μm 和 0.9μm 处出现了羟基和铁离子的吸收特征；闪长岩由于常与其他岩石伴生，岩体较小，夹杂在两条砂岩带之中，其光谱受砂岩风化颗粒影响较大，在近红外的主要吸收特征向右有所偏移，与周围砂岩光谱较为接近。

上面的结论对我们更深入地理解试验区的岩矿特征和提高岩矿填图的精度十分有意义。针对上面得到的结论，本文对野外测试光谱和岩矿填图识别做了如下的优化处理和建议。

（1）由于岩矿的出露面存在的形态较多，其光谱表现较为复杂。试验区岩石出露面主要受到物理风化作用，岩矿的光谱特征变化不大，为了提高参考波谱与高光谱数据的相似度和填图精度，在后面的填图中，将每种岩矿的出露面光谱做了平均处理，并与单一波谱填图作比较。

（2）受岩石内矿物含量改变和外界环境因素的影响，岩石光谱的整体形态或者局部特征都有可能发生变化。在把光谱进行平均处理后，一般来讲，对光谱整体形态变化较小的岩石，利用整体相似性匹配方法进行填图效果应该较好，如砂岩、花岗岩；对局部特征变化较小的岩石，利用局部特征匹配方法效果应该较好，如花岗岩；而对于两者都受到压制的闪长岩来说，利用目标探测方法应该较为合适。

（3）矿物的吸收特征较为稳定，主要是相似性矿物的区分较为困难，本章在第 5 节中提出了几种改进的匹配方法以便更好地区分各类矿物。

（4）不同地区的岩石在各种条件的影响下，其实际光谱与标准的实验室波谱会产生一定的差异。由于星载高光谱数据的信噪比较低，加上光谱重建精度的影响，当利用野外测试光谱进行填图时，其结果精度都难以预测。而当利用实验室波谱作为参考波谱时，可能出现的情况就更为复杂。因此，在利用实验室波谱进行填图时，需要选用大量的识别方法进行比较。但从上面的分析可以推断，砂岩的匹配效果应该较好，而花岗岩如果用整体相似性方法进行比较，精度应该较差，而特征匹配效果应该最佳，闪长岩则需选用压制背景和噪声的目标探测方法。

（5）图像中雪水、阴影等大量存在对填图连续性造成很大的影响，在后期的制图中，可以通过手工描绘手段进行后处理，得到较理想的填图结果。

3.5　基于光谱匹配的岩矿信息提取方法

矿物识别采用的光谱匹配方法按所利用的光谱特征，可分为整体光谱匹配和局部光谱匹配。整体光谱匹配指以全部光谱区间或某一光谱段的整体光谱相似性测度为基础的匹配，利用了光谱区间上光谱的整体特征，如光谱角填图、光谱相关填图等方法；局部光谱匹配仅使用诊断性光谱吸收谱带特征，以吸收谱带参量为基础的识别方法，使用的特征包括谱带的形态、位置、宽度、深度和对称度等。整体匹配利用了整个光谱的形状特性，受照度、光谱定标和光谱重建精度等的影响较小，但受矿物光谱的不确定性影响较大，且对矿物光谱的微小差异不够敏感；局部匹配方法对矿物光谱的微小差异比较敏感，但仅利用了特定的一些特征，受图像的信噪比、光谱定标和光谱重建精度等因素的影响较大（王润生等，2007）。

光谱匹配方法一直是高光谱遥感的重要研究方向，而相似性矿物的区分是光谱匹配技术的一个难点。本章中，我们改进和建立了几种光谱识别方法，增强对相似性矿物的区分能力，并利用 AVIRIS 高光谱数据在美国内华达州铜矿区进行了验证，为第四章中五龙沟–石灰沟试验区中的蚀变岩识别提供有力的工具。

3.5.1 权重光谱角制图

1. 算法原理

光谱角制图（SAM）是基于波谱曲线整体相似性的一种算法，它通过计算光谱之间的夹角判断它们之间的相似性。光谱之间的夹角越小，说明两者的相似性越大。光谱角制图计算方便，并可以减弱波谱照度和地形的影响（Christopher et al.，2008），在地质填图应用中较为广泛。但是这种基于波谱曲线整体相似性的算法，对局部特征变化表达不明显，当两种物质的光谱曲线相似时，区分效果较差（王润生等，2007；van der Meer，2006）。本文提出一种新的光谱相似性度量方法——权重光谱角制图（Weight Spectral Angle Mapper，WSAM），利用局部细节信息增加相似性矿物的区分度。

光谱角制图是利用测试光谱与参考光谱之间的夹角来表示它们之间的相似性。其计算式如下

$$\alpha = \cos^{-1} \frac{\sum xy}{\sqrt{\sum (x)^2 \sum (y)^2}} \tag{3.1}$$

式中，α 为两个光谱之间的夹角，即光谱角；x、y 分别为参考光谱和测试光谱的波谱曲线；α 的取值范围在 $[0，\pi/2]$，其值越小，代表测试光谱与参考光谱的相似性越高，归类的概率和精度也就越高。光谱角的大小只跟两个比较的光谱矢量的方向有关，与其辐射亮度无关，这就减弱了照度和地形对相似性度量的影响。

SAM 在计算两条波谱曲线的相似性时，波段之间是可以相互弥补的（Tang et al.，2005），无法突出光谱特征的局部信息，因此对比较相似的光谱曲线区分效果较差。为了提高相似光谱之间的区分度，进行如下改进：在相似波谱曲线差异较大的特征区间设置权重，以增大它们相似度之间的差异。假设设置差异较大的特征区间包含有 N_a 个波段（此区间中参考光谱和测试光谱的反射率值用 x_t、y_t 表示），普通区间有 N_b 个波段（此区间中参考光谱和测试光谱的反射率值用 x_p、y_p 表示，$N_a + N_b = N$，N 表示光谱曲线的总波段数）。对特征区间设置权重 k，$k>1$，则原相似性度量计算式变化为等式（3.2）。

$$\cos\alpha' = \frac{\sum xy + (k^2 - 1) \cdot \sum_{i=0}^{N_a} x_{ti} y_{ti}}{\sqrt{\left(\sum (x)^2 + (k^2 - 1) \cdot \sum_{i=0}^{N_a} (x_{ti})^2\right) \cdot \left(\sum (y)^2 + (k^2 - 1) \cdot \sum_{i=0}^{N_a} (y_{ti})^2\right)}}$$
$$\tag{3.2}$$

设置权重后的 WSAM 算法可以看成把数据转化到突出局部特征信息的新的特征空间（不进行投影转换，保留了原始波段的物理含义），然后在这个特征空间中利用 SAM

方法计算相似性，满足相似性度量的条件。下面通过计算对 WSAM 和 SAM 进行比较。

设 $\sum xy = f > 0$，$\sqrt{\sum (X^2)} = F_1 > 0$，$\sqrt{\sum (y^2)} = F_2 > 0$，则

$$\theta = \cos\alpha' - \cos\alpha$$

$$= \frac{f + (k^2 - 1) \cdot \sum_{i=0}^{N_a} x_{ti}y_{ti}}{\sqrt{\left(F_1^2 + (k^2 - 1) \cdot \sum_{i=0}^{N_a} (x_{ti})^2\right) \cdot \left(F_2^2 + (k^2 - 1) \cdot \sum_{i=0}^{N_a} (y_{ti})^2\right)}} - \frac{f}{F_1 \cdot F_2}$$

$$= \frac{(k^2 - 1) \cdot \sum_{i=0}^{N_a} x_{ti}y_{ti} + \cos\alpha \cdot \left(F_1 \cdot F_2 - \sqrt{F_1^2 \cdot F_2^2 + F_1^2 \cdot (k^2 - 1) \cdot \sum_{i=0}^{N_a} (y_{ti})^2 + F_2^2 \cdot (k^2 - 1) \cdot \sum_{i=0}^{N_a} (x_{ti})^2 + (k^2 - 1)^2 \sum_{i=0}^{N_a} (x_{ti})^2 \cdot \sum_{i=0}^{N_a} (y_{ti})^2}\right)}{\sqrt{\left(F_1^2 + (k^2 - 1) \cdot \sum_{i=0}^{N_a} (x_{ti})^2\right) \cdot \left(F_2^2 + (k^2 - 1) \cdot \sum_{i=0}^{N_a} (y_{ti})^2\right)}}$$

(3.3)

为了得到 WSAM 相对 SAM 的变化特征，即 θ 的变化，对式（3.3）做不等式变形得：

$$\theta \leqslant \frac{(k^2 - 1) \cdot \sum_{i=0}^{N_a} x_{ti}y_{ti} + \cos\alpha \cdot \left(F_1 \cdot F_2 - \sqrt{F_1^2 \cdot F_2^2 + 2(k^2 - 1) \cdot F_1 \cdot F_2 \cdot \sqrt{\sum_{i=0}^{N_a} (x_{ti})^2 \cdot \sum_{i=0}^{N_a} (y_{ti})^2} + (k^2 - 1)^2 \sum_{i=0}^{N_a} (x_{ti})^2 \cdot \sum_{i=0}^{N_a} (y_{ti})^2}\right)}{\sqrt{\left(F_1^2 + (k^2 - 1) \cdot \sum_{i=0}^{N_a} (x_{ti})^2\right) \cdot \left(F_2^2 + (k^2 - 1) \cdot \sum_{i=0}^{N_a} (y_{ti})^2\right)}}$$

$$= \frac{(k^2 - 1) \cdot \left(\sum_{i=0}^{N_a} x_{ti}y_{ti} - \cos\alpha \cdot \sqrt{\sum_{i=0}^{N_a} (x_{ti})^2 \cdot \sum_{i=0}^{N_a} (y_{ti})^2}\right)}{\sqrt{\left(F_1^2 + (k^2 - 1) \cdot \sum_{i=0}^{N_a} (x_{ti})^2\right) \cdot \left(F_2^2 + (k^2 - 1) \cdot \sum_{i=0}^{N_a} (y_{ti})^2\right)}}$$

$$= \frac{\sum_{i=0}^{N_a} x_{ti}y_{ti} - \cos\alpha \cdot \sqrt{\sum_{i=0}^{N_a} (x_{ti})^2 \cdot \sum_{i=0}^{N_a} (y_{ti})^2}}{\sqrt{\left(\frac{F_1^2}{k^2 - 1} + \sum_{i=0}^{N_a} (x_{ti})^2\right) \cdot \left(\frac{F_2^2}{k^2 - 1} + \sum_{i=0}^{N_a} (y_{ti})^2\right)}}$$

设 $\cos\alpha_t = \dfrac{\sum_{i=0}^{N_a} x_{ti}y_{ti}}{\sqrt{\sum_{i=0}^{N_a} (x_{ti})^2 \cdot \sum_{i=0}^{N_a} (y_{ti})^2}}$，则

$$\theta \leqslant \frac{(\cos\alpha_t - \cos\alpha) \cdot \sqrt{\sum_{i=0}^{N_a} (x_{ti})^2 \cdot \sum_{i=0}^{N_a} (y_{ti})^2}}{\sqrt{\left(\frac{F_1^2}{k^2 - 1} + \sum_{i=0}^{N_a} (x_{ti})^2\right) \cdot \left(\frac{F_2^2}{k^2 - 1} + \sum_{i=0}^{N_a} (y_{ti})^2\right)}}$$

(3.4)

$\cos\alpha_t$ 表示波谱在差异较大的特征区间的相似度，从上式可见，当 $\cos\alpha_t < \cos\alpha$ 时，即当特征区间的相似度小于整体相似度的时候，$\theta < 0$，即利用 WSAM 后图像光谱与参考光谱的相似度会降低，并且随着 k 值的增大，这种变化的最小值会逐步提升［趋近于（$\cos\alpha_t - \cos\alpha$）］，这为区分相似性矿物提供了一个很好的条件。当识别某种矿物时，可找到它与其相似性矿物差异较大的特征区间（在此区间 $\cos\alpha_t < \cos\alpha$），并给其设置权重

k，从而使相似性矿物与参考波谱的相似度降低，增大其与目标矿物的区分性。

为了进一步探讨当 $\cos\alpha_t$ 大于 $\cos\alpha$ 时 WSAM 相对 SAM 的变化特征，对式（3.3）做不等式变形得

$$\theta \geq \frac{(k^2-1) \cdot \sum_{i=0}^{N_a} x_{ti} y_{ti} + \cos\alpha \cdot \left(F_1 \cdot F_2 - \left(F_1 F_2 + (k^2-1) \cdot \sqrt{\sum_{i=0}^{N_a}(x_{ti})^2 \cdot \sum_{i=0}^{N_a}(y_{ti})^2} + \left| \sqrt{k^2-1} \cdot F_1 \cdot \sqrt{\sum_{i=0}^{N_a}(y_{ti})^2} - \sqrt{k^2-1} \cdot F_2 \cdot \sqrt{\sum_{i=0}^{N_a}(x_{ti})^2} \right| \right) \right)}{\sqrt{\left(F_1^2 + (k^2-1) \cdot \sum_{i=0}^{N_a}(x_{ti})^2 \right) \cdot \left(F_2^2 + (k^2-1) \cdot \sum_{i=0}^{N_a}(y_{ti})^2 \right)}}$$

设 $1 + \left| \dfrac{F_1}{\sqrt{k^2-1} \cdot \sqrt{\sum_{i=0}^{N_a}(x_{ti})^2}} - \dfrac{F_2}{\sqrt{k^2-1} \cdot \sqrt{\sum_{i=0}^{N_a}(y_{ti})^2}} \right| = \lambda \geq 1$，则

$$\theta \geq \frac{(k^2-1) \cdot (\cos\alpha_t - \lambda \cdot \cos\alpha) \cdot \sqrt{\sum_{i=0}^{N_a}(x_{ti})^2 \cdot \sum_{i=0}^{N_a}(y_{ti})^2}}{\sqrt{\left(F_1^2 + (k^2-1) \cdot \sum_{i=0}^{N_a}(x_{ti})^2 \right) \cdot \left(F_2^2 + (k^2-1) \cdot \sum_{i=0}^{N_a}(y_{ti})^2 \right)}} \tag{3.5}$$

从上面式（3.5）可以看出，当 $\cos\alpha_t > \lambda\cos\alpha$ 的时候，$\theta>0$。也就是当特征区间的相似度与整体相似度的差异满足上面的条件时，利用 WSAM 方法，图像光谱与参考光谱的相似度会增加。但在 $\cos\alpha_t > \cos\alpha$ 光时有部分像元相似度会降低，也有部分相似度会增加，这种不确定性对进行相似度测量不利，因此在进行权重光谱角制图时不对 $\cos\alpha_t > \cos\alpha$ 的像元进行处理，保持原光谱角制图的相似度计算结果。

根据上面的讨论 WSAM 方法可以总结为以下几个步骤。

（1）找目标矿物波谱与其相似性矿物波谱差异较大的特征区间，并使相似性矿物与目标矿物在此区间满足 $\cos\alpha_t < \cos\alpha$；

（2）在此差异区间设置一个权重值 k；

（3）当 $\cos\alpha_t \geq \cos\alpha$ 时，利用原 SAM 方法计算相似度值；当 $\cos\alpha_t < \cos\alpha$ 时，利用 WSAM 方法计算相似度值，并且为了增大相似度的改变值，可以将其相似度值做适当放大处理。

2. 实验与分析

研究中使用的遥感数据是美国内华达州铜矿区（图3.24）的 AVIRIS 高光谱数据，并结合美国地质调查局波谱库（usgs_ min. sli）进行试验。Cuprite 铜矿区位于美国内华达州 Esmeralda County，Goldfiled 镇约 15km 处。

铜矿区被 95 号公路分成东西两个南北向拉长的蚀变区。东边区域主要出露岩层有古近系和新近系火山岩和第四系冲积岩，而西边区域主要出露层有寒武纪变质沉积岩、古近系和新近系火山岩和第四系冲积岩 [图3.25（a）]。经过 Ashley 和 Abrams（1980）的调查结果可知此区域的蚀变区域主要可以分为硅化带、蛋白石化带和泥化带 [图3.25（b）]。硅化区主要蚀变矿物为大量的石英以及部分方解石、少量的明矾石和高岭石；蛋白石化带分布广泛，主要是蛋白石和一定数量的明矾石和高岭石；泥化带主要有高岭石、蒙脱石和少量蛋白石；除上面提到的矿物外，在蛋白石化带和泥化带中还含有低于 5% 的赤铁矿（Chen et al.，2007；Clark and Boardman；2006；Boardman and Kruse，1994）。

图 3.24　铜矿区 AVIRIS 彩色合成图（R-183；G-193；B-207）

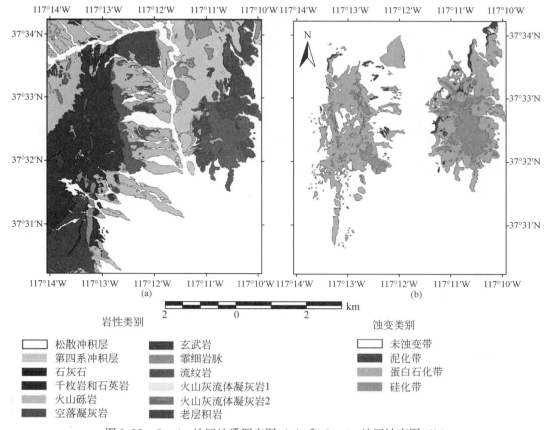

岩性类别

□ 松散冲积层　　■ 玄武岩　　　　　　□ 未蚀变带

■ 第四系冲积层　　■ 霏细岩脉　　　　　■ 泥化带

■ 石灰石　　　　　■ 流纹岩　　　　　　■ 蛋白石化带

■ 千枚岩和石英岩　□ 火山灰流体凝灰岩1　■ 硅化带

■ 火山砾岩　　　　■ 火山灰流体凝灰岩2

■ 空落凝灰岩　　　■ 老层积岩

蚀变类别

图 3.25　Cuprite 地区地质调查图（a）和 Cuprite 地区蚀变图（b）

　　实验区岩石出露良好，矿物组合多样，加上气候干燥，交通便利，从 20 世纪 70 年代起就成为地质研究的重要实验区。试验评价中，我们利用 Clark 和 Swayze（2003）在此地区的填图结果（图 3.26）进行比较。Clark 和 Swayze 开发了最为典型的高光谱信息提取软件 Tricorder，主要采用波形匹配和全波段谱形的最小二乘拟合方法进行矿物识别。其结果都是经过 X-射线衍射分析等技术和野外检查进行了验证，准确性较高，可作为地面实况作为对比分析的基础。

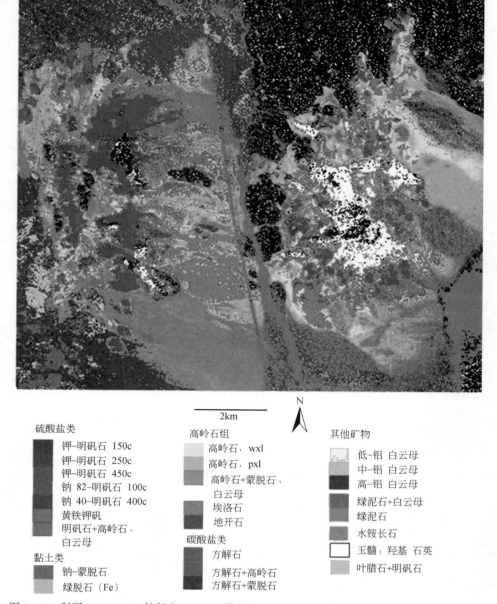

图 3.26　利用 Tetracorder 软件和 AVIRIS 数据在 Cuprite 地区制图结果（Clark et al.，2003）

　　试验中使用的 AVIRIS 数据共有 224 个波段，波长范围为 0.38~2.5 为 e，视场角为 30°，瞬时视场角为 1 mrad。我们对 AVIRIS 数据经过大气校正，得到反射率图像，并利用对矿物识别有利的短波红区间外进行试验。

　　Cuprite 铜矿区相似矿物中比较典型的就是高岭石和白云母（图 3.27、图 3.28）。试验就新方法对这两种相似矿物的区分度进行讨论。

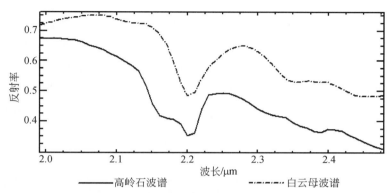

图 3.27　USGS 波谱库中相似的高岭石和白云母标准波谱曲线

　　首先采用包络线去除后的波谱曲线对 SAM 和 WSAM 进行比较。图 3.28 中实线、点线波谱曲线分别为标准波谱库中的高岭石和白云母的波谱曲线，虚线和虚点线波谱曲线分别为与高岭石和白云母匹配较好的光谱曲线。利用 SAM 方法和 WSAM 方法进行计算，结果见表 3.2。在 WSAM 方法中，在提取高岭石时，根据白云母图像光谱与高岭石标准波谱曲线进行比较，采用差异区间特征区间 2.0609~2.1809μm，此区间中高岭石在 2.17μm 左右有一相对较弱的吸收峰；在提取白云母时，根据高岭石图像光谱与白云母标准波谱曲线进行比较，采用差异区间特征区间 2.0609~2.4790μm，此区间中白云母在 2.35μm 左右有较强的吸收峰。其中 k 值分别采用 2.0 与 4.0 作比较。

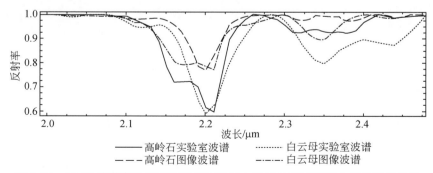

图 3.28　USGS 波谱库中和图像中经连续统去除后的高岭石和白云母波谱曲线

表 3.2　SAM 和 WSAM 的匹配结果

光谱	SAM 夹角	WSAM 夹角	
		$k = 2.0$	$k = 4.0$
高岭石标准光谱/白云母图像光谱	0.0933103	0.0977403	0.0999587
白云母标准光谱/高岭石图像光谱	0.0835961	0.0904895	0.0925085

从表中可以看出，在提取高岭石矿物时，图像中与白云母匹配较好的图像光谱与标准的高岭石波谱曲线的相似度随着 k 值的增大而逐渐降低；同样，在提取白云母矿物时，图像中与高岭石匹配较好的图像光谱与标准的白云母波谱曲线的相似度随着 k 值的增大而逐渐降低。也就是 WSAM 方法可以通过对相似性矿物波谱与目标矿物波谱差异较大的特征区间设置权重，降低相似矿物波谱与目标参考波谱的相似度。图 3.29 为利用美国内华达州铜矿区的 AVIRIS 高光谱数据分别进行 WSAM 方法和 SAM 方法的矿物填图结果。

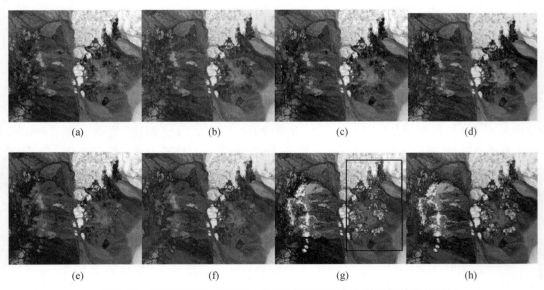

图 3.29　铜矿区利用 SAM 和 WSAM 方法进行高光谱矿物填图结果

图 3.29（a）为利用光谱角制图得到的高岭石相似度匹配结果；图 3.29（b）红色区域为切割阈值取 0.12 时，光谱角制图得到的高岭石提取结果；图 3.29（c）为权重系数为 4.0，并设置吸收特征差异区间为 2.0609～2.1809μm 特征差异区间为取结果似时，权重光谱角制图得到的高岭石相似度匹配结果；图 3.29（d）红色区域为切割阈值取 0.12 时，权重光谱角制图法得到的高岭石提取结果；图 3.29（e）为利用光谱角制图得到的白云母相似度匹配结果；图 3.29（f）红色区域为切割阈值取 0.12 时，光谱角制图法得到的白云母提取结果；图 3.29（g）为权重系数为 4.0，并设置吸收特征差异区间为 2.0609～2.4790μm 特征差异区间为提取结果时，权重光谱角制图得到的白云母相似度匹配结果；图 3.29（h）红色区域为切割阈值取 0.12 时，权重光谱角制图得到的白云

母提取结果。

从图 3.29 可以看出，在进行高岭石提取时，差异地区主要在图 3.29（c）的黑色框 1 和 2 中。根据对此地区光谱提取的结果（图 3.30，图 3.31）和地质、遥感填图结果（图 3.25，图 3.26）可以看出，黑色框内的物质主要应该是白云母，而 SAM 方法进行计算时此地区与高岭石相似度较高，不易区分，而采用 WSAM 方法时，此地区相似度降低，目视的区分能力增加，在提取时也能较为准确地与高岭石区分开来。在进行白云母提取时，差异地区主要在图 3.29（g）的黑色框 3 中，根据对此地区光谱提取的结果（图 3.8）和地质、遥感填图结果可知差异地区主要是高岭石，采用 WSAM 方法时，相似性矿物的区分性也得到了提高。

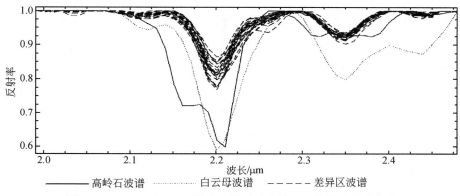

图 3.30　WSAM 与 SAM 提取高岭石时差异地区的像元光谱曲线

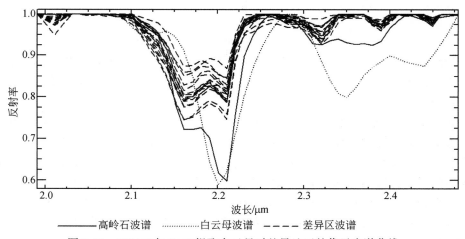

图 3.31　WSAM 与 SAM 提取白云母时差异地区的像元光谱曲线

将 WSAM 和 SAM 的填图结果和 Clark 和 Swayze 利用 AVRIS 数据在此地区填图结果进行比较，WSAM 得到的结果相当吻合，而 SAM 得到的结果对相似性矿物的区分较差。

综上所述，WSAM 方法通过在目标矿物和其相似性矿物的差异特征区间上设置权重，降低了相似矿物与目标矿物标准波谱曲线的相似性，增加了相似性矿物的目视区分能力，并能够较为准确地区分出目标矿物和其相似性矿物。

3.5.2　耦合整体光谱匹配和局部光谱匹配

针对整体光谱匹配和局部光谱匹配两种方法的局限性，本节提出耦合整体光谱匹配和局部光谱匹配的高光谱岩矿信息提取方法，综合两者的优点以取得较为精确的识别效果。

1. 算法原理

采用比较成熟的 SAM 光谱角制图和局部特征拟合以及特征吸收位置相结合的方法，从整体和局部两个方面对图像光谱和参考光谱进行比较，以期得到更为可靠和精确的结果。

光谱角制图是利用测试光谱与参考光谱之间的夹角来表示它们之间的相似性。计算式如下

$$\cos\alpha = \frac{\sum xy}{\sqrt{\sum (x)^2 \sum (y)^2}} \qquad (3.6)$$

$\cos\alpha$ 实际上代表的是 Hilbert 空间上的两个归一化光谱向量的内积，其值越大，两条光谱的相似度越高。它的大小只跟两个比较的光谱矢量的方向有关，这就减弱了照度和地形对相似性度量的影响。

局部特征拟合时我们采用最小二乘法把参考波谱和图像波谱进行拟合，并采用 R^2 表示拟合优度，其表达式如下

$$R^2 = \frac{\text{ESS}}{\text{TSS}} = \frac{\text{TSS} - \text{RSS}}{\text{TSS}} = 1 - \frac{\text{RSS}}{\text{TSS}} \qquad (3.7)$$

式中，TSS 表示总平方和，解释的是图像光谱值相对于其均值的波动性；RSS 表示的是残差平方和，解释的是实际值和拟合值之间的误差。R^2 越大，说明回归线拟合程度越好；R^2 越小，说明回归线拟合程度越差。

$\cos\alpha$ 和 R^2 值一般比较高，目标和背景相差较小，为了利于区分和提取目标矿物，我们通过对 $\cos\alpha$ 线性拉伸进行图像增强，增大不同物体特征之间的差别。

最后，对图像光谱和参考光谱相对稳定的吸收特征位置进行了比较，以进一步表达图像光谱的局部特征信息和区分相似性矿物。

为了得到像元光谱和参考光谱间的总相似性，先将整体相似性和局部相似性结果进行乘积运算，然后进行波谱吸收位置匹配，得到最终的相似度匹配结果。图 3.32 为该方法的主要技术流程。

2. 实验与分析

利用 USGS 标准波谱库中的高岭石和明矾石波谱曲线（图 3.33）进行填图实验。在波谱识别时，采用了光谱角制图（SAM）、波谱特征拟合（SFF）和本节提出的方法进行比较，其结果见图 3.34 和图 3.35 所示。

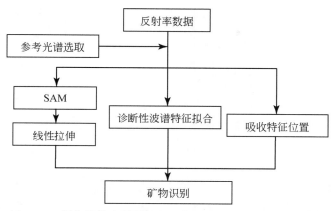

图 3.32　耦合整体光谱匹配和局部光谱匹配的主要技术流程

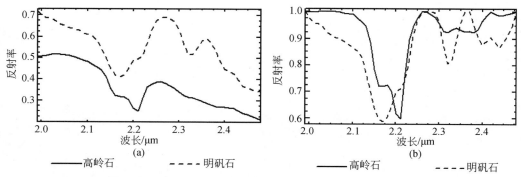

图 3.33　明矾石和高岭石波谱曲线（a）明矾石和高岭石去包络线波谱曲线（b）

从图 3.33 的波谱曲线可以看出明矾石在 2.17μm 和 2.32μm 左右有强的吸收峰，高岭石在 2.21μm 左右有强吸收峰，并且在 2.17μm 左右有一弱吸收峰。我们利用波谱库中参考波谱去包络线后吸收区间的左右吸收肩确定利用新方法进行局部特征匹配时的特征区间。其中，高岭石的特征区间我们选择 2.06～2.26μm，明矾石我们选择 2.04～2.27μm 和 2.28～2.36μm 两个较强的吸收区间。

图 3.34（a）为 SAM 相似度匹配结果，越暗的地方表示匹配的越好；图 3.34（b）为 SAM 相似度匹配提取结果，按照密度分割得到的匹配最好的区域，红、绿、蓝相似度依次降低，下面图 3.34（d）、图 3.34（i）都是按此方法提取；图 3.34（c）为波谱特征拟合 SFF 匹配结果，越亮的地方表示匹配得越好；图 3.34（d）为波谱特征拟合 SFF 提取结果；图 3.34（e）为 SAM 计算时采用余弦值 cosα 相似度匹配结果，越亮的地方表示匹配得越好；图 3.34（f）为 2.06～2.26μm 区间特征拟合结果，越亮的地方表示在此特征区间像元与参考光谱匹配得越好；图 3.34（g）波谱特征位置匹配结果，白色区域表示与参考光谱在特征区间具有相同吸收位置的像元；图 3.34（h）为整体匹配和局部匹配相结合方法最终输出图像，越亮的地方表示匹配得越好；图 3.34（i）为利用整体匹配和局部匹配相结合方法提取的高岭石结果。

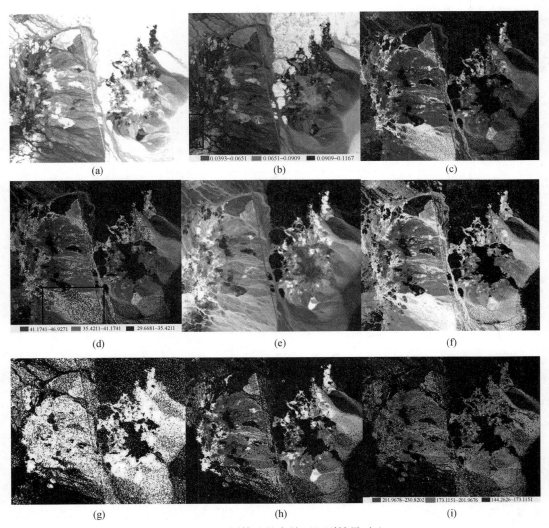

图 3.34　不同算法的高岭石识别结果对比

　　从图 3.34 中可以看出，高岭石光谱角制图结果偏差较大，特别是黑色框内 1 区域，是光谱曲线较为相近的白云母（图 3.27）。光谱特征拟合 SFF 得到的结果能够区分出白云母，而且能够提取出黑色框 2 区域中的高岭石和蒙脱石、白云母的混合区域，但是其提取结果受光谱重建精度和噪声的影响严重，分布较为零散，主要的高岭石区域与背景的区分度较小。采用的新方法中，图 3.34（e）能较为近似地表达图像与参考光谱的整体相似程度，但是其对相似性矿物的区分度较差，因此，图 3.34（f）在 2.06～2.26μm 的局部特征拟合能较好地表达特征区间的细节信息，即能够使相似性矿物得到更大的区分度。为了进一步提高制图的精度以及去除背景的影响，我们根据波谱特征参数中较为稳定的特征吸收位置进行匹配，得到图 3.34（g）。图 3.34（g）中白色区域表示与参考光谱在 2.06～2.26μm 特征区间具有相同的吸收峰（左右偏移一个波段）的像元。我们把整体相似性拉伸后将三者相乘，得到图 3. 34（i）。从图 3. 34（i）中可以看出，相似度极差的区域基本被清除，白云母区域也已经被区分出去，高岭石、蒙脱石、白云石混合区域得到一定程度的识别，其中蓝色区域为高岭石特征比较明显的像元。图中从暗到亮，相似度逐渐提高，与图 3. 26 进行比较，相当接近，但是与 Tetracorder 软件中矿物识别时设置的众多限制条件相比，本方法更为简单方便。

　　图 3. 35（a）为 SAM 相似度匹配结果，越暗的地方表示匹配得越好；图 3. 35（b）为 SAM 相似度匹配提取结果，按照密度分割得到的匹配最好的区域，红、绿、蓝相似度依次降低，下面图 3. 35（d）、图 3. 35（j）都是按此方法提取；图 3. 35（c）为波谱特征拟合 SFF 匹配结果，越亮的地方表示匹配得越好；图 3. 35（d）为波谱特征拟合 SFF 提取结果；图 3. 35（e）为 SAM 计算时采用余弦值 cosa 相似度匹配结果，越亮的地方表示匹配得越好；图 3. 35（f）为 2. 04 ~ 2. 27μm 区间拟合结果，越亮的地方表示在此特征区间像元与参考光谱匹配得越好；图 3. 35（g）为 2. 28 ~ 2. 36μm 区间拟合结果，越亮的地方表示在此特征区间像元与参考光谱匹配得越好；图 3. 35（h）为波谱特征位置匹配结果，白色区域表示与参考光谱在特征区间具有相同吸收位置的像元；图 3. 35（i）为整体匹配和局部匹配相结合方法最终输出图像，越亮的地方表示匹配得越好；图 3. 35（j）为利用整体匹配和局部匹配相结合方法提取的明矾石结果。

　　从图 3. 35（j）中可以看出，其中相似度较高的红色和绿色区域较好地表达了主要明矾石的分布区域，而相对较低的蓝色区域也很好地表达了明矾石、高岭石的混合区域。

　　从上述的实验可知，我们把整体光谱匹配和局部光谱匹配相结合的思想，一方面利用整体相似性进行匹配，减少光谱照度和光谱重建精度的影响，另一方面采用最小二乘法在特征区间进行局部拟合，强调细节性，增大相似矿物的区分度。最后利用特征参数中较为稳定的吸收位置参数，进一步区分相似矿物和提高分类精度。与 Clark 和 Swayze 得到的结果进行比较可知，新方法得到的结果较光谱角制图 SAM 和波谱特征拟合 SFF 更为可信，其图像中从暗到亮的变化更能准确体现目标矿物的丰度信息，而且计算较 Tetracorder 程序简单方便。

3.5.3　特征参数匹配

　　局部光谱匹配利用诊断性光谱吸收谱带的一些特征参数来度量光谱吸收特征，这些参数包括谱带的波长位置（P）、波段深度（H）、宽度（W）、斜率（K）、面积（A）、对称度（S）和光谱绝对反射值。这类方法中比较有代表性的有光谱特征拟合、光谱吸收指数、连续插值波段算法（Continuum Interpolated Band Algorithm，CIBR）（de Jong，1998）、波段吸收深度图（Relative Absorption Band-Depth Image，RBD）（Crowley et al.，1989）和吸收谱带定位分析等。

　　光谱特征拟合是在目标矿物光谱的吸收特征区间中利用最小二乘拟合方法，比较包络线去除后的像元光谱与目标光谱吸收特征的整体形态和吸收深度，对噪声和地形的影响有较好的抑制作用。光谱吸收指数通过非吸收基线方程和比值处理剔除了非吸收物质

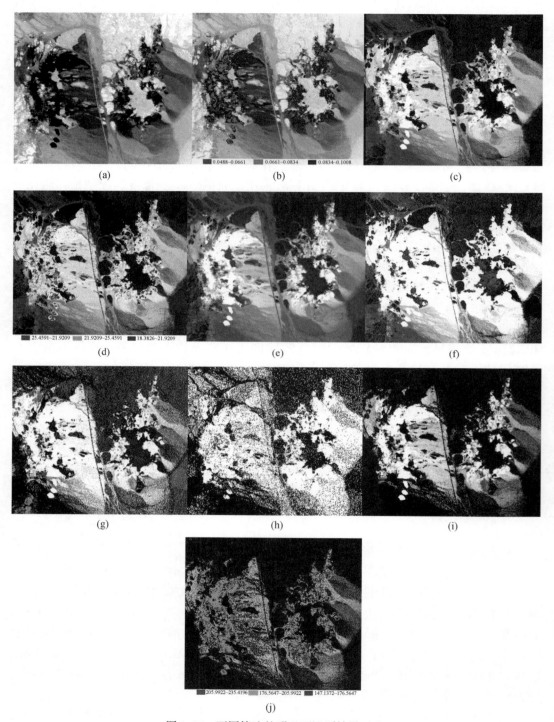

图 3.35　不同算法的明矾石识别结果对比

的光谱贡献，测定了某一特定波长的相对吸收深度，从本质上表达了地物光谱的吸收系数的变化特征，并通过引入对称参数，更为合理地描述了吸收特征。连续插值波段算法与光谱吸收指数类似，也利用吸收深度和对称系数描述不同矿物的吸收特征。波段吸收深度图利用相对吸收深度对吸收特征进行描述，但没有考虑到吸收峰的非对称性，故难以准确描述吸收峰特征。这些方法在实际应用中，分离位置较接近的谱带一般比较困难，特征相似的谱带有时也很难区分，特别是由于混合光谱的影响，一些谱带往往呈复合谱带或过渡状态出现。在信噪比较低时，单个谱带的特征更加难以识别。而谱带的光谱位置一般受影响较小，吸收谱带定位分析方法即是确定和提取各吸收谱带的较精确位置，形成相应谱带波长图像，通过对谱带波长图像的分析，识别和区分不同的矿物，但是其表达简单，不易精确识别矿物（燕守勋等，2004）。

本节针对上面局部特征匹配方法的缺陷，综合利用多种特征参数进行匹配以提高识别能力。

1. 算法原理

进行局部特征识别，首先要找到目标波谱的诊断性特征区间。大部分矿物具有其独特的诊断性特征吸收谱带，这些特征谱带在不同的矿物中具有较稳定的波长位置和较稳定的独特波形，能够指示离子类矿物、单矿物的存在。为了更好地识别矿物，我们需要了解它们各自的波谱吸收特征，并找到理想的诊断性吸收谱带。

为了将与光谱吸收特征无关的背景去掉，需要对波谱数据进行连续统去除处理。然后在连续统去除后的波谱曲线中找到感兴趣的特征吸收谱带，并提取各种特征参数，包括波谱吸收波段位置、深度、宽度、对称性和斜率。由于波谱吸收特征参数中面积为宽度和深度的综合参数，为了简化计算，我们不利用面积参数（图3.36）。

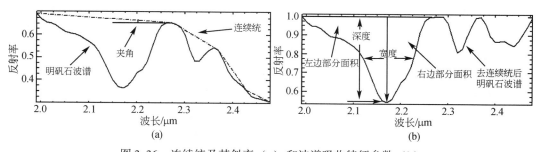

图 3.36　连续统及其斜率（a）和波谱吸收特征参数（b）

图 3.37 为特征参数匹配方法的主要技术流程。其主要的技术步骤如下。

1）特征参数设置

为了得到稳定的参数和便于计算，我们对各种特征参数进行如下设定。

（1）波段吸收位置（P）：根据参考波谱的波段吸收位置找到目标矿物的吸收区间，在此区间搜索吸收峰及其位置，并设置参考波谱的位置参数为1。然后，对图像波谱进行连续统去除，并根据诊断性吸收特征的吸收峰位置找到图像波谱相应的吸收区间。最

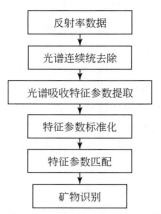

图 3.37　基于波谱特征参数匹配的高光谱矿物填图处理流程图

后，对图像波谱吸收区间内的吸收峰位置与参考波谱的吸收峰进行比较。如果图像象元波谱的吸收位置和个数与参考波谱一致，我们设置其位置参数为 1。当图像波谱主吸收峰位置与参考波谱一致，但总吸收峰个数不一致时，设置其位置参数值为：$P = $num/all。其中 num 表示图像波谱与参考波谱吸收峰位置一致的个数，all 表示参考波谱总的吸收峰个数。其他情况下，图像波谱的位置参数设置为 0。对位置参数进行这样设置有两大优势：一方面通过吸收峰个数的比较，改进了位置较近的吸收峰的识别，如高岭石在 2.20um 附近的一强一弱双吸收峰；另一方面，通过 P 计算式的设置，考虑了噪声或波谱重建精度等对目标矿物较弱的吸收峰的影响，使其对不确定性有较好的改善。

（2）深度（H）：定义波段深度 $H = 1 - D_H$，其中 D_H 表示在连续统去除后的波谱曲线在主吸收峰处的值。由于经过连续统去除，H 表示的是相对吸收深度，剔除了非吸收物质的光谱贡献。

（3）宽度（W）：定义波段吸收宽度为 $W = (\lambda_e - \lambda_s) / (\lambda_1 - \lambda_2)$，其中 λ_e、λ_s 分别表示波谱特征吸收区间的左右吸收肩处的波长值，λ_1、λ_2 表示整个波谱曲线左右两端的波长值。通过吸收区间的长度与整体波谱区间的长度之比表示吸收区间的相对宽度，计算简单方便。

（4）对称性（S）：定义 $S = A_1/A$，其中 A_1 表示在主吸收峰左半端波段反射率值的总和，A 表示在整个特征吸收区间内波段的反射率值的总和。

（5）斜率（K）：$K = \tan^{-1} [(R_e - R_s) / (征_e - /_s)]$，其中 R_e、R_s 分别为未经连续统去除的波谱曲线吸收终点、吸收起点处反射率值，λ_e，λ_s 为相应的波长，K 代表的是连续统与水平直线的夹角，对区分相似性吸收特征有较好的作用。

2）特征参数标准化

由于上述各种特征参数的度量单位不同，变量的值域大小也不相同，将直接影响匹配结果。一般来讲，变量的值域越大，对匹配结果的影响也就越大。为了避免度量单位不同而造成的偏差，对各种特征参数进行标准化处理，具体计算过程如下（范明和孟小峰，2001）。

（1）计算平均绝对偏差

$$\varphi = \frac{1}{n}(|x_1 - m| + |x_2 - m| + \cdots + |x_n - m|) \tag{3.8}$$

式中，$x_1, \cdots, x_n$ 是 n 个像元的某种特征参数值，m 是其平均值，即

$$m = \frac{1}{n}(x_1 + x_2 + \cdots + x_n) \tag{3.9}$$

（2）计算标准化度量值

$$z_i = \frac{(x_i - m)}{\varphi} \tag{3.10}$$

z 就是特征参数标准化后的度量值。

（3）特征参数匹配

经过特征参数标准化处理后，组成特征参数向量。采用欧式距离法或者加权欧式距离法将标准化后的参考波谱的特征参数向量与标准化后的像元波谱的特征参数向量进行匹配，得到像元波谱与参考波谱之间的相似度值。其中欧式距离定义如下

$$d(i, j) = \sqrt{|x_{i1} - x_{j1}|^2 + |x_{i2} - x_{j2}|^2 + \cdots + |x_{ip} - x_{jp}|^2} \tag{3.11}$$

加权的欧氏距离可以计算如下

$$d(i, j) = \sqrt{w_1 |x_{i1} - x_{j1}|^2 + w_2 |x_{i2} - x_{j2}|^2 + \cdots + w_p |x_{ip} - x_{jp}|^2} \tag{3.12}$$

由于局部特征匹配受信噪比、光谱定标和光谱重建精度等因素的影响较大。因此，在进行特征参数匹配时可以利用加权的欧氏距离根据不同参数的稳定性和重要性给出不同的权重，或者根据具体情况增加、减少参数的个数，以便能针对不同的数据对象和光谱重建精度更好地对参考波谱和图像波谱进行匹配。

2. 实验与分析

利用 USGS 标准波谱库中的高岭石、明矾石和白云母的波谱曲线（图 3.38）在试验区进行矿物填图实验。其中，高岭石、明矾石和白云母的诊断性吸收特征如图 3.39 ~ 图 3.41 所示。

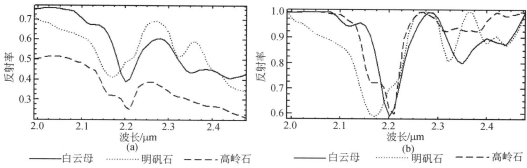

图 3.38　明矾石、高岭石和白云母的波谱（a）和明矾石、高岭石和白云母去包络线波谱（b）

高岭石［$Al_2Si_2O_5(OH)_4$］，为铝硅酸盐（长石）的风化或热液蚀变产物。尖锐而清晰的 OH^- 谱带是主要特征，其中 $1.4\mu m$ 主要的许多侧谱为 OH^- 伸缩振动与低位晶格

振动的合频；2.2μm 的 OH⁻谱带为两层二八面体结构；1.9μm 处为吸附水谱带（张宗贵等，2006）。高岭石的吸收特征中，一个成对特征吸收谱在 2.17/2.209μm 一处（图 3.16），试验中采用其作为诊断性吸收特征，并利用连续统去除后的波谱曲线得到参考波谱吸收特征区间为 2.06~2.26μm。

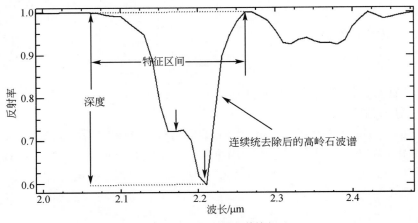

图 3.39　高岭石光谱特征

明矾石，$KAl_3[SO_4]_2(OH)_6$，为中酸性火山喷出岩经过低温热液作用生成的蚀变产物，属三方晶系的硫酸盐矿物。明矾石波谱特点主要由 SO_4 基团振动、OH 振动引起，除了 1.4μm、1.7μm 附近两个受水汽影响的波段区间（Clark et al.，1990），明矾石主要的强吸收谱带位于 2.17μm 和 2.32μm 处（图 3.40），并在 2.20μm 左右受 Al-OH 键影响有一较弱的吸收峰。试验中选取明矾石的诊断性吸收峰为 2.17μm，并设置参考波谱特征吸收区间为 1.99~2.27μm。

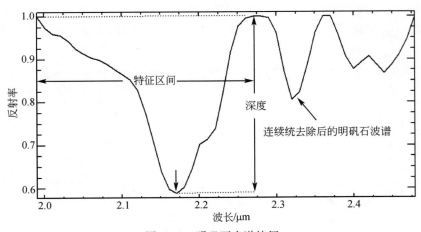

图 3.40　明矾石光谱特征

白云母，$[KAl_2(AlSi_3O_{10})(OH)_2]$，产于酸性花岗伟晶岩中，是一个二八面体云母，以 K^+ 作为层间离子。白云母的三个较强的吸收峰在 1.4μm、2.2μm 和 2.35μm，在

2.45μm 处有一中等吸收（R. N. Clark，1990）。其中 1.4μm 处的吸收是由于 OH 伸缩振动的合频和倍频的作用造成，2.2μm 的处是 Al-OH 的合频作用造成，这两处吸收谱为含铝黏土的特征谱。白云母在 2.2μm 处有较强烈的吸收特征，并在 2.12μm 处有较弱的吸收特征（图 3.41），试验中选其作为诊断性吸收特征，并取参考波谱吸收特征区间为 2.0810 ~ 2.2805μm。

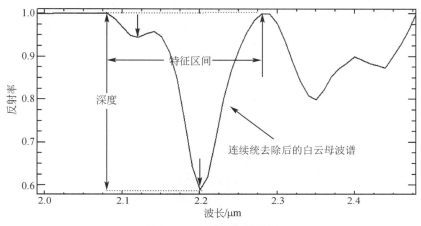

图 3.41　白云母光谱特征

为验证本文所提出方法的效果，采用光谱特征拟合、吸收谱带定位分析、波谱角填图和本文提出的波谱参数匹配方法进行实验对比，其实验结果见图 3.42 ~ 图 3.44 所示。

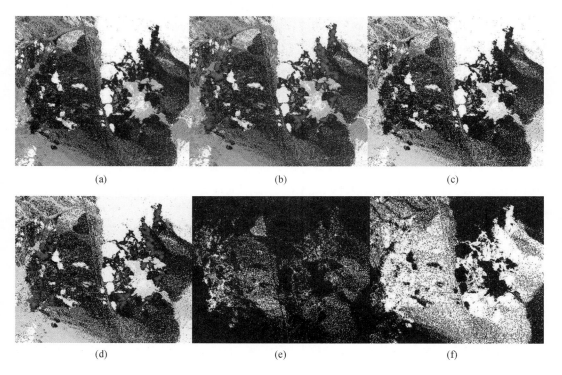

　　　　(a)　　　　　　　　　　(b)　　　　　　　　　　(c)

　　　　(d)　　　　　　　　　　(e)　　　　　　　　　　(f)

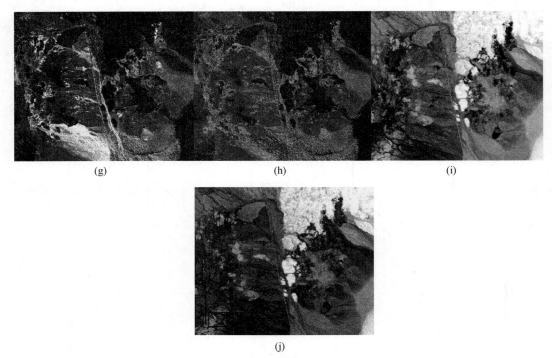

(g)　　　　　　　　　　　　(h)　　　　　　　　　　　　(i)

(j)

图 3.42　不同算法的高岭石识别结果对比

　　图 3.42（a）为特征参数匹配结果，越暗表示匹配越好；图 3.42（b）红色区域为特征参数匹配矿物提取结果，阈值取 0.7；图 3.42（c）为加权特征参数匹配结果，越暗表示匹配越好，其中给吸收特征位置参数设置权重 4.0；图 3.42（d）为加权特征参数匹配矿物提取结果，阈值取 0.7；图 3.42（e）为波谱吸收特征位置匹配结果，白色区域表示与参考波谱在诊断性特征区间具有相同吸收位置的像元；图 3.42（f）为波谱吸收特征位置匹配结果，白色区域表示与参考波谱在诊断性特征区间具有相同或有一个波段偏移吸收位置的像元，以及具有相同主吸收位置的像元；图 3.42（g）为 2.06～2.26μm 诊断性特征区间的波谱特征拟合结果，越亮的地方表示在此特征区间像元与参考光谱匹配得越好；图 3.42（h）为波谱特征拟合蚀变矿物提取结果，提取阈值为 30.0；图 3.42（i）为 SAM 相似度匹配结果，越暗的地方表示匹配得越好；图 3.42（j）为 SAM 相似度匹配蚀变矿物提取结果，阈值为 0.12。

　　图 3.43（a）为特征参数匹配结果，越暗的地方表示匹配得越好；图 3.43（b）红色区域为特征参数匹配蚀变矿物提取结果，阈值取 0.8；图 3.43（c）为波谱吸收特征位置匹配结果，白色区域表示与参考波谱在诊断性特征区间具有相同吸收位置的像元；图 3.43（d）为波谱吸收特征位置匹配结果，白色区域表示与参考波谱在诊断性特征区间具有相同吸收位置或者有一个波段偏移的像元，以及具有相同主吸收位置的像元；图 3.43（e）为 1.99～2.27μm 诊断性特征区间的波谱特征拟合结果，越亮的地方表示在此特征区间像元与参考光谱匹配得越好；图 3.43（f）为波谱特征拟合蚀变矿物提取结

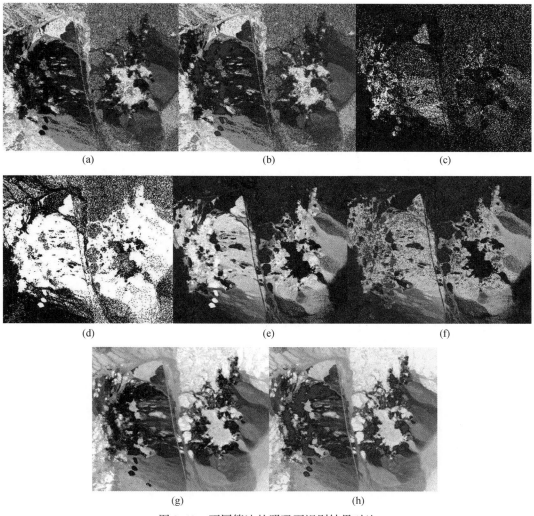

图 3.43　不同算法的明矾石识别结果对比

果，提取区间为 17.0；图 3.43（g）为 SAM 相似度匹配结果，越暗的地方表示匹配得越好；图 3.43（h）为 SAM 相似度匹配蚀变矿物提取结果，阈值为 0.1。

　　图 3.44（a）特征参数匹配得结果，越暗的地方表示匹配得越好；图 3.44（b）红色区域为特征参数匹配蚀变矿物提取结果，阈值取 3.2；图 3.44（c）为波谱吸收特征位置匹配结果，白色区域表示与参考波谱在诊断性特征区间具有相同吸收位置的像元；图 3.44（d）为波谱吸收特征位置匹配结果，白色区域表示与参考波谱在诊断性特征区间具有相同吸收位置或者有一个波段偏移的像元，以及具有相同主吸收位置的像元；图 3.44（e）为 2.08 ~ 2.28μm 诊断性特征区间的波谱特征拟合结果，越亮的地方表示在此特征区间像元与参考光谱匹配得越好；图 3.44（f）为波谱特征拟合蚀变矿物提取结果，提取区间为 28.0；图 3.44（g）为 SAM 相似度匹配结果，越暗的地方表示匹配得越好；图 3.44（h）为 SAM 相似度匹配蚀变矿物提取结果，阈值为 0.11。

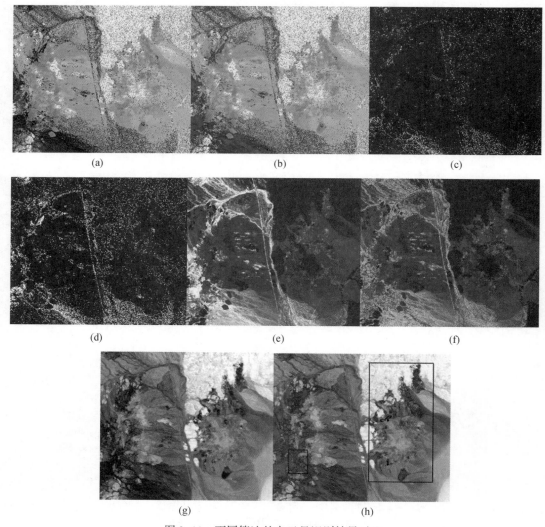

图 3.44　不同算法的白云母识别结果对比

高岭石制图结果见图 3.42。其中，图 3.42（d）是利用加权欧氏距离进行匹配的结果，通过对相对稳定的波谱吸收位置设置权重 4.0，增大其在相似度匹配中的作用。比较 3.42（b）和 3.42（d）可以看出，经过权重设置，在一定程度上增大了目标矿物和其他地物的对比度。图 3.42（e）和 3.42（f）为波谱特吸收位置匹配结果，其能够确定高岭石的大致范围，但是由于噪声、波谱重建精度以及矿物混合等因素的影响，部分像元波谱吸收位置会产生一定的漂移，对准确提取蚀变矿物带来了困难，并且很难直接通过波谱吸收位置区分目标矿物和其他地物，特别是吸收位置较近的相似矿物。因此，在利用特征参数匹配填图时，为了更好地表达波谱吸收位置这个特征，允许其吸收特征位置向左或向右偏移一个波段（10nm），并在前面波谱特征定义时重新定义了这个参数，其填图结果见图 3.42（f）。图 3.42（f）中白色部分反映了在 2.17μm 和 2.2μm 左右具有吸收峰的像元，而高岭石、明矾石和其混合物在这两个位置都具有吸收峰，与图 3.26 进行比较可知，此结果较为准确地反映了它们的分布区域。图 3.42（h）为采用 SFF 方法对参考波谱和像元波谱进行最小二乘拟合和误差分析的结果。由于 SFF 直接利用形状进行匹配，并且必须使参考波谱和图像波谱在相同的波谱区间范围内，这对图像的信噪比和光谱重建精度要求较高，在受到噪声和地物混合等影响使高岭石波谱形状发生变化较大的情况下（图 3.45），其识别结果偏差较大。图 3.42（j）为利用整体相似性匹配方法 SAM 进行填图的结果，除了其在黑色框内红色区域对相似的白云母的误分外（图 3.46），其余地区都与特征参数匹配较为相似。

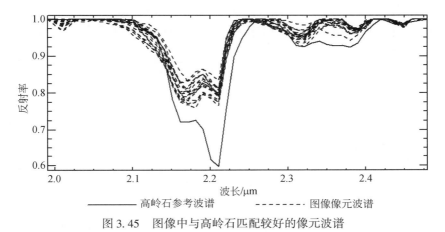

图 3.45　图像中与高岭石匹配较好的像元波谱

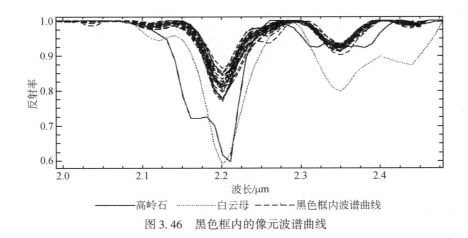

图 3.46　黑色框内的像元波谱曲线

明矾石制图结果见图 3.43。从 3.43（e）、3.43（f）和 3.43（c）、3.43（d）可以看出，由于高岭石和明矾石在 2.17μm，和 2.20μm 都具有吸收峰，特别是明矾石在 2.20μm 左右的吸收特征表现较参考光谱突出（图 3.47），因此如果在此区间仅利用波谱吸收位置进行匹配，很难将它们区分开来。由于明矾石在 1.99~2.27μm 区间吸收特征强烈，形状宽而平缓，2.20μm 处的弱吸收特征对波谱总体形状影响较小，从而使图像像元波谱相对参考波谱变化较小，在采用 SFF 方法和 SAM 方法进行填图时，偏差也就相对较小，与特征参数拟合的结果较为近似。

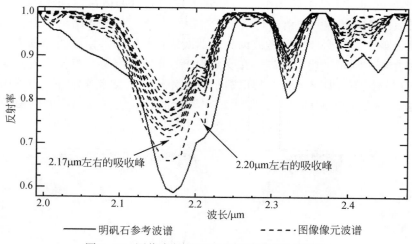

图 3.47　图像中与明矾石匹配较好的像元波谱

　　白云母制图结果见图 3.48。从图 3.48 可以看出，由于噪声和波谱重建精度等的影响，图像中白云母像元波谱在经过连续统去除后，2.12μm 和 2.20μm 处的双吸收峰被分离开来，利用特征吸收位置进行匹配时，若自动寻找左右吸收肩时，需要进行两次匹配才能得到结果。SFF 方法由于采用固定的区间进行匹配，受此影响较小，填图结果与参数匹配较为相似。而 SAM 方法填图的结果主要误差在黑色框内的红色区域，是对相似的高岭石的误分（图 3.49）。

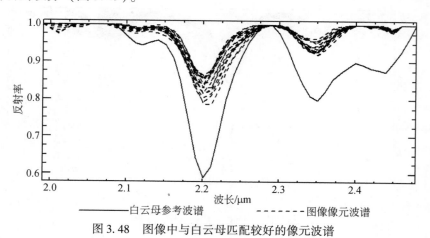

图 3.48　图像中与白云母匹配较好的像元波谱

　　从上述分析与讨论可知，利用特征参数进行拟合，一方面，通过包络线去除后在诊断性吸收位置左右根据吸收肩自动寻找特征区间，而不是采用固定区间，得到了较为准确的图像波谱吸收特征谱带，也为准确提取特征参数奠定了基础；另一方面，通过对各种特征参数的设置和调整，增加特征参数的稳定性和实效性，降低了噪声和光谱重建精度等带来的影响，增加了识别的精度，并在区分相似性矿物方面有较好的效果。此外，

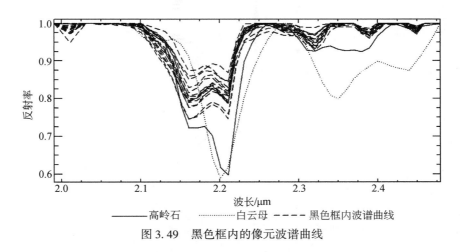

图 3.49　黑色框内的像元波谱曲线

在匹配时，可以根据参数的稳定性选择匹配的参数或者设置权重，以更好地应用到不同的数据中。与波谱参数匹配相比，波谱吸收位置匹配难以准确提取蚀变矿物，特别是对吸收位置较近的相似矿物区分能力较差；SFF 利用波形进行匹配，在图像像元波谱特征形状变化不大的情况下，能较好地识别目标矿物，当受噪声或者波谱重建精度等的影响，波谱形状出现较大变化时，区分效果较差；利用整体区间进行匹配的 SAM 方法，较少受噪声、地形和照度的影响，识别结果清晰连贯，但是其并不考虑局部特征信息，在区分相似性矿物时并不理想。

3.6　基于流形学习的高光谱降维

　　流形学习的目的在于发现高维数据分布的内在规律，其本质就是当高维空间样本数据集中存在着一个潜在的低维光滑流形时，从样本数据集所在的高维空间中发现潜在流形的内部结果，即高维数据集的内部规律（黄鸿，2008）。流形学习是一种新的非监督学习方法，它认为某些内在变量控制生成了观测空间的数据集，它仅通过观测空间数据集来恢复其内在结构和映射关系。但它与密度估计有本质的区别，它是期望从观测空间的现象中找出内在的整体结构。从人们认识事物的角度分析，人们是在认识流形以及拓扑连续性的基础上认识事物的，流形学习强调了认知事物的整体可理解性；从算法上来分析，流形学习对高维数据降维后能够较好地保持了数据的内部结构与原有的测度距离，运用非线性的流形学习降维方法比线性方法更好地保持了数据的内在结构。目前为止，出现了大量的流形学习方法，它们可分为全局流形学习算法、局部流形学习算法等。高光谱遥感数据是一种高维数据，且具有较强的非线性特性。将流形学习运用到高光谱遥感降维中来，可以充分发挥出流形学习的优势，从而较好地获得具有非线性特性的潜在结构。

　　综上所述，因为流形学习能够很好地挖掘出高维数据的内部非线性结构，本书将经典的流形学习算法和组合降维方法与传统降维方法运用到高光谱图像特征提取中，然后用支持向量机对这些特征子集分类并作精度评价，通过对比精度结果来检验流形学习和组合方法的有效性，为高光谱数据特征提取提供了一种有效的方法。

3.6.1 全局保持流形学习算法

1. 主成分分析

在处理高维数据中，投影映射方法占据着非常重要的地位。在众多方法中，PCA 是最古老、最著名、最基本也是最常用的维数约简方法。作为经典的非监督降维方法，PCA 依据高维空间中数据点的分布，并按照这些数据点最大的变化方向作为投影方向，从而达到有效降维的目的。它的基本思路是：将众多的相关变量转换为少数不相关的变量，也就是说这些变量含有的信息互不相关，并尽可能表示原有的信息，选取最大的几个主成分分析。这样就尽可能减少原有信息的损失，达到了降低数据维数和提高运算效率的效果。

PCA 算法的原理，设给定的高维数据样本集 $xX = (x_1, x_2, \cdots, X_n) \in R^D$，PCA 算法寻找 d 个低维空间的正交基单位向量 $\{v_1, v_2, \cdots, v_d\}$，从而使得重构高维数据 X 的重构误差平方和最小，最小化重构误差函数。

$$E = \sum_{i=1}^{n} \left\| x_i - \sum_{j=1}^{d} (x_i \cdot v_j) v_j \right\|^2 \tag{3.13}$$

式中，内积 $(x_i \cdot v_j)$ 表示 x_i 在基向量 v_j 上的投影坐标，x_i 在正交基上投影向量表示为 $\sum_{j=1}^{d} (x_i \cdot v_j) v_j$，投影的残差表示为 $x_i - \sum_{j=1}^{d} (x_i \cdot v_j) v_j$。

x_i 在正交基上的残差向量垂直于投影向量，所以有下式

$$\left\| x_i - \sum_{j=1}^{d} (x_i \cdot v_j) v_j \right\|^2 = \| x_i \|^2 - \left\| \sum_{j=1}^{d} (x_i \cdot v_j) v_j \right\|^2 \tag{3.14}$$

将上面的公式代入重构误差目标函数，得

$$E = \sum_{i=1}^{n} \left\| x_i - \sum_{j=1}^{d} (x_i \cdot v_j) v_j \right\|^2 = \sum_{i=1}^{n} \| x_i \|^2 - \sum_{i=1}^{n} \left\| \sum_{j=1}^{d} (x_i \cdot v_j) v_j \right\|^2 \tag{3.15}$$

因为观察数据 x_i（其中 $i = 1, \cdots, n$），所以，重构误差最小就是投影范数平方最大化，即求解正交基 $\{v_1, v_2, \cdots, v_d\}$ 的目标函数转化为最大化下列目标函数

$$\max_{\substack{e_i \perp e_j \\ \| e_j \| = 1}} \sum_{i=1}^{n} \left\| \sum_{j=1}^{d} (x_i \cdot v_j) v_j \right\|^2 \tag{3.16}$$

设基向量矩阵 $P = [v_1, v_1, \cdots, v_d]$，观察矩阵 $X = [x_1, \cdots, x_n]$，则有 $P^T P = I$，且由于

$$\begin{aligned}
\sum_{i=1}^{n} \left\| \sum_{j=1}^{d} (x_i \cdot v_j) v_j \right\|^2 &= \sum_{i=1}^{n} \| P(P^T x_i) \|^2 = \| P(P^T X) \|^2 \\
&= tr((PP^T X)^T (PP^T X)) = tr(X^T PP^T X) \\
&= tr(P^T X X^T P)
\end{aligned} \tag{3.17}$$

所以求解低维子空间基向量等同于求下列条件优化目标函数

$$\begin{cases} \max\limits_{P} & P^{\mathrm{T}} X X^{\mathrm{T}} P \\ S.t. & P^{\mathrm{T}} P = I \end{cases} \tag{3.18}$$

利用拉格朗日乘数法，上述优化问题可通过下列特征方差求解，即

$$(X X^{\mathrm{T}}) v = \lambda v \tag{3.19}$$

上面公式表明，低维空间中正交基向量的求解相当于计算矩阵 $X X^{\mathrm{T}}$ 的特征值对应的单位特征向量，这也就是最优投影空间的基底，也就是主成分分量的方向。

以上 PCA 算法推导过程是以重建误差最小化为基础，但如果观测数据被提前减去了均值，那么式（3.13）等同于投影坐标方差最大化；且其协方差矩阵可以用 $C = \dfrac{1}{n} X X^{\mathrm{T}}$ 表示，式（3.19）左边的 $X X^{\mathrm{T}}$ 等于 nC ，则可由特质变化的拐点来确定低维维数。

PCA 算法的具体流程如下所示。

第一步：求出样本的均值：$u = \dfrac{1}{n} \sum\limits_{i=1}^{n} x_i$

第二步：求出样本的协方差矩阵 $C = \dfrac{1}{n} \sum\limits_{i=1}^{n} (x_i - u)(x_i - u)^{\mathrm{T}}$

第三步：求出矩阵 nC 的前 d 个最大特征值对应的单位特征向量 $\{v_1, v_2, v_3, \cdots, v_d\}$ ，且令 $U = [v_1, v_2, v_3, \cdots, v_d]$ 。

第四步：观察样本的低维坐标 $y = U^{\mathrm{T}}(x - u)$ 。

Kirby 等人最先研究了人脸图像的 PCA 最优表达。Turk（1991）将特征脸应用到人脸识别中。

该算法将人脸图像看成是一个高维的随机变量，通过采用 PCA 降维方法获得最优子空间的基底，即为所谓的特征脸。

统计学认为，主城分析方法保留了方差较大的线性组成成分从而保持了原始数据的全局内部结构，但是该算法没有数据的内部局部性质，所以采用该方法处理非线性的数据集的效果较差。再者，PCA 是一种非监督降维方法，也就是说没有利用样本点的类别信息，因此其分类特性一般。

2. 线性判别分析法

1921 年，Pearson 在种族区分问题中使用了判别分析统计方法。Fisher（1936）首次提出了不同特征变量的线性判别函数。后来，线性判别分析在多元统计分析中得到了广泛的应用。不同于 PCA 重建误差最小意义下最优变化，LDA 更侧重于分类结果（Belhumeur et al.，1997）。Fisher 线性判别分析主要是提出了如何寻找选择最优投影方向，即为使 Fisher 准则函数达到极值的向量，原始数据集沿着该最优投影方向投影后，使得数据集中类间离散度最大同时使其类内离散度最小。

LDA 算法的基本原理：设原始样本空间的维度为 n ，原始数据集的类别数为 c ，那么样本集对应的类间散度矩阵 S_b 与类内散度矩阵 S_w 如下所示

$$S_b = \sum_{i=1}^{c} N_i (m_i - m)(m_i - m)^{\mathrm{T}} = \Phi_b \Phi_b^{\mathrm{T}} \tag{3.20}$$

$$S_w = \sum_{i=1}^{c} \sum_{k \in C_i} (x_k - m_i)(x_k - m_i)^{\mathrm{T}} = \Phi_w \Phi_w^{\mathrm{T}} \tag{3.21}$$

式中，N_i 是类 $C_i (i = 1, 2, \cdots, c)$ 所含的样本数；N 是样本总数；m_i 是 C_i 类样本均值；m 表示样本集的总体均值。

样本集的总体离散矩阵同类间散度矩阵 S_b 与类内散度矩阵 S_w 之间的关系可以表示为

$$S_t = S_b + S_w = \sum_{i=1}^{N} (x_i - m)(x_i - m)^{\mathrm{T}} = \Phi_t \Phi_t^{\mathrm{T}} \tag{3.22}$$

LDA 求出的最优投影方向组 $W = [w_1, w_2, \cdots, w_{c-1}]$，应满足

$$J(W) = \max_W \frac{|W_T S_b W|}{|W_T S_w W|} \tag{3.23}$$

上式就是 Fisher 准则函数。可知，w 是最优投影方向，它应该使得 $|wS_bw| \neq 0$，并且使 $|W^{\mathrm{T}} S_w w| = 0$，显然 w 是类内散度矩阵 S_w 的零空间。

上式中，可以通过求解矩阵 $S_w^{-1} S_b$ 的特征向量来得到变换矩阵 W。但是从求解特征值和特征向量的角度分析，该方法不一定有解或者说不一定有合理的解，因为高维矩阵 S_w 的直接求逆是很不稳定的，而且不能保证其是可逆的。特别是当训练样本向量维数大于样本数量时，S_w 必然奇异。

当训练样本缺乏时，类内散度矩阵可能是奇异的，不能直接求出其特征值与特征向量，常需要做一些前期的处理再来求解。Swets 等（1996）为了确保该数据集空间的类内散度矩阵满秩，提出了对原始数据集 PCA 特征空间作线性判别分析。以下是 LDA 算法的具体流程（冯海亮，2008）。

第一步：对原始数据集进行 PCA 降维并求得变换矩阵 w_{pca}；

第二步：对 PCA 特征子空间作线性判别分析并求出其变换矩阵 w_{lda}

（1）求出各个类别的样本均值 m_i：$m_i = \frac{1}{N_i} \sum_{j=1}^{N_i} x_j$，其中 i 代表第 i 类的类别标号，N_i 是第 i 类样本的数目，c 表示原始数据集中的类别数目；

（2）先中心化各类样本再求解出其正交主分量：$\tilde{x} = w_{pca}^{\mathrm{T}} (x - m_i)$，其中 $x \in X_i$，X_i 为第 i 类所有的样本；

（3）对每类样本的均值向总体均值中心化并求其正交主分量：$\tilde{m} = w_{pca}^{\mathrm{T}} (m_i - m)$，$m$ 是样本总体均值，$m = \frac{1}{N} \sum_j x_j$，$N = \sum_{i=1}^{c} N_i$；

（4）求出类内散度矩阵 S_w：$S_w = \sum_{i=1}^{c} \sum_{x \in X_i} \tilde{x} \tilde{x}^{\mathrm{T}}$。

（5）计算出类间散度矩阵 S_b：$S_b = \sum_{i=1}^{c} N_i \tilde{m_i} \tilde{m_i}^{\mathrm{T}}$

（6）计算出特征值和特征向量：$S_b V = \lambda S_w V$

即 $S_w^{-1} S_b V = \lambda V$。将特征值 λ 从大到小依次排列，对应的对特征向量 V 排序，然后保留

V 前面最大的 $(c-1)$ 个特征值对应的特征向量，这就是从 PCA 特征子空间到线性判别分析特征子空间的变换矩阵：$W_{lda} = [v_1, v_2, \cdots, v_{c-1}]$；

（7）求出最佳投影矩阵：$w_{opt} = w_{pca} \cdot w_{lda}$

第三步：投影的变换。对原始数据样本集 X 进行 PCA 和 LDA 变换：$Z = w_{opt}{}^\mathrm{T} X$

第四步：判别分类。对输入额待测样本 T 进行投影变换：

$Z_{test} = (z_1, z_2, \cdots, z_d)^\mathrm{T} = w_{opt}{}^\mathrm{T} T$，计算特征空间中待测样本与原始样本的欧氏距离 $lable = \min_i \| Z_{test} - Z^i \| = \min_i \sqrt{(Z_{test} - Z^i)^2}$，$i = 1, 2, \cdots, N$。测试样本的类别就是与其距离最小对应的原始样本类别数。

3.6.2　局部保持流形学习算法

拉普拉斯映射（LE）是一种非线性流形学习算法，He（2003，2005）线性化了 LE 算法并提出了 LPP。PCA 算法主要是保留了原始数据集全局特性，而 LPP 算法挖掘出了数据集的局部非线性特性，该算法能够获取到数据集的最优判别特征达到维数约减的目的，因此 LPP 侧重于提取出数据集的局部特征。从运算的角度分析，LPP 是一种线性算法，从而避免了复杂的非线性运算。此算法首先构建了样本点的局部邻域信息，然后进一步获得一个变换，从而使得变换后的低维子空间中保持了原始数据的局部特征信息。

下面阐述 LPP 算法的基本原理，假设有一个相似矩阵按 S 定义方式如下所示

（1）当 x_j 是 x_i 的 K 近邻，或 x_i 是 x_j 的 K 近邻，有 $X_{ij} = e^{\frac{\| x_i - x_j \|^2}{t}}$；

（2）否则，$S_{ij} = 0$。

上式的 t 表示为常量，能够通过极小化下式来求出 LPP

$$a_{opt} = \arg\min_a \sum_{i=1}^m (a^\mathrm{T} x_i - x_i{}^\mathrm{T} a)^2 S_{ij} = \arg\min_a a^\mathrm{T} X L X^\mathrm{T} a \qquad (3.24)$$

同时需要满足条件：$a^\mathrm{T} X D X^\mathrm{T} a = 1$。式（3.24）中拉普拉斯算子是 $L = D - S$，x_i 邻域的局部密度表示为 $D_{ii} = \sum_j S_{ij} D_{ij} = \sum_j S_{ij}$。LPP 降维的变换矩阵就是矩阵 $(X D X^\mathrm{T})^{-1} X L X^\mathrm{T}$ 比较小的特征值所对应的特征向量组成的。一般来说 $(X D X^\mathrm{T})^{-1} X L X^\mathrm{T}$ 是不对称矩阵，因此 LPP 的基底函数不具有直交性。

计算出特征向量后，将 $A_k = (a_1, a_2, \cdots, a_k)$ 作为变换矩阵，那么降维后的空间中两个数据点间的欧几里得距离可以表示为

$$dist(y_i - y_j) = \| y_i - y_j \| = \| A^\mathrm{T} x_i - A^\mathrm{T} x_j \| = \sqrt{(x_i - x_j)^\mathrm{T} A A^\mathrm{T} (x_i - x_j)} \qquad (3.25)$$

如果 A 是正交矩阵，$A A^\mathrm{T} = I$ 的度量结构保持不变。

LPP 算法的实现步骤如下所示。

第一步：邻接图的构建。构建一个具有 m 个顶点权图 G，如果顶点 x_j 是 x_i 的 K 近邻，或 x_i 是 x_j 的 K 近邻，则这两点间用一条边连起来。根据以上方法建立的权图能够较好模拟出高维空间中潜在的低维流形结构。

第二步：邻接图中边权重的确定。一般有两种方法确定权重，其一是基于热核的方

式来估算：当 x_j 和 x_i 有边连接时，$W_{ij} = e^{\frac{\|x_i - x_j\|^2}{t}}$ $t \in R$；否则 $W_{ij} = 0$。这种方法很好地模拟了流形结构，但这大大地增加了运算量，这就背离了高维数据通过降维来减低数据处理中运算量的目的。所以，通常多采用较简单的形式：如果权图的两个点之间有边相连通时，$W_{ij} = 1$；反之 $W_{ij} = 0$。

第三步：完成映射。如果构建的权图 G 中所有的数据点间都是直接或间接相连的（如果某些点与其余的点间是相互隔离的，则分别对连通的各个部分进行第三步的操作），并按照下述方式求解出特征值和特征向量

$$XLX^{\mathrm{T}}a = \lambda XDX^{\mathrm{T}}a \tag{3.26}$$

式中，$X = (x_1, x_2, \cdots, x_m)$，$D$ 的主对角元素值等于对称矩阵 W 行或列元素之和，非对角元素值，$D_{ii} = \sum_j W_{ji}$ 拉普拉斯矩阵 $L = D - W$ 是半正定的对称矩阵。假设方程（3.24）的解是 $a_0, a_1, \cdots, a_{l-1}$，其对应的特征值为 $\lambda_1 < \lambda_2 < \cdots < \lambda_{l-1}$，则最后所要求解的映射就可以用下式表示：$x_i \rightarrow y_i = A^{\mathrm{T}}x_i$，其中的 $A = (a_0, a_1, \cdots, a_{l-1})$ 是 $n \times l$ 的转换矩阵。

3.6.3　组合全局和局部保持降维方法

前面章节从全局和局部特征保持的角度介绍了不同的特征提取方法。全局保持的降维方法有效地获得了数据集的全局信息，而损失了局部非线性特性。然而，LPP 这种局部特征保持技术并且获得低维子空间，它较好地保持了局部流形结构，但是损失掉了在一些应用中起着很重要作用的全局特征。有人提出组合了全局和局部特征保持的 PCA 和 LPP 的方法，但该算法仅仅是获得了最富表现力的特征集合；本书提到了一种组合方法，该方法结合了全局特征提取技术 LDA 和局部特征提取技术 LPP 的优势，即（LDA-LPP），该算法获得了最有鉴别力的特征，这在目标识别、分类中起着很重要的作用。该组合方法获得了不同样本间较好的鉴别性特征，从而可以得到高维数据高质量的数据集。

为了减少特征的重复，第一阶段通过保持全局特征仅少量除掉局部特征，然后，从第一个阶段结果中提取出局部特征，从而产生较好的识别结果。

本节主要是描述采用组合了全局特征保持技术 LDA 和局部保持技术 LPP 的方法获取高质量的特征集。该组合算法首先将高维空间数据集投影到 LDA 空间从而保持了全局信息，然后通过距离保持方法投影到 LPP 空间，来增加局部近邻流形信息。

1. 保持全局特征

首先采用 LDA 来保持全局特征。LDA 算法的原理及算法流程如 3.6.1 节所述。

算法中采用全局特征提取技术 LDA 来保持全局特征的 90%，然后用局部特征提取技术 LPP 保持局部特征。在第一阶段，如果全局保持技术 LDA 保留的原始信息小于90%，这导致不重要的全局特征损失的同时失去了更多有用的局部特征；如果保留的原始信息大于90%时，便很难区别这些特征。

2. 增加局部特征

高维数据集通过全局保持方法 LDA 获得子空间后，再用局部保持投影算法（LPP）提取特征。LPP 算法的原理和算法步骤同 3.6.2 所述。

该算法中使用了距离保持光谱的方法而不是拓扑保持的方法。因为在所有的距离保持方法中，求解欧几里得距离组成的密度矩阵的特征值和特征向量时，只取出较大特征值对应的特征向量构成了嵌入空间变量最大化的极值问题的解；而在拓扑保持的方法中，求解稀疏矩阵的特征值和特征向量时，较小的特征值对应的特征向量就是局部重构误差极小值问题的解。

组合方法的原理（Soundar and Murugesan，2010），假设转换空间为 W_{LDA} 和 W_{LPP}，那么嵌入结果为

$$x \rightarrow y = W^{\mathrm{T}}x \qquad W = W_{LDA}W_{LPP} \qquad W_{lPP} = [w_0, w_1, \cdots, w_{k-1}]$$

式中，y 是一个 k 维向量，并且 W_{LDA}、W_{LPP} 和 W 分别是 LDA、LPP 和组合方法 LDA-LPP 的转换矩阵。

参 考 文 献

陈国明. 2009. 数据降维中若干问题的研究及应用. 广州：中山大学博士学位论文

陈述彭，童庆禧，郭华东. 1998. 遥感信息机理研究. 北京：科学出版社

范明，孟小峰. 2001. 数据挖掘概念与技术. 北京：机械工业出版社

冯海亮. 2008. 流形学习算法在人脸识别中的应用研究学位论文. 重庆：重庆大学博士学位论文

甘甫平，王润生. 2004. 岩矿信息提取基础与技术方法研究. 北京：地质出版社

甘甫平，王润生，江思宏，等. 2000. 基于完全谱形特征的成像光谱遥感岩矿识别技术及其应用. 地质科学，35（3）：376-384

甘甫平，王润生，杨苏明. 2002a. 西藏 Hyperion 数据蚀变矿物识别初步研究. 国土资源遥感，13（4）：44-50

甘甫平，王润生，马蔼乃，等. 2002b. 光谱遥感岩矿识别基础与技术研究进展. 遥感技术与应用，17（3）：140-147

耿修瑞. 2005. 高光谱遥感图像目标探测与分类技术研究. 北京：中国科学院遥感应用研究所博士学位论文

耿修瑞，赵永超，周冠华. 2006. 一种利用单形体体积自动提取高光谱图像端元的算法. 自然科学进展，16（9）：1196-1200

谷瑞军. 2008. 基于流形学习的高维空间分类器研究. 无锡：江南大学博士学位论文

黄鸿. 2008. 图嵌入框架下流形学习理论及应用研究. 重庆：重庆大学博士学位论文

阚明哲，田庆久，张宗贵. 2005. 新疆哈密三种典型蚀变矿物的 HyMap 高光谱遥感信息提取. 国土资源遥感，16（1）：37-40

莱昂（Lyon R J P）. 1996a. 风化及其他类荒漠漆表面层对高光谱分辨率遥感的影响（一）. 环境遥感，11（2）：138-150

莱昂（Lyon R J P）. 1996b. 风化及其他类荒漠漆表面层对高光谱分辨率遥感的影响（二）. 环境遥感，11（2）：186-194

李加宏，秦勇. 1996. 应用分形几何学与小波理论对成像光谱数据进行地物识别的模型研究. 遥遥感

技术与应用, 11 (1): 1-6

李旭文. 1992. 光谱遥感数据波形分析法与应用. 环境遥感, 7 (3): 216-225

刘超群. 2007. 碳酸盐岩地区遥感岩性信息提取方法研究. 北京: 中国地质科学院硕士学位论文

刘庆生, 燕守勋, 马超飞, 等. 1999. 内蒙哈达门沟金矿区山前钾化带遥感信息提取. 遥感技术与应用, 14 (3): 7-1

刘圣伟, 甘甫平, 闫柏琨, 等. 2006. 成像光谱技术在典型蚀变矿物识别和填图中的应用. 中国地质, 33 (1): 178-186

浦瑞良, 宫鹏. 2000. 高光谱遥感及其应用. 北京: 高等教育出版社

沈渊婷, 倪国强, 徐大琦. 2008. 利用 Hyperion 短波红外高光谱数据勘探天然气的研究. 红外与毫米波学报, 27 (3): 210-214

唐伯惠, 姜小光, 唐伶俐, 等. 2004. 星载高光谱 Hyperion 数据在海滩涂调查应用中的分析. 地球信息科学, 6 (2): 81-87

唐攀科. 2006. 成像光谱相似矿物识别及其矿物填图的不确定性研究. 北京: 中国地质大学博士学位论文

童庆禧. 1990. 中国典型地物波谱及其特征分析. 北京: 科学出版社

童庆禧, 张兵, 郑兰芬. 2006. 高光谱遥感: 原理、技术与应用. 北京: 高等教育出版社

万军, 蔡运龙. 2003. 应用线性光谱分离技术研究喀斯特地区土地覆被变化——以贵州省关岭县为例. 地理研究, 22 (4): 439-446

万余庆, 闫永忠. 2003. 高光谱技术在汝箕沟煤田烧变岩和 Fe^{3+} 丰度信息提取中的方法研究. 国土资源遥感, 14 (2): 50-54

王晋年, 郑兰芬, 童庆禧. 1996. 成像光谱图像光谱吸收鉴别模型与矿物填图研究. 环境遥感, 11 (1): 20-30

王钦军. 2006. 高/多光谱遥感目标识别算法及其在岩性目标提取中的应用. 北京: 中国科学院博士学位论文

王润生, 杨苏明, 阎柏琨. 2007. 成像光谱矿物识别方法与识别模型评述. 国土资源遥感, 18 (1): 1-9

王向成, 田庆久, 管仲. 2007. 基于 Hyperion 影像的涩北气田油气信息提取. 国土资源遥感, 18 (1): 36-40

温兴平, 胡光道, 杨晓峰. 2008. 基于光谱特征拟合的高光谱遥感影像植被覆盖度提取. 地理与地理信息科学, 24 (1): 27-30

吴剑, 何挺, 程朋根. 2006. 基于 Hyperion 高光谱数据的土地退化制图研究——以陕西省横山县为例. 地理科学进展, 25 (2): 133.138

徐元进. 2009. 面向找矿的高光谱遥感岩矿信息提取方法研究. 北京: 中国地质大学博士学位论文

阎福礼, 王世新, 周艺, 等. 2006. 利用 Hyperion 星载高光谱传感器监测太湖水质的研究. 红外与毫米波学报, 25 (6): 460-464

燕守勋, 张兵, 赵永超. 2003. 矿物与岩石的可见—近红外光谱特性综述. 遥感技术与应用, 18 (4): 191-201

燕守勋, 张兵, 赵永超, 等. 2004. 感岩矿识别填图的技术流程与主要技术方法综述. 遥感技术与应用, 19 (1): 53.63

张宗贵, 王润生, 郭大海, 等. 2006. 成像光谱岩矿识别方法技术研究和影响因素分析. 北京: 地质出版社

周强, 甘甫平, 王润生等. 2005. 高光谱遥感影像矿物自动识别与应用. 国土资源遥感, 16 (4):

28-31.

Amit B, Philippe B, Chris D. 2006. A support vector method for anomaly detectionin hyperspectral imagery. IEEE Trans. Geosci. Remote Sens. , 44 (8): 2283 ~ 2291

Ashley R P, Abrams M J. 1980. Alteration mapping using multispectral images- Cuprite Mining District, Esmeralda County, Nevada. USGS open file report, 80 ~ 367

Barnaby W R. 2004. Spectral variations in rocks and soils containing ferric iron hydroxide and (or) sulfate minerals as seen by AVIRIS and Laboratory Spectroscopy. USGS Open- File Report Version 1. 0

Belhumeur P, Hespanha J, Kriegman D. 1997. Eigenface vs. fisherfaces: recognition using class specific linear projection. IEEE Transactions on Pattern Analysis and Machine Intelligence, 19 (7): 711 ~ 720

Berman M, Kiiveri H, Lagerstrom R, et al. 2004. ICE: A statistical approach to identifying endmembersin hyperspectral images. IEEE Trans. Geosci. Remote Sens. , 42 (10): 2085 ~ 2095

Bisun D, Tim R M, Tom G V N, et al. 2003. Preprocessing EO-1 Hyperion hyperspectral data to support the application of agricultural indexes. IEEE Trans. Geosci. Remote Sens. , 41 (6): 1246 ~ 1259

Boardman J W. 1989. Inversion of imaging spectrometry data using singular value decomposition. Proceedings of IGARSS ' 89, 12th Canadian Symposium on Remote Sensing, 4: 2069 ~ 2072

Boardman J W. 1991. Sedimentary facies analysis using imaging spectrometry. Proceedings of Conference on Geologic Remote Sensing, 2: 1189 ~ 1199

Boardman J W. 1998. Leveraging the High Dimensionality of AVIRIS Data for Improved Sub- pixel Target Unmixing and Rejection of False Positives: Mixure Tuned Matched Filtering. Seventh Annual JPL Airborne Geoscience Workshop

Boardman J W, Kruse F A. 1994. Automated spectral analysis: a geological example using AVIRIS data, north Grapevine Mountains, Nevada. Proceedings of Tenth Thematic Conference on Geologic Remote Sensing, 407 ~ 418

Boardman J W, Kruse F A, Green R O. 1995. Mapping target signatures via partial unmixing of AVIRIS data. Fifth JPL Airborne Earth Science Workshop, JPL Publication95-1, 1: 23 ~ 25

Bruce L M, Koger C H, Jiang L. 2002. Dimensionality reduction of hyperspectral data using discrete wavelet transforms feature extraction. IEEE Trans. Geosci. Remote Sens. , 40 (10): 2331 ~ 2338

Camps- Valls G, Calpe- Maravilla J. 2004. Robust support vector method for hyperspectral data classification and knowledge discovery. IEEE Trans. Geosci. Remote Sens. , 42 (7): 1530 ~ 1542

Chang C, Chiang S. 2002. Anomaly detection and classification for hyperspectral imagery. IEEE Trans. Geosci. Remote Sens. , 40 (6): 1314 ~ 1325

Chen G, Qian S. 2008. Evaluation and comparison of dimensionality reduction methods and band selection. Canadian Journal of Remote Sensing, 34 (1-2): 26 ~ 32

Chen X, Warner T A, Campagna D J. 2007. Integrating visible, near- infrared and short- wave infrared hyperspectral and multispectral thermal imagery for geological mapping at Cuprite, Nevada. Remote Sensing of Environment, 110 (3): 344 ~ 356

Cheng Y, Susan L U, David R, et al. 2008. Water content estimation from hyperspectral images and MODIS indexes in Southeastern Arizona. Remote Sensing of Environment, 112 (2): 363 ~ 374

Chevrier V, Roy R, Mouélic S L, et al. 2006. Spectral characterization of weathering products of elemental iron in aMartianatmosphere: Implications for Mars hyperspectralstudies. Planetary and Space Science, 54 (11): 1034 ~ 1045

Clark R N. 1999. Spectroscopy of rocks and minerals, and principals of spectroscopy. // Andrew N. Remote

Sensing for the Earth Sciences: Manual of Remote Sensing. Vol. 3. 3rd. Rencz: John Wiley&sons. Inc, 3 ~ 58

Clark R N, Roush T L. 1984. Reflectance spectroscopy: quantitative analysis techniques for remote sensing applications: Journal of Geophysical Research, 89 (B7): 6329 ~ 6340

Clark R N, Swayze G A. 1995. Mapping minerals, amorphous materials, environmental materials, vegetation, water, iceand snow, and other materials: The USGS Tricorder algonthm. Fifth Annual JPL AirborneEarth Science Workshop, JPL Publication95-1, 39 ~ 40

Clark R N, Boardman J. 2006. Mineral mapping and applications of imaging spectroscopy. Proceeding of Geosciences and Remote Sensing Symposium, 1986 ~ 1989

Clark R N, Gallagher A J, Swayze G A. 1990. Material absorption band depth mapping of imaging spectrometer data using the complete band shape least- squares algorithm simultaneously fit to multiple spectral features from multiple materials. Proceedings of the Second Airborne Visible/Infrared Imaging Spectrometer (AVIRIS) Workshop, JPL Publication 90-54, 176 ~ 186

Clark R N, King T V V, Klejwa M, et al. 1990. High spectral resolution reflectance spectroscopy of minerals. Journal Geophysical Research, 95 (B-8): 12653 ~ 12680

Clark R N, Gregg A, Swayze K, et al. 2003. Imaging spectroscopy: earth and planetary remote sensing with the USGS Tetracorder and expert systems. J. Geophys. Res. , 108 (E12): 5131 ~ 5144

Craig M D. 1994. Minimum volume transforms for remotely sensed data. IEEE Trans. Geosci. Remote Sens. , 32 (3): 543 ~ 552

Crowley J K, Brickey D W, Rowan L C. 1989. Airborne imaging spectrometer data of the Ruby Mountains, Montana: mineral discrimination using relative absorption band- depth images. Remote Sensing of Environment, 29 (2): 121 ~ 134

Daria S, Kerstin W, Donald C P, et al. 2008. Evaluating hyperspectral imaging of wetland vegetation as a tool for detecting estuarine nutrient enrichment. Remote Sensing of Environment, 112 (11): 4020 ~ 4033

De Jong S M. 1998. Imaging spectrometry for monitoring tree damage caused by volcanic activity in the Long Valley Caldera, California. ITC Journal, 1: 1 ~ 10

De Carvalho O A, Menese P R. 2000. Spectral correlation mapper (SCM): an improvement on the spectral angle mapper (SAM) . JPL publication, 95 (1): 65 ~ 74

Enton B. 2009. Mapping lithology of the Sarfartoqcarbonatite complex, southern West Greenland, using HyMap imaging spectrometer data. Remote Sensing of Environment , 113 (6): 1208 ~ 1219

Farrand W H, Harsanyi J C. 1995. Discrimination of poorly exposed lithologics in imaging spectrometer data. J. Geophys. Res. , 100 (E1): 1565 ~ 1578

Fenstermaker L K, Miller J R. 1994. Identification of fluvially redistributed mill tailings using high spectral resolution aircraft data. Photogrammetric Engineering & Remote Sensing, 60 (8): 989 ~ 995

Ferrier G, Hudson- Edwards K A, Pope R J. 2009. Characterisation of the environmental impact of the Rodalquilar mine, Spain by ground-based reflectance spectroscopy. Journal of Geochemical Exploration, 100 (1): 11 ~ 19

Fisher R A. 1936. The use of multiple measurements in taxonomic problems. Annals of Eugenics, 7 (2): 179 ~ 188

Francisco V, Ana A, Saioa S, et al. 2005. Mapping Fe- bearing hydrated sulphate minerals with short wave infrared (SWIR) spectral analysis at San Miguel mine environment, Iberian Pyrite Belt (SW Spain) . Journal of Geochemical Exploration, 87 (2): 45 ~ 72

Goldberg H, Kwon H, Nasrabadi N M. 2007. Kernel Eigen space Separation Transform for Subspace Anomaly

Detection in Hyperspectral Imagery. IEEE Geoscience and Remote Sensing Letters, 4 (4): 581~585

Gregory P A , Roberta E M. 2008. Spectral and chemical analysis of tropical forests: scaling from leaf to canopy levels. Remote Sensing of Environment, 112 (10): 3958~3970

Harsanyi J C, Chang C. 1994. Hyperspectral image classification and dimensionality reduction: an orthogonal subspace projection approach. IEEE Transaction on Geoscience and Remote Sensing, 32 (4): 779~785

He X, Yan S, Hu Y, et al. 2005. Face recognition using laplacianfaces. IEEE Transactions on Pattern Analysis and Machine Intelligence, 27 (3): 328~340

Hecker C, van der Meijde M, van der Werff H, et al. 2008. Assessing the influence of reference spectra on synthetic SAM classification results. IEEE Trans. Geosci. Remote Sens. , 46 (12): 4163~4172

Heesung K, Nasser M N. 2005. Kernel RX-Algorithm: a nonlinear anomaly detector for hyperspectral imagery. IEEE Trans. Geosci. Remote Sens. , 43 (2): 388~397

Hemanth R K, Saurabh P, Lori M B. Decision-level fusion of spectral reflectance and derivative information for robust hyperspectral land cover classification. IEEE Trans. Geosci. Remote Sens, 48 (11): 4047~4058.

Hunt G R, Salisbury J W. 1970. Visible and near-infrared spectra of minerals and rocks: I. smcate minerals. Modern Geology, 1: 283~300

Hunt G R, Salisbury J W. 1971. Visible and near-infrared spectra of minerals and rocks: III. Oxides and Hydroxides. Modern Geology, (2): 195~205

Hunt G R, Salisbury J W. 1971. Visible and near-infrared spectra of minerals and rocks: II. carbonates . Modern Geology, (2): 23~30

Hunt G R, Salisbury J W. 1971. Visible and near-infrared spectra of minerals and rocks: IV. sulphides and sulphates . ModernGeology, (3): 1~14

Hunt G R, Salisbury J W. 1972. Visible and near-infrared spectra of minerals and rocks: V . halides, arsenates, vanadates and borates . Modern Geology, (3): 121~132

Hunt G R, Salisbury J W. 1973. Visible and near-infrared spectra of minerals and rocks: VIII. intermediate igneous rocks. Modern Geology, (4): 237~244

Hunt G R, Salisbury J W. 1973. Visible and near-infrared spectra of minerals and rocks: IX. basic and ultra basic igneous rocks. Modern Geology, (5): 15~22

Hunt G R, Salisbury J W. 1973. Visible and near-infrared spectra of minerals and rocks: VI. additional silicate minerals. Modern Geology, (4): 85~106

Hunt G R, Salisbury J W. 1973. Visible and near-infrared spectra of minerals and rocks: VII. acidic igneous rocks. Modern Geology, (4): 217~224

Hunt G R, Salisbury J W. 1976. Visible and near-infrared spectra of minerals and rocks: XI. Metamorphic Rocks. Modern Geology, (5): 219~228

Hunt G R, Salisbury J W. 1976. Visible and near-infrared spectra of minerals and rocks: XI. Sedimemary Rocks. Modern Geology, (5): 211~217

Hunt G R. 1989. Spectroscopic properties of rocks and minerals. In: Practical Handbook of Physical Properties of Rocks and Minerals, edited by R. C. Carmichael, B. R. Florid: C. R. C. Press Inc

Ichoku C, Karnieli A. 1996. A review of mixture modeling techniques for sub-pixel land cover estimation. Remote Sensing Review, 13 (3-4): 161~186

Jing W, Chang C. 2006. Application of independent component analysis in endmember extraction and abundance quantification for hyperispectral imagery. IEEE Transaction on Geoscience and Remote Sensing, 44 (9): 2601~2616

Jorge V S E, Edwards H G M. 2005. Near- infrared Raman spectra of terrestrial minerals: relevance for the remote ananlysis of Martian spectral signatures. Vibrational Spectroscopy, 39 (1): 88 ~ 94

Junior Q A C, Carvalho A P F, et al. 2001. Analysis absorption band positioning: a new method for hyperspectral image treatment. Proceedings of 2001 AVIRIS Workshops, JPL Publication

Kruse F A, Boardman W, Huntington J F. 2003. Comparison of airborn hyperspectral data and EO-1 Hyperion for mineral mapping. IEEE Transaction on Geoscience and Remote Sensing, 41 (6): 1388-1400

Kruse F A, Lefkoff A B, Boardman J W, et al. 1993. The spectral image processing system (SIPS) - interactive visualization and analysis of imaging spectrometer data. Remote Sensing Environment, 44 (3.3): 145 ~ 163

Kruse F A. 1988. Use of airborn imaging spectrometer data to map minerals associated with hydrothermally altered rocks in the north Grapevine Mountains, Nevada, and California. Remote Sensing of Environment, 24 (1): 31 ~ 51

Lênio S G, Antônio R F, Eduard G C, et al. 2008. Relationships between the mineralogical and chemical composition of tropical soils and topography from hyperspectral remote sensing data. ISPRS Journal of Photogrammetry & Remote Sensing, 63 (2): 259 ~ 271

Margaret E A, Susan L U. 2008. The role of environmental context in mapping invasive plants with hyperspectral image data. Remote Sensing of Environment, 112 (12): 4301 ~ 4317

Mazer A, Martin M, Lee M, et al. 1988. Image processing software for imagin spectrometry analysis. Remote Sensing of Environment, 24 (1): 201 ~ 210

Miao L, Qi H. 2007. Endmember extraction from highly mixed data using minimum volume constrained nonnegative matrix factorization. IEEE Trans. Geosci. Remote Sens. , 45 (3): 765 ~ 777

Naotatsu S. 1995. Mineralogical and geochemical characteristics of hydrothermal alteration of basalt in the Kuroko mine area, Japan: implications for the evolution of a Back Arc Basin hydrothermal system. Applied Geochemistry, 10 (6): 621 ~ 642

Nasrabadi N M. 2008. Multisensor joint fusion and detection of mines using SAR and hyperspectral. Preceeding of Sensors 2008 Conference, 1056 ~ 1059

Neville R A, Staenz K, Szeredi T, et al. 1999. Automatic endmember extraction from hyperspectral data for mineral exploration. Proceedings of 4th International Airborne Remote Sensing Conference, 891 ~ 897

Pu R, Gong P. 2004. Wavelet transform applied to EO-1 hyperspectral data for forest LAI and crown closure mapping. Remote Sensing of Environment, 91 (2): 213 ~ 224

Qiu H, Lam N S, Quattorchi D A, et al. 1999. Fractral characterization of hyperspectral imagery. PE & RS, 65 (1): 63 ~ 71

Ray L F, Kloprogge J Theo. 1999. Infrared emission spectroscopic study of brucite. Spectrochimica Acta Part A: Molecular and Biomolecular Spectroscopy, 55 (11): 2195 ~ 2205

Rowan L C, Crowley J K, Schmidt R G, et al. 2000. Mapping hydrothermally altered rocks by analyzing hyperspectral image (AVIRIS) data of forested areas in the Southeastern United States. Journal of Geophysical Exploration, 68 (3): 145 ~ 166

Soundar K R, Murugesan K. 2010. Preserving global and local information - a combined a combined approach for recognizing face images. IET Comput. Vis. , 4 (3): 173 ~ 182

Stéphanie B, Olivier B, Tourneret J- Y. 2008. The adaptive coherence estimator is the generalized likelihood ratio test for a class of heterogeneous environments. IEEE Signal Processing Letters, 15: 281 ~ 284

Su W, Chang C. 2007. Variable- number variable- band selection for feature characterization in hyperspectral

Signatures. IEEE Geoscience and Remote Sensing, 45 (9): 2979~2992

Swets D L, Weng J. 1996. Using discriminant eigenfeatures for image retrieval. IEEE Transactions on Pattern Analysis and Machine Itelligence, 18 (8): 831-836

Tang H, Du P, Fang T, et al. 2005. The analysis of error sources for SAM and its improvement algorithms. Spectroscopy and Spectral Analysis, 25 (8): 1180~1183

Thompson D R, Mandrake L, Gilmore M S. 2010. Superpixel endmember detection. IEEE Trans. Geosci. Remote Sens. , 48 (11): 4023~4033

Tsai F, Philpot W D. 2002. A derivative- aided hyperspectral image analysis system for land- cover classification. IEEE Trans. Geosci. Remote Sens. , 2002, 40 (2): 416~425

Turk M A. 1991. Eigenfaces for recognition. Journal of Cognitive Neuro science, 3 (1): 72~86

van der Meer F. 2004. Analysis of spectral absorption features in hyperspectral imagery. International Journal of Applied Earth Observation and Geoinformation, 5 (1): 55~68

van der Meer F. 2006. The effectiveness of spectral similarity measures for the analysis of hyperspectral imagery. International Journal of Applied Earth Observation and Geoinformation, 8 (1): 3~17

van der Meer F, Bakker W. 1997. Cross correlogram spectral matching: application to surface mineralogical mapping by using AVIRIS data from Cuprite, Nevada. Remote Sensing of Environment, 61 (3): 371~382

Wilson T A, Regers S K, Kabrisky M. 1997. Perceptual-base image fusion for hyperspectral data. IEEE Trans. Geosci. Remote Sens. , 35 (4): 1007~1017

Winter M E. 2003. N- FINDR: An algorithm for fast autonomous spectralend- member determination in hyperspectral data. Proceedings of Image Spectrometry, 3753: 266~277

Yao H, Tian L. 2003. A Genetic- Algorithm- Based Selective Principal Component Analysis (GA- SPCA) Method for High-Dimensional Data Feature Extraction. IEEE Trans. Geosci. Remote Sens. , 41 (6): 1469 ~1478

Zare A, Gader P. 2008. Hyperspectral band selection and endmember detection using sparsity promoting priors. IEEE Geoscience and Remote Sensing Letters, 5 (2): 256~260

第4章 高寒山区高光谱岩矿填图应用

4.1 野外实验区地理概况

东昆仑地区属于西部高寒山区，是极具找矿潜力的重要成矿区域。快速勘查评价这些区域的矿产资源，变资源优势为经济优势，是带动西部地区经济发展的重要途径之一。但是此地区自然环境条件恶劣，地理位置偏远，交通不便，矿产资源探测较为困难。

实验中野外光谱测区主要位于东昆仑中段的万宝沟、纳赤台、驼路沟、中支沟、五龙沟、石灰沟等矿区。测区大部分地区位于昆仑山主脊，为基岩区，山势陡峻，谷深坡陡，路线穿越条件差，许多地方无法攀登和逾越，交通极为不便。地形切割强烈，高山与河谷（断陷盆地）相间，局部地段分布有现代冰川。测区最低海拔3000m左右（石灰沟地区），最高海拔4200m左右（万宝沟地区），平均海拔3800m左右。测区内河水较少，主要为高山积雪融水。天气变化较大，以干燥、寒冷、多风为特点。植被发育不明显，多为草本植物，一般沿山间河谷分布。特别是在较高的海拔条件下植被稀疏，基岩裸露，土壤类型以高寒荒漠土为主。区内绝大多数为无人区，牧业生产相对滞后，存在少量马、骆驼。实验中岩矿填图区为五龙沟–石灰沟地区（图4.1中黑框区域），此地区距国道较近，由于矿场较多，交通也较为便利。五龙沟和石灰沟区域内植被稀少，岩石裸露，雪水覆盖区域也较少，是我们调查的重点区域，较为适合高光谱填图。

图 4.1　东昆仑地区 ETM 彩色合成图像

4.2　技 术 路 线

岩矿填图的技术流程如图 4.2 所示。

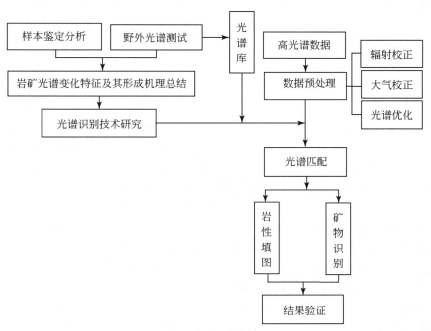

图 4.2　岩矿填图技术流程图

（1）高寒山区典型岩矿波谱测试：采用 SVC 高光谱仪，采集我国西部高寒山区（青海东昆仑）典型岩石和矿物的光谱数据，并建立野外测试光谱数据库。

（2）典型岩矿波谱机理分析：根据岩矿光谱特性产生机理和变异性，分析采集到的典型岩矿波谱特性，及其在各种因素影响下产生的变异性和相应的形成机理，并与公开的标准波谱库中岩矿波谱进行了比较。

（3）Hyperion 高光谱数据处理：对利用 Hyperion 数据进行岩矿填图过程中需要进行的处理做了研究和总结，包括数据波段的选取、大气校正和光谱优化等。

（4）高寒山区岩性填图：利用 Hyperion 高光谱数据，根据高寒山区岩石波谱机理的分析，寻找适当的岩性填图流程。本文对参考波谱的选取、优化，标准波谱库的填图和各种填图方法的稳定性和适用性做了研究。

（5）高寒山区矿物识别：本文提出了三种新的匹配方法以改善对目标矿物的识别效果，并在试验区对典型的识别矿物进行了识别。

4.3　野外光谱采集

为了了解东昆仑地区的地质环境及其对岩矿光谱产生的影响，更好地指导本次地质填图工作和提供可靠的后期验证依据，并结合研究区域复杂的地质、地貌、气候和地表覆盖等特点，试验中使用了 SVC HR-1024 高光谱仪在东昆仑典型区域实地测试了具有代表性的岩石和矿物光谱。

4.3.1　测量仪器

SVC HR-1024 是 Spectra Vista 公司根据 20 年在遥测领域方面的经验研制的新式高光谱地物波谱仪。SVC HR-1024 全光谱地物波谱仪能够在整个 VIS-NIR-SWIR 领域内获取最高的光谱分辨率。100% 的使用线性排列探测器保证了极佳的波长稳定性，同时热电冷却 InGaAs 和扩展的 InGaAs 探测器提供了较好的辐射稳定性。SVC HR-1024 全波段地物光谱仪的每一个设计元素均反映了对于野外数据采集的需求。固定的前置光学和牢固安装的内置分光计元件提供了一个坚固的光路。这保证了 SVC HR-1024 野外便携式光谱辐射计可以获得可靠的数据。一个内置的 CPU 可以存储一整天的数据而不需要一台外置电脑，可使操作者集中于课题并在 5s 内获得整个光谱数据。坚固、轻便的 PDA 通过无线蓝牙技术可使用户在需要时实时查看数据。SVC HR-1024 软件从 PDA 的 GPS 接收器并自动记录每次光谱测量的经度、维度和时间。这非常有利于在数据分析时提供确定的、编码识别的记录的保存。SVC HR-1024 便携式光谱仪重量仅为 3kg，是目前分光辐射度计中最轻便的也最易于手携的型号（图 4.3）。

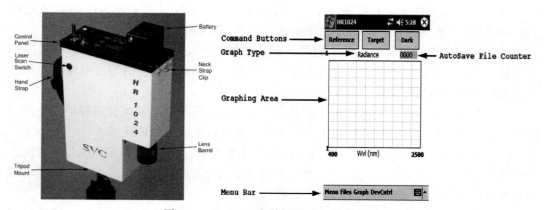

图 4.3　HR-1024 光谱仪及 PDA 操作界面

系统有多个可选择的光镜和光纤光学包，因此便于在野外进行更换。所有的系统元件都装置在一个坚固的、防水的容器内。HR-1024 装有两个版本 SVC 版权的软件。第一种是可用于普通的 IBM 或 WindowsXP 个人电脑、笔记本电脑中的操作软件。第二种是支持 PDA 运行工业标准的用于小型电脑的 WindowsMobile2003 软件。HR-1024 提供的 DAP 技术"Microflex2240PDA"是一个极坚固、可靠和轻便的单元。10h 的充电时间，轻便，易于使用的键区，易于使用的小型尺寸。在日光可读颜色展示上可以实时观看光谱数据。稳定的闪存存储卡可防止有价值的数据的遗失。RS-232 和 USB 口可在野外或实验室提供相适应的连接。无线蓝牙连接和嵌入流线型 GPS 卡可增强 SVC HR-1024 数据的收集。SVC 还可以据要求适用于可选择的、坚固的笔记本电脑上（SVC HR-1024 MANUAL REVISION 1.6）。其主要技术参数见表 4.1。

表 4.1　HR-1024 全光谱地物波谱仪主要技术参数

线阵列探测器	512 Si, 350~1000nm, 256InGaAs, 1000~1850nm, 256 扩展的 InGaAs, 1850~2500nm
光谱范围	350 展的 InGaAs,
内置存储器	500scans（扫）
通道数	1024
光谱分辨率（FWHM）	≤3.5nm, 350~1000 nm, ≤8.5nm 1000~1850 nm, ≤6.5nm, 1850~2500 nm
最小积分时间	1ms

4.3.2　光谱采集

研究区域气候条件复杂多变。气候随季节变化明显，而且一天之内的天气也常常是变化无常，加上交通不便，多为无人区，这为光谱采集工作带来了不小的麻烦，影响光谱采集的质量。综合多方面因素，我们主要在 2010 年 9 月开展了本次野外光谱数据采集工作，此时该地区的大气、空气湿度、风、光照和云层覆盖等条件比较适宜于野外光谱数据采集（图 4.4）。

图 4.4　野外采集光谱数据

野外光谱测量时间一般为 10 时 ~16 时，天气较好。经过精密策划和测量路线的周密部署，加上测量工作者细致分工、团结协作和不懈努力，历经 10 多天的时间，顺利测试从东昆仑西部到东部区域中的万宝沟、纳赤台、驼路沟、中支沟、五龙沟、石灰沟等地区的各种典型岩石和矿物光谱，并记录了相应的测量参量（日期、时间、太阳等）、目标特征（岩性、成分、颜色、颗粒度等）及背景特征等信息，并采集了相应的标本。

SVC HR-1024 高光谱仪可以直接获取地物的反射率数据，只需将获取的数据通过其自带的分析软件去除重叠区域便可得到最终反射率光谱。但是 SVC HR-1024 高光谱仪存储的数据采用专用的格式和分析软件［图 4.5（a）］，在我们应用时需要将野外测试光谱转化为 ENVI 软件中的波谱库。

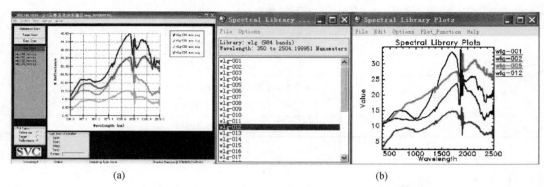

(a)   (b)

图 4.5   HR1024 数据分析软件（a）和转化后波谱库及其波谱（b）

4.4   高光谱数据预处理

4.4.1   Hperion 传感器

星载高光谱成像仪（Hyperion）搭载于地球观测卫星 EO-1 上，于 2000 年 11 月成功发射，是 NASA 面向 21 世纪为接替陆地资源卫星（Landsat）而研制的新型对地观测卫星。EO-1 轨道与 Landsat7 基本相同，为太阳同步轨道，轨道高度 705km，倾角 98.7°，比 LandSat-7 差 1min 过赤道。Hyperion 以推扫方式获取可见光—近红外（VNIR，400 ~1000nm）和短波红外（SWIR，900 ~2500nm）光谱数据，空间分辨率为 30m，是第一个可以获取可见光与近红外以及短波红外波长范围光谱信息的星载高光谱传感器。

4.4.2   Hyperion 数据介绍及数据选取

Hyperion 数据刈宽由 256 个像元组成，每个像元空间分辨率为 30m，即刈宽约 7.68km，长 185km。在 356 ~2579 nm 波长区间由 242 个波段组成，以 BIL 格式存储。

其中 1~7 波段、58~76 波段、225~242 波段是未定标波段，共计 44 个波段未定标，以 0 值记录。56 波段、57 波段位于可见光—近红外传感器，77 波段、78 波段位于短波红外传感器，这 4 个波段用于两个传感器之间数据配准，是重复波段。通常情况下 56 波段、57 波段的图像相对清晰。

　　Hyperion 产品分两级：Level 0 和 Level 1。其中 L0 是原始数据，仅用来生产成 L1 产品。Hyperion L1 产品又分为 L1A、L1B、L1R 和 L1Gst 4 种。2002 年以前处理的数据为 L1A，L1B 产品由美国 TRW 处理而成，L1R 和 L1GST 产品则由美国地质调查局处理生成。L1A 没有纠正可见光—近红外与短波红外波段之间的空间错位问题，而 L1B 和 L1R 产品中的可见光—近红外与短波红外波段之间的空间位置是经过纠正的，用户无需再进行匹配。Hyperion L1R 产品只有一种数据格式，即 HDF（Hierarchical Data Format），波段存储格式为 BIL，产品只有辐射校正，没有做几何纠正。本文所用数据为 L1GST 产品，它包括了基于数字高程模型（DEM）的自动地形校正、辐射校正和几何校正，大大改进了 level1R 中只有辐射校正的历史。Hyperion level1Gst 的地形校正，校正了图像中局部地形起伏和高程的视差角度的错误，并且提高了波段之间的精确配准，与常用的 Hyperion L1R 高光谱数据以 HDF 格式存储不同，它采用 GeoTIFF 格式存储数据。

　　针对我们的重点调查范围和考虑到积雪、云层覆盖量等因素，我们选择了覆盖五龙沟—石灰沟一带（见图 4.1 黑色框内区域）的 Hyperion 数据进行填图实验。其中心纬度为 36°10′57″，经度为 95°54′11″，获取日期为 2009 年 1 月 26 日，左下方部分区域有积雪覆盖。

4.4.3　数据预处理

　　数据已经经过几何校正和地形校正，不需要再做这方面的工作。数据的各个波段较为正常，不需要做坏线、条纹和 smile 效应去除处理（谭炳香等，2005；Barry，2001）。预处理流程见图 4.6。

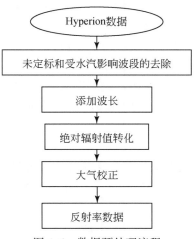

图 4.6　数据预处理流程

首先去除 Hyperion 数据中未定标的波段和光谱范围在 1356 ~ 1417nm、1820 ~ 1932nm 和 2395nm 左右的受水汽影响较大的波段，得到 158 个可用波段，并为各个波段添加波长和 FWHM 信息。然后利用式（4.1）把原始图像转化为绝对辐射值，并转化成 BIL 格式数据。

$$VNIR\_L = DN/40 \qquad SWIR\_L = DN/80 \qquad (4.1)$$

VNIR_L 和 SWIR_L 分别表示近红外波段和短波红外波段的绝对辐射值，DN 表示图像像元的灰度值。

1. 大气纠正

大气校正通过消除大气和光照等因素对地物反射的影响来获取地表的真实物理模型参数，如地物辐射率、反射率、地表温度等。图像是否需要大气纠正，取决于图像的质量和其应用。如果图像的空间分布均匀，大气影响一致，并且只是根据相关矩阵来判断地物的分离性，或者用单时相的数据进行分类，那么就没必要进行大气纠正。相反，如果图像的空间分布不均匀，如部分区域有薄雾出现，这时有必要进行大气纠正。而且如果想对不同时相的图像进行比较，或者需要将图像与数据库光谱或样地测量光谱进行比较，那么大气纠正是十分必要的，大气校正的好坏也将直接影响到遥感图像的分析精度（谭炳香等，2005）。本文采用了 3 种方式，得到了研究区 Hyperion 数据的表观反射率和地表反射率数据。

1）表观反射率

表观反射率综合了地表和地球大气的影响，又称行星反射率、大气层顶反射率或等价光谱行星反照率，利用美国地质调查局公布的计算公式将辐射率值转换为表观反射率值计算式为

$$\rho_p = \frac{\pi \cdot L_\lambda \cdot d^2}{ESUN_\lambda \cdot \cos\theta_s} \qquad (4.2)$$

式中，ρ_p 为无量纲表观反射率；L_λ 为辐射率值；d 为日地距离，$ESUN_\lambda$ 为太阳辐射；θ_s 太阳天顶角。经过公式计算，图像的信噪比保持不变，可以减少其他大气校正模型附带来的误差，并得到研究区的反射率数据。但是得到的反射率图像波谱没有去处大气分子、气溶胶的影响，与野外实测光谱相似度较低。

从图 4.7 的积雪曲线比较可以看出，得到的表观反射率曲线，没有去除大气和气溶胶的影响，近红外的反射率较低，在 0.942μm 左右的水汽吸收特征明显。

2）FLAASH 大气校正

FLAASH 大气校正应用于可见光波长范围（热红外波段被忽略）和标准的平面朗伯体或近似平面朗伯体。它通过公式（4.3）计算传感器接受到的单像元光谱辐射亮度。

$$L^* = A\rho/(1 - \rho_e S) + B\rho_e/(1 - \rho_e S) + L_a^* \qquad (4.3)$$

式中，$L*$ 是单个像元辐射亮度；S 是大气球面反射率；ρ_e 是单个像元和其周围区域的平

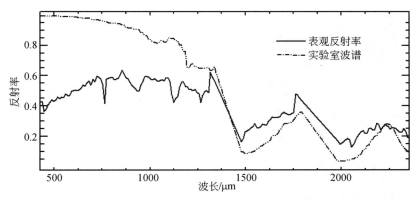

图 4.7　积雪的表观反射率曲线和波谱库反射率曲线

均辐射亮度；L_a^* 是大气的后项散射辐射亮度；A 和 B 是由大气和几何条件决定的系数，与地表无关。

在式（4.3）中，$A\rho/(1-\rho_e S)$ 代表从地表直接传输至传感器的辐射能量，$B\rho_e/(1-\rho_e S)$ 是指从地表经过大气，散射进入传感器的辐射量。ρ 和 ρ_e 的区别主要是由于大气散射产生"临近像元效应"。通常，可以忽略此项，使得 $\rho=\rho_e$。A、B、S 和 L_a^* 值都是通过 MODTRAN4 计算得出，输入参数包括观测角度、太阳入射角、地表测量平均高程、假设的大气模型、气溶胶类型和可见光范围等。A、B、S 和 L_a^* 取决于大气中水汽柱含量。此时，利用空间平均辐射度，忽略"临近像元效应"，得出如下近似方程（4.4），并估算出空间平均反射率 ρ_e。

$$L_e \approx (A+B)\rho_e/(1-\rho_e S) + L_a^* \tag{4.4}$$

根据研究区实际状况和反复尝试，对大气传输模型中的大气模型、气溶胶模型进行了研究选择，所用参数如表 4.2 所示。

表 4.2　大气校正模型参数设置

大气模型	MLW	气溶胶模型	Rural
水气去除波谱范围设置	1135 nm	初始能见度	40 km
多次散射模型	ISAACS	MODTRAN 分辨率	5 cm^{-1}
CO_2 混合比率	390 ppm	输出缩放因子	10000

FLAASH 大气校正对比较纯净的冰雪和水的反演效果最佳。试验中的积雪反演反射率曲线见图 4.8。

图 4.8 左边图像中白色部分为高山积雪，从右边大气校正后的雪水光谱曲线和 JPL 波谱库中标准波谱曲线进行比较可以看出，校正后重建的光谱较为准确，基本去除了大气分子和水汽吸收带的影响，得到地物真实的反射率，便于与野外实测光谱进行比较。由于高寒山区水汽等含量较少，图像校正前后的视觉效果差异较小。图像光谱与野外实测点光谱比较见图 4.9。

图 4.8　大气校正后积雪的图像光谱曲线和波谱库光谱曲线

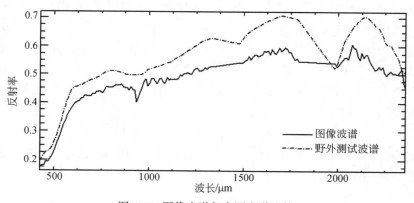

图 4.9　图像光谱与实测光谱比较

利用均方根误差评估图像光谱与实测光谱的差异，见式（4.5）。

$$\text{RMS\%} = 100 \times \sqrt{\frac{\sum\limits_{i}^{n} \left(R_i(\text{svc}) - R_i(\text{image})\right)^2}{\sum\limits_{i}^{n} \left(R_i(\text{image})\right)^2}} \tag{4.5}$$

式中，$R_i(\text{svc})$ 和 $R_i(\text{image})$ 分别表示野外测试光谱和图像光谱的反射率值。通过上式计算可知图像光谱与野外测试光谱均方根误差在 18% 左右。由于受到图像信噪比、光谱重建精度和混合像元的影响，图像光谱与野外测试光谱有一定的差异，这需要我们在以后的填图中寻找比较合适的识别算法。但是，大气校正还是较为真实地反演出了地物的真实反射率。

3）快速大气校正

快速大气校正（Quick Atmospheric Correction，QUAC）是一种在近红外、短波红外波段范围内的大气校正方法。与其他大气校正方法的原理不同，它直接从图像内所包含的信息获取大气校正参数，不需要其他的附加信息。QUAC 是一种经验模型，通过利用寻找到的不同地物光谱（如图像中端元波谱）平均值来进行校正。

与 FLAASH 和其他物理校正模型得到的反射率波谱相比，快速大气校正得到的反射率波谱差异在 ±15% 的范围内，计算速度快，并能取得更为近似的大气补偿效果。在没有准确的辐射和波长校正，或者没有照度信息的情况下，此方法也能取得较为精确的反射率波谱。它的校正范围为 0.4 ~ 2.5 速度，支持 AISA、ASAS、AVIRIS、CAPARCHER、COMPASS、HYCAS、HYDICE、HyMap、Hyperion、IKONOS、Landsat　TM、LASH、MASTER、MODIS、MTI、QuickBird 和 RGB 等不同类型的遥感数据。

快速大气校正后积雪反射率波谱与 FLAASH 校正结果的比较结果见图 4.10。

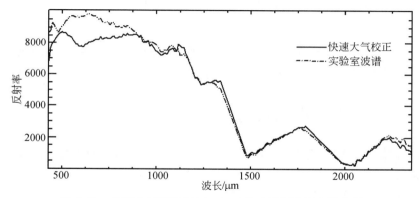

图 4.10　快速大气校正与 FLAASH 校正后积雪的光谱曲线

从图 4.10 光谱曲线可以看出，快速大气校正与 FLAASH 校正结果大致相似。

2. 光谱优化

在大气纠正和反射率转换后，某些像元光谱会出现连贯锯齿噪音，因而需要进行图像光谱后处理。本节应用图像 MNF 转换的方法，在不降低图像的空间分辨率的情况下去除图像波谱曲线上的微小相干抖动（Green and Berman，1988）。首先，将 Hyperion 图像的 VNIR 和 SWIR 波段分开来分别作 MNF 转换，然后基于特征值选取特征值高的 MNF 波段的子集作 MNF 反向转换。最后将 VNIR 和 SWIR 的 MNF 反向转换图像合在一起，生成光谱优化处理图像。图 4.11 为大气纠正后图像光谱优化处理前后光谱曲线对比，从图上可以看到锯齿的明显消除。

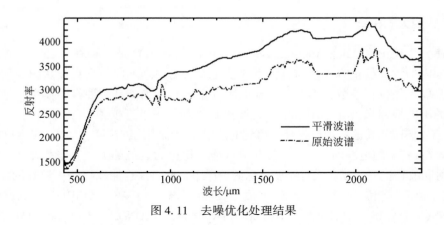

图 4. 11　去噪优化处理结果

4.5　岩　性　填　图

试验中，本文采用 3 种填图方式。分别为基于图像端元提取的岩性填图、基于野外测试波谱的岩性填图以及基于实验室波谱的岩性填图。

4.5.1　基于图像端元提取的岩性填图

基于图像端元的岩性填图是根据相关矩阵计算地物之间的分离性，由端元提取过程和岩性识别过程组成。其主要流程采用 ENVI 软件中标准的沙漏流程（ENVI 遥感影像处理实用手册），见图 4. 12。

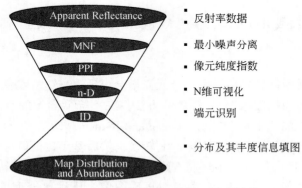

图 4. 12　高光谱数据"沙漏"处理过程

由于基于图像端元提取的填图利用图像自身的相关矩阵进行计算，加上实验区数据质量较好，图像清晰，无云覆盖，故不需要对数据进行大气校正。但为了方便进行端元识别，我们利用表观反射率图像来进行岩性填图和岩性识别。

1. 端元提取及其识别

1）最小噪声分离变换

最小噪音分离变换（minimum noise fraction，MNF）（Green and Berman，1988）是一种高光谱数据减维方法。它能够隔离数据中的噪声，确定图像数据内在的维度，以用来减小进一步处理的运算量。MNF 变换通过两个叠置处理的主成分变换，将数据空间分为与大特征值和相关特征图像有关和与近于均一的特征值和噪声优势图像有关的两部分。通过观察 MNF 图像和最终特征值来确定数据的内在维数，将相关部分从噪声中分离出来，从而达到改善光谱处理的目的。

图 4.13 为实验数据的 MNF 变化后的特征值曲线，图 4.14 为变换后的特征影像。从图 4.13 中可见，有用信息高度集中到了前面几个波段。结合特征影像我们取前 13 个波段影像进入下一步的像元纯净指数运算。

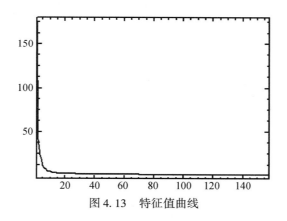

图 4.13　特征值曲线

图 4.14 分别是 MNF 变化后的第 1、6、13、15 波段，当到第 15 波段的时候，图像基本只包含噪声。

2）像元纯度指数

像元纯度指数（pixel purity index，PPI）（Boardman et al.，1995）是在多光谱或成像光谱图像中提取纯净像元的技术，它用于从混合像元中提取较纯像元，从而减少确定端元所要分析的像元数目，并能使分离和识别端元更为容易。基于上述 MNF 变换，与噪声相关性较高的排序低的 MNF 波段被暂时忽略，仅选择特征值较高的波段进行下一步处理。PPI 通过迭代将 N 维散点图映射为一个随机单位向量，其中每次映射的极值像元和每个像元被标记为极值的总次数同时被记录。最后，建立一幅像元纯度图像，其中每个像元的 DN 值表示像元被标记为极值的次数。

图 4.15 为实验数据纯像元指数图。该图显示了 PPI 作为迭代次数的函数进行处理中返现的满足初始标准的极值像元的总数。当所有极值像元都已经找到后，曲线接近于一条水平线。从直方图中选择阈值，仅选择最纯的像元以保证被分析的像元数最小，这

图 4.14　最小噪声分离变换后特征影像

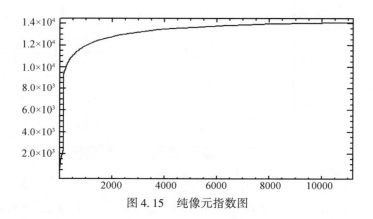

图 4.15　纯像元指数图

些像元被输入到下一步分离特定光谱端元的交互式可视化算法中。

3）N 维可视化

N 维可视化（n-dimensional visualization，N-D Visualizer）（Boardman，1993）中，光谱可视为 n 维散点图中的一个点，n 代表波段数。N 维可视化将经过 PPI 选择出的潜在端元光谱输入 n 维散点图中进行反复旋转以识别出纯端元（图 4.16）。根据混合光谱的凸面几何特征可知，较好的端元通常会出现在 n 维散点图的顶点和拐角处，在端元选取时一般选取这些特殊点。当一系列的端元点被确定后，就可以将其输入到图像中的感兴趣区（region of Interest，ROI），从图像中提取每个感兴趣区平均反射率光谱曲线作为成像光谱矿物填图的端元（图 4.17）。

4）光谱分析

将前面的提取的纯净端元进行光谱分析，并识别它们的岩性。本章中选取试验区最

图 4.16 N 维可视化

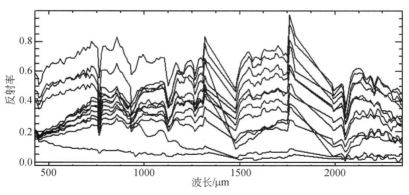

图 4.17 提取的端元波谱

典型的 3 种岩石端元（砂岩、花岗岩、闪长岩）进行岩性填图。

　　光谱分析采用提取的端元和实测的波谱库进行匹配，并进行排序。由于表观反射率没有去除大气影响，各种岩石的特征受到影响，在匹配方法的选择中，不采用光谱特征拟合的方法，只采用光谱角制图和二进制编码两种方法。从前面结果中（图 4.17）识别出的砂岩、花岗岩和闪长岩端元光谱曲线见图 4.18～图 4.20。

　　图 4.18～图 4.20 中，实线代表野外测试光谱曲线，虚线代表图像的表观反射率曲线。从 3 种岩石的波谱曲线匹配可以看出，表观反射率曲线尽管没有去除水汽和大气在 $0.76\mu m$、$0.942\mu m$ 和 $1.1\mu m$ 和 $1.9\mu m$ 左右的吸收带，但是其反射率的整体走势和野外测试光谱较为相似。其中闪长岩和砂岩的端元光谱较为相似，花岗岩的区分度最大，这与前面野外测试光谱中 3 种岩石的分析情况一致。提取的端元和野外测试光谱匹配度都在 0.85 以上，较为准确，可以作为下一步岩性识别分类的参考波谱。

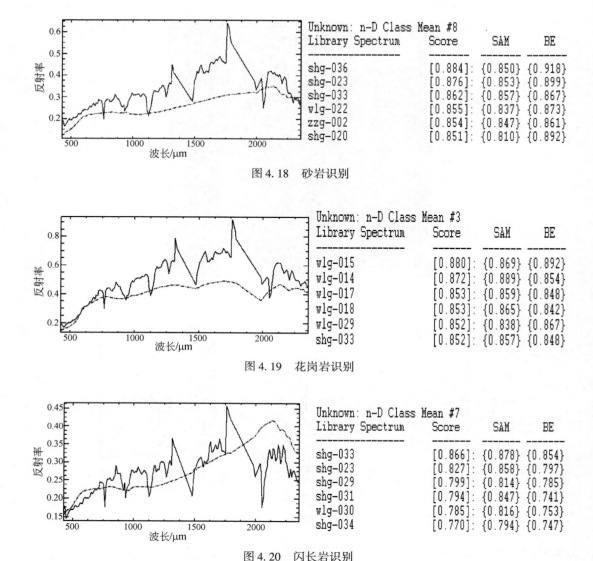

图 4.18　砂岩识别

图 4.19　花岗岩识别

图 4.20　闪长岩识别

2. 岩性识别分类

　　通过第 3 章中野外测试波谱分析的结果可知，由于岩石波谱的形成较为复杂，局部吸收特征的产生往往是由多种矿物成分的复合，加上岩石的风化面、新鲜面和周围黄土覆盖层的影响，波谱局部吸收特征和反射率大小都有一定变化，都会使填图的连续性和精度降低。因此在进行岩性填图时，选用对局部特征和波谱反射率强度不敏感的整体相似性识别方法，有可能取得较好的效果。从第 3 章中野外测试波谱分析的结果也可以看出，当岩石的局部特征受大气和其他各种噪声的影响较小的情况下，采用局部吸收特征匹配才更具优势。本文中采用沙漏流程中提供的线性波谱分离、调制匹配滤波和波谱角制图三种整体性识别方法。其中波谱角制图是基于波谱的相似性，而线性波谱分离和调制匹配滤波属于混合像元分离的方法。

图 4.21 分别为试验区野外波谱采集点、典型的矿区和区域地质图。

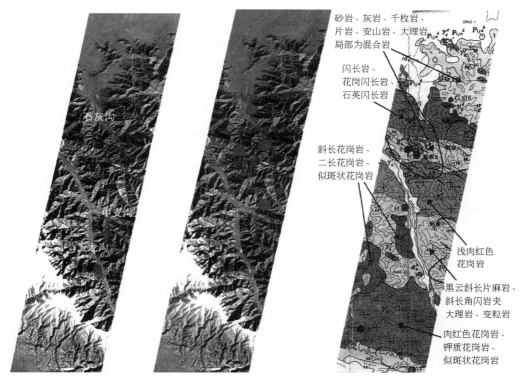

砂岩、灰岩、千枚岩、
片岩、安山岩、大理岩
局部为混合岩

闪长岩、
花岗闪长岩、
石英闪长岩

斜长花岗岩、
二长花岗岩、
似斑状花岗岩

浅肉红色
花岗岩

黑云斜长片麻岩、
斜长角闪岩夹
大理岩、变粒岩

肉红色花岗岩、
钾质花岗岩、
似斑状花岗岩

图 4.21　试验区矿区分布及地质图

1）光谱角制图

光谱角制图分类通过计算图像光谱与参考光谱在 n 维空间的光谱角度来进行光谱匹配分类。SAM 计算两个光谱 n 维空间的角度，角度越小，表示待分类像元与参考波谱匹配得越好。试验中 SAM 填图结果见图 4.22。

图 4.22 为光谱角填图结果，采用真彩色图像作为底图，叠加了分类结果。其中蓝色区域为砂岩的制图结果；黄色区域为闪长岩制图结果；绿色区域为花岗岩制图结果；黑色区域为图像的阴影区；白色区域为积雪区；红色区域为受雪水影响的区域；未叠加颜色区域为第四系的沙土化区域。

2）线性混合像元分解

线性混合像元分解是一种根据像元的光谱特征判定图像中像元含有各种端元相对丰度的一种方法，假定图像中每个像元的反射率是在这一像元点上每种端元的反射率的线性组合。端元一旦确定以后，混合像元分解方法就认为图像中的每个像元都是有选中的端元按一定的丰度所组成的。混合像元分解的目的就是求出每个像元含每个端元的丰度值。试验中线性混合像元分解的结果见图 4.23。

图 4.22　光谱角制图结果

图 4.23 中分别为砂岩、花岗岩和闪长岩的丰度填图结果。图像中越亮的地方，表示丰度越高。其中砂岩主要出现在图像的右上区域以及中间区域，即石灰沟入口处的右部和五龙沟的中部区域；花岗岩出现在图像中部和下部区域，为五龙沟在图像中的上部区域及其下部区域；闪长岩在中上部的石灰沟入口处有较高的丰度，但是在五龙沟的沟谷中有较明显的丰度信息。

3）调制匹配滤波

匹配滤波进行局部分解方法来寻找用户定义端元的丰度。该方法最大化已知端元的响应，同时抑制未知背景合成的响应。匹配滤波在不需要知道影响所有端元光谱信息的条件下就能快速地根据端元光谱探测特殊的物质。调制匹配滤波在进行匹配滤波的基础上，在最后的结果中增加了一个不可行性图像，用来减少匹配滤波发现的假阳性像元的个数。

图 4.24 分别是砂岩、花岗岩和闪长岩的调制匹配滤波填图结果。图像中越亮的地方，表示匹配度越高，岩石丰度越高。同样，将结果与图 4.21 中地质图相比较可知，花岗岩的分布较为连续紧凑，砂岩的分布与地质图也较为相似，只有闪长岩的丰度信息出现在了五龙沟的中下部分砂岩分布区域。

图 4.23　线性混合像元分解结果

图 4.24　调制匹配滤波结果

4）实验结果分析与验证

A. 光谱角填图

光谱角填图结果中，雪水 ［图 4.25（a）、（b）中白色区域］对填图影响较大。积雪较深的区域已经完全掩盖了岩石的本体，而被识别成雪水 ［图 4.25（c）］；雪水分布较弱的区域中，除了肉红色花岗岩的识别受到的影响较小以外，片麻岩的分布区已经难以识别，整个被影响到的各种岩石被识别成一种地物 ［图 4.25（d）］，其波谱曲线见图4.26，在雪水的影响下，其整体形态与雪水的波谱较接近。

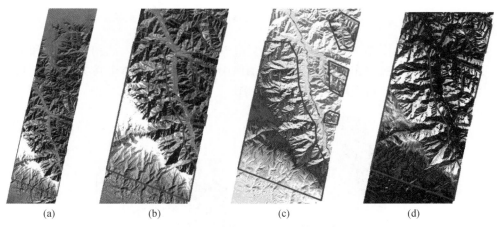

(a)　　　　　　　　(b)　　　　　　　　(c)　　　　　　　　(d)

图 4.25　雪水影响范围及其识别

阴影对填图结果影响也较大，特别是西部高寒山区山势陡峻，谷深坡陡，导致遥感图像产生大量阴影，由于 Hyprion 带宽较窄，这方面的影响更为突出。阴影的影响与雪水的影响相似，其光谱自成一系，使填图结果出现断续，并与雪水影响相叠加，导致大量区域无法识别真实的地表岩石。图 4.27 截取了部分区域中阴影的识别范围（黑色区域），可见大量阴影穿插在整个图像中，并且随着山体走势升高，阴影趋向扩大化。

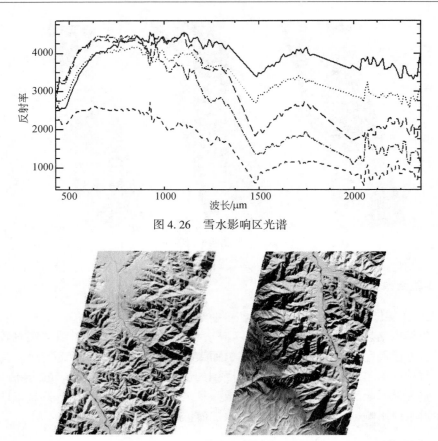

图 4.26 雪水影响区光谱

图 4.27 阴影识别区

第四系沙土的填图结果见图 4.28，可见其基本沿山沟分布，并在沙土化和黄土覆盖严重的山体区域也有分布。图 4.28 右边图像中黑色框内的山体中在 20 万比例尺地质填图时为第四系地物，可见填图结果较为准确。

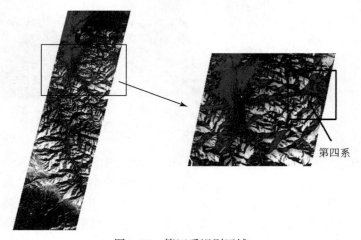

图 4.28 第四系识别区域

图 4.29 中，白色框内区域为地质图中砂岩的分布区，蓝色区域为光谱角填图结果。可以看出，砂岩石灰沟入口处受风化作用影响较大，风化层覆盖较广，与岩体连成一片，增大了它们的识别区域。在地质调查图的砂岩分布区中，都有砂岩的识别结果，但是结果都不连续，一方面是由于阴影、雪水和黄土层的影响，另一方面主要是区域中混杂有其他岩石，如安山岩、大理岩和混合岩等。如图 4.30 中，夹杂在闪长岩和花岗岩的砂岩带被识别出来。

图 4.31 中，白色框内区域为地质图中花岗岩的分布区，绿色区域为光谱角填图结果。花岗岩在中部和下方区域夹杂分布，而且岩体风化作用相对较弱，识别结果较为紧凑连续。图像下部区域中雪水覆盖对花岗岩的填图影响严重，部分区域已经不能识别。但是花岗岩结构稳定，在少量雪水影响下仍能保持较好的可识别度（图 4.32）。

■砂岩

图 4.29　砂岩识别区

■花岗岩

图 4.31　花岗岩识别区

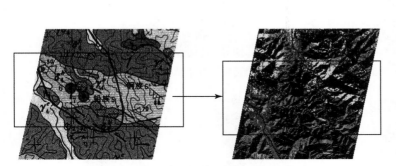

图 4.30　砂岩地质图与填图结果局部细节对比

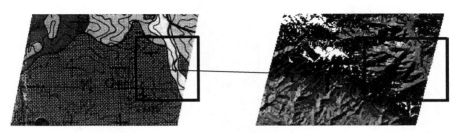

图 4.32　花岗岩地质图与填图结果局部细节对比

图 4.33 中，白色框内区域为地质图中闪长岩的分布区，黄色区域为光谱角填图结果。闪长岩也主要分布在石灰沟的入口处，处在两条砂岩带之间，其岩石光谱受到砂岩

的影响较大，识别时相对困难，部分识别结果与砂岩重叠。其主要识别区域与地质图的对比见图 4.34。

B. 线性混合像元分解

图 4.23 的线性混合像元分解结果中，图像的亮度表达了各种岩石的丰度信息，越亮的地方代表岩石在此像元或区域内所占比重越大。图 4.35 中，蓝色、绿色和黄色区域分别为砂岩、花岗岩和闪长岩丰度信息较高的区域，白色框内为其各自在地质调查图中的分布区域。

与光谱较填图比较可以看出，线性混合像元分解的结果相对较差（图 4.35 黑色框内区域）。其中砂岩的识别区中，部分落在了花岗岩的分布范围；花岗岩在中部的分布区域内识别信息较弱，而在其下方的片麻岩分布区出现了误判；闪长岩的识别区也出现了较大的误判，特别是在五龙沟的沟谷中误判较大。

C. 调制匹配滤波

图 4.24 的调制匹配滤波结果中，图像的亮度表达了各种岩

图 4.33　闪长岩识别区

图 4.34　闪长岩地质图与填图结果局部细节对比

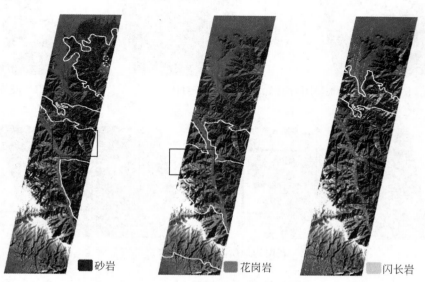

图 4.35　线性混合像元分解识别结果

石端元与图像光谱的相对匹配程度及亚像元的权重，高亮区域代表某种岩石在此区域内含量相对较高。图 4.36 中，蓝色、绿色和黄色区域分别为砂岩、花岗岩和闪长岩丰度信息较高的区域，白色框内为其各自在地质调查图中的分布区域。

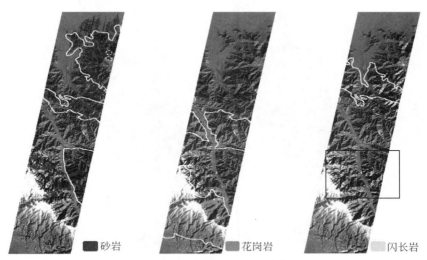

图 4.36　调制匹配滤波识别结果

　　与前两种方法比较，调制匹配滤波的结果介于光谱角制图和线性混合像元分解两种方法之间。砂岩和花岗岩的识别结果较线性混合像元分解效果好，识别范围基本落在地质图分布区域中。闪长岩的识别区出现了误判，与下部的砂岩区出现了混淆。

　　由于试验区填图结果受到阴影、雪水、沙土以及区域中其他岩石的影响，填图结果不连续，后续处理便显得很重要。在后期的成图过程中，选用各种岩石填图效果相对较好的光谱角制图结果，利用手工去除阴影的影响，将有大量识别信息集中的区域连接成片，保证填图的连续性，其结果见图 4.37 左边图像。

　　图 4.37 中，左边图像为填图结果，右边图像为地质调查结果。砂岩的识别区域在石灰沟的入口处，由于风力搬运作用识别区域增大；花岗岩在五龙沟下部分由于雪水覆盖的影响，部分区域难以识别；闪长岩也由于其岩体较小，受砂岩影响较大，造成识别区域变小。图 4.37 中两者混淆矩阵计算结果见图 4.38。

　　从图 4.38 的计算结果中可知，填图结果相对于地质图的整体精度在 77% 左右，Kappa 系数为 0.66。

　　图 4.39 为采样点及其实景图像。可以看出，各个采样点都基本落在识别范围中，其中花岗岩的识别最为准确和有效，其特征明显，受外界影响较小；砂岩在中支沟的采样点未能识别，主要是受到沙土影响，被识别成了第四系地物；而闪长岩实测时发现岩石也较少，采样点也较少，这与其填图的难度较大相吻合。

　　D.　总结

　　在试验区的真彩色图像中（图 4.21），砂岩分布区域颜色偏暗，花岗岩分布区域其色彩明亮，反射率较高，而闪长岩的色彩与背景难以区分，这与填图的结果相似。

　　从上面的三种制图结果来看，光谱角制图与地质图和实地调查结果最为吻合；线性

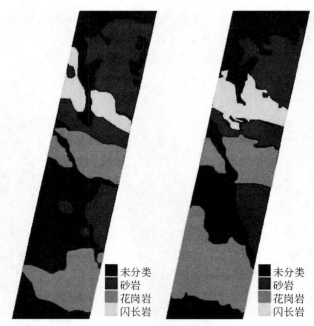

图 4.37　岩性制图结果

```
Confusion Matrix: E:\论文\验证\地质图-类别
Overall Accuracy = (133719/173815)  76.9318%
Kappa Coefficient = 0.6614
                Ground Truth (Pixels)
        Class      Region #1    Region #2    Region #3      Total
   Unclassified      17317         5431        4543        27291
 Region #1 [Re       60638         1706        1204        63548
 Region #3 [Bl         278        54293           0        54571
 Region #2 [Gr        9617            0       18788        28405
        Total        87850        61430       24535       173815
                Ground Truth (Percent)
        Class      Region #1    Region #2    Region #3      Total
   Unclassified      19.71         8.84       18.52        15.70
 Region #1 [Re       69.02         2.78        4.91        36.56
 Region #3 [Bl        0.32        88.38        0.00        31.40
 Region #2 [Gr       10.95         0.00       76.58        16.34
        Total       100.00       100.00      100.00       100.00
        Class     Commission    Omission    Commission             Omission
                  (Percent)    (Percent)     (Pixels)              (Pixels)
 Region #1 [Re        4.58        30.98       2910/63548         27212/87850
 Region #3 [Bl        0.51        11.62        278/54571          7137/61430
 Region #2 [Gr       33.86        23.42       9617/28405          5747/24535
        Class     Prod. Acc.   User Acc.    Prod. Acc.            User Acc.
                  (Percent)    (Percent)     (Pixels)              (Pixels)
 Region #1 [Re       69.02        95.42      60638/87850        60638/63548
 Region #3 [Bl       88.38        99.49      54293/61430        54293/54571
 Region #2 [Gr       76.58        66.14      18788/24535        18788/28405
```

图 4.38　混淆矩阵计算结果

混合像元分解提供了每种端元的丰度信息，其中闪长岩的识别受到山沟碎石的影响；调制匹配滤波的结果较为清晰，但闪长岩识别在中下部分有较多的假阳性像元。总之，闪长岩的识别较为困难和不清晰。主要是闪长岩分布范围较小，很少组成独立的岩体，往

砂岩采样点
花岗岩采样点
闪长岩采样点

图 4.39 采样点及其实景图像

往与基性岩，酸性岩或碱性岩伴生，成为其他各类岩石的边缘部分。如果形成独立的岩体，也是一些小型的岩株、岩盖或不规则的侵入体。加上其夹杂在两条砂岩带之间，光谱特征中部分出现砂岩的光谱特征，区分度较差，常与其他岩石混淆。

总之，利用基于图像端元提取进行岩性填图效果较好，由于图像没有经过大气校正，而是直接用根据图像的相关矩阵进行计算，提取端元，较好地保留了图像的本来信息，减少了大气校正附带的误差。从图像的独立主成分分析结果中就可以看出高光谱遥感图像中三种的独立成分端元大致分布范围（图 4.40）。

图 4.40 ICA 分析结果

　　图 4.40 为独立主成分分析结果，这三种独立成分分别与花岗岩、闪长岩和砂岩的分布较为吻合，一方面说明主成分分析在高光谱岩性填图中的巨大潜力，另一方面说明前面几种识别方法都较好地保留和区分了图像本身的信息。

4.5.2　基于野外测试波谱的岩性填图

　　基于野外测试波谱的岩性填图，是直接将野外测试波谱与光谱重建图像进行对比，从而识别各种岩石。由于其需要将图像波谱与实测波谱进行比较，大气纠正是十分必要的。大气校正后图像波谱的噪声降低，岩石主要特征明显。因此本文采用 3 种大气校正后的图像数据，结合多种识别方法进行岩性填图并比较。

　　1. FLAASH 大气校正反射率岩性填图

　　利用 FLAASH 大气校正得到的地面反射率数据结合野外实测波谱进行岩性填图。匹配方法选择光谱角制图、光谱特征拟合、调制匹配滤波和自适应一致估计法，三种岩石的填图结果见图 4.41、图 4.42 和图 4.43。

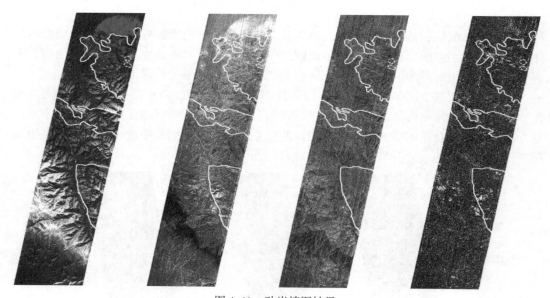

图 4.41　砂岩填图结果

　　图 4.41、图 4.42 和图 4.43 三种岩石填图结果中，从左到右分别是光谱角制图、光谱特征拟合、调制匹配滤波和自适应一致估计法的识别结果。

　　砂岩的识别结果中，光谱角填图的结果效果最好，其分布在石灰沟的入口区域和五龙沟区域。光谱特征拟合与光谱角制图相似，但是其对分布在闪长岩下方（图 4.30）的砂岩带识别较差。调制匹配滤波和自适应一致估计法都是将目标和背景分离开来，从而突出探测目标，在小目标和信号微弱的目标检测和识别方面效果较好。从这两种方法的识别结果可以看出，它们在目标含量较高的情况下识别效果较差。

图 4.42　花岗岩填图结果

图 4.43　闪长岩填图结果

花岗岩的识别结果中与砂岩类似，光谱角填图和光谱特征拟合的效果较好。在中部和下部的识别区域大致反映了花岗岩的分布范围，左下部分布区域受到雪水的影响，识别效果较差。调制匹配滤波和自适应一致估计法都只探测出在右下部分的花岗岩分布区域，说明此地区的花岗岩受周围黄土或者雪水的影响较大。

闪长岩一般很少组成独立的岩体，如果形成独立的岩体，也是一些小型的岩株、岩盖或不规则的侵入体，并且受到两边砂岩带的影响，在高光谱数据中的信息受到压制。

利用光谱角制图和光谱特征拟合的识别效果较差，常与砂岩分布区混淆。而对于压缩背景而突出目标的后两种方法，其识别效果较好，特别是基于概率统计分析方法的自适应一致估计法，识别精度较高。

识别结果中图像波谱和及参考波谱的比较见图 4.44。图 4.44 中实线为被识别成花岗岩的光谱曲线，虚线为野外实测光谱。可以看出，两者反射率的整体走势和局部吸收特征都十分相似。

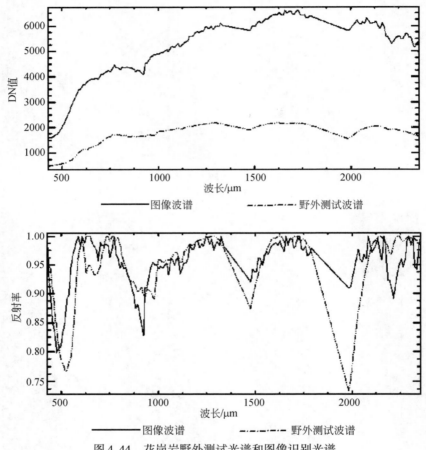

图 4.44　花岗岩野外测试光谱和图像识别光谱

从三种岩石的识别结果可以看出，波谱特征较为稳定的花岗岩利用光谱角制图和光谱特征拟合的识别结果最为精确和清晰；受影响较大的闪长岩采用弱信号探测的匹配滤波和自适应一致估计法识别效果最好；而光谱特征表现复杂的砂岩识别中，光谱角制图较光谱特征拟合更好。

前面填图中参考波谱都是选用具有代表性的单个野外测试波谱，其结果稳定性较差。为了得到更稳定和可靠的结果，我们将每种岩石的测试光谱采用均值处理后（图 4.45）再进行填图。图 4.46 为三种岩石在各自识别较好的方法下选用均值光谱作为参考波谱进行填图的结果。

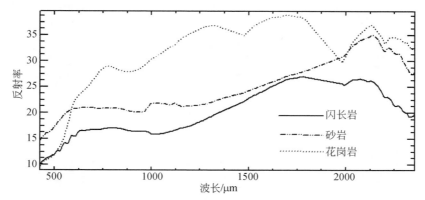

图 4.45　砂岩、花岗岩和闪长岩的均值光谱

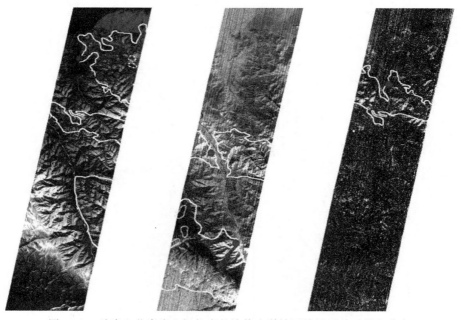

图 4.46　砂岩、花岗岩和闪长岩的均值光谱填图结果及其采样点分布

图 4.46 分别为砂岩光谱角制图、花岗岩光谱特征拟合和闪长岩自适应一致估计填图结果。与图 4.41、图 4.42 和图 4.43 比较可以看出花岗岩和闪长岩的差异不大，砂岩的结果差异较大。砂岩在采用均值处理后得到的填图结果中，分布在花岗岩区域的误判被去除（图 4.47），得到的结果更为精确。

图 4.48 中表现了砂岩填图的局部细节，其在黑色框内的填图效果较差，除了阴影的影响外，主要是雪水和沙土的影响导致。

选用填图效果较好的砂岩光谱角制图、花岗岩光谱特征拟合和闪长岩自适应一致估计法填图结果进行最终制图，其结果见图 4.49。

图 4.49 中左边为制图结果，右图为地质图。制图结果的整体精度结果为 76.4%，

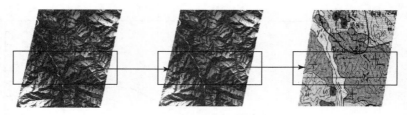

图 4.47　砂岩识别局部区域

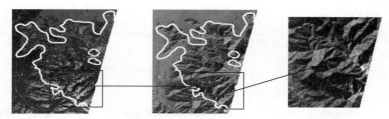

图 4.48　砂岩识别局部区域

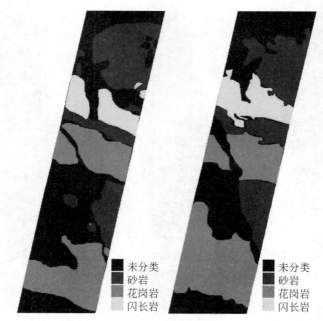

图 4.49　岩性制图结果

Kappa 系数为 0.65，较基于图像端元提取进行岩性填图的结果稍差，主要为闪长岩的识别较为困难，填图精度较低。

2. 快速大气校正反射率岩性填图

利用 ENVI 软件中快速大气校正得到的地面反射率数据结合野外实测波谱进行岩性填图。各种方法的填图结果见图 4.50 ~ 图 4.52。

图 4.50　砂岩填图结果

图 4.51　花岗岩填图结果

　　利用快速大气校正数据进行填图，各种方法的可靠性与结果 FLAASH 大气校正数据相似。主要是花岗岩的识别效果相对较差，特别是选用光谱角填图时，误识别率较高。选用填图效果较好的砂岩光谱角制图、花岗岩光谱特征拟合和闪长岩自适应一致估计法填图结果进行最终制图，其结果见图 4.53。

　　图 4.53 中左边为制图结果，右图为地质图。制图结果的整体精度结果为 73.7%，Kappa 系数为 0.62，识别效果不如 FLAASH 大气校正数据，可见快速大气校正这种经验模型在反演精度上不如 FLAASH 模型。

图 4.52　闪长岩填图结果

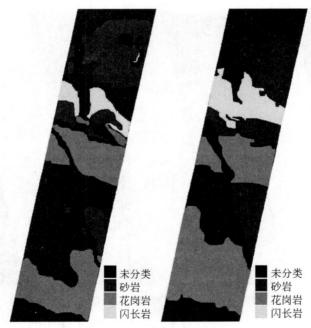

	未分类
	砂岩
	花岗岩
	闪长岩

图 4.53　岩性制图结果

3. 表观反射率岩性填图

　　利用经验公式计算得到的表观反射率，并未校正水汽和大气的影响，但是利用野外测试光谱进行填图时各类岩石的区分度不会变，只是在分割信息时需要提高阈值。利用前面几种方法进行填图的结果见图 4.54 ~ 图 4.56。

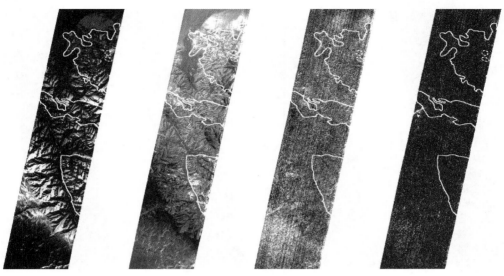

图 4.54 表观反射率砂岩填图结果

图 4.55 表观反射率花岗岩填图结果

由于利用经验公式计算得到的表观反射率，并未校正水汽和大气的影响，故野外实测光谱和图像光谱在进行特征比较时效果不佳，而光谱角制图这种整体性匹配方法在这种情况下填图精度相对较好。利用砂岩光谱角填图结果、花岗岩光谱特征拟合结果和闪长岩光谱角填图结果进行最终制图，其结果见图 4.57。

图 4.57 中左边为制图结果，右图为地质图。制图结果的整体精度结果为 67.2%，Kappa 系数为 0.52，识别精度较前两种反射率数据差。

图 4.56　表观反射率闪长岩填图结果

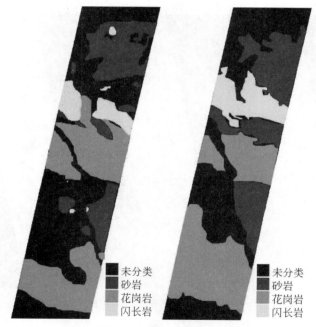

图 4.57　岩性制图结果

4.5.3　基于实验室波谱的岩性填图

利用实验室波谱进行填图，一方面验证其填图的可行性，另一方面在对整个高寒山区的填图，特别是无人区的填图起指导作用。利用不同识别方法进行填图的结果见图

4.58 ~ 图 4.60。

图 4.58　砂岩填图结果

图 4.59　花岗岩填图结果

　　图 4.58 ~ 图 4.60 为采用实验效果最好的 FLAASH 大气校正数据对三种岩石进行填图的结果，从左到右分别是光谱角制图、光谱特征拟合、调制匹配滤波和自适应一致估计法的识别结果。从结果来看，三种岩石的填图效果较野外测试光谱差。其中砂岩的填图结果中，光谱角制图和光谱特征拟合的效果相对后面两种方法较好，但是与前面基于图像提取端元和用野外测试光谱进行填图的结果相比，在中部的狭长地带（图 4.30）和五龙沟区域识别效果较差，但总体效果较好，这与实验室波谱与测试波谱差异较小相

图 4.60　闪长岩填图结果

吻合。花岗岩填图结果中，光谱角制图结果为雪水区域边缘的花岗岩，整体识别效果较差，而特征匹配方法效果较好，这也与第 3 章中实验室和野外测试光谱整体相似性较差相吻合；闪长岩的识别结果中，前三种方法都较差，只有自适应一致估计法效果较好，这说明由于波谱库光谱与实测光谱差异较大的情况下，前面三种方法已经无法区分出信息。

　　利用砂岩光谱角填图结果、花岗岩光谱特征拟合结果和闪长岩自适应一致估计法填图结果进行最终制图，其结果见图 4.61。

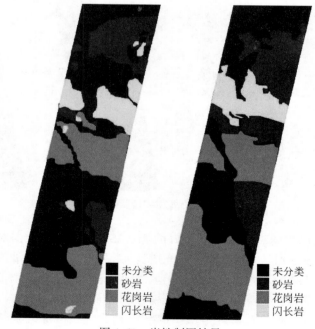

图 4.61　岩性制图结果

图 4.61 中左图为基于实验室波谱制图结果，右图为地质图。制图结果的整体精度结果为 70.5%，Kappa 系数为 0.57，识别精度较基于图像自身端元提取的岩性填图、基于野外测试波谱填图中 FLAASH 模块和快速大气校正数据岩性填图差，较基于野外测试波谱填图中表观反射率数据岩性填图精度高。

4.5.4　总结

基于图像端元提取的岩性填图是根据自身的图像信息进行端元提取，然后进行岩性填图。其数据不需要严格的大气校正，方便简单，不会为数据带来额外的误差。填图过程中利用 MNF 变换得到数据的有效维数，并提取数据中较为完全的纯净端元，有利于线性混合像元分解方法和调制匹配滤波的利用，得到各种端元的大致丰度信息。但是其端元的选取以及端元的识别带有较大的不确定性，需要反复的实验。基于野外测试波谱的岩性填图，需要对原始数据进行大气校正，得到地物真实的反射率，以便能和实测光谱进行匹配。所以大气校正的好坏直接影响到岩性填图的精度。而且在测试野外光谱时，其外在环境与卫星成像时有较大差异，故利用实测光谱作为参考波谱的时候需要考虑不同识别方法的可靠性。

三种填图流程的精度验证结果见表 4.3。岩性填图的用户精度和制图精度通过混淆矩阵得到，通过对比可以对各种岩性的识别效果及其识别方法做出评价。

表 4.3　三种流程岩性填图精度对比

流程		整体精度	Kappa 系数
基于图像端元提取的岩性填图		77%	0.66
基于野外测试波谱的岩性填图	FLAASH 大气校正	76.4%	0.65
	快速大气校正	73.7%	0.62
	表观反射率	67.2%	0.52
基于实验室波谱的岩性填图		70.5%	0.57

从前面三种填图流程的结果及其对比中可以得出以下几点结论。

（1）基于图像端元提取的岩性填图，易于得到图像的端元及其丰度信息，这对信息的定量提取有较大的参考价值，但是端元的选取和识别较为繁琐。而基于野外实测光谱进行丰度填图时比较困难，但是直接利用测试波谱与高光谱数据进行比较，识别过程相对简单。

（2）三种填图流程中，基于图像端元提取的岩性填图和基于野外实测光谱填图中 FLAASH 大气校正数据岩性填图结果整体精度较为相似，都在 76% 左右。而基于野外实测光谱填图中快速大气校正数据和表观反射率数据的填图结果以及基于实验室波谱的岩性填图结果精度相对较低。

（3）三种岩性识别效果中，砂岩精度较高，主要是其分布较广，受到雪水影响不深；但其受到黄土覆盖、区内其他岩石的存在等影响较大，在石灰沟下部分区域、五龙沟部分区域识别较差。花岗岩识别精度较低，主要是受到区内雪水的影响；但是花岗岩光谱特征稳定，区内岩性单一，能够识别的区域较为连续和稳定。闪长岩岩体较少，受到砂岩影响较大，识别精度相对较低，其光谱吸收特征受到砂岩影响，一般采用光谱特征拟合时容易与砂岩混淆，而采用弱信号探测的自适应一致估计法效果较好。

　　（4）三种大气校正中，FLAASH 大气校正效果最好，利用其得到的反射率数据进行填图也最为精确。

　　（5）利用野外测试光谱进行填图时，在地物信息强烈、含量较高的情况下，选用光谱角制图和光谱特征拟合的效果都不错，特别是光谱角制图更具优势。当地物信息较弱，或者受到背景和噪声影响下难以识别时，利用自适应一致估计法这种目标探测方法进行填图效果最佳。

　　（6）利用均值处理后的野外测试光谱进行填图，较单一光谱识别更可靠。

　　（7）实验室波谱往往与野外实测波谱有较大的差异，各种方法的识别效果也会出现变化，应根据实验室波谱相对测试波谱的稳定参数选择适当的识别方法。

4.6　矿　物　识　别

　　矿物光谱特征主要决定于其物质组分和内部晶格结构，是其物理、化学性质的外在反映，主要起因于电子过程或分子振动，一定化学组分和物理结构的矿物具有较稳定的可诊断性光谱吸收特征。结合前面野外测试光谱分析结果可知，试验区矿物的吸收特征较为稳定，清晰明了，因此适合于利用整体或者局部光谱特征进行识别。本文利用传统的光谱角制图和光谱特征拟合方法与第 3 章提出的新的光谱匹配方法对试验区的矿物蚀变信息进行提取和比较。

4.6.1　光谱角和光谱特征拟合蚀变信息填图

　　本节中首先使用最为典型的光谱角制图和光谱特征拟合两种匹配方法结合 FLAASH 大气校正后的反射率数据进行蚀变信息提取。根据第 3 章中光谱分析的结果，对铁矿化和黏土矿化进行填图，其结果见图 4.62。

　　图 4.62（a）～图 4.62（d）分别为褐铁矿化和针铁矿化的光谱角制图和光谱特征拟合结果。从第 2 章光谱特征分析可知，由于两者局部光谱特征和整体相似性都较为相似，得到的结果十分一致，难以区分。图 4.62（e）～图 4.62（h）为高岭土化和白云母化的填图结果，两者的结果也较为相似。图 4.62（i）～图 4.62（j）为褐铁矿高岭土化的填图结果。三者的填图结果都集中在图像中部花岗岩分布区域。无论是黏土矿化还是铁矿化，都主要因为花岗岩的造岩矿物中，石英一般含有包体中的水，正长石则含有 Fe^{3+}，它们一般都风化为黏土矿物，从而形成两种特征的混合。图 4.62（k）为识别区附近的采样点和已勘察出的矿场。图 4.63 为提取的蚀变信息图像光谱和参考光谱。

　　图 4.63 中虚线为参考光谱，实线为提取的蚀变区域的图像光谱。从中可以看出，两者十分相似，特征也比较明显清晰。

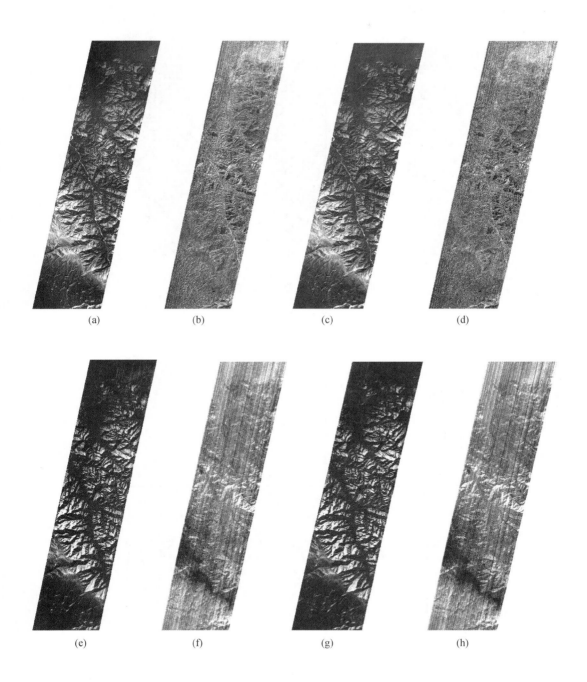

(a)　　　　　　　(b)　　　　　　　(c)　　　　　　　(d)

(e)　　　　　　　(f)　　　　　　　(g)　　　　　　　(h)

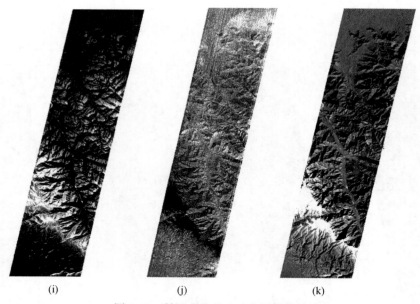

(i)　　　　　　　　　　(j)　　　　　　　　　　(k)

图 4.62　铁矿化和黏土矿化填图结果

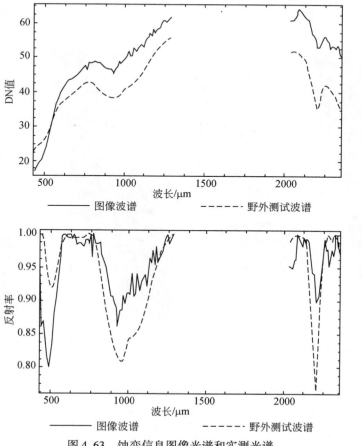

图 4.63　蚀变信息图像光谱和实测光谱

4.6.2　权重光谱角制图填图

第 3 章第 5.1 节已经对权重光谱角制图方法做了详细介绍，并利用典型试验区对方法做了验证。本节利用此方法对高岭土化进行了识别和分析。

利用权重光谱角制图结合反射率数据进行填图，其中权重区间选择 2.10～2.28m 区的高岭土典型吸收谱带，其结果见图 4.64。

图 4.64　光谱角制图和权重光谱角制图填图结果

图 4.64 中左图为传统光谱角制图填图结果，右图为权重光谱角制图填图结果。从结果上看，两者的识别区域十分相似，分布在中部和下部的花岗岩以及上部的砂岩范围内。但是在设置相同的阈值下，权重光谱角制图的结果提取的信息分布范围更为精确。权重光谱角填图结果较光谱角填图结果去除的区域见图 4.65 左边图像红色区域，其像元光谱曲线见图 4.65 右边光谱。从中可以看出，去除区域大部分属于白云母化蚀变岩石。权重光谱角填图通过特征设置能较好地提高识别精度，这与第 3 章的结论相吻合。

4.6.3　耦合整体光谱匹配和局部光谱匹配填图

第 3 章第 5.2 节已经对耦合整体光谱匹配和局部光谱匹配的方法做了详细介绍，并利用典型试验区对方法做了验证。本节利用此方法对高岭土化和白云母化蚀变岩进行了识别和分析。

利用传统方法对高岭土化和白云母化矿物进行识别的结果见图 4.62（e）～图 4.62（h），其局部细节见图 4.66。

图 4.66 中左上角两幅图像分别为高岭土化矿物光谱角制图和光谱特征拟合识别结果；图 4.66 右下角两幅图像分别为白云母化矿物光谱角制图和光谱特征拟合识别结果。红色区域为各自的识别区，从识别结果可以看出，高岭土化和白云母化的区域基本一致，相互重叠，难以区分。本节利用耦合整体光谱匹配和局部光谱匹配方法进行填图，

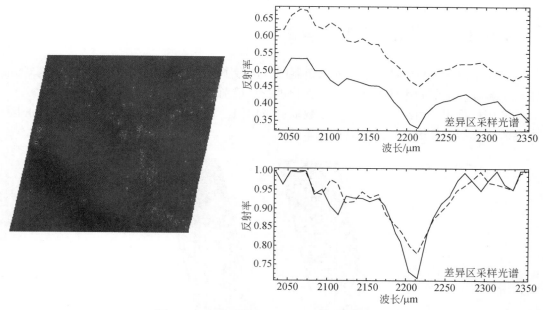

图 4.65 权重光谱角填图去除区域及其波谱

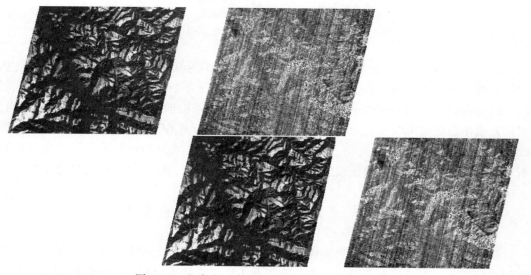

图 4.66 花岗岩区高岭土化和白云母化识别结果

其结果见图 4.67。

白云母和高岭石吸收特征差异主要在于高岭石在 $2.16 \sim 2.17\mu m$ 和 $2.20\mu m$ 处的双吸收特征（图 3.39），在利用耦合整体光谱匹配和局部光谱匹配进行识别中，主要是对这个双吸收特征进行区别。两者在五龙沟区域的识别结果见图 4.68。

图 4.68 左边填图结果为高岭土化和白云母化蚀变岩石识别结果。高岭土化的像元光谱中，在 $2.16 \sim 2.17\mu m$、$2.20\mu m$ 都具有吸收特征，而白云母化的像元光谱中在

图 4.67　耦合整体光谱匹配和局部光谱匹配识别结果

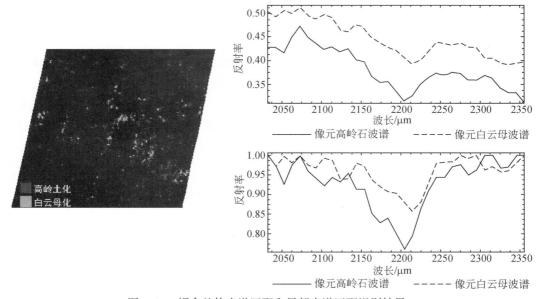

图 4.68　耦合整体光谱匹配和局部光谱匹配识别结果

2.16~2.17μm 不具有吸收特征（见图 4.68 右边波谱曲线），新方法在区分相似性矿物中效果较好。

4.6.4　特征参数匹配填图

第 3 章第 5.3 节已经对特征参数匹配方法做了详细介绍，并利用典型试验区对方法做了验证。本节利用此方法对高岭土化和白云母化蚀变岩进行了识别和分析。

用特征参数匹配和反射率数据进行填图，其结果见图 4.69。

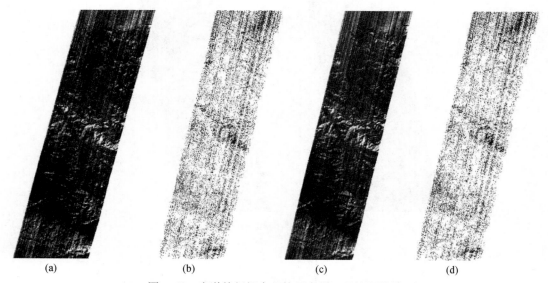

(a)　　　　(b)　　　　(c)　　　　(d)

图 4.69　光谱特征拟合和特征参数匹配填图结果

图 4.69（a）、图 4.69（b）为高岭土的光谱特征拟合和特征参数匹配结果，图 4.69（c）、图 4.69（d）为白云母光谱特征拟合和特征参数匹配结果。特征参数拟合结果中，越暗的地方表示与参考波谱匹配得越好。高岭土化蚀变岩石和白云母化蚀变岩在五龙沟花岗岩分布区的识别结果见图 4.70，为了去除部分噪声，图像进行了中值滤波处理。

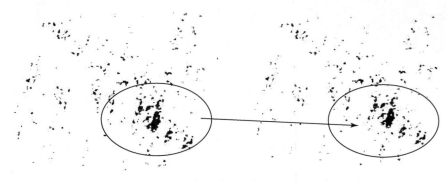

图 4.70　光谱特征参数局部填图结果

从图 4.69 可以看出，光谱特征拟合结果中高岭土化蚀变岩和白云母化蚀变岩的结果十分相似，在目视中白云母化蚀变岩拟合结果中亮度信息较强，但是两者仍难以区分。而在图 4.70 中的局部比较中可以发现，参数特征参数采用了特征区间中的各种特征参数进行匹配，其结果中的暗色区域较好地与背景进行了分离，而且高岭土化和白云母化蚀变岩的匹配程度都能比较直接地表现出来。

4.6.5　总结

从上面传统的光谱角制图和光谱特征拟合识别方法以及几种新方法的填图结果可以看出，由于蚀变矿物的吸收特征较为清晰和稳定，采用局部特征匹配方法进行识别能取得较好的效果，其填图结果与实地调查较为吻合；本文在第 3 章提出的三种方法中，耦合整体光谱匹配和局部光谱匹配填图在区分相似性矿物中效果较好，特别是对吸收位置的判定十分方便；权重光谱角制图通过在诊断性吸收特征谱带区间设置权重，可以提高蚀变岩的识别精度；特征参数匹配填图提取的蚀变信息更为突出，与背景的差异加大，并可以很好地通过吸收特征的各种参数提高对相似性矿物的区分度，甚至增强对相似性矿物的目视区分能力。

4.7　基于流形学习的高光谱降维及岩性分类验证

4.7.1　Hyperion 高光谱数据降维

1. Hyperion 数据的 PCA 降维

主成分分析是一种常用的线性特征提取方法，它能够降低高光谱图像波段之间的相关性，即去除了波段间的冗余信息，从而获得了高效的特征子集。将 176 个有效波段的 Hyperion 数据利用 PCA 提取出前 30 个波段，部分波段的灰度图像，如图 4.71 所示。图 4.71（a）~图 4.71（d）分别是第 1、2、3、4 波段对应的灰度图。图 4.72（a）是 Hyperion 数据 PCA 特征提取后前 3 个波段的 RGB 图，图 4.72（b）是图 4.72（a）中左下角部分区域的放大图。

经过 PCA 降维后，大大地削弱了 Hyperion 数据 PCA 特征子集波段间的冗余性。从灰度图像可知，降维后随着波段数的增加，各波段所含的信息量呈现递减的趋势，图像越来越模糊了。

2. Hyperion 数据的 LDA 降维

线性判别分析是以 Fisher 判别准则为基础的，主要是寻找一个能够使得不同类别的样本分开的方向。沿着这一方向，样本集达到了最好的区分特性。LDA 是一种监督的降维方法，其所能降到的维数受到原始图像所含类别数的影响。实验所用到的 Hyperion 数据含有 8 个地物类别。利用 LDA 降维方法最多能降到 7 维。LDA 降维后前 7 个波段部分波段图，如图 4.71 所示，从左到右分别是第 1、2、3 和 6 波段对应的灰度图像。

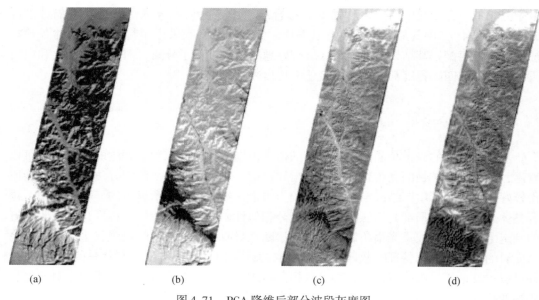

（a）　　　　　　　　（b）　　　　　　　　（c）　　　　　　　　（d）

图 4.71　PCA 降维后部分波段灰度图

（a）　　　　　　　　　　（b）

图 4.72　PCA 子集中前 3 个波段对应的 RGB 图及局部放大图

Hyperion 数据 LDA 特征子集前 3 个波段的 RGB 图及部分区域放大图，如图 4.72 所示。

　　观察图 4.73 可知，LDA 特征集上各波段的灰度图像整体比 PCA 特征集上各波段的灰度图模糊。随着波段数目的增加，图像含的细节信息越来越不清晰了。LDA 特征集上前 3 个波段的 RGB 图能够清晰地表达出不同类别的地物及局部细节信息（图 4.74）。

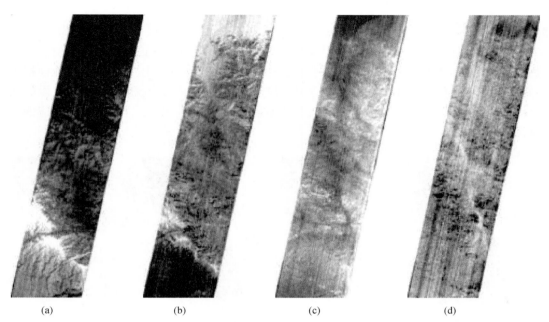

(a)　　　　　　(b)　　　　　　(c)　　　　　　(d)

图 4.73　Hyperion 数据 LDA 特征提取后部分波段灰度图

(a)　　　　　　　　　　(b)

图 4.74　Hyperion 数据 LDA 特征提取后部分波段 RGB 图及局部放大图

3. Hyperion 数据的 LPP 降维

保持局部投影算法不同于提取代表性特征的主成分分析，它提取出了数据最有判别性的局部特征。LPP 算法模拟了高维数据集中局部结果的最近邻图，进而较好地模拟出数据集中的几何结构。Hyperion 数据利用 LPP 算法提取出前 26 个波段，部分波段的灰度图像，如图 4.75 所示。图 4.75 中，从左到右依次是第 1、2、3、11 个波段对应的灰度图像。

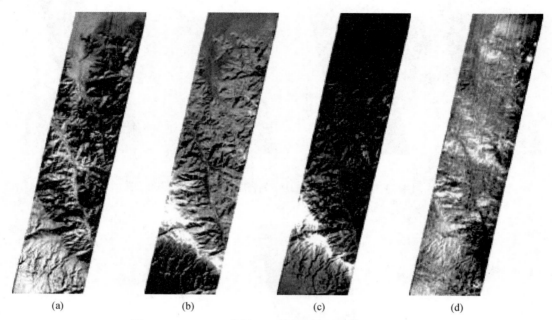

(a)　　　　　　(b)　　　　　　(c)　　　　　　(d)

图 4.75　Hyperion 数据 LPP 特征提取后部分波段灰度图

从 4.75 的灰度图像可知，LPP 降维后整体的图像都比较清晰，即纹理特征和细节信息比较明显。但是，随着波段数目的增加，波段信息逐渐减少的趋势不变。图 4.76 所显示的伪彩色图中，不同类别的地物清晰可见，并且呈现出不同的色彩。

4. Hyperion 数据的 LDA-LPP 降维

LDA-LPP 是使用了两次投影变换的一种降维方法。它首先将高维数据映射到保持了全局特征的 LDA 特征空间，然后再将该 LDA 特征集投影到保持局部特征的 LPP 空间，从而得到高效的特征集。利用组合方法将 Hyperion 数据降到 6 维，部分波段的显示图如图 4.77 所示，图中从左到右依次是第 1、2、3、6 波段所对应的灰度图。

LDA-LPP 降维受到 LDA 特征提取能降到的最大维数的影响，最后只降至 6 个波段。正如上图所示，组合降维后的图像整体比 PCA、LDA、LPP 降维方法得到的图像模糊。随着波段数目的增多，图像的细节信息与纹理特征逐渐的弱化了。组合方法降维后第 1、2、3 个波段所对应的伪彩色图，如图 4.78（a）所示，图 4.78（b）是图 4.78（a）左下角部分区域的放大图。图中，不同类别的地物可以通过颜色大致地区分出来。

(a)   (b)

图 4.76 Hyperion 数据 LPP 特征提取后前 3 个波段的 RGB 图及局部放大图

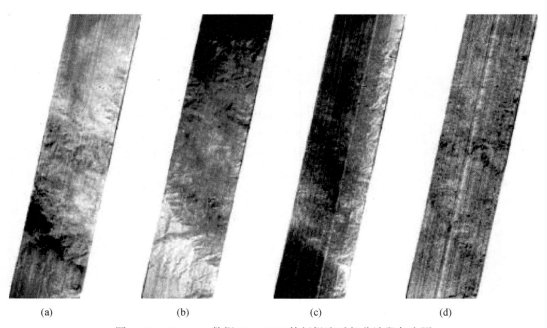

(a)   (b)   (c)   (d)

图 4.77 Hyperion 数据 LDA-LPP 特征提取后部分波段灰度图

(a)   (b)

图 4.78   Hyperion 数据 LDA-LPP 特征提取后前 3 个波段的 RGB 图及局部放大

4.7.2   Hyperion 数据特征子集的岩性分类

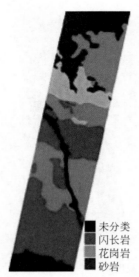

图 4.79   研究区岩性分布图

实验中，首先采用 PCA、LDA、LPP 和 LDA-LPP 降维方法对 Hyperion 数据降维，然后使用 SVM 对这些特征子集分类，最后用分类结果图与地质图比较精确地进行精度评价。实验中使用了 4 种核函数的 SVM 对各种特征子集分类，这些核函数分别为线性核函数、多项式核函数、径向基核函数和双曲正切核函数，核函数的相关参数的取值范围为：多项式核函数的次幂是 2 ~ 10 的整数；径向基核函数参数 $\gamma =$ [0.1，1]；双曲正切核函数的参数基从 0.1 ~ 1 取值。由于 Hyperion 数据的有些花岗岩区域被雪覆盖，分类时雪水区单独作为一个地物类别，最后在分类结果中，将雪水区域规回到花岗岩区域。Hyperion 数据对应的研究区岩性分布图，如图 4.79，黑色区域表示未参与分类的地物，红色的区域是花岗岩所在的区域，黄色区域代表了闪长岩，浅绿色的区域是砂岩所在的区域。

1. Hyperion 数据的 PCA 特征子集岩性分类及评价

在 PCA 特征子集上，SVM 分类结果，如图 4.80。其中，图 4.80（a）～图 4.80（d）分别为线性核函数、多项式核函数、径向基核函数和双曲正切核函数的分类结果。

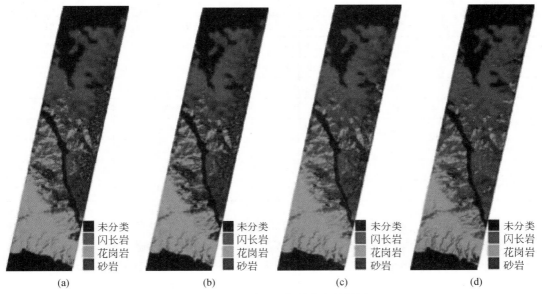

图 4.80　PCA 特征子集的分类结果图

为了检验 PCA 特征提取的有效性，在 Hyperion 数据的 PCA 特征子集上使用 SVM 分类。支持向量机的四种核函数及相关参数的取值范围前面已经介绍过。由于参与分类的波段数目和不同的核函数对分类结果有影响，因此分类中先固定核函数，令参与分类的波段数目变化，得到最优的参与分类波段数目，如表 4.4 所示。然后在这一最优参与分类波段数目下，不断地调整 SVM 核函数从而得到最优的分类精度，如表 4.5 所示。

表 4.4　不同波段参与的 SVM 分类结果

降维方法	波段数	核函数	整体分类精度	Kappa 系数
PCA	1	P_4	33.2758%	0.1259
PCA	2	P_4	33.5957%	0.1251
PCA	3	P_4	35.4741%	0.1467
PCA	5	P_4	40.0879%	0.1904
PCA	7	P_4	51.4330%	0.2749
PCA	9	P_4	52.0472%	0.3007
PCA	12	P_4	52.4188%	0.3053
PCA	19	P_4	51.4587%	0.2886
PCA	21	P_4	52.7717%	0.3027
PCA	23	P_4	52.6726%	0.3005

表 4.5　不同核函数的 SVM 对 PCA 特征子集的分类结果

降维方法	波段数	核函数	整体分类精度	Kappa 系数
PCA	12	Linear	51.1830%	0.3015
PCA	12	P_2	48.7764%	0.2749
PCA	12	P_4	52.4188%	0.3053
PCA	12	P_6	47.9888%	0.2681
PCA	12	P_8	50.7667%	0.2898
PCA	12	P_10	50.7667%	0.2898
PCA	12	R_0.1	47.9888%	0.2681
PCA	12	R_0.5	47.9888%	0.2681
PCA	12	R_1	47.9888%	0.2681
PCA	12	S_0.1	44.1212%	0.2326
PCA	12	S_0.5	43.0758%	0.2231
PCA	12	S_1	40.1757%	0.1988

　　由表4.4可知，Hyperion 数据 PCA 特征子集的前 12 个波段参与分类时，获得最好的分类结果，且随着参与分类波段数目的逐渐增多，分类精度略微下降并趋于稳定；结合表4.5可以得到，当采用多项式核函数的 SVM 对 PCA 特征子集的前 12 个波段分类时达到了整体最优的分类精度，且可知多项式核函数的分类精度最高，之后顺次是线性核函数、径向基核函数，双曲正切核函数的分类效果最差。

　　为了进一步定量分 Hyperion 高光谱图像 PCA 特征子集上不同地物的分类精度，实验在混淆矩阵的基础上，分别计算出了制图精度、用户精度等。混淆矩阵是地表真实地物与分类结果中对应的位置计算出来的。文中以达到最优分类精度时，Hyperion 数据高光谱图像 PCA 特征子集的前 12 个波段参与的多项式核函数的 SVM 分类结果为例，分类精度统计结构如表4.6。

表 4.6　Hyperion 数据 PCA 特征子集前 13 波段分类精度统计结果

岩石类别	错分误差	漏分误差	制图精度	用户精度
花岗岩	18.34%	39.35%	60.65%	81.66%
砂岩	42.07%	63.04%	36.96%	57.93%
闪长岩	76.29%	21.30%	78.70%	23.71%

　　从计算结果可知，PCA 分类的整体精度在 52.4188%，Kappa 系数为 0.3053。闪长岩的分类精度最高为 78.70%，而砂岩和花岗岩之间存在大量的混分现象，砂岩的分类精度仅为 36.96%。

　　2. Hyperion 数据的 LDA 特征子集岩性分类及评价

　　LDA 特征子集上前 3 个波段，不同核函数的 SVM 分类结果如图 4.81 所示，图 4.81（a）～图 4.81（d）依次为线性核函数、多项式核函数、径向基核函数和双曲正切核函数的分类结果。

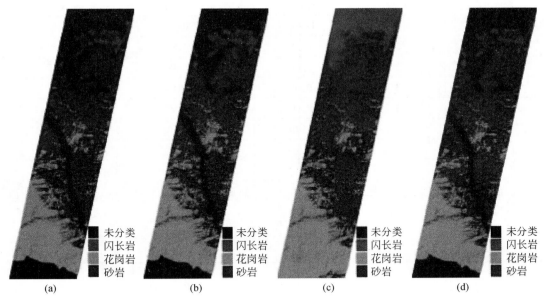

图 4.81　LDA 特征子集上的分类结果图

实验中采用不同核函数的 SVM 对 Hyperion 数据的 PCA 特征子集分类，从而来验证 PCA 降维方法的有效性。支持向量机的四种核函数及相关参数的取值范围前面已经介绍过。由于参与分类的波段数目和不同的核函数对分类结果有影响，因此分类中先固定核函数，令参与分类的波段数目变化，得到最优的参与分类波段数目，如表 4.7 所示。然后在这一最优参与分类波段数目下，不断地调整 SVM 核函数从而得到最优的分类精度，如表 4.8 所示。

表 4.7　不同波段参与的 SVM 分类结果

降维方法	波段数	核函数	整体分类精度	Kappa 系数
LDA	1	P_ 4	54. 7413%	0. 2760
LDA	2	P_ 4	59. 6479%	0. 3102
LDA	3	P_ 4	60. 1634%	0. 3190
LDA	5	P_ 4	54. 1883%	0. 2915
LDA	7	P_ 4	50. 9485%	0. 2654

由表 4.7 可知，PCA 特征子集的前 3 个波段参与分类时，获得最好的分类结果，且随着参与分类波段数目的逐渐增多，分类精度下降并趋于稳定；结合表 4.8 可以得到，当采用径向基核函数的 SVM 对 LDA 特征子集的前 3 个波段分类时达到了整体最优的分类精度，且可知径向基核函数的分类精度最高，之后顺次是多项式核函数、线性核函数、双曲正切核函数，但是它们的分类精度都相差不大。与 PCA 方法相比，LDA 将信息浓缩到少数的几个波段上。

表 4.8 不同核函数的 SVM 分类结果

降维方法	波段数	核函数	整体分类精度	Kappa 系数
LDA	3	Linear	59.9076%	0.3162
LDA	3	P_ 2	59.9416%	0.3159
LDA	3	P_ 4	59.0584%	0.3057
LDA	3	P_ 6	58.4763%	0.2968
LDA	3	P_ 8	58.4763%	0.2968
LDA	3	P_ 10	58.4763%	0.2968
LDA	3	R_ 0.1	60.1634%	0.3190
LDA	3	R_ 0.5	60.1634%	0.3190
LDA	3	R_ 1	60.1634%	0.3190
LDA	3	S_ 0.1	59.8889%	0.3169
LDA	3	S_ 0.5	59.8958%	0.3164
LDA	3	S_ 1	59.4571%	0.3152

为了进一步定量分 Hyperion 高光谱图像 LDA 特征子集上不同地物的分类精度,实验在混淆矩阵的基础上,分别计算出了制图精度、用户精度等。混淆矩阵是地表真实地物与分类结果中对应的位置计算出来的。文中以达到最优分类精度时,Hyperion 高光谱图像 LDA 特征子集的前 3 个波段参与的径向基核函数的 SVM 分类结果为例,分类精度统计结果如表 4.9 所示。

表 4.9 Hyperion 数据 LDA 特征子集前 3 个波段分类精度统计结果

岩石类别	错分误差	漏分误差	制图精度	用户精度
花岗岩	21.19%	39.19%	60.81%	78.81%
砂岩	45.83%	28.29%	71.71%	54.17%
闪长岩	77.60%	85.17%	14.83%	22.40%

从图 4.81 中 LDA 特征子集分类混淆矩阵中可以得到,分类的整体精度为 60.1634%,Kappa 系数为 0.3190。并且砂岩的分类精度最高为 71.71%,大量的闪长岩被错分为砂岩。花岗岩的分类精度为 60.81%。

3. Hyperion 数据的 LPP 特征子集岩性分类及评价

实验以选取 LPP 特征子集的前 21 个波段参与的 SVM 分类为例,分类结果图如 4.82 所示,图 4.82(a)～图 4.82(d)顺次为线性核函数、多项式核函数、径向基核函数和双曲正切核函数的分类结果。

实验中采用 SVM 对 Hyperion 数据的 LPP 特征子集分类来验证其有效性。

支持向量机的四种核函数及相关参数的取值范围前面已经介绍过。由于参与分类的波段数目和不同的核函数对分类结果有影响,因此分类中先固定核函数,令参与分类的波段数目变化,得到最优的参与分类波段数目,如表 4.10 所示。然后在这一最优参与

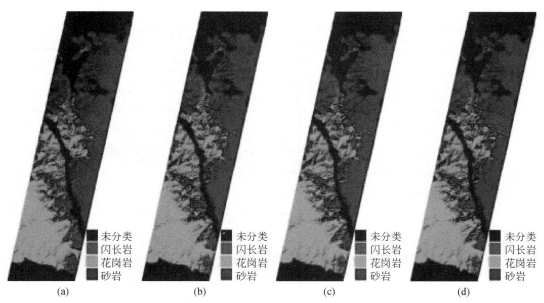

图 4. 82　LPP 特征子集的分类效果

分类波段数目下，不断地调整 SVM 核函数从而得到最优的分类精度，如表 4. 11 所示。

表 4. 10　不同波段参与的多项式核函数 SVM 分类结果

降维方法	波段数	核函数	整体分类精度	Kappa 系数
LPP	1	P_ 2	39. 7020%	0. 1341
LPP	2	P_ 2	38. 8651%	0. 1731
LPP	3	P_ 2	38. 3934%	0. 1812
LPP	5	P_ 2	45. 3820%	0. 2269
LPP	7	P_ 2	51. 1388%	0. 2797
LPP	9	P_ 2	54. 7837%	0. 3287
LPP	12	P_ 2	50. 5439%	0. 2876
LPP	15	P_ 2	54. 2553%	0. 3287
LPP	19	P_ 2	60. 9796%	0. 3758
LPP	21	P_ 2	63. 6594%	0. 4
LPP	23	P_ 2	62. 3572%	0. 3864

表 4. 11　不同核函数的 LPP 核函数前 21 个波段的 SVM 分类结果

降维方法	波段数	核函数	整体分类精度	Kappa 系数
LPP	21	Linear	63. 0128%	0. 31913
LPP	21	P_ 2	63. 6594%	0. 4
LPP	21	P_ 4	60. 8813%	0. 3515
LPP	21	P_ 6	62. 8836%	0. 3839

降维方法	波段数	核函数	整体分类精度	Kappa 系数
LPP	21	P_ 8	61.2927%	0.3547
LPP	21	P_ 10	62.8836%	0.3839
LPP	21	R_ 0.1	63.3243%	0.3964
LPP	21	R_ 0.5	63.3243%	0.3964
LPP	21	R_ 1	63.3243%	0.3964
LPP	21	S_ 0.1	63.3243%	0.3964
LPP	21	S_ 0.5	63.3243%	0.3964
LPP	21	S_ 1	63.3243%	0.3964

由表 4.10 可知, LPP 特征子集的前 21 个波段参与分类时, 获得最好的分类结果, 且随着参与分类波段数目的逐渐增多, 分类精度趋于稳定; 结合表 4.11 可以得到, 当采用二次多项式核函数的 SVM 对 LPP 特征子集的前 21 个波段分类时达到了整体最优的分类精度, 且可知多项式核函数的分类精度最高, 之后顺次是径向基式核函数、双曲正切核函数和线性核函数。

为了进一步定量分 Hyperion 高光谱图像 LPP 特征子集上不同地物的分类精度, 实验在混淆矩阵的基础上, 分别计算出了制图精度、用户精度等。混淆矩阵是地表真实地物与分类结果中对应的位置计算出来的。文中以达到最优分类精度时, Hyperion 高光谱图像 LPP 特征子集的前 21 个波段参与的二项式核函数的 SVM 分类结果为例, 计算出分类精度统计结果如表 4.12 所示。

表 4.12 **Hyperion 数据 LPP 特征子集前 21 个波段分类精度统计结果**

岩石类别	错分误差	漏分误差	制图精度	用户精度
花岗岩	19.85%	39.69%	60.31%	80.15%
砂岩	40.07%	28.34%	71.66%	59.93%
闪长岩	61.48%	53.39%	46.61%	38.52%

由上图可知, LPP 特征子集上整体分类精度为 63.6594%, Kappa 系数为 0.4。与传统的 PCA 和 LDA 挖掘了高维数据的线性结构不同, LPP 较好地发现了数据集内部的非线性特性, 如上图中所示的砂岩达到了最高的分类精度 71.66%, 花岗岩达到了 60.31%。

4. Hyperion 数据的 LDA-LPP 特征子集岩性分类及评价

实验以选取 LDA-LPP 特征子集的前 2 个波段参与的 SVM 分类为例, 分类结果图如 4.83 所示, 图 4.83 (a) ~ 图 4.83 (d) 顺次为线性核函数、多项式核函数、径向基核函数和双曲正切核函数的分类结果。

实验中采用不同核函数的 SVM 对 Hyperion 数据的 LDA-LPP 特征子集分类, 从而来验证 LDA-LPP 降维方法的有效性。支持向量机的四种核函数及相关参数的取值范围前面已经介绍过。由于参与分类的波段数目和不同的核函数对分类结果有影响, 因此分类

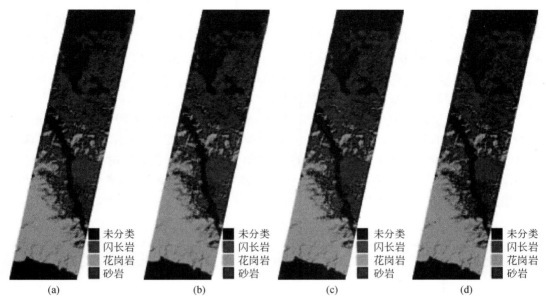

图 4.83　LDA-LPP 特征子集的 SVM 分类结果

中先固定核函数，令参与分类的波段数目变化，得到最优的参与分类波段数目，如表 4.13 所示。然后在这一最优参与分类波段数目下，不断的调整 SVM 核函数从而得到最优的分类精度，如表 4.11 所示。

表 4.13　不同波段参与的 SVM 分类精度统计

降维方法	波段数	核函数	整体分类精度	Kappa 系数
LDA-LPP	1	P_ 6	52. 2852%	0. 2458
LDA-LPP	2	P_ 6	61. 1039%	0. 3402
LDA-LPP	3	P_ 6	50. 6725%	0. 2832
LDA-LPP	5	P_ 6	54. 7649%	0. 3194

表 4.14　不同核函数的 SVM 分类精度统计

降维方法	波段数	核函数	整体分类精度	Kappa 系数
LDA-LPP	2	Linear	60. 4380%	0. 3316
LDA-LPP	2	P_ 2	60. 5370%	0. 3334
LDA-LPP	2	P_ 4	60. 9185%	0. 3379
LDA-LPP	2	P_ 6	61. 1039%	0. 3402
LDA-LPP	2	P_ 8	61. 1039%	0. 3402
LDA-LPP	2	R_ 0. 1	60. 4380%	0. 3316
LDA-LPP	2	R_ 0. 5	60. 4380%	0. 3316
LDA-LPP	2	R_ 1	60. 4380%	0. 3316
LDA-LPP	2	S_ 0. 1	59. 8648%	0. 3258
LDA-LPP	2	S_ 0. 5	59. 9875%	0. 3278
LDA-LPP	2	S_ 1	59. 0224%	0. 3193

　　由表 4.13 可知，LDA-LPP 特征子集的前 2 个波段参与分类时，获得最好的分类结果，且随着参与分类波段数目的逐渐增多，分类精度略微下降并趋于稳定；结合表 4.14 可以得到，当采用径向基核函数的 SVM 对 LDA-LPP 特征子集的前 2 个波段分类时达到了整体最优的分类精度，且可知六次多项式核函数的分类精度最高，之后顺次是线性核函数、径向基核函数和双曲正切核函数。

　　为了进一步定量分 Hyperion 高光谱图像 LDA-LPP 特征子集上不同地物的分类精度，实验在混淆矩阵的基础上，分别计算出了制图精度、用户精度等。混淆矩阵是地表真实地物与分类结果中对应的位置计算出来的。文中以达到最优分类精度时，Hyperion 高光谱图像 LDA-LPP 特征子集的前 2 个波段参与的多项式基核函数的 SVM 分类结果为例，计算出其分类精度统计结果如表 4.15 所示。

表 4.15　Hyperion 数据 LDA-LPP 特征子集分类精度统计结果

岩石类别	错分误差	漏分误差	制图精度	用户精度
花岗岩	18.79%	35.63%	64.37%	81.21%
砂岩	45.02%	30.21%	69.79%	54.98%
闪长岩	79.02%	83.55%	16.45%	20.98%

　　分析以上表格可知，当 LDA-LPP 特征子集的前 2 个波段参与多项式核函数的 SVM 分类时，分类效果最好，整体分类精度 61.1039%，Kappa 系数为 0.3402。该组合降维方法也较好地发现了数据的非线性特性，如砂岩的分类精度达到了 69.79%，花岗岩的分类精度达到了 64.37%，而闪长岩仅有 16.45%。

4.7.3　Hyperion 数据各种特征集分类效果比较

　　Hyperion 数据利用前面所提到的特征提取方法，如 PCA、LDA、LPP 和 LDA-LPP，获得各种特征子集，然后使用 SVM 方法分类。各个特征子集中，参与分类的波段数目与分类精度关系图，如图 4.84 所示，横轴表示参与分类的波段数目，纵轴表示分类的精度。

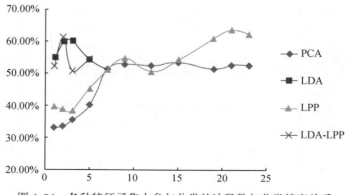

图 4.84　各种特征子集中参与分类的波段数与分类精度关系

　　分析上图可得，当 PCA 特征集中参与分类的波段数在 12 左右时，达到了最优的分类精度，之后随着参与分类的波段数目的增多，分类的精度趋于稳定；LDA 和 LDA-LPP 特征子集受原始图像地物类别数目的约束，最后参与分类的最多的波段数目有限，但这两种方法将 Hyperion 数据的信息集中在前面较少的几个波段内，其中 LDA-LPP 特征子集仅在前 2 个波段中集中了最多的信息量，如图中 LDA-LPP 特征集上的分类精度远高于 PCA 特征集的分类精度，略高于 LDA 特征集的分类精度；LPP 是一种保持了局部非线性结构的线性的特征提取方法，实验中 LPP 特征子集上的分类精度达到了最佳。

参 考 文 献

蔡雄飞，魏启荣．2009．东昆仑中段地层学研究的新进展．资源调查与环境，30（4）：243～244

李智明，薛春纪，王晓虎，等．2007．东昆仑区域成矿特征及有关找矿突破问题分析．地质评论，53（5）：708～718．

谭炳香，李增元，陈尔学，等．2005．EO-1 Hyperion 高光谱数据的预处理．遥感信息，(6)：36～41

张德全．2002．东昆仑地区综合找矿预测与突破．中国地质科学院矿产资源研究所（科研报告）

张廷斌，钟康惠．2009．东昆仑五龙沟金矿集中区遥感地质信息提取与找矿预测．地质与勘探，45（4）：444～449

Barry P. 2001. EO-1/hyperion science data user's guide. Redondo Beach, CA：TRW Space, Defense & Inform. Syst

Boardman J W. 1993. Automated spectral unmixing of AVIRIS data using convex geometry concepts. Fourth JPL Airborne Geoscience Workshop, JPL Publication 93-26, 1：11～14

Boardman J W, Kruse F A, Green R O. 1995. Mapping target signatures via partial unmixing of AVIRIS data. Fifth JPL Airborne Earth Science Workshop, JPL Publication 95-1, 1：23～25

Green AA, Berman M. 1988. A transformation for ordering multispectral data in terms of image quality with implications for noise removal. IEEE Trans. Geosci. Remote Sens, 26（1）：65～74

SVC HR-1024 MANUAL REVISION 1.6

第5章　证据权模型与区域矿产资源预测

证据权模型最初从医学发展而来（Aspinall and Hill.，1983；Spiegelhalter and Knill-Jones，1984）。之后，加拿大数学地质学家 Agterberg 等将证据权模型改进并应用于矿产资源潜力评价制图及成矿预测。目前，证据权模型已被广泛应用于各类矿产资源评价预测（Agterberg et al.，1990，1993；Bonham-Carter et al.，1989；Carranza，2004；Daneshfar et al.，2006）。近年来，证据权模型应用领域不断扩大，包括自然地理、流行病学、生态学、林学以及地方病发生模式等（Romero and Luque，2006；Neuhäuser 和 Tevhorst，2007；Song et al.，2008；Masetti，et al.，2007；Corsini et al.，2009）。

证据权模型广泛地应用到矿产资源评价领域并且得到很大的成功源于以下几个原因（Nykänen and Ojala，2007）：①对权重的解释简单易懂；②通过后验概率或权重和的大小直接划分成矿远景区；③使用证据权模型中的邻近度分析进行证据图层的优选，并且可以与其他的数学评价模型结合，如确定模糊隶属度的大小；④有科学的理论基础和完整而成熟的参数检验方法。

5.1　算　法　原　理

5.1.1　证据权模型

证据权模型（Agterberg et al.，1990，1993，Bonham-Carter et al.，1989）是基于贝叶斯规则建立的，其实质是将矿床模式与可能指示矿床存在的地球空间数据的多个图层相关。将每个证据图层用二值变量来表示，1 表示证据出现，2 表示证据未出现，如果证据图层是由不同级别的数据来表示的（如进行缓冲区分析后的线性体或以等值线表示的元素含量）可以先计算不同级别数据的权重，通过证据权优法来选择合理的阈值作为待分析的证据图层，然后再将多个证据图层叠加，最后输出后验概率图。

其基本原理如下：对研究区域进行格网划分，设研究区面积为 T，每个网格单元的面积为 s，那么研究区单元总数为 $N\{T\} = T/s$。同时假设矿床或矿点的数目为 D，如果划分的单元面积 s 足够小，保证每个单元内至多包含一个矿床或矿点，那么含有矿床或矿点的网格单元总数 $N\{D\}$，且 $N\{D\} = D$，那么，矿床或矿点出现的先验概率为 $P\{D\} = N\{D\}/N\{T\}$。定义矿床出现的似然比（Odds）为 $O(d) = P(d)/1-P(d)$。

对于第 j 个地质证据图层，记 $N\{B_j\}$ 为第 j 证据图层出现的单元网格数，记 $N\{\overline{B_j}\}$ 为该证据图层未出现的单元网格数，那么，$N\{\overline{B_j}\} = N\{T\} - N\{B_j\}$。

根据贝叶斯法则，在证据图层 B_j 出现的条件下，发现一个矿床的条件概率为

$$P\{D/B_j\} = \frac{P\{D \cap B_j\}}{P\{B_j\}} \tag{5.1}$$

式中，$P\{D/B_j\}$ 为在第 j 个证据出现的条件下矿床的条件概率，同理，在矿床出现的条件下，证据图层出现的条件概率为

$$P\{B_j/D\} = \frac{P\{B_j \cap D\}}{P\{D\}} \tag{5.2}$$

因为 $P\{D \cap B_j\} = P\{B_j \cap D\}$，所以式（5.1）和式（5.2）联合得如下关系式

$$P\{D/B_j\} = \frac{P\{B_j/D\} \times P\{D\}}{P\{B_j\}} \tag{5.3}$$

式（5.3）表示在证据图层出现的条件下，矿床出现的条件概率。

同样，证据图层不出现的条件下，矿床出现的条件概率为

$$P\{D/\bar{B_j}\} = \frac{P\{\bar{B_j}/D\} \times P\{D\}}{P\{\bar{B_j}\}} \tag{5.4}$$

证据出现条件下，矿床不出现的条件概率为

$$P\{\bar{D}/B_j\} = \frac{P\{\bar{D} \cap B_j\}}{P\{B_j\}} = \frac{P\{B_j/\bar{D}\} \times P\{\bar{D}\}}{P\{B_j\}} \tag{5.5}$$

联合式（5.3）、式（5.5），证据出现的条件下，矿床出现的概率与矿床不出现的概率的比值为

$$P\{D/B_j\}/P\{\bar{D}/B_j\} = \frac{P\{D\} \times P\{B_j/D\}}{P\{\bar{D}/B_j\} \times P\{B_j\}} \tag{5.6}$$

将式（5.5）代入式（5.6），得

$$P\{D/B_j\}/P\{\bar{D}/B_j\} = \frac{P\{D\}}{P\{\bar{D}\}} \times \frac{P\{B_j\}}{P\{B_j\}} \times \frac{P\{B_j/D\}}{P\{B_j/\bar{D}\}} \tag{5.7}$$

由矿床的先验概率 $P\{D\}$，得先验似然概率为

$$O\{d\} = P\{D\}/[1-P\{D\}] = P\{D\}/P\{\bar{D}\} \tag{5.8}$$

式（5.7）用条件似然概率可以表示为

$$O\{D/B_j\} = O\{D\} \times \frac{P\{B_j/D\}}{P\{B_j/\bar{D}\}} \tag{5.9}$$

对式（5.9）两边取自然对数，可用对数线性方程表示为：

$$\ln O\{D/B_j\} = \ln \frac{P\{B_j/D\}}{P\{B_j/\bar{D}\}} + \ln O\{D\} \tag{5.10}$$

同样在证据图层不出现的条件下，矿床出现的概率与不出现的概率的比值的对数后验似然比可以表示为

$$\ln O\{D/\bar{B_j}\} = \ln \frac{P\{\bar{B_j}/D\}}{P\{\bar{B_j}/\bar{D}\}} + \ln O\{D\} \tag{5.11}$$

其中，第 j 个证据图层的证据权正定义为

$$W_j^+ = \ln \frac{P\{B_j/D\}}{P\{B_j/\bar{D}\}} \tag{5.12}$$

第 j 个证据图层的证据权负定义为

$$W_j^- = \ln \frac{P\{\bar{B}_j/D\}}{P\{\bar{B}_j/\bar{D}\}} \tag{5.13}$$

第 j 个证据图层的后验概率的正方差可表示为

$$s^2(W_j^+) = \frac{1}{N\{B_j \cap D\}} + \frac{1}{N\{B_j \cap \bar{D}\}} \tag{5.14}$$

第 j 个证据图层的后验概率的负方差可表示为

$$s^2(W_j^-) = \frac{1}{N\{\bar{B}_j \cap D\}} + \frac{1}{N\{\bar{B}_j \cap \bar{D}\}} \tag{5.15}$$

控矿地质因素与矿床产出状态之间的关联性强弱可以通过第 j 个证据图层的正权和第 j 个证据图层的负权之间的对比度（C_j）大小来度量，即

$$C_j = W_j^+ - W_j^- \tag{5.16}$$

C_j 表示第 j 个证据图层的正权和第 j 个证据图层的负权之间的对比度。C_j 既可以取正值也可以取负值，当 $C_j < 0$ 表示证据图层和矿产图层之间具有正的关联性；当 $C_j < 0$ 表示证据图层和矿产图层之间具有负的关联性；当 $C_j = 0$ 表示证据图层和矿产图层之间缺少关联性。对于大区域且有较多数量的矿点情况下，最大的对比度 C_j 可以说明矿床与证据图层之间具有最大的相关性。对于矿点数据较少的情况下，采用对比度 C 作为证据图层选取的依据，将会增大结果的不确定性（Bonham-Carter，1994；Carranza，2004），因此，可以参考 C 的显著性统计量 Stud（C）优选阀值。统计量，Stud（C）= C/s（C），其中，

$$s(C) = 1/\sqrt{s^2(W^+) + s^2(W^-)} \tag{5.17}$$

当有 n 个证据图层合成时，对数后验似然比表示为：

$$\ln O\{D/[B_1^k \cap B_2^k \cap \cdots \cap B_n^k]\} = \ln O\{D\} + \sum_{j=1}^{n} W_j^k \tag{5.18}$$

式中，k 为第 j 个证据在据某单元中的状态；$k > 0$，表示该证出现；$k < 0$，表示该证据未出现；$k = 0$，表示该证据状况不明。

将后验似然比转换为后验概率的形式为

$$P\{D/[B_1^k \cap B_2^k \cap \cdots \cap B_n^k]\} = \frac{O\{D/[B_1^k \cap B_2^k \cap \cdots \cap B_n^k]\}}{1 + O\{D/[B_1^k \cap B_2^k \cap \cdots \cap B_n^k]\}} \tag{5.19}$$

5.1.2　条件独立性检验

使用证据权方法的重要条件和难点之一是如何保证输入的证据图层之间在对预测对象作用上的条件独立性。因为在实际情况下，我们选用的都是那些能够指示或者具控矿

作用的地质变量作为证据图层的，它们之间总是存在或大或小的相关性。如果两个证据图层之间存在明显的相关性，那么估计的后验概率就会偏高，从而将夸大找矿远景区的面积和矿化有利度，所以需要设计一个统计量来检验证据图层之间的独立性。

1. 卡方检验（Chi-squared Test）

两个图层间的独立性检验，采用卡方检验（chi-squared test）。这种方法是对图层进行逐对检验。可以用任意两个图层叠加的频数矩阵表示，卡方检验的公式为

$$\chi^2 = \sum_{i=1}^{8} \frac{(expected_i - observed_i)^2}{expected_i} \quad (i = 1,\ 2,\ 3,\ \cdots,\ 8) \tag{5.20}$$

在自由度为 1，置信水平在 0.05 下，$\chi^{2*} = 3.84$，当 $\chi^2 < \chi^{2*}$ 时，接受假设。

2. Kolmogorov-Smirnov 检验

Kolmogorov-Smirnov 检验，也称拟合优度检验法，不受样本容量大小限制，是一种稳定性正态检验方法。通过比较预测矿点与已知矿点之间的频率差，在某一自由度和置信水平下可以用于多个图层之间的条件独立性检验。

3. "NOT" 检验（New Overall Test）

总体检验通过比较已知矿点数与预测矿点数出现的频率来检验输入的证据图层是否满足独立性假设。当证据图层之间完全独立时，预测到的矿点数应该等于已知矿点数，然而，实际情况下，我们选用的证据图层都是那些对矿床（点）产生和分布起指示意义的地质变量，它们之间总是存在或大或小的相关性。只要能够近似地满足条件独立性假设即可。Bonham-Carter（1994）认为当预测矿点数不大于已知矿点数的 15% 可以认为近似地满足条件独立性，一般情况下，总体检验比卡方检验对条件独立性具有更强的约束力。

总体检验公式

$$\text{NOT} = \frac{(N\{D\}_{pred} - N\{D\})}{s(N\{D\}_{pred})} \tag{5.21}$$

式中，$N\{D\}_{pred}$ 为预测矿点，$N\{D\}$ 为观察矿点，$s(N\{D\}_{pred})$ 为预测矿点标准差，其方差由下式给出（Bonham-Carter et al, 1989）

$$s^2(N\{D\}_{pred}) = \sum_{i=1}^{2^k} [N\{A\}_j]^2 \times s^2(P_m) \quad (i = 1,\ 2,\ 3,\ \cdots,\ 2^k) \tag{5.22}$$

式中，$N\{A\}_j$ 为第 j 个唯一条件组的单元数，$s^2(P_m)$ 为后验概率方差，$P_m(m = 1,\ 2,\ 3,\ \cdots,\ 2^k)$ 为后验概率。后验概率的方差 $s^2(P_m)$ 满足下一关系式：

$$s^2(P_m) = \frac{1}{N\{D\}} + \sum_{i=1}^{k} s^2(W_i^j) \times P_m^2 \tag{5.23}$$

Agterberg（2002）认为在置信概率 95% 下，满足 $(N\{D\}_{pred} - N\{D\}) < 1.645 * s(N\{D\}_{pred})$ 或在置信概率 99% 下，满足 $(N\{D\}_{pred} - N\{D\}) < 2.33 * s(N\{D\}_{pred})$ 可以接受条件独立性假设。

5.1.3　证据图层的选取原则

　　一个合理评价结果应该达到尽可能地缩小研究区面积，减□□□□□□□但是从分析不同的地质特征与矿床之间的空间关系，到最终确定□□□□□□重要但又是十分复杂和繁琐的过程。能否合理有效地选择变量、□□□□□□空间模式参数（如阀值、缓冲缺半径、独立性假设的检验等）□□□□□□层集合是关系到评价结果是否成功最为关键的环节。使用证据权□□□□□预测评价时，需要选取合理的对矿床的产出和定位具有重要指示意义的□□□□些证据图层有的是二值的，有些是多级的，如对断裂构造、侵入体接触带□□缓冲区分析后得到的多级图层，需要通过一个统计量选择最佳的缓冲半径，通常是参考对比度 C，然而对比度 C 有时不具有明显的最大值，无显著的统计意义。在显著性水平在 $\alpha = 0.05$ 下，Stud (C) >1.96 时，具有统计显著性（Bonham-Carter，1994），此时，参考统计量 Stud (C) 更具科学性和统计意义。

5.1.4　模型设计

　　证据权模型是一种基于数据驱动的矿产资源评价方法，该方法理论体系比较成熟，在程序的设计过程中考虑到 Matlab 强大的数值处理能力，可以快速计算海量的栅格数据，而 C#是一种最新的、面向对象的编程语言，可以快速地编写各种基于 Microsoft. NET 平台的应用程序。将 Matlab 的程序加入到 C#语言编制的程序中，将大大减少编程的工作量、保证程序的准确性，并且继承了 C#良好的用户界面。因此，模型的设计采用了 Matlab R2007b 与 C#. Net 2005 混合编程，同时借助 ArcGIS Engine 9.2 组件技术。主要步骤如下：①从数据库中选择合适的控矿要素并数字化，转化为 ASCII 格式；②应用 Matlab 语言编写预测模型函数；③导入数据，计算成矿概率和模型参数；④采用 Matlab 与 C#的混合编程；⑤借助 ArcGIS Engine 组件技术，将结果可视化。

```
%%%%%%%%%%%%%%%%%%%证据权模型部分代码%%%%%%%%%%%%%%%%%%%%%%%
SumGrid = numel（WofDMkcol（:, 1））；% 总的网格单元数
SumEvCount = SumPrCount（1, 2: end）；% 证据出现的频数
SumNoEvCount = ones（1, m（2）-1）* SumGrid-SumEvCount；% 证据没有出现的频数
SumDeCount = SumPrCount（1, 1）；% 总的矿点数
SumNoDeCount = ones（1, m（2）-1）* SumGrid-SumDeCount；% 矿点没有出现的次数
Prior = SumDeCount/SumGrid；% 先验概率
Odd = log（Prior/（1-Prior））；% 矿点的似然概率
PosEv = log（（SumEvDe. /SumDeCount）. /...
（（SumEvCount-SumEvDe）. /SumNoDeCount））；% 证据权正
NegEv = log（（（SumDeCount * ones（1, m（2）-1）-SumEvDe）...
. /SumDeCount）. /（（SumNoEvCount-（SumDeCount * ones（1, m（2）-1）...
-SumEvDe））. /（SumGrid-SumDeCount）））；% 证据权负
VarPosEv = 1. /SumEvDe+1. /（SumEvCount-SumEvDe）；% 证据权正方差
VarNegEv = 1. /（SumDeCount * ones（1, m（2）-1）-SumEvDe）+...
1. /（ones（1, m（2）-1）* SumGrid-SumEvCount-...
（SumDeCount * ones（1, m（2）-1）-SumEvDe））；% 证据权负方差
StdVar = sqrt（VarPosEv+VarNegEv）；% 标准方差
C = PosEv-NegEv；% 对比度
StudC = C. /StdVar；% Stud（C）统计量
```

5.2 基于证据权模型的青海东昆仑铁矿资源预测

本章的研究内容是在项目组已建立的多源地学空间数据库基础之上进行的，该数据库不仅储存有青海东昆仑地区不同来源的地学数据，如化探数据、物探数据、基础地质数据、矿点数据、遥感数据等，而且还集成了不同的空间分析模块，如证据权模块、逻辑斯谛回归模块、案例推理模块及空间数据挖掘模块等。应用证据权模块，同时借助了 Arcview 3.2 平台下的空间数据分析扩展模块（Arc-WofE）（Kemp et al.，1999）中的部分功能，对青海东昆仑地区三个不同空间尺度下的区域分别进行矿产资源预测制图，包括 1：50 万青海东昆仑成矿带、1：20 万野马泉成矿亚带和 1：5 万五龙沟成矿区，包括铜、铅、锌多金属矿、铁矿和金矿三类矿产资源。

5.2.1 数据预处理

利用已经建立的多源地质空间数据库作为区域矿产资源预测的基础数据。所有的数据统一使用北京-54 坐标系，在 GIS 下做栅格化处理，划分网格单元为 1km×1km，共95321 个，地质变量包括断裂构造、岩浆岩、地层、物探数据和遥感蚀变异常，应用证据权模块，建立一个基于数据驱动的青海东昆仑铁矿资源预测方法。

5.2.2 控矿因素及其空间分析

1. 断裂

大量的研究表明，很多内生矿床（特别是热液型矿床）与断裂系统有一定的成因联系（Sillitoe，2000；Chernicoff et al.，2002；Bierlein and Murphy，2006）。由于断裂是岩石在应力作用下的结果，虽然地质图上所表达的断裂往往只是断裂构造面或者主要断裂构造面的分布，然而断裂往往呈断裂带而非简单的断裂面存在，尤其是对热液型矿床的控制作用来说，断裂构造的影响范围往往超出断裂面的范围。通常断裂要素提供了岩浆侵入通道，岩浆在侵入过程中发生一系列物理化学作用，在有利的部位就有可能产生矿床。特别是区域性断裂对指示岩浆热源及岩浆活动具有重要的意义。因此，在区域尺度上深入研究矿床与不同尺度下构造要素之间的空间关系为更好地认识和理解热液矿床的矿化及其分布特征提供了一种重要的研究思路。

东昆仑地区的区域断裂从 1：50 万地质填图上获取，采用邻近度分析，作间隔500m，最大缓冲半径 7500m 的缓冲区分析。如图 5.1（a），最优的阀值在缓冲距离3000m 处获得，此处对比度 C 为 0.63，统计量 Stud（C）值 2.8，在此缓冲半径面积约为整个研究区面积的 45%，包含了 60% 的已知矿点（49 个），此距离范围内构成的面域作为一个二值证据图层（图 5.2）。

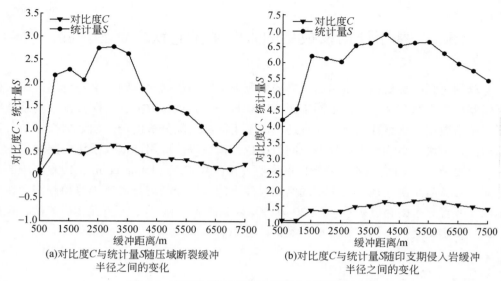

(a)对比度C与统计量S随压域断裂缓冲
半径之间的变化

(b)对比度C与统计量S随印支期侵入岩缓冲
半径之间的变化

图 5.1　控矿要素与矿点之间的空间相关性分析

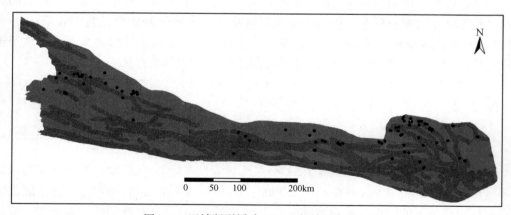

图 5.2　区域断裂缓冲 3000m 与铁矿点叠加

2. 侵入体

　　东昆仑地区经历了多阶段、多期次的岩浆运动，特别是海西期和印支期广泛发生的岩浆侵入活动，最终导致了很多热液矿床在有利的减压部位形成。研究区内，印支期侵入岩和矿床的形成和分布有密切的联系。

　　对印支期侵入岩做邻近度分析来研究侵入岩体与已知矿点之间的空间关系：对印支期侵入岩做间隔 500m、最大缓冲半径 7500m 的缓冲区分析，如图 5.1（b）。最大的 Stud（C）值发生在半径 4000m 处，此处对比度 C 为 1.7，统计量 Stud（C）值 6.9，在此缓冲半径内包含了 54 个矿点（约占 67%），覆盖面积约为总面积的 29%，此距离范围内构成的面域作为一个二值证据图层（图 5.3）。

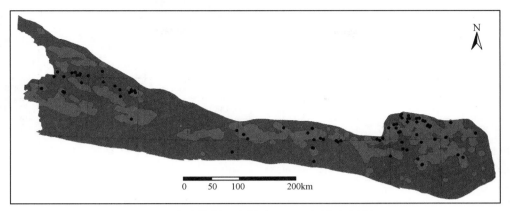

图 5.3 印支期侵入岩缓冲 4000m 与铁矿点叠加

3. 航磁与重力异常

航次异常反映了地下岩体组分及集合体形态的变化，这种性质可以用来研究隐伏构造信息与已知矿点之间的空间关系。而重力异常可以反映构造特征，表征地下物质密度的不均匀变化。在东昆仑地区，区域地球物理特征对于揭示矿床的分布以及深部结构具有重要的意义。

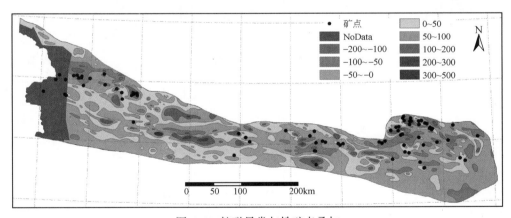

图 5.4 航磁异常与铁矿点叠加

用邻近度分析研究航磁数据和布格重力数据与已知矿床点之间的空间关系，计算得到的证据权参数见表 5.1 和表 5.2。在 $-100 \sim -50nT$ 航次异常与已知矿点之间具有最大的相关性，这个区间内的面积约为 9%，包含 18 个矿点。最大的 Stud（C）值为 3.84，明显大于其他值。而重力数据，最大的对比度和 Stud（C）统计量分别为 0.93 和 4.12。表明异常值（$-445 \sim -460$）$\times 10^{-6} m/s^2$ 与已知矿点之间具有最大的相关性，用这两个异常区间构成的二值图层作为待综合的二值证据图册（图 5.4，图 5.5）。

表 5.1　由航次数据计算的证据权参数

属性	面积/km²	矿点	W+	s（W+）	W−	s（W−）	C	s（C）	Stud（C）
−500	8421	6	−0.178	0.4084	0.0157	0.116	−0.19	0.424	−0.455
−200 ~ −100	627	2	1.3238	0.7082	−0.018	0.113	1.342	0.717	1.8717
−100 ~ −50	8849	18	0.8728	0.2359	−0.154	0.126	1.027	0.268	3.8381
−50 ~ 0	40703	25	−0.326	0.2001	0.1889	0.134	−0.52	0.241	−2.141
0 ~ 50	24561	16	−0.267	0.2501	0.0784	0.124	−0.35	0.279	−1.238
50 ~ 100	8618	6	−0.201	0.4084	0.0179	0.116	−0.22	0.424	−0.515
100 ~ 200	3101	8	1.111	0.354	−0.071	0.117	1.182	0.373	3.1698
200 ~ 500	320	0							
——	121	0							

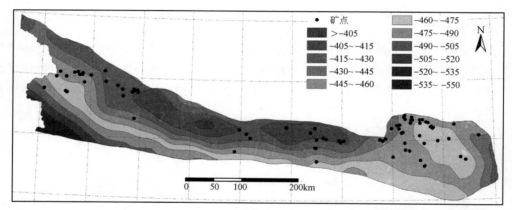

图 5.5　重力异常与铁矿点叠加

表 5.2　由重力数据计算得到的证据权参数

属性	面积/km²	矿点	W+	s（W+）	W−	s（W−）	C	s（C）	Stud（C）
>−405	487	0							
−405 ~ −415	10865	8	−0.144	0.3537	0.0172	0.117	−0.16	0.373	−0.434
−415 ~ −430	17578	15	0.003	0.2583	−0.001	0.123	0.004	0.286	0.0138
−430 ~ −445	13087	9	−0.213	0.333	0.0301	0.118	−0.24	0.354	−0.687
−445 ~ −460	21176	34	0.636	0.1716	−0.291	0.146	0.929	0.225	4.1241
−460 ~ −475	19683	14	−0.179	0.2674	0.0418	0.122	−0.22	0.294	−0.751
−475 ~ −490	5747	1	−1.588	1.000	0.0499	0.112	−1.64	1.006	−1.627
−490 ~ −550	6604	0							

4. 遥感蚀变信息

利用遥感技术进行金属矿产资源勘查近年来得到了广泛的应用（Rowan et al.,

2006；Ranjbar et al.，2004；Sun et al.，2001；Zhang et al.，2007）。提取的岩性蚀变信息（铁染矿物异常、羟基蚀变、方解石化、绢云母化等）对确定金属矿物矿化位置、快速定位靶区具有很大帮助。蚀变岩石是在热液作用影响下使矿物成分、化学成分、结构构造发生变化的岩石，由于它们常见于热液矿床的周围，一定的热液矿床常与某些类型的蚀变围岩共生。并非所有的蚀变现象都与矿床的产生有关，但是矿床的出现，特别热液型矿床会伴随着不同程度的围岩蚀变现象。因此，蚀变围岩是一种重要的找矿标志，这种矿物蚀变特征在很多情况下，可以通过一定的信息提取技术从各种遥感图像（ASTER、ETM$^+$、高光谱图像等）中获得。

　　自元古代以来，东昆仑地区发生了广泛的岩浆热液侵入活动并经历多次构造运动，围岩蚀变广泛发育，而且研究区位于中国西部，属于干旱–半旱地区，多风、少雨，植被稀少，大面积的裸露地区，交通极为不便，不适于常年居住。遥感技术具有独特的优势，可以从高空对裸露地层、岩石、风化面、构造信息进行宏观监测和信息提取，避免了因众多不利环境造成的不利因素。因此，基于遥感数据提取矿物蚀变信息异常是本研究过程中的一个重要应用方面。在进行青海东昆仑成矿带金矿资源评价中，使用到的遥感数据为 ASTER、ETM$^+$ 等数据。通过数字图像处理技术，提取了多种矿物蚀变信息异常，如方解石化、羟基蚀变、泥化信息等。其中方解石化和羟基蚀变信息与铁矿化关系较为密切（图 5.6，表 5.3），选择这两个蚀变异常作为待综合的证据图层。由于用到的ASTER 数据没有覆盖整个研究区，采用了掩膜分析。

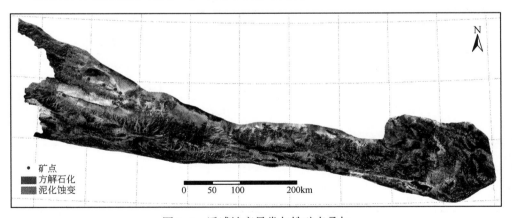

图 5.6　遥感蚀变异常与铁矿点叠加

5.2.3　条件独立性检验

1. 卡方检验

　　8 个证据图层均通过了在自由度为 1、置信水平 0.05 下的卡方检验（表 5.3）。布格异常与滩间山群、印支期侵入岩与羟基蚀变、区域断裂与印支期侵入岩之间的相关性很小，航次异常与布格异常、滩间山群与印支期侵入岩、航次异常与羟基蚀变之间的相关性较大。

表 5.3　8 个二值证据图层的卡方检验值

证据图层	方解石化	印支期侵入岩	滩间山群	大干沟组	区域断裂	布格异常	航次异常
羟基蚀变	1.82	0.06	0.30	0.49	0.09	1.68	2.38
方解石化		0.17	1.63	0.10	0.69	2.45	0.25
印支期侵入岩			2.68	0.09	1.37	0.96	0.88
滩间山群				0.46	0.07	0.01	0.10
大干沟组					1.28	0.73	0.25
航次异常						0.79	2.20
布格异常							2.45

注：自由度为 1、置信水平 0.05 下的卡方检验值为 3.84（Davis，1973）

2. "NOT" 检验

研究区内已知矿点数 81 个，通过 "NOT" 检验，预测矿点数 95.8，NOT = 15.4%，Bonham-Carter（1994）认为当预测矿点数不大于已知矿点数的 15% 时，可以认为近似地满足条件独立性。计算结果表明，8 个图层并没能很好地通过 "NOT" 检验。

表 5.4　自变量及其属性特征

证据图层	数据属性
羟基蚀变	从 ASTER 数据中提取
侵入岩	印支期：缓冲 4000m
方解石化	从 ASTER 数据中提取
布格异常	物化数据：$(-445 \sim -460) \times 10^{-6}$ m/s^2
航磁异常	物探数据：$-100nT \sim -50nT$
区域断裂	缓冲 3000m
滩间山群	地层年代：奥陶纪
大干沟组	地层年代：石炭纪

5.2.4　潜力区预测制图

除了 5.1.2 节中分析的控矿因素之外，还考虑到了地层要素的控矿作用，最终选择 8 个证据图层绘制后验概率图，各个图层的属性特征见表 5.4。通过证据权模型综合 8 个证据权计算到的权重参数见表 5.5，从统计显著性参数 Stud（C）可知，所有的证据图层均具有统计显著性，其中印支期侵入岩 Stud（C）值最大，说明其与该地区金矿的产生关系最为密切。

表 5.5　综合 8 个证据图层计算的证据权参数

证据图层	面积/km²	矿点	$W+$	$s(W+)$	$W-$	$s(W-)$	C	$s(C)$	Stud(C)
方解石化	9665	15	0.866	0.258	-0.279	0.193	1.145	0.322	3.552
印支期侵入岩	28526	56	0.839	0.134	-0.820	0.2	1.659	0.241	6.894
滩间山群	1573	8	1.794	0.355	-0.087	0.117	1.881	0.373	5.039
大干沟组	498	4	2.254	0.502	-0.045	0.114	2.299	0.515	4.466
区域断裂	42820	49	0.298	0.143	-0.333	0.177	0.63	0.227	2.773
布格异常	21176	34	0.636	0.172	-0.293	0.146	0.929	0.225	4.124
航磁异常	8849	18	0.873	0.236	-0.154	0.126	1.027	0.268	3.838
羟基蚀变	3465	8	1.264	0.354	-0.156	0.172	1.42	0.393	3.609

应用证据权模型对 8 个证据图层进行合并计算得到的后验概率图（图 5.8），绘制后验概率值与累积面积之间的变化曲线图（图 5.7），从二者之间的变化关系选择两个拐点，由此将研究区划分为三级，分别为高潜力区、中潜力区和低潜力区。高潜力区和中潜力区占整个研究区面的 21%，包含了 81 个已知矿床点中的 62 个（77%）。其中，高潜力区占 11%，包含已知矿床点 45 个（约 56%），中潜力区占 10%，包含了 17 个矿点（约 21%）。图 5.8 显示，有利成矿区主要分布在昆北祁漫塔格地区、巴隆—香日德—都兰一带、沟里地区、开荒北和纳赤台北部及哇洪山—温泉断裂带北部。

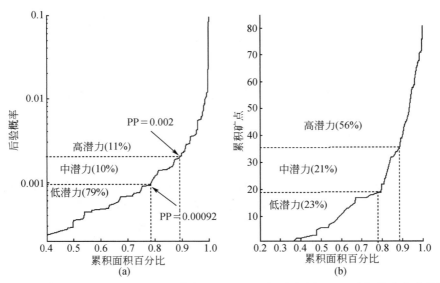

图 5.7　后验概率与累积面积之间的变化曲线（a）和累积矿点与累积面积之间的变化曲线图（b）

5.2.5　讨论

应用 8 个证据图层通过证据权模型绘制铁矿资源预测图，包括断裂构造要素、地层

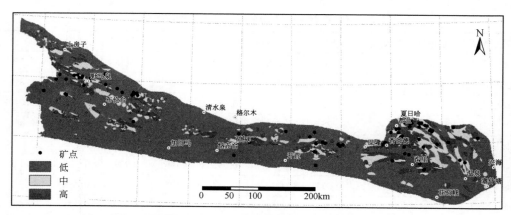

图 5.8　基于证据权模型的青海东昆仑铁矿资源预测图

要素、遥感数据、地球物理数据、侵入体，其中的印支期侵入体、区域断裂、航磁数据和重力数据应用证据权优选法确定最佳的缓冲距离。表 5.5 中的证据权参数表明，印支期侵入体与铁矿点之际的空间相关性最大，其次为滩涧山群和大干沟组，区域断裂与铁矿点之间的相关性最小，但仍具统计显著性。八个证据图层均通过了基于卡方检验的条件独立性检验，滩涧山群与布格异常之间相关性最小，与印支期侵入体相关性最大。预测的成矿远景区主要出现在以下几个区域：昆北祁漫塔格弧后裂陷槽，土房子—野马泉—布伦台北部一带，东部的香日德—都兰一带；在昆中地区，纳赤台和开荒北部一带，包括巴隆地区和沟里地区；在鄂拉山成矿带，受哇洪山—温泉断裂带的影响，有利成矿区在空间上呈北西向，主要分布在该断裂带北部及其两侧。

5.3　基于证据权模型的青海东昆仑金矿资源预测

5.3.1　数据预处理

研究区面积约 9.5 万 km^2，划分格网大小为 $1km×1km$，共 95321 个。搜集到的已知金矿点 43 个。考虑的控矿因素包括构造交点、区域断裂、印支期钾长花岗岩、地层-岩体接触带、金异常、地层要素、遥感蚀变异常。应用证据权模型，采用多源地学信息融合技术，对青海东昆仑成矿带金矿资源进行预测。

5.3.2　控矿要素及其空间分析

1. 构造交点及断裂

对构造的深入研究是了解热液矿床形成和分布规律的重要途径。这里通过对断裂构造交汇点与矿床空间分布的相关关系的研究确定有利的构造条件，并形成构造预测要素和证据图层。图 5.10 给出了所确定的主要断裂构造和构造交汇点分布图。构造交汇点的获得借助于 GIS 空间分析功能从遥感解译断裂中提取。交汇点代表了构造系统的重要部分，是构造应力分布和岩石受损程度分布的特殊部位。对热液矿床来说，构造交汇点分布范围应力分布变化较强，是热液系统（如温度、压力、介质的物理性质等）易发生变化的部位，因此是热液型矿床形成和分布的重要条件。

为了定量分析构造交点及断裂要素与已知矿床点之间的空间相关性，利用 GIS 空间分析技术确定构造交汇点及线性断裂对矿床空间分布的最佳控制范围，并以此构建构造交汇点最佳控矿证据图层。对遥感解译构造交点做间隔 500m 的缓冲区分析 ［图 5.9（a）］，最大缓冲半径 12000m，当缓冲距离 4000m 时，统计量 Stud（C）为 3.16，矿点与构造交点之间具有最大的空间相关性，占整个研究区面积的 16%，包含 35% 的矿点。将构造交点缓冲距离 4000m 之内的面域作为二值证据图层（图 5.10）；对青海东昆仑区域断裂缓冲做间隔 500m 的缓冲区分析，最大缓冲半径 12000m［图 5.9（b）］，当缓冲半径达 1500m 时，统计量 Stud（C）达最大，为 2.49，矿点与断裂之间具有最大的相关性，占整个研究区面积 27%，包含了 44% 的已知矿点。随后逐渐减小且小于 1.95，表明无显著统计意义，对比度 C 在 1000m 达最大，为 0.76，在 10000m 之后小于 0，呈负相关。将区域断裂缓冲距离 1500m 之内的面域作为二值证据图层（图 5.10）。

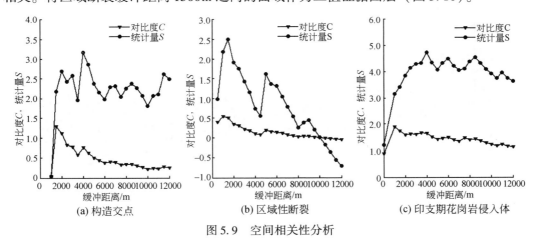

图 5.9　空间相关性分析

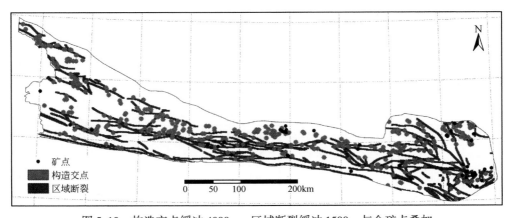

图 5.10　构造交点缓冲 4000m，区域断裂缓冲 1500m 与金矿点叠加

2. 侵入体

对印支期钾长花岗岩做间隔500m、最大半径12000m的缓冲区分析［图5.9（c）］，缓冲4000m时，统计量Stud（C）达到峰值为4.74，金矿点与钾长花岗岩之间具最大的空间相关性，该范围面积约为6%，包含了已知矿点的25%（11个）。整体上，在缓冲距离范围内，对比度C大都在1之上，统计量Stud（C）大部分大于3，明显大于由构造交点和区域断裂获得的对应值，表明印支期钾长花岗岩与金矿床的形成和空间分布关系最为密切。将印支期钾长花岗岩缓冲距离4000m之内的面域作为二值证据图层（图5.11）。

3. 遥感蚀变信息

以陆地卫星ETM⁺数据作为基本信息源，采用主成分分析法提取泥化蚀变信息和铁化蚀变信息（图5.11），其中泥化蚀变信息与目标矿床关系更为密切。

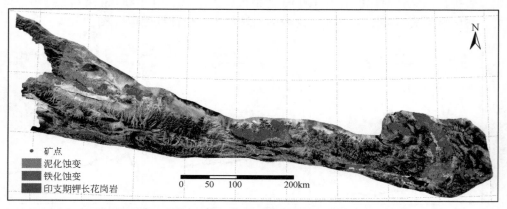

图5.11　铁化蚀变和泥化蚀变、印支期钾长花岗岩缓冲4000m与金矿点叠加

5.3.3　条件独立性检验

1. 卡方检验

7个证据图层均通过了在自由度为1、置信水平0.05下的卡方检验，见表5.6，满足在自由度为1、置信水平0.05下的卡方检验。

表5.6　7个证据图层的卡方检验值

证据图层	金异常	构造交点	鄂拉山组	土尔根大阪组	钾长花岗岩	泥化蚀变
区域断裂	0.45	0.06	1.04	0.08	0.92	0.01
金异常		0.00	0.17	0.29	2.58	0.06
构造交点			0.01	0.19	1.49	0.95
鄂拉山组				0.01	0.22	2.27

续表

证据图层	金异常	构造交点	鄂拉山组	土尔根大阪组	钾长花岗岩	泥化蚀变
土尔根大阪组					0.40	0.14
钾长花岗岩						0.07

注：自由度为 1，置信水平 0.05 下的卡方检验值为 3.84（Davis，1973）

2. Kolmogorov-Smirnov 检验

研究区金矿点 43 个，共 94 个唯一条件组。预测矿点与已知矿点最大差值 0.1222，满足在自由度为 94、置信水平为 0.05 下的条件独立性假设（图 5.12）。

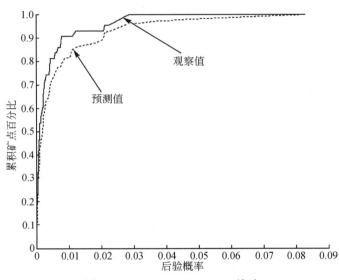

图 5.12　Kolmogorov-Smirnov 检验

3. 置信水平检验（New overall Test）

采用"NOT"检验（4.1.3 节），Bonham-Carter（1994）认为预测的矿点数不超过已知矿床数的 15% 可以接受条件独立性假设。已知金矿点 43 个，预测矿点数 50.2 个，使用公式 4.20 计算的 NOT =14.3%，近似地满足条件独立性假设。

5.3.4　金矿资源预测制图

除了 5.2.2 节中分析的控矿因素之外，还考虑到了地层要素与化探数据，最终选择 7 个证据图层绘制后验概率图，各个图层的属性特征见表 5.8。通过证据权模型综合 7 个证据权计算到的权重参数见表 5.7，所有的控矿因子与金矿点都呈正相关，具有统计显著性意义。其中，与金矿床相关性最大的是羟基蚀变（泥化蚀变）、其次为印支期花岗岩和金异常，其他的三个控矿因子相关性较小，但仍具有统计显著性。

表 5.7　综合 7 个证据图层计算的证据权参数

证据图层	面积/km²	矿点	$W+$	$s(W+)$	$W-$	$s(W-)$	C	$s(C)$	Stud（C)
金异常	4747	10	1.421	0.317	−0.207	0.174	1.628	0.361	4.506
构造交点	15514	15	0.763	0.258	−0.252	0.189	1.014	0.320	3.169
羟基蚀变	15798	20	1.033	0.224	−0.445	0.209	1.477	0.306	4.830
鄂拉山组	3954	6	1.214	0.409	−0.108	0.164	1.322	0.440	3.002
土尔大阪组	1291	4	1.930	0.501	−0.084	0.160	2.014	0.526	3.830
区域断裂	25664	19	0.496	0.230	−0.270	0.204	0.765	0.307	2.491
钾长花岗岩	5866	11	1.426	0.302	−0.232	0.177	1.658	0.350	4.741

表 5.8　自变量及其属性特征

证据图层	数据属性
泥化蚀变	从 ETM⁺ 数据中提取
印支期二长花岗岩	侵入岩：缓冲 4000m
金异常	化探数据：（2.5～40.5）×10⁻⁹
构造交点	缓冲 4000m
区域断裂	缓冲 1500m
土尔根大阪组	地层年代：石炭纪
鄂拉山组	地层年代：三叠纪

　　绘制金矿资源后验概率预测图时，研究区内金矿点共 43 个，网格单元 1km×1km，共 95321 个，计算的先验概率值为 0.00045。将后验概率重分类（图 5.13），分别为高潜力区、中潜力区和低潜力区。当后验概率 pp<0.0005 时，为低潜力区，占研究区面积 80%，包含了 11 个矿点；当 0.0005 ≤ pp<0.0011 时，为中潜力区，占研究区面积的

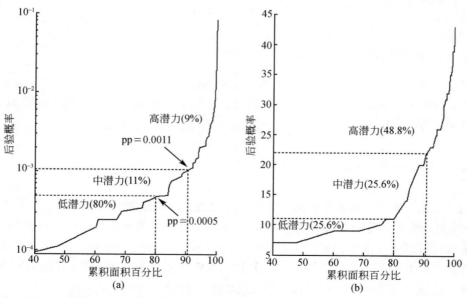

图 5.13　后验概率与累积面积之间的变化曲线（a）和累积矿点与累积面积之间的变化曲线图（b）

11%，包含 11 个矿点；当 pp≥0.0011 时，为高潜力区，占研究区面积的 9%，包含 21 个已知金矿点。

5.3.5　讨论

选择 7 个地质变量，对其中 3 个地质变量（钾长花岗岩、构造交点、区域断裂）应用证据权模型中的邻近度分析定量刻画对金矿床的影响范围，确定最佳的缓冲距离。羟基蚀变与金矿点之间具最大空间相关性，其中印支期钾长花岗岩、金异常，区域断裂与矿点之间的相关性最小，但统计量 Stud（C）值表明仍具统计显著性。7 个图层采用了三种检验方法（卡方检验、Kolmogorov-Smirnov 检验和 "NOT" 检验）通过了在自由度为 1、置信水平 0.05 下的卡方检验和在自由度为 94（94 个唯一条件组）、置信水平 0.05 下的 Kolmogorov-Smirnov 检验，"NOT" 检验相对于卡方检验，对条件独立性要求更为严格，计算结果 NOT=14.3% 仍满足条件独立性。

青海东昆仑地区是一个重要的、极具潜力的金属成矿带，也是我国金矿资源储存的重要基地。该地区已发现多个重要的金矿床，如五龙沟金矿床、石灰沟金矿床、开荒北金矿床、巴隆金矿床等，矿床类型主要为构造蚀变岩型，其次为热液脉型、沉积喷流型、夕卡岩型等，大部分为海西—印支期造山运动下的产物。金矿资源预测图 5.14 表明，预测的成矿远景区主要集中在以下几个地段，东昆北西部的野马泉地区至土房子一带、昆中五龙沟一带、纳赤台—石灰厂—开荒北一带，青海东昆仑东部的都兰、赛什塘、花石峡一带。

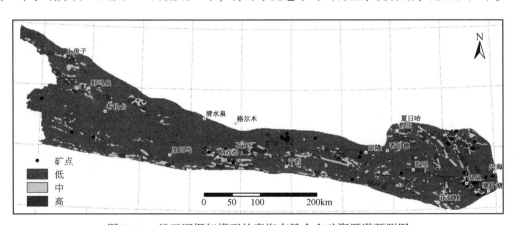

图 5.14　基于证据权模型的青海东昆仑金矿资源潜预测图

5.4　基于证据权模型的青海东昆仑铜铅锌多金属矿资源预测

5.4.1　数据预处理

研究区面积约 9.5 万 km²，网格单元 1km×1km，共 95321 个网格单元。采用交叉验证的方法对该地区铜铅锌多金属矿产资源潜力进行评价，在 GIS 环境下对所有矿点随机抽取。搜集到的铜铅锌多金属矿床、矿（化）点共 106 个，随机抽取 66 个作为实验数据（训练数据），剩下的 40 个矿点作为对预测结果的验证数据（测试数据）。考虑的控矿因素包括断裂构造、印支期侵入岩、接触带、化探数据和地层要素。应用证据权模型，采用多元地学信息融合技术，进行青海东昆仑成矿带铜铅锌多金属矿资源预测。

5.4.2　控矿要素及其空间分析

1. 断裂

对区域断裂做间隔 1000m，最大缓冲距离 10000m 的缓冲区分析，当缓冲具有为 5000m 时，对比度 C 为 0.74，统计量 Stud（C）达最大值 2.57 ［图 5.15（a）］，此距离构成的面域面积占总面积的 59.8%，包含了 75.8% 的已知矿点（50 个）。此面域作为一个待综合的二值证据图层（图 5.16）。

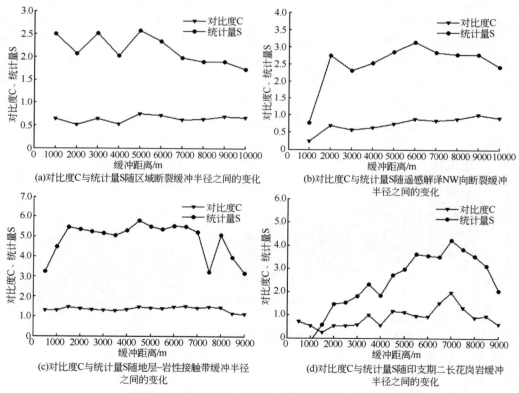

(a)对比度C与统计量S随区域断裂缓冲半径之间的变化

(b)对比度C与统计量S随遥感解译NW向断裂缓冲半径之间的变化

(c)对比度C与统计量S随地层-岩性接触带缓冲半径之间的变化

(d)对比度C与统计量S随印支期二长花岗岩缓冲半径之间的变化

图 5.15　控矿要素与矿点之间的空间相关性分析

对遥感解译的 NE 向断裂做间隔 1000m、最大缓冲距离 10000m 的缓冲区分析，当缓冲具有为 6000m 时，对比度 C 为 0.88，统计量 Stud（C）达最大值 3.14 ［图 5.15（b）］，此距离构成的面域面积占总面积的 54.3%，包含了已知 74.2% 的已知矿点（49 个）。将此面域作为一个待综合的二值证据图层（图 5.17）。

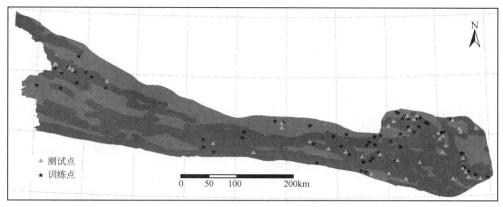

图 5.16　区域断裂缓冲 5000m 与铜铅锌多金属矿点叠加

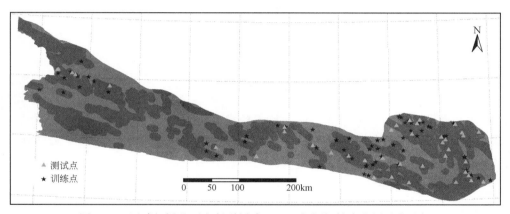

图 5.17　遥感解译北西向断裂缓冲 6000m 与铜铅锌多金属矿点叠加

2. 接触带

接触带是岩体侵位时与围岩相遇发生交代蚀变而形成的相变带。构造作用不仅形成流体运移通道和矿石堆积空间，而且也造成了不同结构构造、物理性质和化学组分的岩块和岩石直接接触，在其接触带上形成物理化学上的突变界面，促使了成矿物质元素再富集与分散，在有利的裂隙和容矿空间就可能聚集成矿。东昆仑地区自元古代以来发生了广泛的岩浆侵入活动，分布有大面积的侵入岩和火山岩系列，在这些岩体与地层的接触带及其附近是矿产形成的有利空间。

在 GIS 中提取侵入岩与地层的接触带，其中的侵入岩是燕山期侵入岩、海西期侵入岩、印支期侵入岩；地层要素有三叠系甘家组、万宝沟群、纳赤台群、大干沟组、鄂拉山组、三叠系八宝山、布青山群马尔争组、滩间山群和长城纪—小庙组。

对岩体-地层接触带做间隔 500m、最大缓冲距离 9000m 的缓冲区分析，在缓冲距离 4500m 处，对比度 C 为 1.45，统计量 Stud（C）达最大值 5.79［图 5.15（c）］，此时，接触带与已知矿点之间具最大相关性。此范围内的面域面积占总面积的 25.3%，包含了已知 59.1% 的矿点（39 个），将此面域作为一个带综合的二值证据图层（图 5.18）。

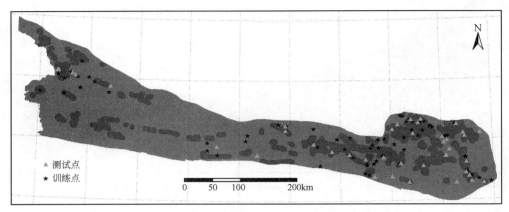

图 5.18　地层–岩体接触带缓冲 4500m 与铜铅锌多金属矿点叠加

3. 化探异常

地球化学元素对矿床具有直接的指示作用，化探异常出现表明一定存在异常源，即矿（化）体。研究目的是对青海东昆仑地区铜铅锌多金属矿产资源进行预测，考虑的指示异常元素是铜异常、铅异常、锌异常的异常组合（图 5.19），表 5.11 表明，铜铅锌异常与已知铜铅锌多金属矿点有很强的相关性，对比度 C 为 1.54，统计量 Stud（C）值为 6.283，具明显的统计意义。

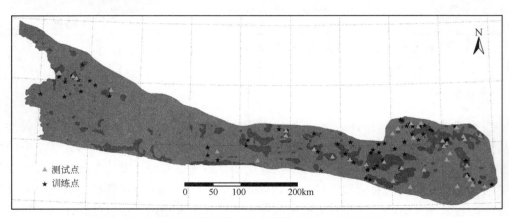

图 5.19　铜铅锌异常组合与铜铅锌多金属矿点叠加

4. 侵入岩

对岩体–地层接触带做间隔 500m、最大缓冲距离 9000m 的缓冲区分析，在缓冲距离 4500m 处，对比度 C 为 0.96，统计量 Stud（C）达最大值 3.83（图 5.16d），此时，接触带与已知矿点之间具最大相关性。此范围内的面域面积占总面积的 21%，包含了已知 40.9% 的矿点（27 个），将此面域作为一个带综合的二值证据图层（图 5.20）。

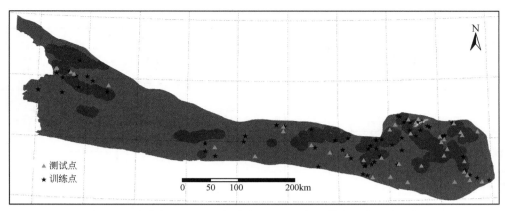

图 5.20　印支期二长花岗岩缓冲 7000m 与铜铅锌多金属矿点叠加

5.4.3　条件独立性检验

共选用 8 个证据图层：①岩体与地层的接触带；②化探元素组合：铜异常、铅异常、锌异常；③小庙组；④区域断裂；⑤印支期二长花岗岩；⑥遥感解译的 NW 向断裂；⑦鄂拉山地层；⑧大干沟组。均通过在自由度为 1，置信水平为 0.05 水平下的卡方检验（表 5.9）。

表 5.9　证据图层之间的条件独立性检验

证据图册	大干沟	二长花岗岩	接触带	铜铅锌异常	区域断裂	鄂拉山地层	解译 NW 向断裂
小庙组	0.24	0.07	0.15	0.30	0.09	1.38	0.00
大干沟		0.27	0.00	0.63	0.05	0.11	0.05
二长花岗岩			0.00	0.01	1.30	2.83	0.10
接触带				1.20	0.00	3.27	0.78
铜铅锌异常					0.00	0.04	0.00
区域断裂						0.00	2.44
鄂拉山地层							0.53

注：自由度为 1，置信水平 0.05 下的卡方检验值为 3.84（Davis，1973）

5.4.4　铜铅锌多金属矿资源预测制图

除了 5.3.2 节中分析的控矿因素之外，还考虑到了地层要素，最终选择 8 个证据图层绘制后验概率图，各个图层的属性特征见表 5.10。通过证据权模型综合 8 个证据图层计算的权重参数见表 5.11，所有的控矿因子与铜铅锌多金属矿点都呈正相关。其中，与金矿床相关性最大的是铜铅锌异常组合、其次为地层-岩体接触带和鄂拉山组，印支期二长花岗岩与矿点之间的相关性较小，但仍具有统计显著性。

表 5.10　自变量及其属性特征

证据图层	数据属性
地层–岩体接触带	缓冲 4500m
印支期二长花岗岩	侵入岩：缓冲 7000m
铜铅锌异常组合	化探数据
遥感解译 NW 向断裂	缓冲 6000m
区域断裂	缓冲 5000m
小庙组	地层年代：中元古代
大干沟组	地层年代：石炭纪
鄂拉山组	地层年代：三叠纪

表 5.11　证据权因子的证据权参数

证据图层	面积/km²	矿点	$W+$	$s(W+)$	$W-$	$s(W-)$	C	$s(C)$	Stud(C)
小庙组	8817	12	0.677	0.289	0.104	0.136	0.780	0.319	2.443
大干沟组	2184	5	1.198	0.448	0.056	0.128	1.253	0.466	2.691
印支期侵入岩	20001	27	0.668	0.193	0.291	0.160	0.959	0.251	3.829
接触带	24135	39	0.848	0.160	0.602	0.193	1.451	0.251	5.792
区域断裂	57091	50	0.235	0.142	0.504	0.250	0.739	0.287	2.572
解译 NW 向断裂	51782	49	0.312	0.143	0.572	0.243	0.884	0.282	3.138
鄂拉山组	3954	10	1.297	0.317	0.122	0.134	1.419	0.344	4.130
铜铅锌异常组合	15237	31	1.079	0.180	0.460	0.169	1.540	0.247	6.238

累积面积百分比与后验概率之间的变化曲线［图 5.21（a）］显示，两个拐点对应的后验概率值分别为 0.00082 和 0.0046，将研究区划分三级：高潜力区、中潜力区、低潜力区，绘制铜铅锌多金属矿资源预测图（图 5.22）。有利成矿区（高潜力区和中潜力区）占整个研究区面积的 27%，包含了 47 个训练点（71.2%），预测了 29 个测试点，预测率为 72.5%。

5.4.5　讨论

考虑到已知铜铅锌多金属矿点较多，在该金属矿资源评价过程中，通过随机选取一部分矿点作为训练矿点（66 个），另一部分作为测试矿点（40 个）进行交叉验证来检验预测模型的预测能力，并进行成矿远景区圈定。用训练数据度量不同控矿变量之间的空间相关性，铜铅锌异常组合与训练矿点之间的相关性最大，其次是地层–岩体接触带，前寒武纪地层小庙组、石炭系大干沟组及区域断裂与矿点之间的相关性较小，但都具统计显著性，且 8 个二值图层均通过了卡方检验，满足条件独立性。

成矿有利区在空间展布上与区域构造的走向保持一致，沿昆中构造带及其北侧分布最为明显，主要出现在加日马—石灰厂—开荒北—巴隆—沟里一带；在昆北带，受到昆

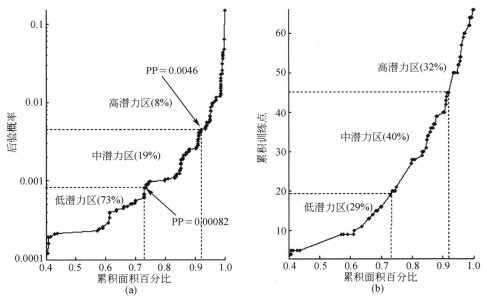

图 5.21　累积面积百分比与后验概率之间的变化（a）和累积面积百分比与累积矿点之间的变化（b）

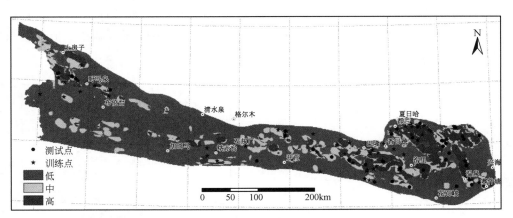

图 5.22　基于证据权模型的青海东昆仑铜铅锌多金属矿资源预测图

北隐伏断裂和昆中断裂的制约，成矿远景区出现在祁漫塔格裂陷槽，野马泉至土房子一带，在东部都兰—夏日哈一带出现大面积的高潜力区。

鄂拉山造山带是铜铅锌锡等金属成矿和聚矿的有利地段，形成了多个具一定规模的矿床，为青海东昆仑地区重要的成矿带之一。已知的矿床（点）大都沿哇洪山—温泉断裂两侧分布，在南端主要集中在东侧，北部集中在西侧和北端。成矿时代集中在海西期和印支期，矿床类型以海相火山岩型、陆相火山岩型及接触交代型为主。铜、铅、锌、锡等矿床具多阶段、多成因特点，主要成矿期为中三叠世早期、中三叠世晚期—晚三叠世早期、晚三叠世中晚期，形成了与火山–热水沉积作用有关的矿床，如日龙沟锡多金属矿床、赛什塘铜矿床和铜峪沟铜矿床等。

5.5 基于证据权模型的野马泉铁多金属矿资源预测

5.5.1 数据预处理

东昆仑野马泉成矿亚带面积 6175km²，利用已经建立的青海东昆仑多源地质空间数据库作为研究区成矿预测的数据基础。对储存在数据中的野马泉地区的图层数据统一使用北京-54 高斯坐标系，所有的证据图层均在 GIS 下进行栅格化处理，划分的网格单元250m×250m，共有98793 个，已知铁多金属矿床（点）21 个。

5.5.2 控矿要素及其空间分析

1. 侵入体

对印支期侵入体做间隔 250m、最大缓冲距离 3750m 的缓冲区分析，缓冲半径为1750m 时，对比度 C 为1.32，统计量 Stud（C）具有最大值3.02 ［图5.23（a）］，表明在此距离范围内，印支期侵入体与已知矿点之间具有最大相关性。此面域面积占19.5%，包含了已知46.7%的矿点（10 个），并将此范围内的面域制作二值证据图层（图5.24）。

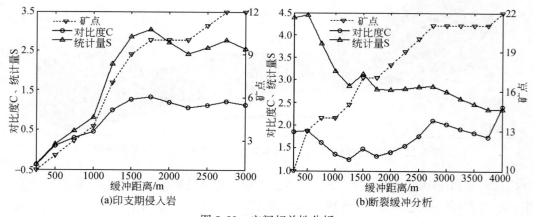

图 5.23　空间相关性分析

2. 断裂

对断裂做间隔 250m 的缓冲区分析，最大缓冲距离为 4000m，当缓冲距离达 500m时，对比度 C 为1.87，统计量 Stud（C）达最大值4.45 ［图5.23（b）］，表明在此距离范围内，断裂与已知矿床点之间具有最大相关性。此面域面积占 16.7%，包含已知61.9%的矿点（13 个），用此面域制作二值证据图层（图5.25）。

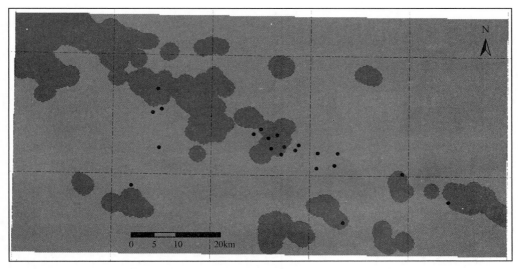

图 5.24 印支期侵入岩缓冲 1750m

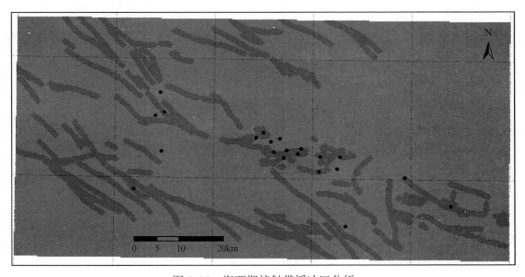

图 5.25 海西期接触带缓冲区分析

3. 接触带

接触带是岩体侵位时与围岩相遇发生交代蚀变而形成的相变带，是矿液运移和矿产堆积的有利空间，在 5.1.2 节中已经阐述过。对海西期与地层之间的接触带做间隔 250m、最大缓冲距离 3000m 的缓冲区分析，缓冲距离 250m 处，对比度 C 为 1.61，统计量 Stud（C）具有最大值 2.57（图 5.26），表明在此距离范围内，海西期与地层之间的接触带与已知矿点之间具有最大相关性。此面域面积约占 3.6%，包含已知 14.3% 的矿点（2 个），将此范围内的面域制作二值证据图层（图 5.27）。

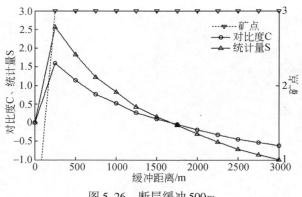

图 5.26　断层缓冲 500m

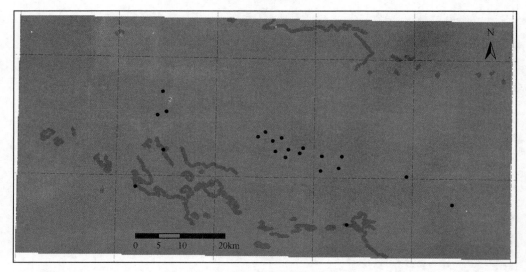

图 5.27　海西期岩体接触带缓冲 250m

5.5.3　条件独立性检验

最终选取 6 个证据图层作为成矿预测的地质变量，6 个图层均通过了基于卡方检验的条件独立性假设检验（表 5.12）。

表 5.12　证据图层之间的条件独立性检验

证据图层	铁石达斯群	冰沟组	四角羊沟组	断层	接触带
印支期侵入岩	0.02	0.20	0.01	0.39	0.29
铁石达斯群		0.63	1.11	0.08	0.24
冰沟组			0.35	0.00	0.01
四角羊沟组				0.01	0.10
断层					0.21

注：自由度为 1，置信水平 0.05 下的卡方检验值为 3.84（Davis，1973）

5.5.4 铁多金属矿资源潜力制图

除了 5.4.2 节中分析的控矿因素之外，还考虑到了地层要素，最终选择 6 个证据图层绘制后验概率图，各个图层的属性特征见表 5.13。通过证据权模型综合 6 个证据权计算到的权重参数见表 5.14。对比度 C 和统计量 Stud（C）表明，所有的控矿因子与铜铅锌多金属矿点都呈正相关，且具统计显著性。其中，与已知矿床点相关性最大的是元古界冰沟组，其次为石炭系四角羊沟组和奥陶系铁石达斯群，证据图层海西期接触带相关性较小，但仍具有统计显著性，地层控矿在该地区表现得最为明显。

表 5.13 地质变量及其属性特征

证据图层	数据属性
海西期岩体接触	缓冲 250m
侵入岩	印支期：缓冲 1750m
断裂	缓冲 500m
铁石达斯群	地层年代：奥陶纪
冰沟组	地层年代：元古界
四角羊组	地层年代：石炭纪

表 5.14 野马泉地区各证据权因子的计算参数

证据图层	面积/km²	矿点	W+	s（W+）	W-	s（W-）	C	s（C）	Stud（C）
印支期侵入岩	19253	10	0.898	0.318	0.431	0.302	1.329	0.438	3.034
断层	16474	13	1.221	0.278	0.651	0.316	1.872	0.421	4.449
海西期接触带	3201	3	1.484	0.578	0.121	0.236	1.606	0.624	2.574
元古界冰沟组	626	4	3.409	0.502	0.205	0.243	3.614	0.557	6.487
奥陶系铁石达斯群	3679	6	2.039	0.409	0.299	0.258	2.338	0.483	4.836
石炭系四角羊组	1974	5	2.480	0.448	0.252	0.250	2.732	0.513	5.327

应用证据权模型对野马泉成矿亚带铁多金属矿资源潜力进行评价。已知矿点 21 个，研究区面积 6175km²，划分网格单元大小 250m×250m，共 98793 个网格单元。综合 6 个证据图层，绘制成矿后验概率图（图 5.28）。后验概率值与累积面积之间的变化关系曲线表明 [图 5.28（a）]，明显存在两个拐点，对应的后验概率值分别为 0.0005 和 0.015，据此将研究区划分 3 个等级，分别为高潜力、中潜力、低潜力。其中高潜力区占整个研究区面积的 3.4%，包含了 61.9% 的已知矿点（13 个），中潜力区面积约占 6.2%，包含了 23.8% 的已知矿点（5 个）；低潜力区占 90.4%，包含了已知 14% 的矿床点（3 个）。在图 5.29 中，分别标注了 A、B、C、D、E、F 共 6 个成矿远景区，特别是 A 远景区，已发现多个重要的矿床。这些远景区是未来矿产普查的重点地段，也是开展 1∶5 万矿产资源潜力预测的优选地段。

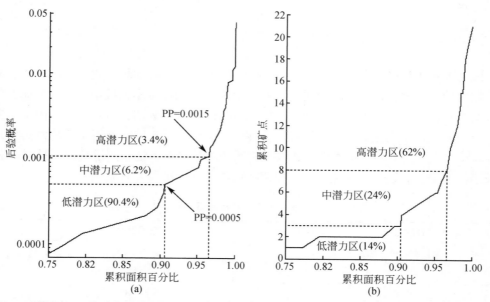

图 5.28　累积面积百分比与后验概率之间的变化（a）和累积面积百分比与累积矿点之间的变化（b）

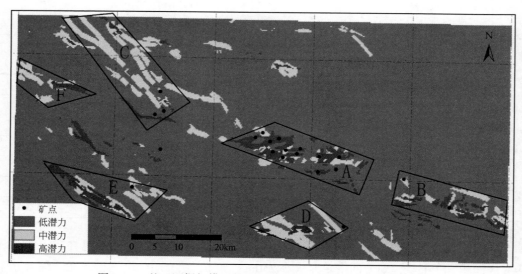

图 5.29　基于证据权模型的野马泉地区铁多金属矿资源预测图

5.5.5　讨论

根据区域成矿、构造、岩浆岩、地层控矿特征，选择了 6 个控矿地质变量作为证据图层。对其中的 3 个线性变量（断裂、接触带、印支期侵入岩）采用邻近度分析，最后确定的最佳变量分别为：断层缓冲 500m，海西期岩体接触带缓冲 250m，印支期侵入岩缓冲 1750m。6 个二值证据图层均满足基于卡方检验的条件独立性，对比 6 个二值证据

图层的对比度 C 和统计量 Stud（C）值，地层要素与已知矿床点之间的空间相关性最大，显然，地层控矿表现最为强烈，特别是石炭系的冰沟组。对于线性控矿因素，断裂（缓冲 500m）表现较明显，而接触带控矿能力最差，但仍具有显著统计性。成矿有利区在空间上呈北西向伸展，与区域断裂走向一致，但从矿点与控矿地质要素之间空间相关性分析，成矿作用似乎并没有受断裂太大影响，相反，断裂还有可能对成矿起到破坏作用，特别是 NE、NEE 向断裂对 NW、NWW 向断裂的错断（张爱奎等，2010）。

野马泉地区地处东昆北祁漫塔格弧后裂陷带，是东昆仑成矿带内一个重要的成矿集中区，已发现多个具大、中型的矿床，如野马泉铁铜多金属矿、肯德可克铁钴（金）多金属矿、鸭子沟多金属矿床等（图 2-5），已知的这几个重要的矿床都出现在预测的有利成矿区内。图 5.29 中标出的 6 个成矿远景区，分别为 A、B、C、D、E、F，这是地段是未来矿产资源勘探的重点对象，也是进行 1:5 万成矿预测的优选地段。本研究主要是对野马泉地区铁多金属矿资源预测，主要矿床类型是夕卡岩型，少量热水喷流沉积-夕卡岩化改造型，而斑岩型矿床不在评价范围内，所以已具中等规模的乌兰乌珠尔斑岩型铜矿就不在圈定的成矿远景区内。

5.6　基于证据权模型的五龙沟金矿资源预测

5.6.1　数据预处理

五龙沟成矿区面积 793.27km^2，划分的格网单元 100m×100m，共 79327 个，17 个金矿点。使用到的地质变量为印支期钾长花岗岩、NW-NWW 向断裂、长城纪—海西期花岗岩接触带，应用证据权模型对五龙沟成矿区金矿资源预测。

5.6.2　控矿要素及其空间分析

1. NW-NWW 向断裂

五龙沟金矿点大都位于 NW-NWW 向断层附近，为了确定矿床与断层之间的空间相关性，以定量刻画控矿构造对矿床点空间定位的响应度。在 GIS 环境下对 NW-NWW 向断层进行缓冲区分析，距断裂中心间隔 50m，最大缓冲距离为 1500m。图 5.30 表明，在距离 NW-NWW 向断裂 100m 处对比度 C 和统计量 Stud（C）值均达到峰值，分别为 3.14 和 6.32，从 100m 开始，随着缓冲半径的增加，C 和 Stud（C）在整体上呈下降趋势，表明在缓冲半径 100m 处，矿床点与 NW-NWW 向断层之间具有最大的空间相关性，该图元面积 54.73km^2（约占总面积的 6.9%），包含了 17 个金矿点之中的 11 个（约占 65%），将该面元图层作为待输入的二值证据图层进行预测。

2. 接触带

为了定量地分析接触带控矿作用与金矿床之间的空间相关性，需要研究接触带对金

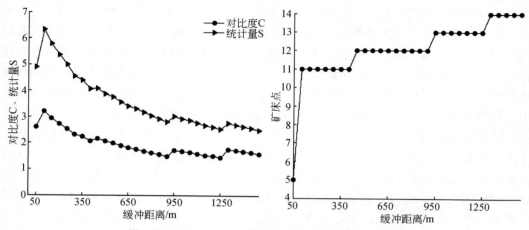

图 5.30　NW-NWW 向断层与矿点之间的空间相关性

矿床点空间定位的响应度。首先对海西期花岗岩与长城纪地层的接触带进行缓冲区分析，如图 5.31，在缓冲半径 1600m 处统计量 Stud（C）达到峰值 3.7，对比度 C 为 1.8，该图元面积 208.8km² （约为 26%），包含了 17 个矿床点中的 13 个（约为 76.5%）；当缓冲达到 2800m 处，对比度 C 达到峰值为 2.1，该图元面积 316.7km² （约占 40%），包含了 15 个矿点（约占 88.2%）。为了减少地质过程中的不确定性，参考统计量 Stud（C），此时，接触带与矿点之间具有最大的空间相关性，用面元表示作为待输入的二值证据图层。

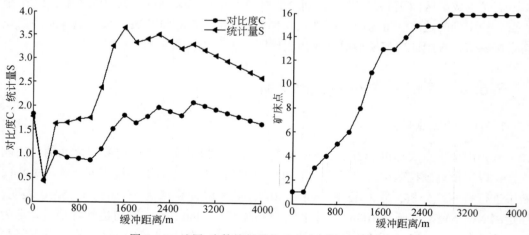

图 5.31　地层-岩体接触带与矿点之间的空间相关性

3. 侵入体

图 5.32 是对五龙沟地区出露的印支期钾长花岗岩与矿点之间的空间相关性分析，在缓冲半径 900m 处，统计量 Stud（C）达到峰值为 5，而对比度 C 为 2.5，该图元面积 58.6km² （约占 7.4%），包含了 8 个矿点（约占 47%）；当缓冲达到 4500m 处，统计量

Stud（C）为 3，对比度 C 达到峰值为 3.1，该图元面积 337.6km^2（约为 42.6%），包含 16 个矿点（约为 94%）。参考统计量 Stud（C），确定最佳的缓冲半径为 900m，此时矿点与蚀变钾长花岗岩之间具有最大的空间相关性。该面元模式作为待输入的二值证据图层。

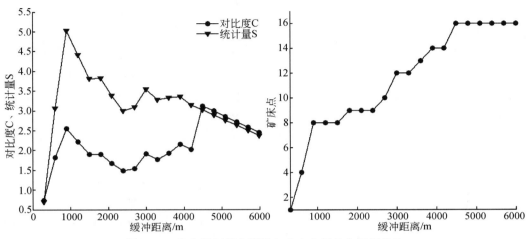

图 5.32　印支期钾长花岗岩与矿点之间的空间相关性

5.6.3　条件独立性检验

1. 卡方检验（Chi-squared Test）

以 NW-NWW 向断裂（B_j）和岩石地层接触带（B_i）这两个图层与矿点图层叠加为例，采用卡方检验，两个图层间的卡方检验值见表 5.15。

表 5.15　NW-NWW 向断裂与地层接触带之间的卡方检验

	$B_i \cap B_j$	$B_i \cap \bar{B}_j$	$\bar{B}_i \cap B_j$	$\bar{B}_i \cap \bar{B}_j$
D	8（11.63）	4（4.08）	3（2.66）	2（1.79）
$\bar{D}$	2157（2153.37）	18710（18709.92）	3305（3305.34）	551388（55138.21）

注：B_i 表示 NW-NWW 向断裂出现；$\bar{B}_i$ 表示 NW-NWW 向断裂未出现；B_j 表示岩石地层接触带出现；$\bar{B}_j$ 表示岩石地层接触带未出现；括号中的数据为理论值；括号内的数值为理论值

由卡方检验公式得，$\chi^2 = 1.21$，在置信水平为 0.05 下，$\chi^2 < \chi^{2*}$，接受假设，即这两个证据图层满足条件独立性的假设。三个证据图层均通过了基于 χ^2 检验的逐对测试。

2. "NOT" 检验（New Overall Test）

表 5.16 是从后验概率出发，通过三个图层的 "NOT" 检验，得 $N\{D\}_{\text{pred}} = 27.8$，比观察矿点数目多 10.8 个，从表 5.16 可知，这主要是因为三个证据图层同时叠加引起的（粗体行），同时出现的面积为 3.49 km^2（约占 0.48%），却包含的 11.6 个预测矿

点，但在 95% 的置信概率下，满足 $(N\{D\}_{pred} - N\{D\}) < 1.645 * (N\{D\}_{pred})$ （Agterberg 和 Cheng，2002），没有违背条件独立性假设。

表 5.16　后验概率总体检验

ABC	$N\{K\}$	$N\{K \cap B\}$	P_m	$N\{K\}*P_m$	$s(W_k)$	$s(W_f)$	$s(W_s)$	$s(P_k)$	$N\{K\}^2*S(P_m)^2$
222	52185	2	0.00002	0.9670	0.0909	0.1667	0.1667	0.00001	0.45177
221	2731	1	0.00046	1.2540	0.0909	0.1667	0.0911	0.00029	0.64085
212	16737	2	0.00012	2.0849	0.0909	0.0770	0.1667	0.00008	1.71002
122	2955	0	0.00021	0.6112	0.1252	0.1667	0.1667	0.00015	0.19331
121	577	2	0.00510	2.9439	0.1252	0.1667	0.0911	0.00339	3.82869
211	1816	4	0.00309	5.5907	0.0909	0.0770	0.0911	0.00174	9.93182
111	349	4	0.0333	11.6298	0.1252	0.0770	0.0911	0.00613	4.56955
112	1977	2	0.00139	2.7457	0.1252	0.0770	0.1667	0.00091	3.22409
$N\{D\}=17$　　$N\{D\}_{pred}=27.8$					$s^2(N\{D\}pred)=67.6 s(N\{D\}pred)=8.2$				

注：第一列中：1 表示证据出现，2 表示证据未出现．A 表示 K_ 900shb；B 表示 Hualixi_ chc；C 表示 Nw_ nww _ faults；$N\{K\}$ 表示面积单元；$N\{K \cap B\}$ 表示唯一条件组下的观察矿点；P_m 表示后验概率；$N\{K\}*P_m$ 表示唯一条件组下的预测矿点；$s(W_k)$ 表示 K_ 900shb 的证据权标准差；$s(W_f)$ 表示 Nw_ nww_ faults 的证据权标准差；$s(W_s)$ 表示 Hualixi_ chc 的证据权标准差；$s(P_k)$ 表示后验概率标准差；$N\{K\}^2*S(P_m)^2$ 表示后验概率方差；$N\{D\}_{pred}$ 表示预测矿床点数；$s(N\{D\})_{pred}$ 表示预测矿床点的标准差；$s^2(N\{D\})_{pred}$ 表示预测矿床点的方差

5.6.4　金矿资源预测制图

通过以上的分析，选取 3 个待输入的证据图层，分别为 NW-NWW 向断裂 100m 缓冲区面元图层（Nw_ nnw_ faults）、海西期花岗岩与长城纪地层接触带 1600m 缓冲区面元图层（Hualixi_ chc）、印支期钾长花岗岩 900m 缓冲区面元图层（K_ 900shb）。3 个证据图层的证据因子参数见表 5.17，NW-NWW 向断裂与矿点的相关性最大，其次为印支期钾长花岗岩，海西期与长城纪地层接触带与矿点的相关性最小，然而对比度 C 和统计量 Stud（C）表明 3 个控矿变量都具统计显著性。

选取上述 3 个面元图层制作后验概率图，分别绘制后验概率随累积面积的变化曲线

表 5.17　三个证据图层叠加后获得的证据权参数

证据图层	面积/km²	矿点	W^+	W^-	C	Stud（C）
K_ 900shb	58.58	8	1.8532	−0.5594	2.4125	4.9630
Hualixi_ chc	208.7	13	0.9869	−0.9185	1.9054	3.5791
Nw_ nww_ faults	54.73	11	2.2402	−0.9701	3.2103	6.3231

注：K_ 900shb 表示印支期钾长花岗岩缓冲 900m 形成的面图层；Hualixi_ chc 表示海西期与长城纪岩石地层接触带缓冲 1600m 形成的面图层；Nw_ nnw_ faults 表示 NW-NWW 向断层缓冲 100m 形成的面图层；$N\{B_j \cap D\}$ 表示证据图层与矿点叠加时包含的矿点数；W^+ 表示证据权正权；W^- 表示证据权负权；C 为对比度；Stud（C）为对比度 C 的统计量，$C/s(C)$

[图 5.33（a）] 和累积矿点随累积面积的变化曲线 [图 5.33（b）]。研究区面积
793.27km²，以 100×100 网格大小，共 79327 个网格单元，17 个金矿点，计算的先验概率
为 0.000214，高于先验概率的区域为找矿有利区，占整个研究区面积的 13.1%，包含了
17 个矿点的 13 个（约为 76%）。通过后验概率随累积面积的变化曲线将五龙沟的金矿
资源潜力划分为 3 个级别，分别为高潜力区、中潜力区和低潜力区 [图 5.33（a）]。高
潜力区占整个研究区面积的 5.9%，包含了 12 个矿点的（约为 70.6%），中潜力区占整
个研究区面积的 7.2%，仅含有一个矿点。低潜力区占整个研究区面积的 86.9%，含有
4 个矿点，为低潜力区。有利的成矿地段在研究区内呈北西向线性展布，严格受 NW 向
断裂控制（图 5.34）。

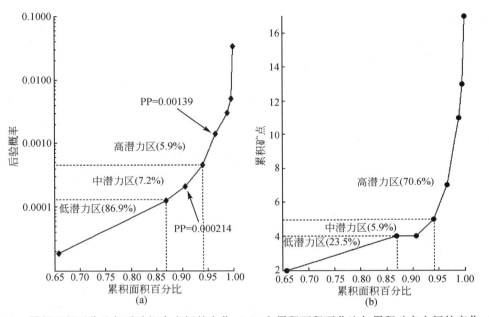

图 5.33　累积面积百分比与后验概率之间的变化（a）和累积面积百分比与累积矿点之间的变化（b）

5.6.5　讨论

　　一直以来，地质学家都认为一定的热液矿床与一定的线性地质体（如断层、破碎
带、侵入岩接触带等）之间存在有某种空间相关性。这种相关性随着矿点与线性地质体
之间的位置变化而变化，如果仅仅定性地分析二者之间的空间相关性会带有更多的主观
认识和偏见，而定量地研究线性地质体与矿点之间的空间分布模式和相互间的组合规律
及内在联系以达到矿产预测的目的是必要的（Carranza and Hale，2002；Cheng，2004）。
证据权模型作为数学模拟的基础，通过分析线性控矿体与矿点之间的空间相关性，选取
最佳的地质变量绘制金矿资源预测图。研究区内，3 个对金矿床的形成和空间分布起控
制作用的线性地质体，分别为 NW-NWW 向断层、海西期与长城纪接触带、印支期钾长
花岗岩，其中断裂与矿点之间的空间相关性最大，其次是印支期钾长花岗岩，岩体与地

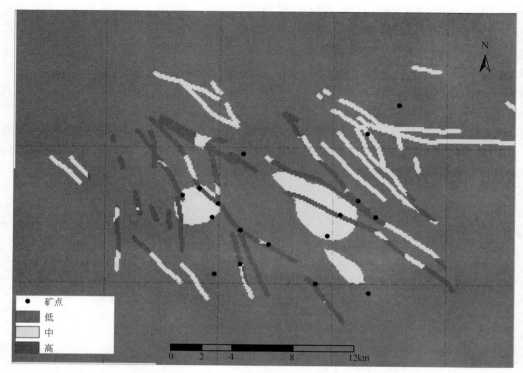

图 5.34　基于证据权模型的五龙沟金矿资源预测图

层接触带。3 个图层均通过了基于卡方检验和 "NOT" 检验的条件独立性检验。对五龙沟金矿资源评价是基于 1∶5 万比例尺，目标性强，对今后的矿产普查勘探和成矿规律研究具有重要意义。

另外，本文的研究目的主要是结合控矿地质变量和数值模拟思想进行矿产资源预测，其他的地质勘探数据，如金异常、锑异常、砷异常、含金蚀变带等，由于它们与所选用的 3 个证据图层之间存在强烈相关性，所以没有参与证据合成及后验概率图的绘制，但可以用来验证有利找矿地段。

5.7　结　　论

本章应用证据权模型对青海东昆仑成矿带铁矿、金矿、铜铅锌多金属矿、野马泉成矿区铁多金属矿、五龙沟矿集区金矿开展了矿产资源预测。依据后验概率值将研究区重分类，分别为高潜力区、中潜力区和低潜力区。低潜力区是不利的成矿地段，有利的成矿区包括中潜力区和高潜力区。在青海东昆仑成矿带铁矿资源预测的结果中，圈定的有利成矿区占研究区面积的 21%，包含了 62 个已知铁矿点（约占 77%）。其中，高潜力区占总面积的 11%，包含已知矿床点 45 个（56%），中潜力区占总面积的 10%，包含了 17 个矿点（21%）。在青海东昆仑成矿带金矿资源预测结果中，高潜力区约占总面积的 9%，包含 21 个已知金矿点；中潜力区约占总面积的 11%，包含了 11 个矿点；低潜力区约占总面积的 80%，包含了 11 个矿点。在对青海东昆仑成矿带铜铅锌多金属矿资源预测时，采用交叉验证的方法，圈定的有利成矿区占整个研究区面积的 27%，包含 71.2% 的已知矿点（47 个），预测率约为 72.5%（29 个），其中高潜力区面积占 8%，包含了 31.8% 的已知矿点（21 个），预测率为 47.5%（19 个）；中潜力区面积约占 19%，包含了 39.4% 的已知矿点（26 个），预测率为 52.5%（21 个）；在野马泉成矿亚带铁多金属矿资源预测结果中，圈定的有利成矿区占整个研究区面积的 9.6%，包含了已知 86%（18 个）的矿点，其中 3.4% 的高潜力区包含已知 61.9%（16 个）的矿点；6.2% 的中潜力区包含了已知 23.8%（5 个）的矿点；低潜力区面积占 90.4%，仅包含 3 个矿点（约为 14%）；在五龙沟成矿区金矿资源预测结果中，有利成矿区面积占总面积的 13.1%，包含了已知 76% 的金矿点，其中，高潜力区面积占 5.9%，包含 70.6% 的已知矿点。

参 考 文 献

张爱奎，莫宣学，李云平，等. 2010. 青海西部祁漫塔格成矿带找矿新进展及其意义. 地质通报，29（7）：1062～1074

Agterberg F P Cheng Q M. 2002. Conditional independence test of weights- of- evidence modeling. Natural Resources Research, 11（4）：249～255

Agterberg F P, Bonham-Carter G F, Wright D F. 1990. Statistical pattern integration for mineral exploration. // Gaál, G, Merriam, D F. Computer Applications in Resource Estimation Prediction and Assessment for Metals and Petroleum. Oxford：Pergamon Press

Agterberg F P, Bonham- Carter G F, Cheng Q M, et al. 1993. Weights of evidence modeling and weighted logistic regression in mineral potential mapping. // Davis, J C, Herzfeld, U C. Computers in Geology. New York：Oxford Univ. Press：13～32

Aspinall P J, Hill A R. 1983. Clinical inferences and decisions — I. Diagnosis and Bayes' theorem. Ophthalmic and Physiologic Optics, 3：295～304

Bierlein F P, Murphy F C. Weinberg R F. 2006. Distribution of orogenic gold deposits in relation to fault zones and gravity gradients：targeting tools applied to the Eastern Goldfields, Yilgarn Craton, Western Australia. Mineralium Deposita, 41（2）：107～126

Bonham- Carter G F. 1994. Geographic systems for geoscientists：modeling with GIS. Oxford：Pergamon Press

Bonham- Carter G F, Agterberg F P, Weight D F. 1989. Weights of evidence modeling：a new approcach to mapping mineral potential. Statistical Applications in The Earth Scieneces, 89（9）：171～183

Carranza E J M. 2004. Weights of evidence modeling of mineral potential：a case Study using small number of prospects, Abra, Philippines. Natural Resources Research, 13（3）：173～187

Carranza E J M, Hale M. 2002. Spatial association of mineral occurrences and curvilinear geological features. Math Geology, 34（2）：203～221

Cheng Q. 2004. Weights of evidence modeling of flowing wells in the Greater Toronto Area, Canada. Natural Resources Research, 13（2）：77～86

Cheng Q, Agterberg F P. 1999. Fuzzy weights of evidence method and its application in mineral potential mapping. Natural Resources Research, 8（1）：27～35

Chernicoff C J, Richards J P, Zappettini E O. 2002. Crustal lineament control on magmatism and mineralization in northwestern Argentina: Geological, geophysical, and remote sensing evidence. Ore Geology Reviews, 21: 127 ~ 155

Corsini A, Cervi F, Ronchetti F. 2009. Weight of evidence and artificial neural networks for potential groundwater spring mapping: An application to the Mt. Modino area (Northern Apennines, Italy). Geomorphology, 111: 79 ~ 87

Daneshfar B, Desrochers A, Budkewitsch P. 2006. Mineral-potential mapping for MVT deposits with limited data sets using Landsat data and geological evidence in the Borden basin, northern Baffin island, Nunavut, Canada. Natural Resources Research, 15 (3): 129 ~ 149

Kemp L D, Bonham-Carter G F, Raines G L. 1999. Arc-WofE: ArcView extension for weights of evidence mapping. http://gis.nrcan.gc.ca/software/arcview/wofe

Masetti M, Poli S, Sterlacchini S. 2007. The use of the weights-of-evidence model technique to estimate the vulnerability of groundwater to nitrate contamination. Natural Resources Research, 16 (2): 109 ~ 119

Neuhäuser B, Terhorst B. 2007. Landslide susceptibility assessment using "weights-of-evidence" applied to a *Study* area at the Jurassic escarpment (SW-Germany). Geomorphology, 86: 12 ~ 24

Nykänen V, Ojala V J. 2007. Spatial analysis techniques as successful mineral-potential mapping tools for orogenic gold deposits in the northern Fennoscandian Shield, Finland. Natural Resources Research, 16 (2): 85 ~ 92

Ranjbar H, Honarmand M, Moezifar Z. 2004. Application of the Crosta technique for porphyry copper alteration mapping, using ETM data in the southern part of the Iranian volcanic sedimentary belt. Journal of Asian Earth Sciences, 24: 237 ~ 243

Romero C R, Luque S. 2006. Habitat quality assessment using Weights-of-Evidence based GIS modeling: The case of Picoides tridactylus as species indicator of the biodiversity value of the Finnish forest. Ecological Modeling, 196: 62 ~ 76

Rowan L C, Schmidt R G, Mars C J. 2006. Distribution of hydrothermally altered rocks in the Reko Diq, Pakistan mineralized area based on spectral analysis of ASTER data. Remote Sensing of Environment, 104: 74 ~ 87

Sillitoe R H. 2000. Gold-rich porphyry deposits: descriptive and genetic models and their role in exploration and discovery. Soc Econ Geol Rev, 13: 315 ~ 345

Song R, Hiromu D, Kazutoki A, et al. 2008. Modeling the potential distribution of shallow-seated landslides using the weights of evidence method and a logistic regression model: a case *Study* of the Sabae Area, Japan. International Journal of Sediment Research, 23: 106 ~ 118

Spiegelhalter D J, Knill-Jones R P. 1984. Statistical and knowledge-based approaches clinical decision support systems, with an application in gastroenterology. Journal of the Royal Statistical Society, (1): 35 ~ 77.

Sun Y, Seccombe P K, Yang K. 2001. Application of short-wave infrared spectroscopy to define alteration zones associated with the Elura zinc-lead-silver deposit, NSW, Australia. Journal of Geochemical Exploration, 73 (1): 11 ~ 26

Zhang X, Pazner M, and Duke N. 2007. Lithologic and mineral information extraction for gold exploration using ASTER data in the south Chocolate Mountains (California). ISPRS Journal of Photogrammetry & Remote Sensing, 62 (2): 271 ~ 282

第6章 扩展证据权模型与区域矿产资源预测

6.1 算 法 原 理

应用证据权模型进行矿产资源预测过程中，要求多源地质数据必须是二值图层。然而，地质领域中存在着大量的连续变量和离散变量，在应用证据权模型时势必会造成一些有用信息的损失，从而导致结果不确定性的增加。Pan（1996）提出了一种使用多类数据证据图层的扩展证据权模型。该模型是对证据权模型的改进，可以对连续变量或离散化数据进行综合处理，减少了使用二值变量引起的信息丢失，提高了预测精度和找矿效果。Porwal等（2001）对印度拉贾斯坦邦州贱金属矿床采用扩展证据权评价时，预测结果表明扩展证据权评价优于证据权模型。扩展证据权模型的基本原理如下。

假设有 n 个多级控矿地质变量，用 Ai（$i=1$，2，3…）表示。矿床的数目用 N（D）表示，符号 D 表示矿点。如果多级地质变量有 k 个间隔，例如，采用邻近度分析，对线性地质体缓冲了 k 个缓冲带或者是不同区间下的化探数据和物探数据等。在证据权模型基础上，将其中的数学公式改为扩展证据权模型，扩展证据权模型仍服从贝叶斯规则。多级或离散变量 A_{ij}（$i=1$，2，3，$\cdots$；$j=1$，2，3，$\cdots$），可以用下面的公式表示

$$A_1^j = (A_1^{\ 1}, \ A_1^{\ 2}, \ A_1^{\ 3}, \ \cdots, \ A_1^{\ k})$$
$$A_2^j = (A_2^{\ 1}, \ A_2^{\ 2}, \ A_2^{\ 3}, \ \cdots, \ A_2^{\ k})$$
$$\cdots\cdots\cdots$$
$$A_n^j = (A_n^{\ 1}, \ A_n^{\ 2}, \ A_n^{\ 3}, \ \cdots, \ A_n^{\ k}) \tag{6.1}$$

式中，A_i^j 是第 $i(i=1, \cdots, n)$ 个多级地质变量的第 $j(j=1, \cdots, k)$ 个缓冲带，每一个缓冲带 A_i^j 都可以认为是一个二值证据图层，有出现与缺失两个状态。那么，与证据权模型相同的公式可以用于扩展证据权模型。如果有 n 个多级地质变量作为证据图层，后验概率的对数值可以表示为

$$\log_e\{O(D \mid A_i^j)\} = \log_e\{O(D)\} + \sum_{i=1}^{n} \sum_{j=1}^{k} W_i^j \tag{6.2}$$

式中，$i=1$，2，3，$\cdots$，n；$j=1$，2，3，$\cdots$，k；W_i^j 中的 j 有正（+）和负（-）两种状态，当地质变量 A_i^j 出现时，j 为正，当 A_i^j 没有出现时，j 为负。

通过关系式：$P = O/(1+O)$，将后验概率的对数值转变成后验概率的形式，表示为

$$P(D \mid A_i^j) = \frac{e^{\log_e |O|D|A_i^j|}}{1 + e^{\log_e |O|D|A_i^j|}} \quad (i = 1, 2, 3, \cdots, n; j = 1, 2, 3, \cdots, k) \quad (6.3)$$

式中，第 $i(=1, \cdots, n)$ 个地质变量的第 j 个 $(j=1, \cdots, k)$ 缓冲带的证据权正表示为

$$W_i^{j+} = \ln \frac{P(A_i^j \mid D)}{P(A_i^j \mid \bar{D})} \quad (6.4)$$

证据权负

$$W_i^{j-} = \ln \frac{P(\bar{A}_1^j \mid D)}{P(\bar{A}_i^j \mid \bar{D})} \quad (6.5)$$

证据权正方差

$$\sigma^2(W_i^{j+}) = \frac{1}{P(D \mid A_i^j)} + \frac{1}{P(\bar{D} \mid A_i^j)} \quad (6.6)$$

证据权负方差

$$\sigma^2(W_i^{j-}) = \frac{1}{P(D \mid \bar{A}_i^j)} + \frac{1}{P(\bar{D} \mid \bar{A}_i^j)} \quad (6.7)$$

6.2　基于扩展证据权模型的青海东昆仑铜铅锌多金属矿产资源预测

应用扩展证据权模型开展青海东昆仑成矿带铜铅锌多金属矿资源预测和五龙沟成矿区金矿资源预测，通过与基于二值变量的证据权模型的对比表明扩展证据权模型取得了更好的预测效果。使用证据权模型输出的是一幅基于后验概率值大小的矿产资源预测图，这个过程中条件独立性经常制约着一些重要的控矿信息的使用。因此，本章在应用扩展证据权模型进行矿产资源预测制图，是依据证据权权重得分而非后验概率，这种处理方式减少了因条件过度相关带来的影响。

6.2.1　数据预处理

扩展证据权算法是在 Arcview 3.2 平台下的空间数据分析扩展模块（Arc-WofE）（Kemp et al.，1999）中进行。利用建立的多源地学空间数据库，采用北京-54 高斯投影，将证据图层栅格化，划分网格单元 1km×1km，共 95321 个，已知铜铅锌多金属矿点 106 个；使用到的地质变量有断裂构造、侵入岩、重力异常、化探异常和地层要素，在此基础上建立了一个基于扩展证据权模型的青海东昆仑成矿带铜铅锌多金属矿资源预测方法。

6.2.2　控矿要素及其空间分析

1. 断裂

断裂构造是热液型矿床形成和分布的重要条件，其对矿床形成的重要性在 5.2.2 中已阐述过。对遥感图层解译的 NW 向断裂和 1∶50 万地质图上的区域断裂与已知矿点之间进行空间相关性分析。

对遥感解译 NW 向断裂做间隔 500m、最大缓冲距离 12000m 的邻近度分析，在缓冲半径为 5000m 处，对比度 C 为 0.74，统计量 Stud（C）为 2.85 ［图 6.2 （a）］，NW 向断裂与已知矿点之间具有最大的空间相关性。该距离范围内的面域约占总面积的 48.6%，包含了已知 41.5% 的矿点（44 个），将此距离之内的面域作为一个二值证据图层 （图 6.1）。

区域性断裂在研究区内主要呈 NW 向或 EW 向延伸，如图 6.2 （b）。对青海东昆仑区域性断裂做间隔 500m、最大缓冲距离 12000m 的邻近度分析，在缓冲半径为 3000m 处，统计量 Stud（C）为 4.79，矿点的分布与线性断裂之间具有最大的空间相关性。其覆盖面积约为总面积的 45%，在此缓冲距离内，包含了 69（65%）个矿点。将区域断裂缓冲 3000m 之内的面域作为一个二值证据图层 （图 6.3）。

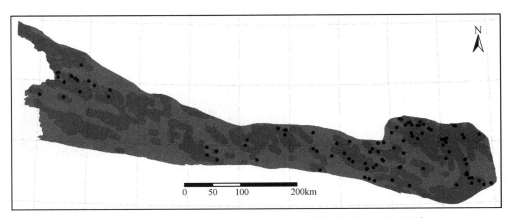

图 6.1　遥感解译 NW 向断裂缓冲 5000m 与铜铅锌多金属矿点叠加

2. 侵入体

从加里东期到新生代，东昆仑地区经历了多次岩浆侵入活动，然而与成矿关系最密切的海西期—印支期构造运动和岩浆事件对该地区金属矿产的形成和空间分布起到了重要作用。如图 6.4，对研究区内出露的印支期花岗岩侵入体做间隔 500m、最大缓冲距离 10000m 的邻近度分析，在缓冲距离为 6000m 处，统计量 Stud（C）为 5.34，矿点与印支期花岗岩侵入体之间具有最大的空间相关性。在此缓冲距离范围内，包含 62% 的矿点，覆盖面积约为总面积的 38%。已知铜铅锌矿点大都位于印支期花岗岩缓冲 6000m 之内。将印支期花岗岩缓冲 6000m 之内的面域作为一个二值证据图层 （图 6.5）。

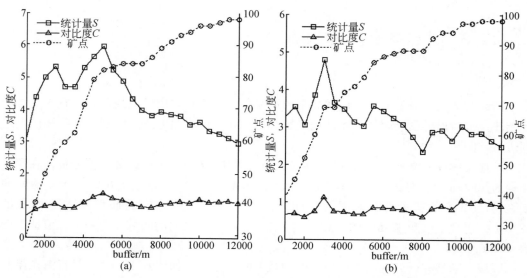

图 6.2　对比度、统计量 Stud（C）及矿点随遥感解译北西向断裂缓冲半径之间的变化（a）和对比度、统计量 Stud（C）及矿点随区域断裂缓冲半径之间的变化（b）

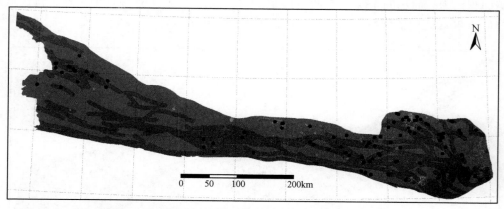

图 6.3　区域性断裂缓冲 3000m 与铜铅锌多金属矿点叠加

3. 布格重力

　　布格重力异常是由大地水准面以下的地壳、上地幔物质分布不均匀引起的，其变化趋势和特征与深部构造分布密切相关，而这些构造对矿床的分布与形成具有重要的控制作用。研究区布格异常整体上从北往南逐渐减小，反映了地壳厚度逐渐增大的趋势（图6.6）。沿昆中断裂带至昆南断裂带，异常梯度级增大，反映了岩性和构造活动的复杂性，见 2.1.9 节对东昆仑地区地球物理场的阐述。铜铅锌矿点重要分布在昆中异常强度在（-445～-460）×10^{-5} m/s^2 的区域，如表6.1，矿点与该异常区之间的对比度 C 为 0.75，Stud（C）为 3.75。

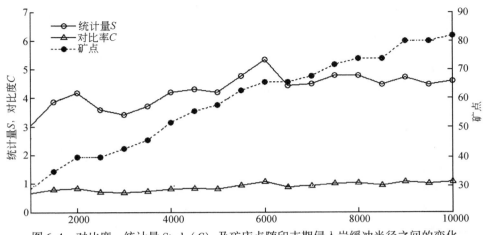

图 6.4　对比度、统计量 Stud（C）及矿床点随印支期侵入岩缓冲半径之间的变化

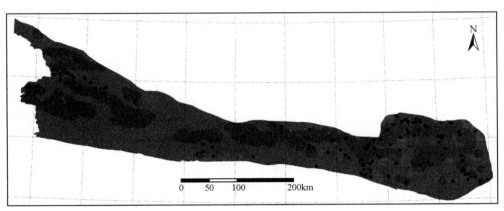

图 6.5　印支期花岗岩缓冲 6000m 与铜铅锌多金属矿点叠加

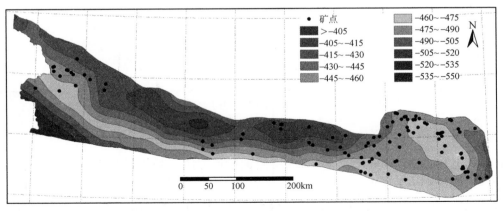

图 6.6　布格重力异常与铜铅锌多金属矿点叠加

表 6.1　布格重力数据与矿点叠加获得的证据权参数

属性	面积/km²	矿点	W^+	$s(W^+)$	W^-	$s(W^-)$	C	$s(C)$	Stud(C)
>-405	487	0							
-405～-415	10865	6	-0.702	0.408	0.063	0.100	-0.765	0.420	-1.818
-415～-430	17578	10	-0.672	0.316	0.105	0.102	-0.777	0.332	-2.337
-430～-445	13087	14	-0.040	0.267	0.006	0.104	-0.046	0.287	-0.160
-445～-460	21176	40	0.530	0.158	-0.223	0.123	0.752	0.201	3.751
-460～-475	19683	35	0.469	0.169	-0.169	0.119	0.639	0.207	3.089
-475～-490	5747	0							
-490～-505	2982	1	-1.201	1.000	0.022	0.098	-1.223	1.005	-1.217
-490～-520	1890	0							
-520～-535	1626	0							
-535～-550	106	0							

4. 遥感蚀变信息

以美国陆地卫星 ETM⁺ 数据作为基本信息源，采用主成分分析法提取泥化蚀变信息和铁化蚀变信息，通过应用证据权模型中的邻近度分析方法定量分析泥化蚀变、铁化蚀变与已知矿点之间的相关性，实验结果表明铁化蚀变无统计意义，而泥化蚀变具有明显的统计意义（表6.2），并作为一个待综合的二值证据图层（图6.7）。

表 6.2　证据图层的条件独立性检验

证据图层	区域断裂	NW 向断裂	鄂拉山地层	泥化蚀变	布格异常	铜异常
印支期花岗岩	5.27*	1.37	1.50	3.07	2.98	2.17
区域断裂		1.07	1.45	0.70	5.03*	0.03
NW 向断裂			0.78	0.01	3.04	0.45
鄂拉山地层				2.40	2.95	3.41
泥化蚀变					4.51*	0.83
布格异常						0.49

注：自由度为 1，置信水平 0.05 下的卡方检验值为 3.84（Davis，1973）

5. 化探数据

传统上，化探异常的圈定往往通过一定的插值方法（趋势面差值、反距离权差值、克立格差值等）将采样点的化学元素值（岩石、水系沉积物、土壤等化学元素值）绘制成等值线，再判断哪些地段有高的化探异常值，然而这种方法更多的是从定性而非定量的角度研究（Samal et al.，2008）。如何定量地评价化探元素与矿床产出位置及其形成之间的关系对于矿产勘探具有重要的作用。

本研究应用证据权优选法对离散的、具等值线特征的化探数据进行定量分析以刻画

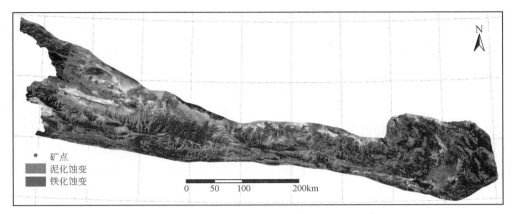

图 6.7　遥感蚀变信息与铜铅锌多金属矿点叠加

元素异常区间与矿点之间的空间相关性。用到的化探数据有铜异常、铅异常、锌异常，由于三者之间存在强烈的相关性，最后确定的铜异常区间值为（120～772.1）×10^{-6}（图 6.8）。研究区北部有部分地区被第四纪地层覆盖，没有进行化探采样数据，采用掩膜分析。

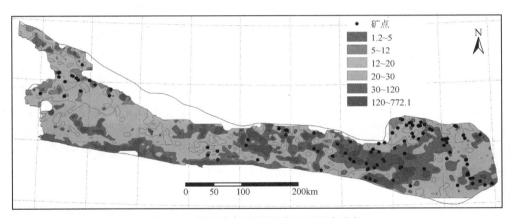

图 6.8　铜异常与铜铅锌多金属矿点叠加

6.2.3　条件相关性处理

　　证据权模型是基于贝叶斯规则建立的，输入的证据图层之间需要满足条件独立性假设。然而，在使用该模型开展矿产资源预测时，往往很难保证图层间的独立性，因为选用的证据图层都是能够指示矿床产生及成矿的各种来源（地质数据、矿产数据、物探数据、化探数据等）的控矿地质因素，它们彼此之间总是存在着或大或小的相关性。Wright 和 Bonham-Carter（1996）认为即使违背了条件独立性也可以接受，一般只要满足近似相关即可。为了减少因图层相关导致的预测远景区或预测矿点数过高或过低估计，需进行条件独立性检验，常用的图层相关性检验方法有卡方检验、Kolmogorov-Smirnov 检验和"NOT"检验。多数情况下，多个图层叠加时更易通过 Kolmogorov-

Smirnov 检验和卡方检验，却很难通过"NOT"检验，Bonham- Carter（1994）认为预测的矿点数如果大于已知矿点数的 15% 就已经违背了基于贝叶斯规则的条件独立性假设，特别是使用的证据图层较多时更容易发生图层相关。

6.2.4 矿产资源预测制图

除了 6.1.2 节中分析的控矿因素之外，还考虑到了地层要素，最终选择 7 个证据图层，其属性特征见表 6.3，通过证据权模型综合 7 个二值证据图层得到的权重参数见表 6.4，对比度 C 和统计量 Stud（C）表明，所有的控矿地质变量与铜铅锌多金属矿点均呈正相关，具有统计显著性。

表 6.3   自变量及其属性特征

证据图层	数据属性
区域断裂	缓冲 3000m
印支期花岗岩	岩浆岩：缓冲 6000m
泥化蚀变	从 ETM$^+$ 数据中提取
布格异常	物化数据：（−445 m/s^2 ~ −460m/s^2）
鄂拉山地层	地层年代：三叠纪
NW 向断裂	遥感解译断裂构造：缓冲 5000m
铜异常	化探数据：（120 ~ 772.1）×10^{-6}

本章节用扩展证据权模型对青海东昆仑成矿带铜铅锌多金属矿资源预测中，对选用的 7 个证据图层在二值模式下进行条件独立性检验。应用卡方检验，计算结果见表 6.4，其中区域断裂与印支期花岗岩、区域断裂与布格异常、布格异常与泥化蚀变之间并不满足条件独立性。虽然，证据图层之间的高相关性会导致后验概率过高估计，但是对所预测到的成矿区影响不大（Scott and Dimitrakopoulos，2001），因此本研究在绘制铜铅锌多金属成矿预测图时，没有采用概率的大小，而是通过计算得到的权重得分的大小来绘制预测图，这就避免了因条件独立性对选用图层的影响。

表 6.4   综合 7 个证据图层计算的证据权参数

证据图层	面积/km^2	矿点	W^+	s（W^+）	W^-	s（W^-）	C	s（C）	Stud（C）
区域断裂	42820	69	0.371	0.121	−0.457	0.165	1.120	0.234	4.789
印支期花岗岩	36642	66	0.483	0.123	−0.490	0.158	1.070	0.201	5.338
NW 向断裂	46402	82	0.464	0.111	−0.819	0.204	1.383	0.232	5.955
鄂拉山地层	3954	18	1.413	0.236	−0.144	0.107	1.557	0.259	6.006
泥化蚀变	24845	56	0.708	0.134	−0.450	0.142	1.158	0.195	5.945
铜异常	9716	20	0.504	0.224	−0.089	0.109	0.593	0.249	2.385
布格异常	21176	40	0.530	0.158	−0.223	0.123	0.752	0.201	3.751

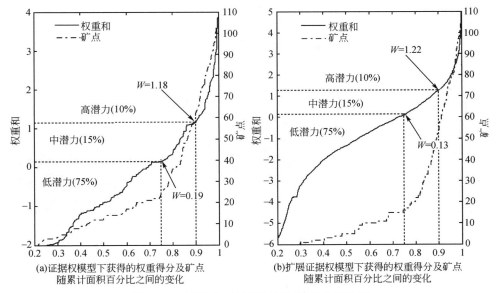

(a)证据权模型下获得的权重得分及矿点
随累计面积百分比之间的变化

(b)扩展证据权模型下获得的权重得分及矿点
随累计面积百分比之间的变化

图6.9　证据权与扩展证据权模型的结果比较

　　将铜铅锌多金属矿资源预测图依据权重得分重分类三级，分别为高潜力区、中潜力区、低潜力区，分别占研究区面积的10%、15%和75%。如图6.9（a）权重和的变化范围为-7.9~3.9，当1.18<W≤3.9时划为高潜力区，面积约为总面积的10%，包含43个矿点；当0.19<W≤1.18时，为中潜力区，面积占15%，包含39个矿点；当-7.9<W≤0.19时，为低潜力区，面积占75%，包含24个矿点。从图6.9（b）权重得分及矿床点随累计面积百分比之间的变化曲线知，权重和的变化范围为-23.6~4.9，当1.22<W≤4.9时，为高潜力区，面积约为10%，包含了55个矿点；当0.13<W≤1.22时，为中潜力区，面积约占15%，包含45个矿点；当-23.6<W≤0.13时，为低潜力区，面积约占75%，包含16个矿点。相同的面积（25%）下，采用扩展证据权模型预测到已知90个矿点，而证据权模型预测到了78个矿点，显然扩展证据权模型预测的结果明显好于证据权模型，减少了某些信息的损失。

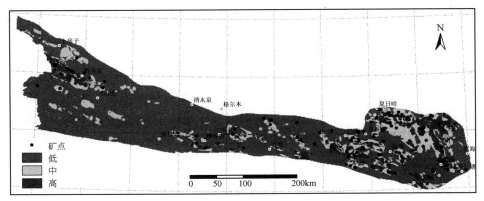

图6.10　基于证据权模型的青海东昆仑铜铅锌多金属矿资源潜力预测图

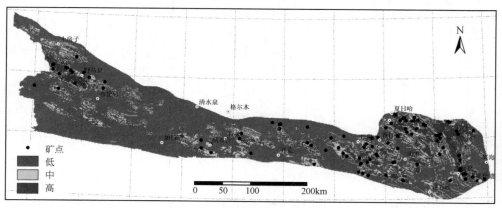

图 6.11　基于扩展证据权模型的青海东昆仑铜铅锌多金属矿资源预测图

6.2.5　讨论

使用 7 个地质变量,通过证据权优选法对印支期侵入岩、区域断裂、遥感解译北西向断裂做邻近度分析,选取最佳缓冲距离,转变为二值证据图层,与另外 4 个二值地质变量一起,应用证据权模型绘制矿点与面积之间的变化曲线图[图 6.9 (a)]和铜铅锌多金属资源预测图(图 6.10,图 6.11)。用卡方检验考察 7 个二值图层之间的条件独立性,结果表明(表 6.2),7 个图层不能满足在自由度为 1、置信水平 0.05 下的卡方检验。为了减少图层相关的影响,从成矿勘探的重要性出发,用权重得分的大小绘制资源预测图。同样,扩展证据权模型是综合 3 个离散地质变量和 4 个二值地质变量绘制铜铅锌多金属矿资源预测图。通过对两个模型的评价结果做对比,就预测结果或评价精度而言,扩展证据权模型要优于证据权模型。

结合实际的地质资料,对比两个模型的评价结果,圈定的成矿远景区主要集中在 4 个重要成矿带。①鄂拉山成矿带,是一个重要的铜铅锌成矿集中区,该地区的成矿时代为印支期及海西期,矿床成因以海相火山岩型和陆相火山岩型及接触交代型为主。该地区经历了复杂的区域构造演化,哇洪山—温泉断裂在盆地裂陷为同生张性断裂,受哇洪山—温泉断裂带及派生的一系列 NW 向断裂的制约,有利的成矿地区呈 NNW 向和 NWW 向展布,其中晚印支期陆相火山喷发活动对该区铜铅锌热水成矿作用具有重要的促进作用。②昆北成矿带,成矿潜力区主要分布在祁漫塔格弧后盆地裂陷带,以及东部的香日德—都兰一带。③昆中成矿带,有利的成矿地段位于巴隆至沟里一带;④昆南成矿带,有利的成矿远景区分布在纳赤台、开荒北一带。该地区是东昆仑地区出露海相火山-沉积岩最多的加里东造山带,其中的万宝沟群和纳赤台群(早古生代)海相火山-沉积岩是这里的喷气-沉积矿床的含矿岩系。

6.3 基于扩展证据权模型的五龙沟金矿资源预测

6.3.1 数据预处理

研究区面积793.27km²，划分的格网大小为100m×100m，共79327个，17个金矿床（点）。使用到的地质变量为印支期钾长花岗岩、NW-NWW向断裂、长城纪—海西期花岗岩接触带。使用在ArcView 3.2平台下的空间数据分析扩展模块（Arc-WofE）（Kemp et al.，1999），建立一个基于扩展证据权的五龙沟金矿资源预测模型。

6.3.2 控矿要素及其空间分析

定量研究对已知矿床形成和分布具有指示意义的控矿地质变量有助于圈定有利的找矿靶区，并能更好地认识和理解控矿变量对矿床形成的影响程度。本研究应用扩展证据权模型在五龙沟成矿区金矿资源预测中，考虑了三个线性控矿地质体，NW-NWW向断裂、长城纪—海西期花岗岩接触带、印支期钾长花岗岩。通过邻近度分析，研究3个地质变量与矿点之间的空间相关性，并将3个线性地质变量转变成多级地质变量用于扩展证据权模型。表6.5、表6.6、表6.7分别给出了对3个地质变量采用邻近度分析后的参数，通过这些参数可以确定矿点与变量之间的空间相关性。

表6.5 印支期钾长花岗岩邻近度分析参数

缓冲距离/m	面积/km²	矿点	W^+	W^-	C	Stud（C）
300	25	1	0.658	−0.030	0.688	0.654
600	17	3	2.266	−0.176	2.442	3.538
900	18	4	2.541	−0.25	2.791	4.426
1200 ~ 1500	41	0				
1800	23	1	0.744	−0.032	0.776	0.737
2100 ~ 2400	46	0				
2700	24	1	0.684	−0.031	0.714	0.679
3000	24	2	1.416	−0.096	1.513	1.932
3300	24	0				
3600	24	1	0.690	−0.031	0.721	0.685
3900	25	1	0.654	−0.03	0.684	0.65
4200	24	0				
4500	25	2	1.364	−0.095	1.459	1.867
4800 ~ 5100	77	0				
>5100	402	1	−2.169	−0.662	−2.83	−2.740

　　扩展证据权模型是对证据权模型的改进，可以综合多级离散变量尽量避免有用信息的损失。表 6.5 为印支期钾长花岗岩邻近度分析参数，缓冲间距 300m。在缓冲 900m 处具有最大的空间相关性，然而在缓冲 600m 处仍具显著性，将 900m 范围内包含的 3 个区间（0~300m、300~600m、600~900m）的面域作为 1 个离散的多级证据图层。表 6.6 为 NW-NWW 向断裂邻近度分析参数，缓冲间距 100m。在缓冲 1m 处对比度 Stud（C）值最大，具最大的空间相关性。之所以缓冲这么短的距离就有最大的相关性，是因为有 4 个矿点位于已知的断裂上。在缓冲距离 100m 处，统计量 Stud（C）值为 4.356，具显著统计量。将 200m 范围内包含的 3 个区间（0~1m、10~100m、100~200m）的面域作为 1 个离散的多级证据图层。表 6.7 是长城纪—海西期花岗岩接触带邻近度分析参数，缓冲间距 300m。在缓冲距离 1500m 处具有最大空间相关性，统计量 Stud（C）值为 3.651。将 900m 范围内包含的 5 个区间（0~300m、300~600m、600~900m、900~1200m、1200~1500m）的面域作为一个离散的多级证据图层。

表 6.6　NW-NWW 向断裂邻近度分析参数

缓冲距离/m	面积/km²	矿点	W^+	W^-	C	Stud（C）
1	12	4	3.169	−0.258	3.427	5.064
100	31	5	2.16	−0.314	2.474	4.356
200	35	2	1.022	−0.082	1.104	1.427
300~400	69	0				
500	32	1	0.383	−0.02	0.403	0.385
600~900	96	0				
1000	21	1	0.805	−0.034	0.839	0.796
1100~1200	36	0				
1300	18	1	0.969	−0.038	1.007	0.951
1400~1500	33	0				
1600	15	2	1.939	−0.108	2.047	2.551
1700~2000	57	0				
>2000	339	1	−1.999	0.508	−2.51	−2.43

表 6.7　长城纪—海西期花岗岩接触带邻近度分析参数

缓冲距离/m	面积/km²	矿点	W^+	W^-	C	Stud（C）
300	21	1	0.819	−0.034	0.853	0.808
600	20	1	0.853	−0.035	0.888	0.841
900	24	0				
1200	26	1	0.609	−0.028	0.637	0.606
1500	29	4	1.979	−0.235	2.214	3.651
1800	31	1	0.41	−0.021	0.431	0.411
2100	31	2	1.144	−0.087	1.231	1.586

缓冲距离/m	面积/km²	矿点	W^+	W^-	C	Stud（C）
2400	29	1	0.501	−0.024	0.525	0.501
2700	29	2	1.223	−0.09	1.312	1.687
3000	27	2	1.294	−0.092	1.386	1.778
3300~5700	193	0				
6000	19	1	0.939	−0.037	0.976	0.922
>6000	316	1	−1.93	0.461	−2.39	−2.32

6.3.3　资源预测制图

综合3个多级离散变量，依据权重得分绘制金矿资源预测图（图6.13）。为了方便确定阀值拐点，绘制了权重得分及矿点随累计面积百分比之间的变化曲线（图6.12），由矿点随累计面积百分比之间的变化关系曲线，将研究区重分类为三个等级，分别为高潜力区、中潜力区和低潜力区，分别包含了13个、3个和1个已知金矿点。从图6.12中可知，高潜力区面积约为整个研究区面积的2.6%，中潜力区面积约为3.6%，低潜力区约为93.8%，成矿有利区面积占6.2%，包含已知94%的矿点。

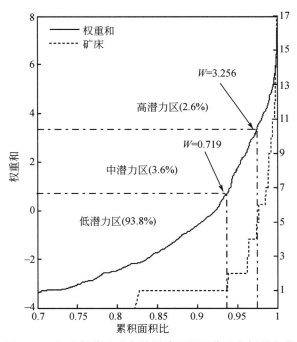

图6.12　权重得分及矿点随累计面积百分比之间的变化

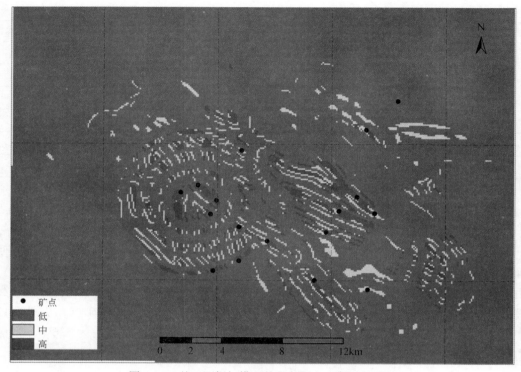

图 6.13　基于证据权模型的五龙沟金矿资源预测图

6.3.4　讨论

本章节应用扩展证据权模型综合的 3 个地质变量对五龙沟金矿资源潜力进行了评价预测。扩展证据权模型比证据权模型的评价结果圈定的靶区面积更小、包含的已知矿点更多，在一定程度上减少了勘探风险和地质过程中的不确定性，对于未来矿产资源评价具有重要的指导作用，也为开展矿田级矿产资源预测提供了优选靶区。

6.4　结　　论

在青海东昆仑成矿带铜铅锌多金属矿资源预测过程中，对扩展证据权模型和证据权模型进行了对比分析。证据权模型的评价结果中，高潜力区面积约占 10%，包含了 43 个矿点；中潜力区约占 15%，包含了 39 个矿点；低潜力区面积约占 75%，包含了 24 个矿点。扩展证据权模型的评价结果中，高潜力区面积约占 10%，包含了 55 个矿点；中潜力区面积约占 15%，包含了 45 个矿点；低潜力区面积约占 75%，包含了 16 个矿点。在圈定相同的成矿有利区（约占 25%）下，扩展证据权模型包含了已知 90 个矿点，而证据权模型包含了 78 个矿点。基于证据权模型的五龙沟金矿资源评价结果是：高潜力区占总面积的 5.9%，包含了 12 个金矿点的（约为 70.6%）；中潜力区面积约占

7.2%，仅含有一个矿点；低潜力区约占 86.9%，含有 4 个矿点，成矿有利区面积约占 13.1%，包含已知 76% 的矿点。应用扩展证据权模型对五龙沟金矿资源评价结果是，高潜力区约占总面积的 2.6%，包含已知矿点 13 个；中潜力区面积约占为 3.6%，包含已知矿点 3 个；低潜力区约占 93.8%，仅包含 1 个矿点。成矿有利区面积占 6.2%，包含已知 94% 的矿点。两个研究区的评价结果表明，扩展证据权模型的评价精度要优于证据权模型。

参 考 文 献

Bonham-Carter G F. 1994. Geographic systems for geoscientists：modeling with GIS：Pergamon Press

Kemp L D, Bonham-Carter G F, Raines G L. 1999. Arc-WofE：ArcView extension for weights of evidence mapping. http：//gis. nrcan. gc. ca/software/arcview/ wofe

Pan G C. 1996. Extended weights of evidence modeling for the pseudo-estimation of metal grades. Nonrenewable Resources, 5（1）：53~76

Porwal A, Carranza E J M, and Hale M. 2001. Extended weights-of-evidence modeling for predictive mapping of base metal deposit potential in Aravalli province, western India. Explor Mining Geol, 10（4）：273~287

Samal A R, Mohanty M K, Fifarek R H. 2008. Backward elimination procedure for a predictive model of gold concentration. Journal of Geochemical Exploration，（97）69~82

Scott M, Dimitrakopoulos R. 2001. Quantitative analysis of mineral resources for strategic planning：implications for Australian geological surveys. Natural Resources Research，10（3）：159~177

Wright D F, Bonham-Carter G F. 1996. VHMS favourability mapping with GIS-based integration models, Chisel Lake - Anderson Lake area. // Bonham-Carter, Galley, Hall. EXTECHI：A Multidisciplinary Approach to Massive Sulfide Research in the Rusty Lake-Snow Lake Greenstone Belts, Manitoba. Geol. Survey Can. Bull. 426，339~376

第7章　逻辑斯谛回归模型与区域矿产资源预测

7.1　逻辑斯谛回归模型

各种回归模型已广泛应用于矿产资源评价预测（Agterberg and Divi, 1978；Agterberg, 1981；Agterberget al., 1993；Sahoo and Pandala, 1999；Carranza and Hale, 2001）。基于逻辑斯谛分布的逻辑斯谛回归模型是一种对二分类因变量进行定量分析的有力工具，用于阐明因变量的影响因素。该模型较线性回归模型更适合拟合因变量与自变量之间呈非线性的关系。逻辑斯谛回归模型在地学领域有着广泛的应用，如对滑坡敏感性评价（Ayalewet and Yamagishi, 2005；Eeckhaut et al., 2006；Yilmaz, 2009）及矿产资源潜力评价（Agterberg et al., 1993；Carranza et al., 2001）等。本章应用逻辑斯谛回归模型对青海东昆仑成矿带铜铅锌多金属矿、铁矿、野马泉成矿亚带铁多金属矿进行预测。

7.1.1　算法原理

逻辑斯谛回归模型是研究因变量为二分类或多分类观察结果与影响因素（自变量）之间关系的一种多变量分析方法，属概率型非线性回归模型，同样可以应用于预测矿床出现的概率，将矿点看作二分类的因变量，将控矿地质变量看作二分类或多分类的自变量，逻辑斯谛回归系数通过最大似然估计获得，公式如下

$$p = \frac{1}{1 + e^{-z}} \tag{7.1}$$

式中，p 表示矿床出现的概率，z 为一多元线性方程组，变化区间$(-\infty \sim +\infty)$，即

$$z = \alpha + \beta_1 x_1 + \beta_2 x_2 + \cdots + \beta_n x_n \tag{7.2}$$

式中，α 为模型的截距，n 为自变量的个数，$\beta_i (i = 1, 2, 3, \cdots, n)$ 为模型的系数，$x_i (i = 1, 2, 3, \cdots, n)$ 为地质变量。

设 $p_i = P(y_i = 1 \mid x_i)$ 为给定 x_i 的条件下得到 $y_i = 1$ 的条件概率；而在同样的条件下得到结果 $y_i = 0$ 的条件概率为 $P(y_i = 0 \mid x_i) = 1 - p_i$，由此得到一个观测值的概率为

$$P(y_i) = p_i^{y_i} (1 - p_i)^{1-y_i} \tag{7.3}$$

式（7.3）的联合分布可以表示为各边际分布的乘积

$$L(\theta) = \prod_{i=1}^{n} p_i^{y_i} (1 - p_i)^{(1-y_i)} \tag{7.4}$$

对式 (7.4) 取自然对数

$$\ln[L(\theta)] = \ln\left[\prod_{i=1}^{n} p_i^{y_i}(1-p_i)^{(1-y_i)}\right] = \sum_{i=1}^{n}\left[y_i\ln\left(\frac{p_i}{1-p_i}\right) + \ln(1-p_i)\right]$$

$$= \sum_{i=1}^{n}\left[y_i(\alpha + \beta_1 x_1 + \beta_2 x_{2i}\cdots + \beta_k x_k) - \ln(1 + e^{\alpha+\beta_1 x_1 + \beta_2 x_2\cdots + \beta_k x_k})\right]$$

$$(7.5)$$

为了估计能使 $\ln[L(\theta)]$ 最大的总体参数 α 和 β_k ，先分别对 α 和 β_k 求偏导数，然后令其等于 0，即 $f(\alpha, \beta_1, \beta_2, \cdots, \beta_k) = 0$，然后对此列向量函数分别对 α，β_1，$\beta_2\cdots\beta_k$ 求二阶偏导数，构造信息矩阵。

逻辑斯谛回归模型是采用最大似然估计法 (Maximum likelihood estimation, MLE) 进行参数估计。最大似然估计法是一种迭代算法，它以一个预测估计值作为参数的初始值，根据算法确定能增大对数似然值的参数的方向和变动。估计了该初始函数后，对残差进行检验并用改进的函数重新估计，直到收敛到预定值为止。

7.1.2　灵敏度分析

逻辑斯谛回归模型不仅可以对因变量的出现概率进行预测，而且逻辑斯谛回归系数及其相关的显著性参数也可以用于灵敏度分析。所谓灵敏度分析主要是用于研究输入参数对输出结果的影响程度。Hamby (1994) 对各种不同的灵敏度分析方法已做了详细的分析和对比。回归模型可以看作是一种概率性灵敏度分析技术，可以确定输入参数对输出结果的影响程度 (Kim et al., 1988；Helton et al., 1985, 1991)，输入参数对结果的影响可以通过回归系数、回归系数的标准误差以及回归系数的显著性水平来衡量。成矿作用是一个复杂的过程，而逻辑斯谛回归模型是一种非线性概率模型，所以应用逻辑斯谛回归模型更适合于评价现实世界中的复杂性现象 (McCarthy et al., 1995；Ohlmacher et al., 2003)。

逻辑斯谛回归系数采用牛顿迭代法由最大似然估计获得，显著性水平由回归参数决定。回归系数 β 的渐进标准误 SE 是对雅可比矩阵求逆，然后对其逆矩阵的对角阵做二次开方即可。Wald'S 统计量为回归系数与渐进标准误之比的平方，它近似于卡方分布 (Ohlmacher and Davis, 2003)，在自由度为 1、置信水平 0.05 下的卡方值为 3.84 (Davis, 1973)。而回归系数的自然幂数称之为发生比率 Exp (β)。当 Exp (β) >1 时，表明自变量对因变量具有积极的影响；Exp (β) = 1 时，表明自变量对因变量没有影响；Exp (β) <1 时，表明自变量对因变量具有消极的影响。

7.1.3　模型设计

应用逻辑斯谛回归模型进行二分或多分变量统计时，经常使用的统计软件是 SPSS、SAS 等。然而，当研究区域内的网格划分很多时，如数万个栅格数据图像数字化后在 SPSS 等软件中回归计算时，巨大数据量会导致运算时间十分缓慢甚至无法计算出结果，虽然可以通过随机选取部分数据计算回归系数，但有可能增大预测结果的不确定性。鉴于此，应用集成在课题组开发的"区域成矿预测信息系统"软件中的逻辑斯谛回归模块开展矿产资源预测。该模块将 GIS 中的数据管理与空间分析模型集成在一起，提高了预测模型的运行效率和对输入数据的及时修改，增强了空间数据的分析功能。

逻辑斯谛回归模型采用最大似然估计法进行参数估计，即通过最大化对数似然值来估计参数。最大似然估计是一种迭代算法，它是以一个预测估计值作为参数的初始值，根据算法确定能增大对数似然值的参数的变动方向。估计了该初始函数后，对残差进行检验并用改进的函数进行重新估计，直到收敛为止。程序设计时，采用牛顿迭代法，通过利用迭代过程中的信息矩阵确定回归系数。

```
%%%%%%%%%%%%%%%%逻辑斯谛回归模型部分代码%%%%%%%%%%%%%%%%%%
[m, n] = size (data);                    % 数据输入
beta_ start = zeros (n, 1);
diff = 1;
beta=beta_ start;% 定义一个初始化变量 beta_ start
while diff > 0.00001
beta_ old = beta;
    x = beta (1);
for i=1: n-1
        x=x+beta (i+1) * data (:, i);
end
    p=exp (x) ./ (1+exp (x));% 计算逻辑斯谛回归概率
    r=zeros (n, 1);
for i=2: n
r (1) = sum (data (:, n) -p);
        r (i) = sum (data (:, n) .* data (:, i-1) -data (:, i-1) .* p);
end
Jacbi=zeros (n, n); % 定义 n x n 的零元数组, 存放雅可比矩阵
Jacbi (1, 1) = sum (p. * (1-p));
for i=1
for j=2: n
Jacbi (1, j) = sum (p. * (1-p) .* data (:, j-1));
end
end
for j=1
for i=2: n
Jacbi (i, 1) = sum (p. * (1-p) .* data (:, i-1));
end
end
for i=2: n
for j=2: n
Jacbi (i, j) = sum (p. * (1-p) .* data (:, i-1) .* data (:, j-1));
end
end
    beta =beta_ old+Jacbi \ r;% 输出回归系数
diff = sum (abs (beta-beta_ old));
end
```

7.2 基于逻辑斯谛回归模型的青海东昆仑铁矿资源预测

7.2.1 数据预处理

青海东昆仑成矿带面积约 9.5 万 km²，使用到的地质变量有断裂、地层-岩体接触带、地球物理数据、地层要素和侵入体，所有的地质变量经二值栅格化处理，划分格网大小为 1km×1km，共 95321 个。矿点数据是铁矿床、矿点，共 81 个，应用开发的逻辑斯谛回归模型对该成矿带铁矿资源进行预测。

7.2.2 控矿要素及其空间分析

1. 断裂

首先从遥感图像上解译断裂，提取出不同走向的断裂，如 NW 向、EW 向、SN 向、NE 向断裂，结合该地区构造控矿特征和不同走向的断裂系统与已知矿点之间的空间相关性分析，实验结果表明 NW 向断裂系统与区域成矿具有密切的联系，所以在本文研究中 EW 向、SN 向、NE 向断裂系统并没有考虑在内。

对遥感解译 NW 向断裂做间隔 500m 的缓冲区分析，最大缓冲距离 7500m，在缓冲半径为 3000m 处，对比度为 1.5，统计量 Stud（C）值为 6.23（表 7.1），此时，NW 向断裂与已知铁矿点之间具有最大的空间相关性。该距离范围内的面域占总面积的 33.4%，包含了已知 69% 的矿点（56 个），此距离之内的面域作为一个二值证据图层（图 7.1）。

表 7.1 遥感解译 NW 向断裂邻近度分析参数

缓冲距离/m	累积面积/km²	矿点	W^+	W^-	C	Stud（C）
500	6703	5	−0.130	0.009	−0.140	−0.302
1000	15418	22	0.519	−0.141	0.660	2.638
1500	19217	33	0.704	−0.298	1.003	4.431
2000	23370	39	0.676	−0.376	1.052	4.726
2500	27092	48	0.736	−0.564	1.300	5.744
3000	31827	56	0.729	−0.770	1.499	6.227
3500	34153	56	0.658	−0.732	1.391	5.779
4000	38619	60	0.604	−0.831	1.435	5.658
4500	43340	62	0.521	−0.844	1.366	5.206
5000	46402	63	0.469	−0.838	1.307	4.887
5500	48905	64	0.432	−0.842	1.274	4.669

续表

缓冲距离/m	累积面积/km²	矿点	W^+	W^-	C	Stud（C）
6000	51806	64	0.375	−0.778	1.152	4.221
6500	54895	65	0.332	−0.765	1.097	3.928
7000	56754	66	0.314	−0.782	1.096	3.831
7500	59667	67	0.279	−0.773	1.051	3.577
7501	95321	81				

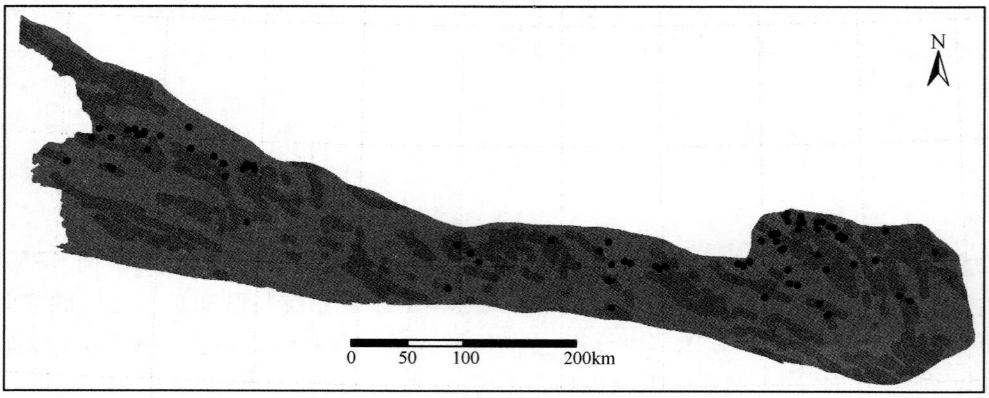

图 7.1　遥感解译 NW 向断裂缓冲 3000m 与铁矿点叠加

2. 地层-岩体接触带

东昆仑地区自元古代以来发生了广泛的岩浆侵入活动，分布有大面积的侵入岩和火山岩系列，在这些岩体与地层的接触带及其附近是矿产形成的有利空间。

在 GIS 中提取侵入岩与地层的接触带，其中的侵入岩是燕山期侵入岩、海西期侵入岩、印支期侵入岩；地层要素有三叠系甘家组、万宝沟群、纳赤台群、大干沟组、鄂拉山组、三叠系八宝山、布青山群马尔争组、滩间山群、长城纪—小庙组。

对地层-岩体接触带做间隔 500m 的缓冲区分析，最大缓冲距离 7500m，在缓冲半径为 2000m 处，对比度为 1.56，统计量 Stud（C）值为 6.88（表 7.2），此时，地层-岩体接触带与已知铁矿点之间具有最大的空间相关性。该距离范围内的面域面积占总面积的12.7%，包含了已知 40.7% 的矿点（33 个），将此距离之内的面域作为一个二值证据图层（图 7.2）。

表 7.2　地层-岩体接触带邻近度分析参数

缓冲距离/m	累积面积/km²	矿点	W^+	W^-	C	Stud（C）
500	2998	9	1.264	−0.086	1.35	3.814
1000	7713	25	1.341	−0.285	1.626	6.752
1500	9473	27	1.212	−0.301	1.513	6.413

续表

缓冲距离/m	累积面积/km²	矿点	W^+	W^-	C	Stud（C）
2000	12095	33	1.168	-0.388	1.556	6.876
2500	14094	36	1.102	-0.428	1.53	6.838
3000	17075	39	0.99	-0.46	1.45	6.515
3500	18368	40	0.942	-0.467	1.41	6.338
4000	21317	43	0.866	-0.504	1.37	6.148
4500	24135	48	0.852	-0.606	1.458	6.443
5000	26489	49	0.779	-0.604	1.382	6.079
5500	28196	51	0.756	-0.643	1.399	6.079
6000	30620	54	0.731	-0.712	1.443	6.118
6500	32919	56	0.695	-0.752	1.447	6.015
7000	34560	57	0.664	-0.767	1.431	5.877
7500	36854	59	0.634	-0.815	1.449	5.799
7501	95321	81				

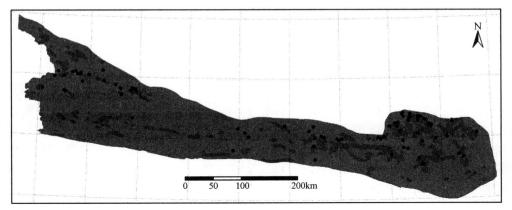

图 7.2 地层-岩性接触带缓冲 2000m 与铁矿点叠加

3. 印支期侵入体

该地质变量在基于证据权模型的东昆仑成矿带铁矿资源预测章节中已详细地分析过，参考 5.1.2 节，印支期花岗岩邻近度分析参数见表 7.3。

表 7.3 印支期花岗岩邻近度分析参数

缓冲距离/m	累积面积/km²	矿点	W^+	W^-	C	Stud（C）
500	11015	22	0.856	-0.194	1.050	4.200
1000	15533	30	0.822	-0.285	1.107	4.808
1500	17341	37	0.922	-0.410	1.332	5.966

续表

缓冲距离/m	累积面积/km²	矿点	W^+	W^-	C	Stud（C)
2000	19832	40	0.866	−0.448	1.314	5.906
2500	21755	43	0.845	−0.498	1.343	6.030
3000	24565	49	0.854	−0.631	1.486	6.533
3500	25805	51	0.845	−0.678	1.523	6.617
4000	28526	56	0.838	−0.820	1.659	6.894
4500	31098	57	0.770	−0.822	1.592	6.539
5000	33142	60	0.757	−0.923	1.681	6.626
5500	34626	62	0.746	−0.999	1.745	6.654
6000	36642	62	0.690	−0.965	1.655	6.309
6500	38571	62	0.638	−0.932	1.570	5.986
7000	39919	62	0.604	−0.908	1.512	5.763
7500	41782	62	0.558	−0.874	1.432	5.458
7501	95321	81				

7.2.3　矿产资源预测制图

选择 6 个证据图层作为逻辑斯谛模型制图，分别为地层-岩体接触带、印支期侵入岩（图 5.3）、航磁异常（图 5.4）、布格异常（图 5.5）和方解石化（图 5.6），数据属性见表 7.4。离散地质变量（印支期侵入岩、航磁异常、布格异常、遥感解译 NW 向断裂）通过证据权优选法确定最佳的二值证据图层。由于航次异常和遥感蚀变信息异常（方解石化）在部分地区缺失数据，针对数据在研究区的不完整性，在证据权模型中可以进行掩膜分析屏蔽数据缺失的区域。然而，在逻辑斯谛回归模型中不能处理缺失数据的图层，因此，对缺失数据的区域看作无证据出现的区域（Agterberg et al.，1993）。

表 7.4　自变量及其属性特征

证据图层	数据属性
地层-岩性接触带	缓冲 2000m
印支期侵入岩	岩浆岩：缓冲 4000m
方解石化	从 ASTER 数据中提取
布格异常	物化数据
航磁异常	物探数据
北西向断裂	遥感解译断裂构造-缓冲 3000m

逻辑斯谛回归模型应用在已开发的逻辑斯谛回归模块中进行的，详细的数据预处理过程参考第 5.1.2 节，计算的逻辑斯谛回归参数见表 7.5。所有证据因子的回归系数均大于 0，表明对因变量（矿床或矿点）都具有正的影响，Wald's 统计量表明这种影响意

义均有显著性。其中，地层-岩体接触带有最大的显著性，发生比 Exp（β）表明，印支期侵入岩对矿床的发生影响最大。影响程度最小的是航磁异常，但在自由度为 1、置信水平 0.05 的 Wald's 检验下，仍具统计意义。

表 7.5　6 个二值证据图层得到的回归系数及相对应的回归显著性参数

属性	β	Wald's	SE	Exp（β）	95%_ConLow	95%_ConUp
截距	−8.2733	1400.194	0.2211	0.0003	−8.7066	−7.8399
布格异常	0.7441	9.5036	0.2414	2.1045	0.2710	1.2172
地层-岩性接触带	1.1582	23.7155	0.2378	3.1841	0.6920	1.6243
方解石化	0.7197	5.5721	0.3049	2.0538	0.1221	1.3173
航磁异常	0.6347	5.3939	0.2733	1.8865	0.0991	1.1704
北西向断裂	0.6590	7.6056	0.2390	1.9329	0.1906	1.1274
印支期侵入岩	1.1770	19.4111	0.2671	3.2445	0.6534	1.7006

备注：β 表示回归系数；Wald's 表示 Wald's 统计量；SE 表示回归系数的标准误；Exp（β）表示以 e 为底的自然对数；95% ConLow 表示回归系数的 95% 下置信区间值；95% ConUp 表示回归系数的 95% 上置信区间值

　　对逻辑斯谛回归概率值重分类，将研究区划分为 3 个等级，分别为高潜力区、中潜力区和低潜力区（图 7.3）。有利的成矿区约占总面积的 24%，预测到已知 71% 的铁矿点，其中，高潜力区面积约占 8.3%，预测到已知 43.2%（35 个）的铁矿点，中潜力区约占总面积的 15.9%，包含了已知 28.4%（23 个）的铁矿点，低潜力区面积约占 76%，包含了已知 28.4%（23 个）的铁矿点。

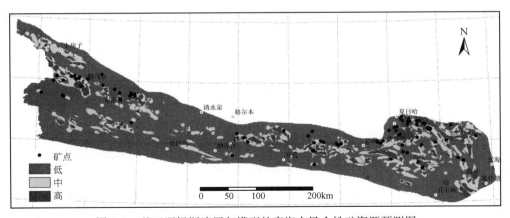

图 7.3　基于逻辑斯谛回归模型的青海东昆仑铁矿资源预测图

7.2.4　讨论

　　本章节共分析了 6 个地质变量，其中方解石化为二值变量，其他离散变量或将连续变量转化后的离散变量应用证据权中的邻近度分析确定最佳阀值，然后再转变成二值变量，最后应用逻辑斯谛回归模型计算回归参数，分析各地质变量的重要程度，即自变量

（地质变量）对因变量（矿点变量）的影响程度，并绘制铁矿资源预测图。Wald's 统计量表明，地层-岩性接触带具有最大的统计显著性，而发生比 Exp（β）表明，印支期侵入体对矿床的产生具有最大影响，而影响作用最小的是航磁异常，在自由度为 1、置信水平 0.05 下仍具统计显著性。图 7.3 显示，预测的成矿远景区主要分布在昆北成矿带祁漫塔格裂陷槽、夏日哈—都兰一带、巴隆—沟里一带、赛什塘地区以及哇洪山—温泉断裂带北部及两侧的次级断裂。

7.3　基于逻辑斯谛回归模型的青海东昆仑铜铅锌多金属矿资源预测

7.3.1　数据预处理

研究区面积约 9.5 万 km²，使用到的地质变量有断裂、化探异常、地球物理数据、地层要素、遥感蚀变异常、侵入体，所有的地质变量最后都经二值栅格化处理，划分格网大小为 1km×1km，共 95321 个。铜铅锌多金属矿床、矿（化）点，共 106 个，应用逻辑斯谛回归模型进行青海东昆仑成矿带铜铅锌多金属矿资源预测。

7.3.2　控矿要素及其空间分析

选取 7 个地质变量，对印支期侵入岩、区域断裂、遥感解译北西向断裂、布格异常分别应用证据权模型中的邻近度分析，定量地分析这些离散变量或进行转化后得到的离散变量与已知铜铅锌多金属矿点之间空间相关性，在相关性最大条件下选择合理的阀值，再以二值化变量表示。

7.3.3　矿产资源预测制图

首先选择 7 个控矿地质变量，分别为羟基蚀变（图 6.7）、NW 向遥感解译断裂（图 6.1）、区域断裂（图 6.3）、印支期花岗岩（图 6.5）、重力异常（图 6.6）、鄂拉山组和铜异常（图 6.8），属性特征见表 7.6，线性控矿因子通过缓冲区分析后得到的二值证据图层用于逻辑斯谛回归模型，缓冲距离的大小以证据权模型中的邻近度分析为依据。应用逻辑斯谛回归模型计算的回归系数和对应的显著性指标见表 7.7。发生比 Exp（β）和 Wald'S 统计量表明，所有的证据图层对矿床的发生都具有积极的影响，且具显著统计性。羟基蚀变具有最大的显著性，重力异常具有最小的显著性，而鄂拉山组、羟基蚀变、NW 向断裂的发生比 Exp（β）较大，表明对矿床的发生具有较大的控制作用。

将逻辑斯谛回归概率值重分类为三个级别：高潜力区、中潜力区和低潜力区（图 7.4）。有利的成矿区域（包括高潜力区和中潜力区）占整个研究区面积的 24.9%，包含了已知 69% 的铜铅锌多金属矿点，其中，高潜力区占整个研究区面积的 8.5%，包含已知 38% 的铜铅锌多金属矿点；中潜力区占 16.4%，包含了已知 31% 的铜铅锌多金属矿床点。

表 7.6　自变量及其属性特征

证据图层	数据属性
泥化	从 ETM+ 数据中提取
侵入岩	印支期：缓冲 6000m
区域断裂	构造要素：缓冲 3000m
布格异常	物探数据：$-445 \sim -460 \text{m/s}^2$
铜异常	化探数据：$(120 \sim 772.1) \times 10^{-6}$
北西向断裂	遥感解译构造：缓冲 5000m
鄂拉山组	地层年代：三叠纪

表 7.7　7 个二值证据图层得到的回归系数及相对应的回归显著性参数

属性	β	Wald's	SE	Exp（β）	95%_ConLow	95%_ConUp
截距	-8.8118	944.4873	0.2867	0.0001	-9.3738	-8.2498
印支期花岗岩	0.7563	12.5005	0.2139	2.1304	0.3370	1.1756
NW 向断裂	0.9016	13.5061	0.2453	2.4636	0.4208	1.3825
羟基蚀变	0.9048	20.4057	0.2003	2.4715	0.5122	1.2974
区域断裂	0.6780	10.4203	0.2100	1.9700	0.2663	1.0897
鄂拉山组	0.9165	10.4145	0.2840	2.5004	0.3598	1.4731
铜异常	0.6347	5.8645	0.2621	1.8865	0.1210	1.1484
重力异常	0.4247	4.1025	0.2097	1.5291	0.0137	0.8356

注：β 表示回归系数；Wald's 表示 Wald's 统计量；SE 表示回归系数的标准误；Exp（β）表示以 e 为底的自然对数；95%ConLow 表示回归系数的 95% 下置信区间值；95%ConUp 表示回归系数的 95% 上置信区间值

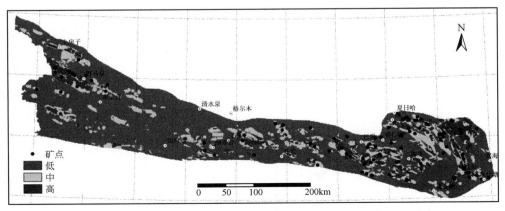

图 7.4　基于逻辑斯谛回归的青海东昆仑铜铅锌多金属矿资源预测图

7.3.4　讨论

逻辑斯谛回归模型是对二分类或多分类变量强有力的统计工具，用于度量自变量对因变量的影响程度。在矿产资源预测中可以度量控矿地质变量（自变量）对矿床（因变量）形成的控制程度，即控矿能力，便于决策者更加客观地认识和理解哪些因素对矿床的产生有更大的影响，哪些因素对矿床的产生影响较小或没有影响。本章节应用逻辑斯谛回归模型对青海东昆仑成矿带铜铅锌多金属矿资源预测中，选取了 7 个控矿变量，研究结果表明，鄂拉山组、羟基蚀变、NW 向断裂对矿床的产生具有较大的控制作用，而重力异常有最小的控制作用，统计显著性参数表明，所有的自变量对因变量都有积极的影响作用。铜铅锌多金属矿资源预测图表明（图 7.4），成矿远景区主要分布在青海东昆仑地区的中部纳赤台地区，巴隆至沟里一带，都兰—夏日哈一带；鄂拉山成矿带，主要分布在哇洪山—温泉断裂带附近；祁漫塔格地区，主要位于野马泉一带。

7.4　基于逻辑斯谛回归模型的野马泉铁多金属矿资源预测

7.4.1　数据预处理

使用的地质数据包括断裂、岩浆岩、化探数据、地层要素，以图层形式表示，数据统一使用北京-54 高斯投影，GIS 下栅格化处理，划分的网格单元 250m×250m，共有 98793 个，已知铁多金属矿点 21 个。

7.4.2　控矿要素及其空间分析

本章节开展的基于逻辑斯谛回归模型的野马泉成矿亚带铁多金属矿资源预测中，共用到 7 个自变量（表 7.8）。其中，Sb 异常和 Pb 异常是有从原始的野马泉地质矿产图中直接得到。断层和印支期侵入岩的最佳缓冲距离是通过对证据权模型中的邻近度分析获得（见 5.4.2 节）。

7.4.3　矿产资源预测制图

7 个地质变量的属性特征见表 7.8。相对于证据权模型，逻辑斯谛回归模型不需要考虑变量之间的条件独立性，而是通过回归系数和显著性参数检验自变量对因变量的影响程度。从表 7.9 可知，回归系数 β 为正，对应的 Exp（β）均大于 1，表明自变量对因变量都具有积极的影响作用。地层要素对矿床的产生有更重要的控制作用，其次是化探异常，而断裂和侵入岩对矿床的产生影响程度最小。Wald's 统计量表明在自由度为 1、0.05 置信水平下，地层要素和化探数据表现出更强统计显著性，而印支期侵入岩不具有统计显著性，但对矿床的形成仍具有积极影响。

表 7.8　逻辑斯谛回归分析中的自变量属性

图层因子	属性特征
Pb 异常	化探数据
Sb 异常	化探数据
断层	构造要素：缓冲 500m
侵入岩	印支期：缓冲 1750m
铁石达斯群	地层年代：奥陶纪
四角羊组	地层年代：石炭纪
冰沟组	地层年代：元古界

表 7.9　7 个二值证据图层得到的回归系数及相对应的回归显著性参数

属性	β	Wald's	SE	Exp（β）	95%_ConLow	95%_ConUp
截距	−10.6921	412.4468	0.5265	0	−11.724	−9.6602
Sb 异常	1.8886	11.8627	0.5483	6.6103	0.8139	2.9634
Pb 异常	1.6178	10.8798	0.4905	5.0418	0.6565	2.5791
断层	0.9554	3.9467	0.4809	2.5996	0.0128	1.8979
印支期侵入岩	0.6098	1.5574	0.4886	1.8401	−0.3479	1.5676
奥陶系铁石达斯群	2.6005	18.8358	0.5992	13.4705	1.4261	3.7749
元古界冰沟组	2.7406	13.2414	0.7531	15.4958	1.2644	4.2167
石炭系四角羊组	1.5569	4.9531	0.6996	4.7442	0.1858	2.9281

注：β 表示回归系数；Wald's 表示 Wald's 统计量；SE 表示回归系数的标准误；Exp（β）表示以 e 为底的自然对数；95%ConLow 表示回归系数的 95% 下置信区间值；95%ConUp 表示回归系数的 95% 上置信区间值

对回归概率重分类，将研究区划分为三级，分别为高潜力区、中潜力区和低潜力区（图 7.5）。野马泉成矿亚带铁多金属矿资源评价结果表明，有利的成矿区约占总面积的 9.5%，预测到已知 85.7% 的铁多金属矿点（18 个），其中，高潜力区占 4.3%，包含了 76.2%（16 个）的已知铁多金属矿点；中潜力区占 5.2%，仅包含 9.5%（2 个）的已知铁多金属矿点；低潜力区占 90.5%，包含了 14.3%（3 个）的已知铁多金属矿点。

7.4.4　讨论

通过选取 7 个控矿地质变量，应用逻辑斯谛回归模型对野马泉成矿亚带铁多金属矿开展矿产资源预测，其中两个控矿要素断层和印支期侵入岩应用证据权模型的优选法确定最佳的缓冲距离，进而转化成二值自变量用于回归分析。计算得到的回归参数表明地层要素较其他控矿变量对野马泉地区铁多金属矿的形成具有更强的控制作用，但 7 个控矿变量对矿床均具有积极的影响。圈定的成矿远景区主要分布在 A、B、C、D、E 这 5 个远景区（图 7.5），这是未来进一步矿产勘探的重点区域，也为开展 1∶5 万成矿预测评价提供了优选地段。

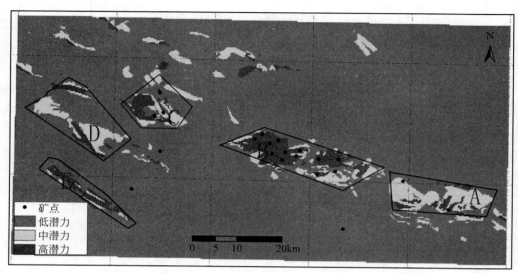

图 7.5　　基于逻辑斯谛回归模型的铁多金属矿资源预测图

7.5　结　　论

　　本章应用逻辑斯谛回归模型开展了青海东昆仑成矿带铁矿、铜铅锌多金属矿资源评价和野马泉成矿亚带铁多金属矿资源预测。通过对回归概率重分类，将研究区划分为 3个等级，分别为高潜力区、中潜力区和低潜力区。青海东昆仑成矿带铁矿资源预测结果表明，有利的成矿区约占总面积的 24%，预测到已知 71% 的铁矿点，其中，高潜力区面积约占 8.3%，预测到已知 43.2% 的铁矿点；中潜力区约占总面积的 15.9%，包含了已知 28.4% 的铁矿点；低潜力区面积约占 76%，包含了已知 28.4%（23）的铁矿点。青海东昆仑成矿带铜铅锌多金属矿资源预测结果表明，有利成矿区域占总面积的24.9%，包含已知 69% 的铜铅锌多金属矿点，其中，高潜力区占 8.5%，包含已知 38% 的铜铅锌多金属矿点；中潜力区占 16.4%，包含了已知 31% 的铜铅锌多金属矿点；低潜力区约占 75.1%，包含了已知 31% 的铜铅锌多金属矿点。野马泉成矿亚带铁多金属矿资源潜力评价结果表明，有利的成矿区约占总面积的 9.5%，包含已知 85.7% 的铁多金属矿点（18 个），其中，高潜力区占 4.3%，包含已知 76.2%（16 个）的铁多金属矿点；中潜力区占 5.2%，仅包含 9.5%（2 个）的已知铁多金属矿点；低潜力区占90.5%，包含了 14.3%（3 个）的已知铁多金属矿点。

参 考 文 献

Agterberg F P. 1981. Application of image analysis and multivariate analysis to mineral resource appraisal. Economic Geology, 76: 1016~1031

Agterberg F P, Divi S R. 1978. Astatistical model for the distribution of copper, lead, and zinc in the

Canadian Appalachian region. Economic Geology, 73 (2): 230 ~ 245

Agterberg F P, Bonham-Carter G F, Cheng Q, et al. 1993. Weights of evidence modeling and weighted logistic regression in mineral potential mapping. // Davis J C, Herzfeld U C. Computers in Geology. New York: Oxford Univ. Press 13 ~ 32

Ayalew L, Yamagishi H. 2005. The application of GIS-based logistic regression for landslide susceptibility mapping in the Kakuda-Yahiko Mountains, Central Japan. Geomorphology, 65: 15 ~ 31

Carranza E J M, Hale M. 2001. Logistic regression for geologically constrained mapping of gold potential, Baguio district, Philippines. Explor Mining Geol, 10 (3): 165 ~ 175.

Davis JC. 1973. Statistics and Data Analysis in Geology, 2nd Edition, Singapore: John Wiley and Sons, 1 ~ 550

Eeckhaut MVD, Vanwalleghem T, Poesen J, et al. 2006. Prediction of landslide susceptibility using rare events logisticregression: A case-study in the Flemish Ardennes (Belgium). Geomorphology, 76: 392 ~ 410

Hamby D M. 1994. A Review of Techniques for Parameter Sensitivity Analysis of Environmental Models. Environmental Monitoring and Assessment, 32 (2): 135 ~ 154

Helton J C, Iman R L, Brown J B. 1985. Sensitivity Analysis of the Asymptotic Behavior of a Model for the Environmental Movement of Radionuclides. Ecological Modelling, 28: 243 ~ 278

Helton J C, Garner J W, McCurley R D, et al. 1991. Sensitivity Analysis Techniques and Results for Performance Assessment at the Waste Isolation Pilot Plant. Albuquerque, NM: Sandia National Laboratory, Report No. SAND 90-7103

Kim T W, Chang S H, Lee B H. 1988. Uncertainty and Sensitivity Analyses in Evaluating Risk of High-Level Waste Repository. Radiation, Waste Management and the Nuclear Fuel Cycle, 10: 321 ~ 356

McCarthy M A, Burgman M A, Ferson S. 1995. Sensitivity Analysis for Models of Population Viability. Biological Conservation, 73 (1): 93 ~ 100

Ohlmacher G C, Davis J C. 2003. Using multiple logistic regression and GIS technology to predict landslide hazard in northeast Kansas, USA. Engineering Geology, 69 (3-4): 331 ~ 343

Sahoo N R, Pandala H S. 1999. Integration of sparse geologic information in gold targeting using logistic regression analysis in the Hutti-Maski Schist belt, Raichur, Karnataka, India——a case study. Natural Resources Research, 8 (3): 233 ~ 250

YilmazI. 2009. Landslide susceptibility mapping using frequency ratio, logistic regression, artificial neural networks and their comparison: A case study from Kat landslides (Tokat – Turkey). Computers & Geosciences, 35: 1125 ~ 1138

第8章 融合 C4.5 决策树和概率平滑技术的区域矿产资源预测方法及应用

本章阐述了一种融合 C4.5 决策树和 m-branch 概率平滑的矿产资源预测方法。该方法克服了条件独立性假设的制约，可以将更多的专题图层输入到模型中，可以获得更好的预测效果。同时，C4.5 决策树算法作为该方法的核心算法，其快速高效和可理解性强等特点被继承了下来。m-branch 概率平滑技术对于类不平衡数据的适用性，适合应用在同样是类不平衡的矿产资源预测数据集中。

8.1 方 法 原 理

该方法的主要流程分为 5 步，具体技术流程如图 8.1 所示。①我们从多源地质空间数据（地质图矢量化数据和遥感专题信息）中提取与某类矿产资源相关的成矿专题属性图层。然后，运用 GIS 处理工具对数据进行预处理，包括空间连接、组合、裁剪、划分格网等空间分析处理。在预处理的缓冲区分析阶段，运用证据权模型的对比度参数 C 和统计量 Stud（C）寻找最优缓冲距离的大小，找到后用最优缓冲距离对相应成矿专题属性图层做缓冲区分析。②经过处理后，我们得到每个成矿专题属性的矢量图层，经过组合（ArcGIS Spatial Join 空间分析工具）各个成矿专题属性图层与矿点图层为一个包含所有属性与类标号的完整图层，并对其划分格网等操作后，将叠加完整的图层属性数据输出为关系表数据。③对关系表数据划分训练样本和验证样本后，将训练样本输入 C4.5 决策树算法，构造决策树分类器。但是此时决策树只能用来分类，于是应用 m-branch 概率平滑技术对决策树叶子结点进行概率平滑，得到每个叶子结点的预测概率，这样，一颗决策树分类器被转换成为一颗概率预测树。将验证样本输入概率预测树后，就可以得到验证样本的预测概率。④计算完每个格网的预测概率后，我们就可以用预测概率表达矿产资源的潜力，并按一定的比例划分高中低潜力区，可视化表达预测结果，制作矿产资源预测图。⑤最后，采用 ROC 曲线、AUC 值和矿点落入潜力区统计对该方法的预测效果进行定性和定量评价。

8.1.1 C4.5 决策树算法

C4.5 决策树算法是当前最成熟和最流行的数据挖掘算法之一（Wu et al., 2008）。C4.5 决策树算法（Quinlan, 1993）是由 Quinlan 在自己提出的 ID3 算法（Quin, 1986）

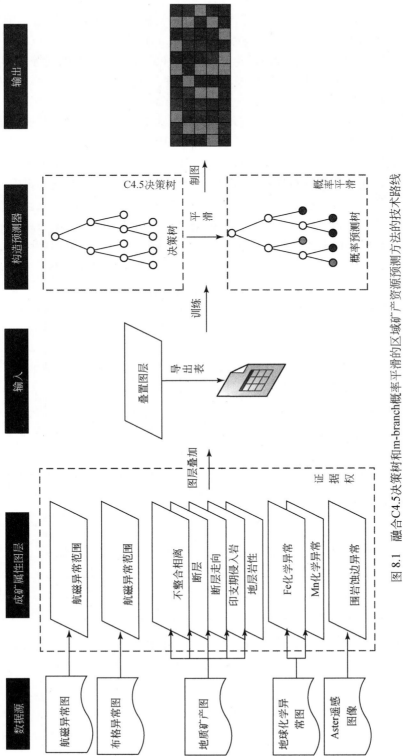

图 8.1　融合 C4.5 决策树和 m-branch 概率平滑的区域矿产资源预测方法的技术路线

基础上改进而来，之后又对 C4.5 作了新的扩展，提出了 C5.0 算法。它们都是基于 Shannon 信息熵理论的决策树分类（监督分类）算法。ID3 包含了最基本的算法框架，C4.5 弥补了一些 ID3 的不足，用增益率（Gain Ratio）代替信息增益（Gain）作为属性选择度量，同时增加了连续属性离散化、未知属性的处理和产生规则等功能（Han and Kamber，2006）。C5.0 针对大规模数据集作了改进，使算法时间、空间效率更高，同时用 Boosting 技术改善了算法的精度。

C4.5 决策树算法是怎样工作和使用的，我们先来看一个高尔夫案例，如表 8.1 所示。高尔夫表示一个关系型数据表，该表是人们是否去打高尔夫球的统计数据。表中包含了天气、温度、湿度、风况、是否打球五个属性，其中是否打球是类属性或者成为类标号，分类器将按这个属性对样本进行分类。将数据表输入 C4.5 决策树模型，模型将构造一颗决策树，该决策树是即是一个分类器，当输入测试样本时，该样本按照分裂属性和分裂属性值可以得到一条从决策树的根结点到叶结点的路径，该条路径的尾部，即叶子结点就是该样本的分类类标号。输入高尔夫数据表得到的决策树如图 8.2 所示。其中叶子结点 yes 和 no 就是分类的类标号，表示某人是否去打高尔夫球。

表 8.1　高尔夫数据表

outlook	temperature	humidity	windy	play/don't play
sunny	85	85	FALSE	don't play
sunny	80	90	TRUE	don't play
overcast	83	78	FALSE	play
rain	70	96	FALSE	play
rain	68	80	FALSE	play
rain	65	70	TRUE	don't play
overcast	64	65	TRUE	play
sunny	72	95	FALSE	don't play
sunny	69	70	FALSE	play
rain	75	80	FALSE	play
sunny	75	70	TRUE	play
overcast	72	90	TRUE	play
overcast	81	75	FALSE	play
rain	71	80	TRUE	don't play

假设有样本集 S，我们用 Freq(C_i, S) 代表样本集 S 中属于 C_i 类的样本的概率，$|S|$ 代表样本集 S 的样本总数，那么"从 S 中随机抽样一个样本，它属于类 C_i"这句话的概率是

$$p_i = \text{Freq}(C_i, S) / |S| \qquad (8.1)$$

它表达的信息为

$$\log_2(p_i) \qquad (8.2)$$

这里信息的单位为比特，因为取对数的底为 2，表示按二进制编码。

按分布频率叠加所有分类的信息，得到样本集 S 的期望信息

$$\mathrm{Info}(S) = -\sum_{i=1}^{m} p_i \log_2(p_i) \tag{8.3}$$

$\mathrm{Info}(S)$ 又称 S 的熵（entropy），它表示将样本集 S 分类需要的平均信息量。如果按属性 A 将样本集进行划分为 v 个子集，那么期望信息可以表达为各个子集的期望信息的加权和

$$\mathrm{Info}_A(S) = \sum_{j=1}^{v} \frac{|D_j|}{|D|} \times \mathrm{Info}(D_j) \tag{8.4}$$

$\mathrm{Info}_A(S)$ 是按属性 A 划分样本集所需的期望信息。

定义选择属性 A 作为划分属性的信息增益（gain）为

$$\mathrm{Gain}(A) = \mathrm{Info}(S) - \mathrm{Info}_A(S) \tag{8.5}$$

表示按 A 划分样本集后所获得的多余的信息量。

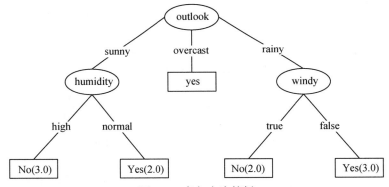

图 8.2 高尔夫决策树

ID3 使用信息增益作为属性选择度量，但是由于它对多输出结果存在偏倚，C4.5 中采用增益率（gain ratio）克服了这种偏倚。

定义分裂信息为

$$\mathrm{Split\ Info}_A(D) = -\sum_{j=1}^{v} \frac{|D_j|}{|D|} \times \log_2\left(\frac{|D_j|}{|D|}\right) \tag{8.6}$$

增益率为

$$\mathrm{Gain\ Ratio}(A) = \frac{\mathrm{Gain}(A)}{\mathrm{Split\ Info}(A)} \tag{8.7}$$

C4.5 中使用增益率作为属性选择度量。

在构造决策树的过程中，首先用所有的训练样本集合创建树的根结点，接着计算每个未被分配属性的信息增益或增益率等属性选择度量，选择既使属性选择度量最大又满足最小阈值的属性作为分裂属性。然后根据分裂属性将划分为多个子集，将每个子集构造为子结点，同时标记该属性已被分配。整个构造过程按该方法自上而下的递归进行，训练样本集被划分为越来越小的子集，各子集构造成决策树的结点，全部结点一起构成

了决策树。有 3 个条件可以结束决策树的递归构造：①当前样本子集同属一类；②所有属性已被分配；③所有属性计算得到的属性选择度量都小于最小阈值条件。构造决策树的算法如图 8.3 所示。

```
算法：Generate_decision_tree。由给定的训练数据产生一棵判定树。
输入：训练样本
samples，由离散值属性表示；attribute_list,候选属性的集合。
输出：一棵判定树。
方法：
(1)创建结点N；
(2)if samples 都在同一个类 C then
(3)      return N 作为叶结点，以类 C标记；
(4)if attribut_list 为空 then
(5)      return N 作为叶结点，标记为 samples 中最普通的类；      //多数表决
(6)选择 attribute_list 中具有最高信息增益的属性 test_attribute；
(7)标记结点 N 为 test_attribute；
(8)for each test_attribute 中的未知值 aᵢ   //划分样本
(9)      由结点 N 长出一个条件为 test_attribute = aᵢ的分枝；
(10)      设sᵢ 是samples 中test_attribute = aᵢ的样本的集合；//一个划分
(11)      if sᵢ 为空 then
(12)         加上一个树叶，标记为 samples 中的多数类；
(13)         else 加 上 一 个 由 Generate_decision_tree(sᵢ,
attribute_list - test_attribute)返回的结点；
(14)返回N
```

图 8.3   训练样本构造决策树的基本算法

8.1.2   概率平滑技术

如 8.1.1 节所述，C4.5 决策树算法是一种标准的监督分类算法，已经成为了检验其他分类模型好坏的基准。怎样用分类的 C4.5 算法进行预测，即怎样由一颗分类决策树产生概率预测树是我们要解决的问题。决策树的叶子结点表示分类结果，不同的叶子结点可能具有相同的分类结果，表示样本都被分配给了某一类型，但是我却不知道哪个样本属于这类的可能性更大。这时我们需要一种被称为基于概率的排序技术，来对样本属于某类的可能性进行排序。一种简单直观的产生概率的方法是根据叶子结点的样本子集比例分配概率。如果一个叶子结点的样本子集有 100 个样本，其中 90 个属于正类，10 个属于负类，那么这个叶子结点就被分配90% 属于正类的概率。但是这个方法有潜在问题，考虑当叶子结点的样本子集有 2 个样本，2 个都属于正类的情况。按照上述的方法我分配给该叶子结点的概率为 100%，仅两个样本属于正类就被分配了 100% 的概率。这显然证据不足，这种情况被称为概率不平滑。解决上述问题的一种方法是概率平滑（smothing of probability estimates）技术。Ferri et al.（2002）、Zadrozny 和 Elkan（2001）等先后提出了 Laplace Correction、m-estamation 和 m-branch 平滑方法。

我们可以简单地用叶子结点的类分布频率将 C4.5 生成的决策树分类器转化为概率预测器。每个分类结果为某一叶子结点的样本就被分配为该叶子结点转化得到的预测概率，这样的树被称为概率预测树。Provost 和 Domingos（2003）的工作表明不剪枝不坍塌（collapsing）的 C4.5 算法，称为 C4.4 版本，能够转化得到更好的预测结果。

1. 拉普拉斯预测和 m-estimate 方法

拉普拉斯纠正又称拉普拉斯预测，假设叶子结点存在总共 N 个样本，其中 k 个是属于某一类的样本，整个样本集总共 C 类。那么用最大似然估计方法计算预测概率为 k/N。用拉普拉斯预测的计算预测概率为

$$p = \frac{k + 1}{N + C} \tag{8.8}$$

即是，对于一个 $k = 5$，$N = 5$ 的叶子结点，最大似然估计计算得到预测概率为

$$p = \frac{5}{5} = 1 \tag{8.9}$$

而对于二分类问题，拉普拉斯计算得到的预测概率为

$$p = \frac{5 + 1}{5 + 2} = 0.86 \tag{8.10}$$

拉普拉斯预测可以看作是多项式分布期望参数的贝叶斯估计的一种形式。

m-estimate 概率平滑方法的计算公式为

$$p_i = \frac{n_i + m \cdot p}{\left(\sum_{i \in C} n_i\right) + m} \tag{8.11}$$

式中，n_1，n_2，$\cdots$，n_c 是样本中属于各类的频率（共有 C 类样本），因此 $\sum_{i \in C} n_i$ 就是样本总数；而 m 是一个经验常数，可以通过多次试验找出适合样本集的最优 m 值，再选择取该 m 值进行计算。m-estimate 方法中的概率 p 是没有任何附加知识的期望概率，我们要么假设它服从均匀分布，要么用其训练样本的分布情况来估计其分布。

2. m-branch 方法

m-branch 方法（Ferri et al.，2003）克服了 m-estimate 和 Laplace 方法中均匀分布假设的缺陷，它可以使用于类分布不平衡的情况，同时它把非叶子结点的类分布加入进了计算，是对 m-estimates 方法从根到叶子的迭代扩展。假设从根结点到叶子结点的树枝表达为 $< v_1, v_2, \cdots, v_d >$，其中 v_1 是根结点，v_d 是叶结点，那么结点 j 平滑后的概率由它的父结点概率和它自己的类分布共同决定，令 $p_i^0 = 1/c$，那么 m-branch 方法的递归表达式为

$$p_i^j = \frac{n_i^j + m \cdot p_i^{j-1}}{\left(\sum_{i \in c} n_i^j\right) + m} \tag{8.12}$$

式中，n_i^j 是在结点 v_j 第 i 类的个数，c 是类个数。

定义结点的高度 $h = d + 1 - j$，其中 d 是分支的深度，n 是数据集样本总数，归一化高

度定义为 $\Delta = 1-1/h$，则 m 为

$$m = M(1 + \Delta \cdot \sqrt{n}) \tag{8.13}$$

式中，M 是一个经验常数。叶子结点的 m 值就是 M，叶子结点的父结点 m 值是 $M + 1/2 \cdot M \cdot \sqrt{n}$，再向上一个结点是 $M + 2/3 \cdot M \cdot \sqrt{n}$，一直到根结点是 $M + (d-1)/d \cdot M \cdot \sqrt{n}$。

8.1.3 验证与评价方法

1. 交叉验证

本章区域矿产资源预测方法的预测效果采用十折交叉验证（10-fold crossvalidation）检验。k 折交叉验证（Kohavi，1995）就是将样本集随机抽样成相等数量的 k 份，将其中的一份留作模型验证，剩下的 $k-1$ 份用作训练样本用于构建预测器。然后 k 折交叉验证重复 10 次，保证每一份样本均被用于验证一次。k 次的验证结果就可以组合起来形成一次的预测结果。交叉验证的好处是保证每个样本都参与模型的训练和验证。最常采用的是十折交叉验证，当然 k 并不是固定的，也可以选择其他的 k 值。二折交叉验证就是最简单的 k 取 2 的交叉验证。另外，留一法（leave-one-out）也是交叉验证的一种特殊情况，每次选择一个样本用于验证，即选择 k 值等于样本的总个数。

2. ROC 曲线和 AUC 值

ROC 曲线（Bradley，1997）是一种比较两个分类模型效果的可视化工具，又称为接受者运行特征曲线。ROC 曲线显示了给定模型的真正率或灵敏度（正确识别的正元组的比例）与假正率或 1-特异度（不正确地识别为正元组的负元组的比例）。ROC 曲线的纵轴表示真正率，横轴表示假正率，直观反映了真正率和假正率之间的关系。ROC 可以直观清楚地表现分类器的分类效果，ROC 曲线离对角线越远，越靠近左上角，模型的准确率越高，相反则越低。但是，实际应用中我们可能需要一个定量指标来评价一个分类器的好坏，例如，当我们得到两个分类器 A 和 B 的 ROC 曲线比较相似时，我们并不能准确地给出哪个分类器效果比较好。这时我们就需要一个客观的指标，AUC 就是可以解决上述问题的一个客观的定量数值的指标。图 8.4 是分别使用拟合优度测试和十折交叉验证测试构建的预测模型的 ROC 曲线示意图。

AUC 意为 ROC 曲线的下面积。长期以来，预测准确率（accuracy）被广泛用来评价分类学习系统的预测性能。AUC 是一种优于准确率的分类学习系统预测性能评价的指标。准确率不适合用于分析不平衡数据集，而 AUC 在不平衡数据集分析中表现良好。准确率假设每类误分代价是相同的，实际却不是这样，AUC 可以解决这个问题，而用户不用给出误分代价权重。与 ROC 曲线相比，AUC 是更客观的定量评价指标。

由定义知 AUC 即是 ROC 曲线的下面积，所以最简单直观地计算 AUC 的方法是对 ROC 曲线做积分运算。但是，在计算机中积分计算是耗时的，Hand 等（2001）给出了二分类器 AUC 值的简单计算方法。计算公式如下

$$\mathrm{AUC} = \frac{S_0 - n_+ (n_+ + 1)/2}{n_+ n_-} \tag{8.14}$$

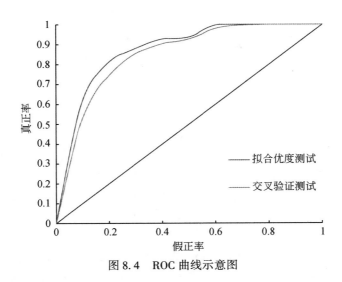

图 8.4　ROC 曲线示意图

式中，n_+ 是样本集的正例个数；n_- 是样本集的负例个数；对所有测试样本计算得到的属于正例的概率按升序排列，r_i 是第 i 个正例在排序表中的序号；而 $S_0 = \sum_{i=1}^{n} r_i$。例如，测试样本集中有 10 个样本，其中 5 个正例，5 个负例，预测器对其进行预测，它们为正例的概率是（0.0，0.1，0.1，0.1，0.15，0.5，0.6，0.75，0.81，0.9），对概率进行升序排列，得到表 8.2。表中，"−"代表正例，而"+"代表负例。

表 8.2　AUC 计算实例样本排序表

实例	−	−	−	+	−	+	−	+	+	+
概率	0.0	0.1	0.1	0.1	0.15	0.5	0.6	0、75	0. 81	0.9
i				1		2		3	4	5
r_i				4		6		8	9	10

则按公式（8.14）计算 AUC 值得

$$\text{AUC} = \frac{(4 + 6 + 8 + 9 + 10) - 5 \times 6/2}{5 \times 5} = 0.88 \quad\quad (8.15)$$

8.2　基于 C4.5 决策树和 m-branch 概率平滑的青海东昆仑矿产资源预测

　　本节应用 8.1 阐述的融合 C4.5 决策树和 m-branch 概率平滑的方法对青海东昆仑成矿带的多种金属矿产资源（金矿、铁矿和铜铅锌多金属矿）进行矿产资源预测。为了阐述方便，论文中简称融合 C4.5 决策树、证据权和 m-branch 概率平滑的方法为 C4.5 方法。应用示例中使用的数据来源于项目组构建的多源地质空间数据库，该数据库包括多个数据源的地质矿产数据，有地球化学数据、地球物理数据、航磁数据、遥感数据等。实验中的 C4.5 决策树和 m-branch 概率平滑方法以及用于模型验证的交叉验证和 AUC 计算功能全部采用 C#编程语言编写，并设计为原型软件。

8.2.1 成矿专题属性图层选取

选用的数据源包括 1：50 万地质矿产数据、1：50 万区域航磁异常数据、1：50 万区域布格异常数据、1：50 万地球化学异常数据和 Aster 遥感数据。针对不同矿种成矿特点，对铁矿、金矿和铜铅锌多金属矿区域矿产资源预测实验采用了不同的成矿专题属性图层，具体的不同矿种选择的成矿专题属性图层如表 8.3 ~ 表 8.6 所示。总共采集 81 个已知铁矿点，108 个已知铜铅锌矿点，43 个已知金矿点。其中，铁矿点中包含 62 个夕卡岩型铁矿点。

表 8.4 中，成矿专题属性"NW、EW 断层"经过断层走向筛选的断层要素，图层中只包括了 NW 和 EW 走向的断层要素。断层构造交点是提取的断层线要素的交点，为点要素图层。

表 8.3　铁矿成矿专题属性选取

成矿专题属性	图层源	图层类型	数据来源
不整合相离	不整合边界	Polyline	1：50 万区域地质矿产图
断层相离	断层	Polyline	
断层走向	断层	Polyline	
印支期侵入岩	地层	Polygon	
地层岩性	地层	Polygon	
航磁异常范围	航磁异常	Polygon	1：50 万区域航磁异常图
布格异常范围	布格异常	Polygon	1：50 万区域布格异常图
Fe	化学异常	Polygon	1：50 万区域地球化学异常图
Mn	化学异常	Polygon	
ALI、CLI、KLI、OHI、QI、SI	围岩蚀边异常	Polygon	ASTER 遥感数据

注：ALI 表示遥感蚀变异常明矾石；CLI 表示方解石；KLI 表示高岭石；OHI 表示羟基；表示 QI 石英；SI 表示硅化

表 8.4　夕卡岩型铁矿成矿专题属性图层选取

成矿专题属性	图层源	图层类型	数据源
NW、EW 断层	断层	Polyline	1：50 万区域地质矿产图
断层构造交点	断层	Point	
印支期侵入岩	地层	Polygon	
滩间山群	地层	Polygon	
航磁异常范围	航磁异常	Polygon	1：50 万区域航磁异常图

续表

成矿专题属性	图层源	图层类型	数据源
布格异常范围	布格异常	Polygon	1∶50 万区域布格异常图
Fe	化学异常	Polygon	1∶50 万区域地球化学异常图
Mn	化学异常	Polygon	

表 8.5　金矿成矿专题属性图层选取

成矿专题属性	图层源	图层类型	数据源
不整合相离	不整合边界	Polyline	1∶50 万区域地质矿产图
断层相离	断层	Polyline	
断层走向	断层	Polyline	
印支期侵入岩	地层	Polygon	
地层岩性	地层	Polygon	
航磁异常范围	航磁异常	Polygon	1∶50 万区域航磁异常图
布格异常范围	布格异常	Polygon	1∶50 万区域布格异常图
As	化学异常	Polygon	1∶50 万区域地球化学异常图
Cu	化学异常	Polygon	
Sb	化学异常	Polygon	
KLI、OHI、QI、SI	围岩蚀边异常	Polygon	ASTER 遥感数据

表 8.6　铜铅锌矿成矿专题属性图层选取

成矿专题属性	图层源	图层类型	数据源
不整合相离	不整合边界	Polyline	1∶50 万区域地质矿产图
断层相离	断层	Polyline	
断层走向	断层	Polyline	
印支期侵入岩	地层	Polygon	
地层岩性	地层	Polygon	
航磁异常范围	航磁异常	Polygon	1∶50 万区域航磁异常图
布格异常范围	布格异常	Polygon	1∶50 万区域布格异常图
As	化学异常	Polygon	1∶50 万区域地球化学异常图
Cu	化学异常	Polygon	
Sb	化学异常	Polygon	
KLI、OHI、QI、SI	围岩蚀边异常	Polygon	ASTER 遥感数据

8.2.2　对比度选择最优缓冲距离

成矿因素对成矿的影响是一个辐射范围，而不仅仅是成矿专题属性图层上的要素范围。例如，断层对它周围一定范围内区域成矿都有影响，而不仅仅是有断层存在的区域有影响。证据权中的对比度参数指示了该成矿专题属性图层同已知矿点图层的相关性。对比度越大，表示该成矿专题属性图层同矿化关系越密切，因此，在证据权方法中，选择使对比度最大的缓冲距离作为最优缓冲距离，并将做最有缓冲距离的图层作为成矿专题属性图层参与区域矿产资源预测。

采用尝试方法，对成矿专题属性图层依次做不同距离的缓冲，计算不同缓冲距离下成矿专题属性图层与矿点图层的对比度系数和 Stud（C）统计量，从中挑选出最优的缓冲区距离。可以预见，在刚开始一个阶段内，随着缓冲距离的增加，成矿专题属性图层要素面积随之增加，致使成矿专题属性图层要素覆盖更多矿点，对比度系数和 Stud（C）统计量随之升高。当对比度系数和 Stud（C）统计量增加到一定程度或者到达阈值后，更大的成矿专题属性图层要素面积不能覆盖或者覆盖矿点增加较少，而更大的成矿专题属性图层要素面积会使对比度系数下降，这个使对比度到达峰值的缓冲距离就是要寻找的最优缓冲距离。实验中选择缓冲距离以 500m 开始，到 7500m 结束，每间隔 500m 计算一次成矿专题属性图层与矿点图层的对比度系数。铁矿资源预测实验中分别对不整合界线、断层和印支期侵入岩 3 个需要做缓冲区的图层进行最优缓冲区分析。

另外，本文的证据权处理模块使用 C# 与 matlab 混合编程实现，该模块输入 .txt 的文本文件格式。因此需要对成矿专题属性图层进行系列处理，保证最后得到坐标及像素大小一致的二值化 .txt 文件。数据的处理和转换过程如图 8.5 所示。其中，缓冲、Clip、Union、PolygontoRaster 和 RastertoASCII 都是 ArcGIS 的空间分析工具，整个数据格式转换过程，在 ArcGIS 平台上调用 Python for ArcGIS 接口进行批处理。

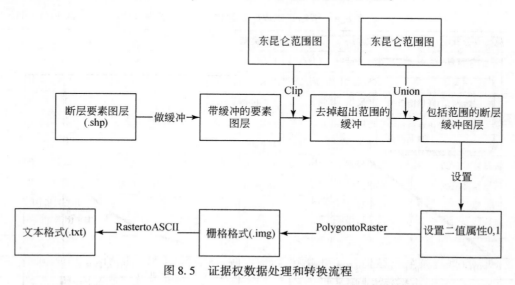

图 8.5　证据权数据处理和转换流程

1. 铁矿最优缓冲距离分析

从表 8.7 ~ 表 8.9 可以看出不整合界线在缓冲 6000m 的时候有最大的对比度 = 0.9016 和 Stud（C）= 4.0401，因此我们选择对不整合界线做 6000m 缓冲的图层作为成矿专题属性图层。同样，断层和印支期侵入岩在缓冲 3500m 的时候有最大对比度 = 0.5213，Stud（C）= 2.3143 和对比度 = 1.6152，Stud（C）= 6.7838，于是我们选择对断层和印支期做 6000 缓冲的图层作为成矿专题属性图层。最优缓冲距离的不整合界线、断层和印支期侵入岩图层如图 8.6 ~ 图 8.8 所示。

表 8.7　铁矿与不整合界线证据权参数

距离/m	面积/km²	矿点/#	正权	正方差	负权	负方差	对比度	Stud（C）
500	4125	4	0.1313	0.2502	−0.0064	0.013	0.1377	0.2684
1000	6815	9	0.4406	0.1113	−0.0436	0.0139	0.4841	1.3685
1500	9446	11	0.3146	0.091	−0.0415	0.0143	0.3561	1.0974
2000	12030	14	0.3139	0.0715	−0.0548	0.0149	0.3687	1.2541
2500	14666	18	0.3672	0.0556	−0.0842	0.0159	0.4514	1.6879
3000	17213	19	0.261	0.0527	−0.068	0.0161	0.329	1.2542
3500	19613	24	0.3642	0.0417	−0.1209	0.0176	0.4851	1.9926
4000	21995	27	0.3674	0.0371	−0.143	0.0185	0.5104	2.1642
4500	24296	32	0.4379	0.0313	−0.2083	0.0204	0.6462	2.8415
5000	26613	36	0.4646	0.0278	−0.2603	0.0222	0.7249	3.2401
5500	28824	40	0.4902	0.025	−0.3207	0.0244	0.8109	3.6467
6000	31025	44	0.5119	0.0228	−0.3897	0.027	0.9016	4.0401
6500	33087	45	0.47	0.0223	−0.3844	0.0278	0.8544	3.8194
7000	35112	46	0.4325	0.0218	−0.3795	0.0286	0.812	3.6185
7500	37043	47	0.4005	0.0213	−0.3758	0.0294	0.7763	3.4465

表 8.8　铁矿与断层证据权参数

距离/m	面积/km²	矿点/#	正权	正方差	负权	负方差	对比度	Stud（C）
500	7449	8	0.2336	0.1251	−0.0226	0.0137	0.2561	0.6874
1000	14683	18	0.366	0.0556	−0.084	0.0159	0.45	1.6828
1500	21443	24	0.2749	0.0417	−0.0964	0.0176	0.3713	1.5252
2000	27807	30	0.2381	0.0334	−0.1175	0.0196	0.3556	1.5447
2500	33381	34	0.1805	0.0294	−0.1129	0.0213	0.2934	1.3026
3000	38479	42	0.2498	0.0238	−0.2135	0.0257	0.4633	2.0825
3500	42945	47	0.2525	0.0213	−0.2688	0.0294	0.5213	2.3143
4000	47048	49	0.2028	0.0204	−0.2477	0.0313	0.4505	1.9815
4500	50684	50	0.1485	0.02	−0.201	0.0323	0.3495	1.5284
5000	53967	50	0.0857	0.02	−0.1244	0.0323	0.2101	0.9188
5500	56866	53	0.0917	0.0189	−0.1534	0.0357	0.2451	1.0485
6000	59488	55	0.0836	0.0182	−0.1567	0.0385	0.2403	1.0095
6500	61799	56	0.0635	0.0179	−0.1291	0.04	0.1926	0.8005
7000	63885	57	0.048	0.0176	−0.1055	0.0417	0.1535	0.6306
7500	65725	59	0.0541	0.017	−0.1321	0.0455	0.1862	0.745

表 8.9　铁矿与印支期侵入岩证据权参数

距离/m	面积/km²	矿点/#	正权	正方差	负权	负方差	对比度	Stud (C)
500	13659	27	0.8445	0.0371	-0.2509	0.0185	1.0954	4.6438
1000	16304	31	0.8056	0.0323	-0.2949	0.02	1.1005	4.8107
1500	18861	36	0.8095	0.0278	-0.3674	0.0222	1.1768	5.2595
2000	21374	43	0.8622	0.0233	-0.5031	0.0263	1.3652	6.1281
2500	23748	48	0.8669	0.0209	-0.6115	0.0303	1.4784	6.5341
3000	26052	51	0.8348	0.0196	-0.6741	0.0333	1.5089	6.5547
3500	28231	55	0.83	0.0182	-0.7853	0.0385	1.6152	6.7838
4000	30377	56	0.7746	0.0179	-0.7919	0.04	1.5666	6.5101
4500	32400	57	0.7278	0.0176	-0.8011	0.0417	1.5289	6.2805
5000	34387	61	0.7361	0.0164	-0.9513	0.05	1.6874	6.5465
5500	36318	62	0.6977	0.0162	-0.9704	0.0526	1.668	6.3591
6000	38203	62	0.647	0.0162	-0.9378	0.0526	1.5848	6.0419
6500	40027	62	0.6003	0.0162	-0.9053	0.0526	1.5056	5.7399
7000	41789	62	0.5571	0.0162	-0.8729	0.0527	1.43	5.4517
7500	43503	62	0.5169	0.0162	-0.8403	0.0527	1.3572	5.174

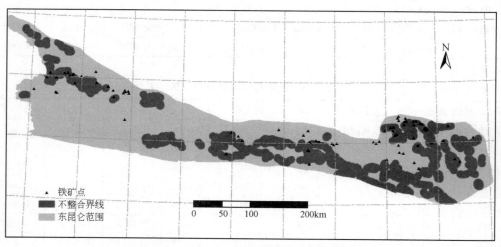

图 8.6　铁矿不整合界线成矿专题属性图层

2. 夕卡岩型铁矿最优缓冲距离分析

从表 8.10 ~ 表 8.13 中可以看出 NW、EW 断层在缓冲 500m 的时候有最大的对比度 = 0.6032 和 Stud (C) = 1.5915，断层构造交点在缓冲 4500m 的时候有最大的对比度 = 1.4987 和 Stud (C) = 1.4864，印支期侵入岩在缓冲 3500m 时有最大对比度 = 1.6152 和 Stud (C) = 6.7838，滩间山群在缓冲 2000m 时有最大对比度 = 2.2826 和 Stud (C) =

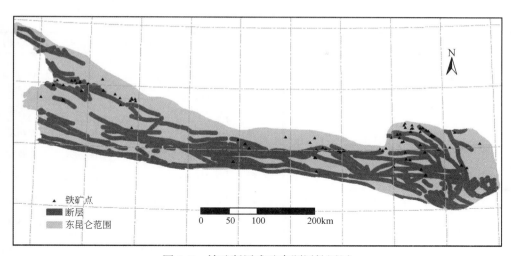

图 8.7　铁矿断层成矿专题属性图层

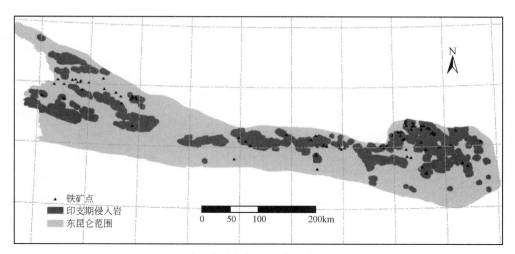

图 8.8　铁矿印支期侵入岩成矿专题属性图层

8.3882。因此我们选择对 NW、EW 断层做 500m 缓冲，对断层构造交点做 4500m 缓冲，对印支期侵入岩做 3500m 缓冲，对滩间山群做 2000m 缓冲。最优缓冲距离的 NW、EW 断层、断层构造交点、印支期侵入岩和滩间山群图层如图 8.9 ~ 图 8.12 所示。

表 8.10　夕卡岩型铁矿与 NW、EW 断层证据权参数

距离/m	面积/km^2	矿点/#	正权	正方差	负权	负方差	对比度	Stud（C）
500	7155	8	0.543	0.1251	−0.0602	0.0185	0.6032	1.5915
1000	14096	13	0.3502	0.077	−0.0755	0.0204	0.4257	1.364
1500	20583	17	0.2398	0.0589	−0.0775	0.0222	0.3173	1.1142
2000	26730	20	0.141	0.05	−0.0607	0.0238	0.2017	0.7421
2500	32135	22	0.052	0.0455	−0.0275	0.025	0.0796	0.2996

续表

距离/m	面积/km²	矿点/#	正权	正方差	负权	负方差	对比度	Stud（C)
3000	37085	29	0.1851	0.0345	−0.1385	0.0303	0.3236	1.2709
3500	41504	33	0.2018	0.0303	−0.1889	0.0345	0.3907	1.5344
4000	45596	35	0.1666	0.0286	−0.1814	0.0371	0.348	1.358
4500	49235	35	0.0897	0.0286	−0.1055	0.0371	0.1952	0.7618
5000	52528	36	0.0531	0.0278	−0.0692	0.0385	0.1223	0.4751
5500	55516	37	0.0252	0.027	−0.0361	0.04	0.0613	0.2367
6000	58235	39	0.03	0.0257	−0.0489	0.0435	0.0789	0.3001
6500	60635	40	0.0149	0.025	−0.0266	0.0455	0.0415	0.1564
7000	62828	40	−0.0206	0.025	0.0386	0.0455	0.0592	0.2231
7500	64808	42	−0.0028	0.0238	0.006	0.05	0.0089	0.0326

表 8.11　夕卡岩型铁矿与断层构造交点证据权参数

距离/m	面积/km²	矿点/#	正权	正方差	负权	负方差	对比度	Stud（C)
500	101	0	−Inf	Inf	0.0011	0.0161	Inf	NaN
1000	353	0	−Inf	Inf	0.0037	0.0161	Inf	NaN
1500	793	0	−Inf	Inf	0.0084	0.0161	Inf	NaN
2000	1411	0	−Inf	Inf	0.0149	0.0161	Inf	NaN
2500	2155	0	−Inf	Inf	0.0229	0.0161	Inf	NaN
3000	3052	0	−Inf	Inf	0.0325	0.0161	Inf	NaN
3500	4092	1	−0.9785	1.0002	0.0276	0.0164	1.0061	0.9979
4000	5240	1	−1.2259	1.0002	0.0403	0.0164	1.2661	1.2558
4500	6518	1	−1.4442	1.0002	0.0545	0.0164	1.4987	1.4864
5000	7876	3	−0.5346	0.3335	0.0366	0.017	0.5712	0.9649
5500	9345	3	−0.7056	0.3334	0.0535	0.017	0.7592	1.2825
6000	10831	5	−0.3423	0.2001	0.0365	0.0176	0.3787	0.8118
6500	12401	5	−0.4777	0.2001	0.0552	0.0176	0.5329	1.1423
7000	14029	6	−0.4187	0.1667	0.0573	0.0179	0.476	1.1078
7500	15700	6	−0.5313	0.1667	0.0781	0.0179	0.6093	1.4182

表 8.12　夕卡岩型铁矿与印支期侵入岩证据权参数

距离/m	面积/km²	矿点/#	正权	正方差	负权	负方差	对比度	Stud（C)
500	13659	27	0.8445	0.0371	−0.2509	0.0185	1.0954	4.6438
1000	16304	31	0.8056	0.0323	−0.2949	0.02	1.1005	4.8107

续表

距离/m	面积/km²	矿点/#	正权	正方差	负权	负方差	对比度	Stud (C)
1500	18861	36	0.8095	0.0278	-0.3674	0.0222	1.1768	5.2595
2000	21374	43	0.8622	0.0233	-0.5031	0.0263	1.3652	6.1281
2500	23748	48	0.8669	0.0209	-0.6115	0.0303	1.4784	6.5341
3000	26052	51	0.8348	0.0196	-0.6741	0.0333	1.5089	6.5547
3500	28231	55	0.83	0.0182	-0.7853	0.0385	1.6152	6.7838
4000	30377	56	0.7746	0.0179	-0.7919	0.04	1.5666	6.5101
4500	32400	57	0.7278	0.0176	-0.8011	0.0417	1.5289	6.2805
5000	34387	61	0.7361	0.0164	-0.9513	0.05	1.6874	6.5465
5500	36318	62	0.6977	0.0162	-0.9704	0.0526	1.668	6.3591
6000	38203	62	0.647	0.0162	-0.9378	0.0526	1.5848	6.0419
6500	40027	62	0.6003	0.0162	-0.9053	0.0526	1.5056	5.7399
7000	41789	62	0.5571	0.0162	-0.8729	0.0527	1.43	5.4517
7500	43503	62	0.5169	0.0162	-0.8403	0.0527	1.3572	5.174

表 8.13　夕卡岩型铁矿与滩间山群证据权参数

距离/m	面积/km²	矿点/#	正权	正方差	负权	负方差	对比度	Stud (C)
500	2189	8	1.7299	0.1255	-0.115	0.0185	1.8449	4.862
1000	2940	14	1.9957	0.0718	-0.2248	0.0208	2.2204	7.2963
1500	3687	16	1.9024	0.0628	-0.2592	0.0218	2.1616	7.4352
2000	4437	20	1.9405	0.0502	-0.342	0.0238	2.2826	8.3882
2500	5172	20	1.7866	0.0502	-0.3339	0.0238	2.1205	7.7944
3000	5935	20	1.6485	0.0502	-0.3254	0.0238	1.9739	7.2568
3500	6671	21	1.5802	0.0478	-0.3413	0.0244	1.9214	7.1522
4000	7422	22	1.5198	0.0456	-0.3575	0.025	1.8773	7.0652
4500	8171	25	1.5516	0.0401	-0.4269	0.027	1.9785	7.6345
5000	8951	28	1.5738	0.0358	-0.5025	0.0294	2.0763	8.1285
5500	9693	29	1.5292	0.0346	-0.5237	0.0303	2.0529	8.0583
6000	10448	30	1.4879	0.0334	-0.5457	0.0313	2.0336	7.9955
6500	11200	30	1.4182	0.0334	-0.5368	0.0313	1.955	7.6868
7000	11912	32	1.4211	0.0313	-0.5928	0.0333	2.014	7.9191
7500	12648	33	1.3919	0.0304	-0.6179	0.0345	2.0098	7.8905

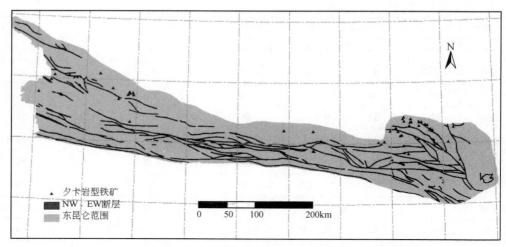

图 8.9　夕卡岩型铁矿 NW、EW 断层成矿专题属性图层

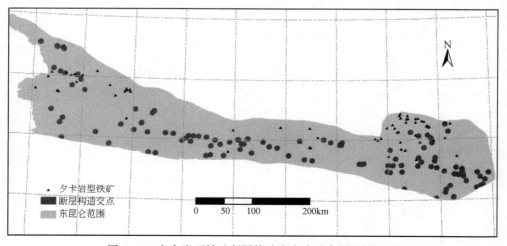

图 8.10　夕卡岩型铁矿断层构造交点成矿专题属性图层

3. 金矿最优缓冲距离分析

从表 8.14 ~ 表 8.16 中可以看出不整合界线在缓冲 2000m 的时候有最大的对比度 = 0.4583 和 Stud（C）= 1.1692，断层在缓冲 1000m 的时候有最大的对比度 = 0.7537 和 Stud（C）= 2.216，印支期侵入岩在缓冲 7000m 时有最大对比度 = 1.0829 和 Stud（C）= 3.2607，因此我们选择对不整合界线做 2000m 缓冲，对断层做 1000m 缓冲，对印支期侵入岩做 7000m 缓冲。最优缓冲距离的不整合界线、断层和印支期侵入岩图层如图 8.13 ~ 图 8.15 所示。

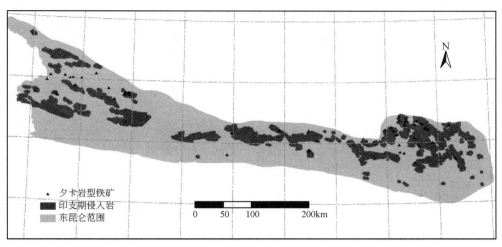

图 8.11　夕卡岩型铁矿印支期侵入岩成矿专题属性图层

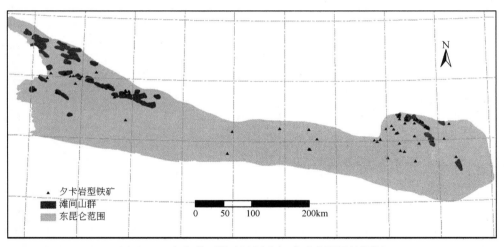

图 8.12　夕卡岩型铁矿滩间山组成矿专题属性图层

表 8.14　金矿与不整合界线证据权参数

距离/m	面积/km²	矿点/#	正权	正方差	负权	负方差	对比度	Stud（C）
500	4125	2	0.0713	0.5002	−0.0034	0.0244	0.0747	0.1031
1000	6815	5	0.4858	0.2001	−0.0494	0.0263	0.5352	1.1247
1500	9446	5	0.1592	0.2001	−0.0192	0.0263	0.1783	0.3748
2000	12030	8	0.3875	0.1251	−0.0709	0.0286	0.4583	1.1692
2500	14666	8	0.1892	0.1251	−0.0387	0.0286	0.2279	0.5814
3000	17213	9	0.1469	0.1112	−0.0355	0.0294	0.1824	0.4864

距离/m	面积/km²	矿点/#	正权	正方差	负权	负方差	对比度	Stud（C）
3500	19613	10	0.1217	0.1001	−0.0341	0.0303	0.1558	0.4315
4000	21995	11	0.1024	0.091	−0.0329	0.0313	0.1353	0.3869
4500	24296	12	0.0899	0.0834	−0.0327	0.0323	0.1226	0.3605
5000	26613	13	0.0788	0.077	−0.0323	0.0333	0.1111	0.3346
5500	28824	14	0.0731	0.0715	−0.0335	0.0345	0.1066	0.3274
6000	31025	15	0.0685	0.0667	−0.0349	0.0357	0.1034	0.323
6500	33087	15	0.0041	0.0667	−0.0022	0.0357	0.0064	0.0199
7000	35112	16	0.0093	0.0625	−0.0055	0.0371	0.0147	0.0467
7500	37043	20	0.179	0.05	−0.1332	0.0435	0.3122	1.0208

表 8.15 金矿与断层证据权参数

距离/m	面积/km²	矿点/#	正权	正方差	负权	负方差	对比度	Stud（C）
500	7449	6	0.5793	0.1668	−0.0689	0.027	0.6481	1.4721
1000	14683	12	0.5938	0.0834	−0.1599	0.0323	0.7537	2.216
1500	21443	15	0.4381	0.0667	−0.174	0.0357	0.6121	1.9125
2000	27807	18	0.3605	0.0556	−0.1972	0.04	0.5577	1.8036
2500	33381	20	0.2831	0.05	−0.1943	0.0435	0.4774	1.561
3000	38479	22	0.2363	0.0455	−0.1992	0.0476	0.4355	1.4272
3500	42945	23	0.1709	0.0435	−0.1661	0.05	0.337	1.1018
4000	47048	26	0.2023	0.0385	−0.2469	0.0588	0.4492	1.4398
4500	50684	27	0.1655	0.0371	−0.2291	0.0625	0.3946	1.2505
5000	53967	28	0.1391	0.0357	−0.2171	0.0667	0.3562	1.1131
5500	56866	30	0.1558	0.0334	−0.2874	0.0769	0.4432	1.3345
6000	59488	30	0.1107	0.0334	−0.2166	0.077	0.3273	0.9855
6500	61799	30	0.0726	0.0333	−0.1498	0.077	0.2223	0.6694
7000	63885	31	0.0722	0.0323	−0.1654	0.0834	0.2376	0.6986
7500	65725	31	0.0438	0.0323	−0.1049	0.0834	0.1487	0.4372

表 8.16 金矿与印支期侵入岩证据权参数

距离/m	面积/km²	矿点/#	正权	正方差	负权	负方差	对比度	Stud（C）
500	13659	8	0.2604	0.1251	−0.0511	0.0286	0.3115	0.7946
1000	16304	11	0.4019	0.091	−0.1078	0.0313	0.5097	1.4579
1500	18861	14	0.4975	0.0715	−0.1733	0.0345	0.6708	2.0605
2000	21374	15	0.4414	0.0667	−0.1749	0.0357	0.6163	1.9255
2500	23748	18	0.5184	0.0556	−0.2556	0.04	0.774	2.5033
3000	26052	19	0.4799	0.0527	−0.2637	0.0417	0.7435	2.4207
3500	28231	20	0.4508	0.05	−0.2743	0.0435	0.7251	2.3708
4000	30377	20	0.3775	0.05	−0.2417	0.0435	0.6192	2.0246
4500	30377	20	0.3775	0.05	−0.2417	0.0435	0.6192	2.0246

续表

距离/m	面积/km²	矿点/#	正权	正方差	负权	负方差	对比度	Stud（C）
5000	34387	24	0.4359	0.0417	−0.369	0.0526	0.8048	2.6203
5500	36318	26	0.4613	0.0385	−0.448	0.0588	0.9093	2.9145
6000	38203	27	0.4484	0.0371	−0.4761	0.0625	0.9245	2.9297
6500	40027	28	0.4381	0.0357	−0.5082	0.0667	0.9463	2.9568
7000	41789	30	0.4641	0.0334	−0.6188	0.0769	1.0829	3.2607
7500	43503	30	0.4238	0.0334	−0.5863	0.0769	1.0101	3.0414

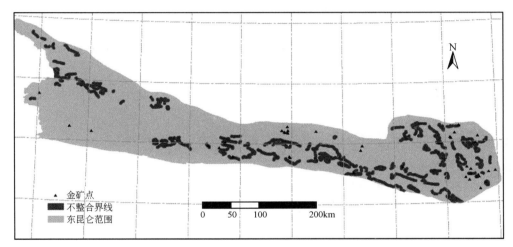

图 8.13　金不整合界线成矿专题属性图层

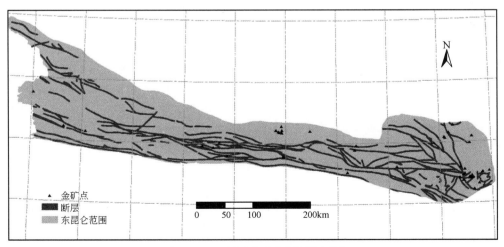

图 8.14　金断层成矿专题属性图层

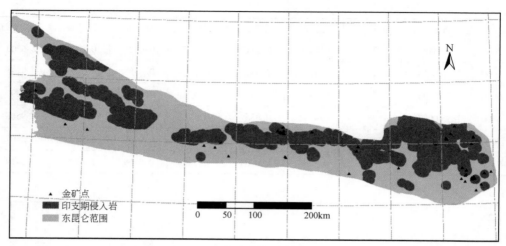

图 8.15　金印支期侵入岩成矿专题属性图层

8.2.3　矿点缓冲区

考虑到矿点的周围有矿的可能性较高、矿点在现实中不是一个点而是覆盖较广区域的面以及本实验中矿点数相对较少 3 个方面的原因，对矿点数据作距离为 1km 的缓冲区。叠置到格网上后，共得到 642 个铁矿格网、495 个夕卡岩型铁矿格网和 348 个金矿格网。

8.2.4　划分格网

将所有成矿专题属性图层转化为统一数据格式的矢量文件，并统一大地坐标系和投影坐标系。本文中采用北京 54 大地坐标系和高斯-克吕格 96°投影坐标系。对有缺失的属性值添加缺失值，如 "无断裂"、"无不整合界线"、"无化学异常" 等。采用 ESRI 公司的商用软件 ArcGIS 对数据进行统一处理。用 ArcGIS 的 Spatial Join 空间分功能，将多个成矿专题属性图层按空间位置叠加为一个图层，使该图层包括了所有图层的成矿专题属性。接着，对组合所有成矿专题属性的图层划分格网。按照保证最多一个矿点落在同一个格网的原则，我们选取划分格网大小为 1000m×1000m。

8.2.5　导出关系表转换数据格式

C4.5 决策树是传统的关系数据挖掘算法，因此需要将空间数据转化为可以被 C4.5 决策树处理的关系数据。由于已经组合所有成矿专题属性图层并划分好格网，每个格网所代表的空间要素可以转换为关系数据表中的一个元组，该元组是一个由所有成矿专题属性图层属性组成的 n 维向量，其中 n 是成矿专题属性图层的个数。shape 文件中的 .dbf 文件包含了关系数据表所有数据，经过转换可以得到 Excel 表的 .xls 数据。由于该数据中只存在每个格网所代表的元组，即每一行数据，而没有对每个证据属性具体值的统计，为了方便我们编写的 C4.5 决策树模块要求输入 .arff 格式的数据（该格式包含对每个证据属性具体值的统计）。.arff 是开源数据挖掘软件 weka 的数据处理格式。数据的转换流程如图 8.16 所示。划分好的格网的图层如图 8.17 所示。

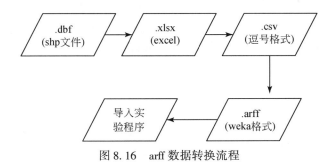

图 8.16　arff 数据转换流程

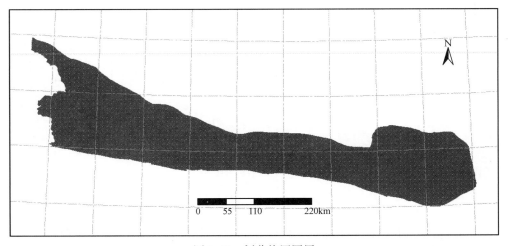

图 8.17　划分格网图层

8.2.6　拟合优度和交叉验证测试

论文在使用融合 C4.5 决策树、证据权和 m-branch 概率平滑的方法对青海东昆仑地区的应用实验中，采用了两种方法来验证模型的预测性能，它们是拟合优度测试（goodness of fit test）和十折交叉验证测试（ten-fold cross-validation test）。

在拟合优度测试中，全部的 81 个铁矿点和 43 个金矿点连同成矿专题属性图层，作为训练样本用于构建概率预测树，再用所有的铁矿点和金矿点对预测模型进行验证，将验证结果制成 ROC 曲线，同时计算 ROC 曲线的下面积 AUC 值，用 ROC 曲线来定性评价预测模型的预测性能，用 AUC 值来定量评价预测模型的预测性能。

在十折交叉验证中，96576 个格网样本被随机抽样分成 10 份，每次用其中的 1 份用作测试样本，剩下的 9 份用作训练样本。首先，将 9 份样本用作训练样本输入 C4.5 算法模型中，构造决策树；接着，再用 m-branch 概率平滑方法将决策树转换为概率预测树；然后用将 1 份测试样本输入概率预测树，计算这份样本的预测概率。交换测试样本重复前 3 步共 10 次，保证每一份样本均用作测试后，结束交叉验证。累积每一份预测结果就得到了全部样本的预测结果，同时保证了每份样本都参与了训练和测试过程。该交叉验证模块已通过 C#编程嵌入到 C4.5 算法模块中，在运行 C4.5 算法时选择交叉验证，交叉验证过程就会自动运行，最后得到全部样本的预测结果。交叉验证的流程如图 8.18 所示。

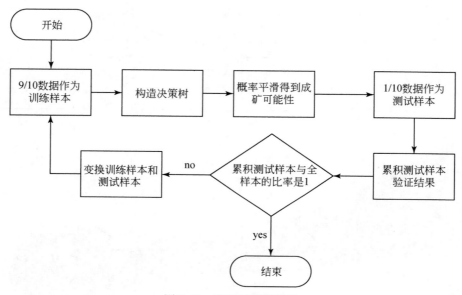

图 8.18　交叉验证流程图

将组织好的 .arff 格式数据输入 C4.5 决策树模型中，就可以构造决策树和概率预测树。在模型具体实现中，m-branch 计算模块直接嵌入到决策树构造算法中，这样，构造决策树的过程中直接生成了概率预测树。本文中构造的决策树版本是不剪枝不坍塌（collapsing）的 C4.5 决策树，有的文献中称为 C4.4 版本。前人的研究已经表明去掉剪枝和坍塌步骤，能得到一颗完全生长的决策树，这样的决策树预测效果更好。因为剪枝和坍塌步骤实际上都是为了精简决策树分支，降低决策树分类器的误分率。这里的误分率和预测准确率没有直接的关系，一个是针对分类的评价标准，一个是针对预测的评价标准。而完全生长的决策树才能保留更多的分类信息，因此，使用不剪枝不坍塌的决策树版本才能得到更好的预测准确率。其中，坍塌是指决策树结点构造中的一个判定。

如果当前结点的误分个数≥结点样本个数–结点中最频繁类频度-ε

则将当前结点设置为叶结点，停止当前结点继续递归构造子结点。坍塌代码如表 8.17 所示，详细描述可参考 J. R. Quinlan 的 C4.5 文献。

表 8.17　坍塌代码

```
if ( Node. Errors > = Cases - NoBestClass - Epsilon )
{
    Node. NodeType = 0;
}
```

将包含 96576 个样本记录的 .arff 文件输入到 C4.5 预测模型中，可以构造出概率预测树，并用这个概率预测树预测矿产资源。其中，铁矿资源预测实验的数据包括 10 个属性，而金矿资源预测实验的数据包括 11 个属性。由于 m-branch 概率平滑计算中，M 参数是一个经验参数，类似于证据权做缓冲距离的方法，我们需要不断尝试输入不同的 M 值，计算出构造模型的 AUC 值，选择使 AUC 值最大的 M 值作为最优 M 值。首先，M 取值选择从 20 开始，40 为间隔，一直到 420。找出使 AUC 值最大的 M 值区间，再在此区间以 1 为间隔对 M 取值，找出使 AUC 值最大的最优 M 值。构造概率预测树的流程如图 8.19 所示。铁矿资源预测的 AUC 值随 M 值变化曲线如图 8.20 所示，夕卡岩型铁矿的如图 8.21 所示，金矿的如图 8.22 所示。最终选择铁矿资源预测的 M 值为 4，金矿资源预测的 M 值为 1。图 8.22 中，由于交叉验证跟随机抽样的样本有很大关系，所以存在很大的随机性，交叉验证的 AUC 随 M 值变化曲线呈锯齿形。

拟合优度测试中，铁矿实验生成的概率预测树如表 8.18 所示，由于生成的概率预测树相当巨大，所以我们只能展示部分的概率预测树。在十折交叉验证中，总共需要训练 10 次，即会构造 10 颗概率预测树，因此这里不一一列举。其中，TRUE 和 FALSE 是分类属性，代表是否有矿化发生，在决策树中代表了该叶子结点所属的类标号。TRUE 和 FALSE 右边第一个括号内的（$A.B$）表示该叶子结点总共包含 A 个样本，其中有 B 个误分样本。右边第二个括号即是 m-branch 平滑方法计算出的预测概率。在测试阶段，经过决策树分类到达某一叶子结点的样本，就被分配给该结点的预测概率值。

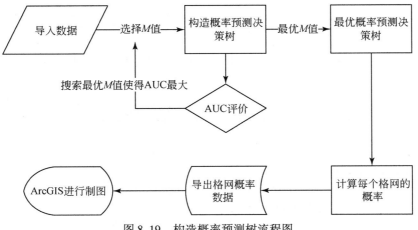

图 8.19　构造概率预测树流程图

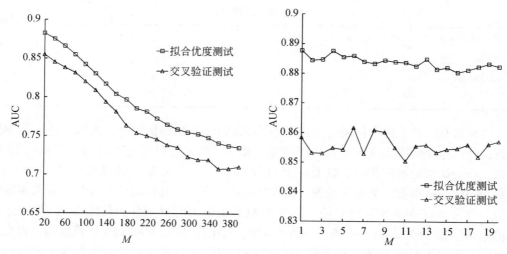

图 8.20　铁矿实验 AUC 值随 *M* 值变化曲线

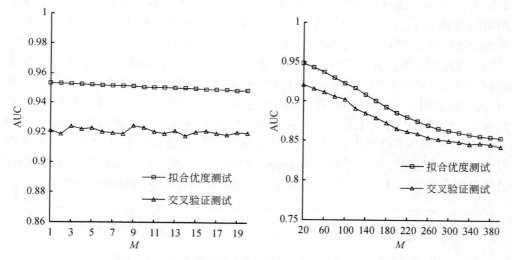

图 8.21　夕卡岩型铁矿实验 AUC 值随 *M* 值变化曲线

表 8.18　铁矿实验部分概率预测树

...

岩性 = 布青山群马尔争组：灰岩、中基性火山岩夹砂岩、硅质岩：
| 　航磁异常类 = 0-50：
| 　| 　布格异常类 = <405；405-415：TRUE（0.0）（0.00590426677211231）
| 　| 　布格异常类 = <405：TRUE（0.0）（0.00590426677211231）
| 　| 　布格异常类 = 505-520；520-535：TRUE（0.0）（0.00590426677211231）
| 　| 　布格异常类 = 445-460：
| 　| 　| 　Fe 离散化 = Fe 异常高：FALSE（61.0）（0.000569166999734668）

```
|   |   |   Fe 离散化 = Fe 异常低：TRUE（0.0）（0.00924896374568835）
|   |   |   Fe 离散化 = Fe 异常中：
|   |   |   　断裂走向 = NW：TRUE（0.0）（0.0127146694050769）
|   |   |   　断裂走向 = NULL：TRUE（0.0）（0.0127146694050769）
|   |   |   　断裂走向 = NWW：FALSE（13.0）（0.00299168691884163）
|   |   |   　断裂走向 = NE：TRUE（0.0）（0.0127146694050769）
|   |   |   　断裂走向 = NNE：TRUE（0.0）（0.0127146694050769）
|   |   |   　断裂走向 = NNW：TRUE（0.0）（0.0127146694050769）
|   |   |   　断裂走向 = NEE：FALSE（13.0/3）（0.179462275154136）
|   航磁异常类 = 100-200：
|   |   布格异常类 = 460-475：FALSE（55.0）（0.000793769576417807）
|   |   布格异常类 = 445-460；430-445：TRUE（0.0）（0.0117081012521627）
|   |   布格异常类 = 430-445：TRUE（0.0）（0.0117081012521627）
|   |   布格异常类 = 415-430；430-445：TRUE（0.0）（0.0117081012521627）
|   |   布格异常类 = 415-430：TRUE（0.0）（0.0117081012521627）
|   |   布格异常类 = 475-490：TRUE（0.0）（0.0117081012521627）
|   |   布格异常类 = 475-490；460-475：TRUE（0.0）（0.0117081012521627）
|   |   布格异常类 = 490-505：TRUE（0.0）（0.0117081012521627）
|   |   布格异常类 = 490-505；475-490：TRUE（0.0）（0.01170810125216）
...

Evaluation on training data（96576 items）：


Before Pruning
----------------
Size        Errors

7322        552（0.6%）


Number of Leaves：6973

Max Depth of Tree：8

AUC value is：0.98633396519297
```

表 8.18 下部分显示了决策树的统计结果，它表明拟合优度测试中铁矿实验生成的概率预测树 AUC 值达到了 98.63%。而总共 96576 个样本，构造了一颗最大深度为 8，包含 6973 个叶子结点的决策树。该决策树的共有 552 个误分样本，误分率为 0.6%。

8.2.7　矿产资源预测制图

本文选择研究区域划分潜力区的方法对矿产资源预测进行可视化表达，制成矿产资

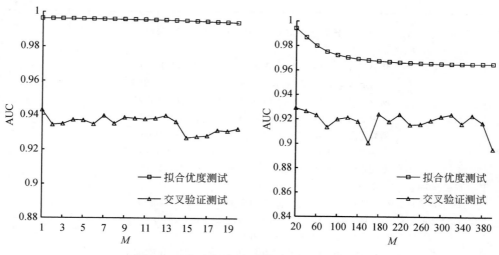

图 8.22　金矿实验 AUC 值随 M 值变化曲线

源预测图。制图过程中，将格网代表的空间对象按照预测概率的高低划分为低潜力区、中潜力区和高潜力区 3 类，为每一类渲染上不同的颜色。前人的经验指出，一般划分潜力区时，低潜力区域至少占总区域面积的 70%，中潜力区一般在总区域面积的 10% ~ 20%，高潜力区一般占 10% 或更少。结合项目组在青海东昆仑矿产资源预测的经验，我们采用低潜力区 75%，中潜力区 15%，高潜力区 10% 的分布方式，将青海东昆仑研究范围划分为高、中、低潜力 3 类。要将格网按预测概率分为 3 类，除了已知的最大预测概率值和最小预测概率值两个外，我们还需要两个截断点。在实施过程中，全部样本按照预测概率值从低到高进行排序，然后我们选取第 75% 和 90% 的点作为截断点。即是选择排序后的第 72432 个和第 86918 个点作为截断点。

　　表 8.19 ~ 表 8.21 显示了在拟合优度测试和十折交叉验证测试中，铁矿、夕卡岩型铁矿、金矿资源预测制图时选择的不同高中低潜力区值区间。铁矿拟合优度测试中，所有预测值的最小值为 0.00000，最大值为 0.68164，预测值在 0.00000 ~ 0.00161 的为低潜力区，预测值在 0.00162 ~ 0.00529 的为中潜力区，预测值在 0.00530 ~ 0.68164 的为高潜力区。其他的潜力区划分选择的区间如表 8.19 ~ 表 8.21 所述，这里不再一一赘述。

表 8.19　铁矿资源预测制图潜力区划分

铁矿	低潜力区	中潜力区	高潜力区	最大值	最小值
拟合优度测试	0.00001 -0.00424	0.00425 -0.01144	0.01145 -0.67627	0.67627	0.00001
十折交叉验证测试	0.00001 -0.00433	0.00434 -0.01088	0.01089 -0.75788	0.75788	0.00001

表 8.20　夕卡岩型铁矿资源预测制图潜力区划分

夕卡岩铁矿	低潜力区	中潜力区	高潜力区	最大值	最小值
拟合优度测试	0.00000 −0.00327	0.00328 −0.00936	0.00937 −0.7465	0.74165	0.00000
十折交叉 验证测试	0.00000 −0.00323	0.00324 −0.01051	0.01052 −0.48464	0.48464	0.00000

表 8.21　金矿资源预测制图潜力区划分

金矿	低潜力区	中潜力区	高潜力区	最大值	最小值
拟合优度测试	0.00000 −0.00152	0.00153 −0.00347	0.00348 −0.61086	0.61086	0.00000
十折交叉 验证测试	0.00000 −0.00161	0.00162 −0.00529	0.00530 −0.68164	0.68164	0.00000

　　图 8.23～图 8.30 分别是拟合优度测试和十折交叉验证测试中，铁矿、夕卡岩型铁矿、金矿和铜铅锌矿的预测图。对于铜铅锌矿的预测实验这里没有详细描述，仅呈上了其结果图和最后结果统计。图中，绿色区域表示低潜力区，黄色区域表示中潜力区，红色区域表示高潜力区，而蓝色小圆点代表已知矿点。从图中可以看出，大部分的矿点落在了红色和黄色的中潜力区和高潜力区，而中高潜力区在图中只占了很少的面积。

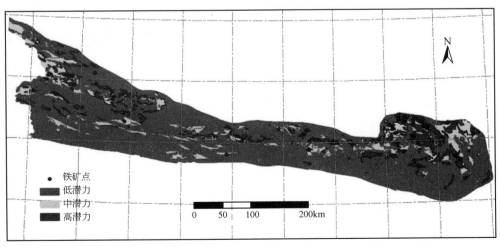

图 8.23　拟合优度测试铁矿资源预测图

8.2.8　结果与分析

　　本实验中，ROC 曲线及其下面积 AUC 值被用来评价模型的性能。在 ROC 曲线中，离对角线越远，越靠近左上角，模型的准确率越高，相反则越低。中间红色的对角线表

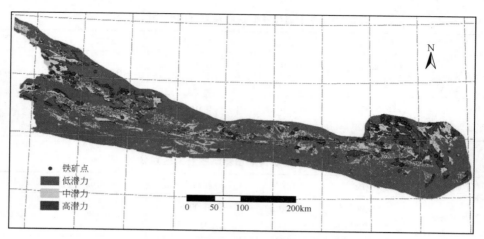

图 8.24　交叉验证测试铁矿资源预测图

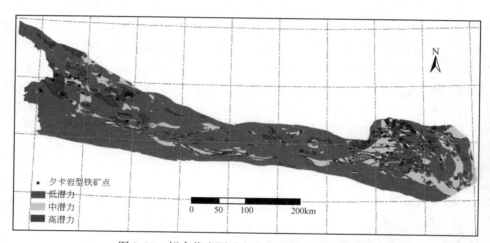

图 8.25　拟合优度测试夕卡岩型铁矿资源预测图

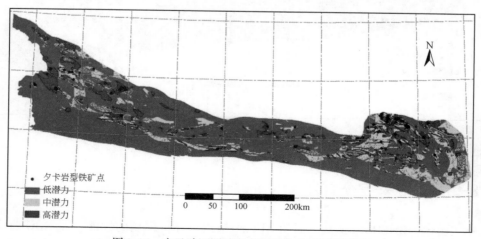

图 8.26　交叉验证测试夕卡岩型铁矿资源预测图

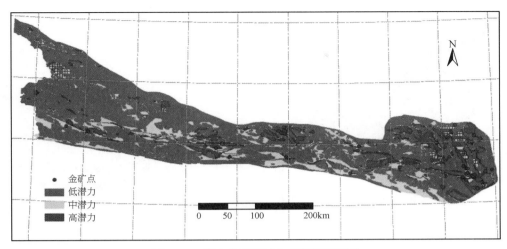

图 8.27 拟合优度测试金矿资源预测图

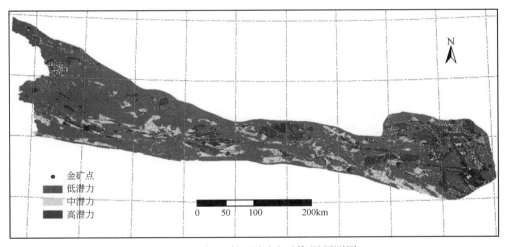

图 8.28 交叉验证测试金矿资源预测图

示随机预测的结果，所以一般 ROC 曲线都在对角线以上。从图 8.31 ~ 图 8.33 中可以看到，拟合优度测试的 ROC 曲线在交叉验证测试的 ROC 曲线之上，说明拟合优度测试的模型预测准确率更高，这是我们可以预见的。因为，拟合优度测试用全部的样本训练构造预测模型，又用全部的样本进行测试。对比铁矿和金矿资源预测效果，可以从 ROC 曲线中直观地看出，金矿资源预测效果更好，因为 ROC 曲线更靠近左上角。

ROC 曲线只能定性地评价预测模型性能，AUC 值可以用数值定性的评价模型预测性能。表 8.22 是铁矿、夕卡岩型铁矿和金矿在拟合优度和交叉验证测试下的 AUC 值和选择的 M 参数值。该方法在铁矿资源预测中，对于拟合优度测试，$M = 4$ 的时候得到最大预测准确率 88.76%，对于交叉验证测试，$M = 6$ 的时候得到最大预测准确率 86.17%。在夕卡岩型铁矿资源预测中，对于拟合优度测试，$M = 2$ 时得到最大预测准确率 97.24%，对于交叉验证测试，$M = 10$ 时得到最大预测准确率 95.10%。在金矿资源

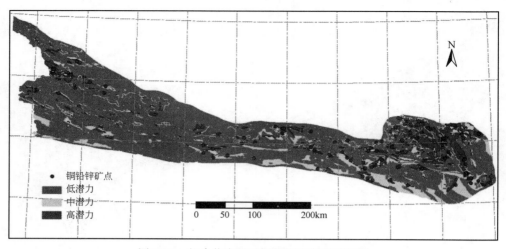

图 8.29　拟合优度测试铜铅锌矿资源预测图

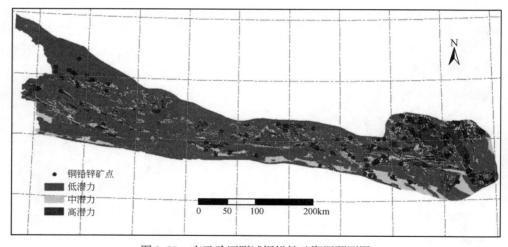

图 8.30　交叉验证测试铜铅锌矿资源预测图

预测中，拟合优度测试和交叉验证测试都在 $M=1$ 时取得最大预测准确率，分别为 99.62% 和 94.29% 。

表 8.22　铁矿金矿实验 AUC 值统计

测试方式	铁矿		夕卡岩型铁矿		金矿	
	M	AUC	M	AUC	M	AUC
拟合优度	4	0.887557	2	0.972354	1	0.996225
交叉验证	6	0.861669	10	0.950984	1	0.942918

除了用 AUC 评价预测准确率外，我们还对矿点落入各潜力区的情况进行了统计。在铁矿资源预测实验中如表 8.23 所示，对于拟合优度测试，75.31% 落入高潜力区，4.94% 落入中潜力区，19.75% 落入低潜力区；对于交叉验证测试，矿点中 69.14% 落入

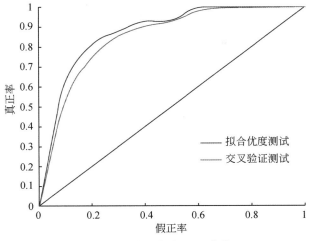

图 8.31　铁矿实验 ROC 曲线

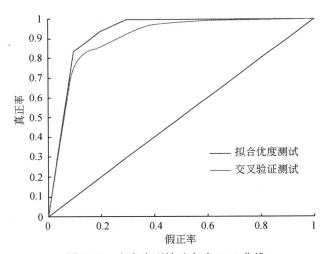

图 8.32　夕卡岩型铁矿实验 ROC 曲线

高潜力区，11.11% 落入中潜力区，19.75% 落入低潜力区。在夕卡岩型铁矿资源预测中，如表 8.24 所示对拟合优度测试，87.10% 落入高潜力区，11.29% 落入中潜力区，1.61% 落入低潜力区；对交叉验证测试，82.26% 落入高潜力区，14.52% 落入中潜力区，3.22% 落入低潜力区。在金矿资源预测实验中，如表 8.25 所示对于拟合优度测试，83.72% 落入高潜力区，9.30% 落入中潜力区，6.98% 落入低潜力区；对于交叉验证测试，矿点中 76.74% 落入高潜力区，13.95% 落入中潜力区，9.31% 落入低潜力区。

　　为了验证融合 C4.5 决策树和 m-branch 概率平滑的方法的预测效果，将该方法与第 5 章的证据权方法预测结果进行对比，见表 8.23～表 8.25。由于证据权方法没有使用 AUC 评价指标，因此只对证据权的矿点落入潜力区统计进行了对比。

　　从表 8.23～表 8.25 的矿点落入潜力区对比表中可以看出，C4.5 方法应用于各类矿种的预测结果，明显好于证据权结果。其中，在铁矿预测实验对比中，C4.5 拟合优度

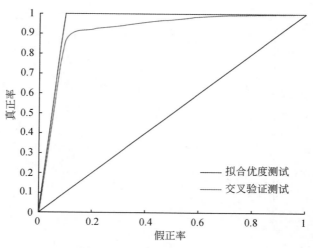

图 8.33　金矿实验 ROC 曲线

测试的低潜力区占总面积比例比证据权更多，而高中潜力区占总面积比例更多，并且更多的矿点落入了高中潜力区，充分说明了 C4.5 方法的预测效果更好。由于第 5 章证据权方法没有对铁矿提取夕卡岩型铁矿并进行预测实验，夕卡岩预测实验对比中显示的是全部铁矿的预测结果，虽然没有完全一致的对比条件，但是 C4.5 预测结果的矿点落入高中潜力区比例还是好于证据权。在金矿预测实验对比中，证据权高中潜力区面积占总面积的 20.00%，74.42% 的金矿点落入高中潜力区，C4.5 拟合优度测试中高中潜力区面积占总面积的 23.73%，93.02% 的金矿点落入高中潜力区。与 C4.5 方法相比，证据权方法仅增加了 3.73% 的高中潜力区面积，就提高了 18.60% 的矿点落入高中潜力区比例，同样可以说明 C4.5 方法的预测效果比证据权方法好。并且，在各矿种预测实验中，C4.5 方法的预测结果在使矿点落入中高潜力区的同时，也使更多的矿点落入了高潜力区，更少的矿点落入中潜力区，所以 C4.5 的预测效果在高中低潜力区是全面好于证据权的。

表 8.23　铁矿点落入潜力区对比

测试方式	高潜力区		中潜力区		低潜力区	
	矿点（#）	面积（km²）	矿点（#）	面积（km²）	矿点（#）	面积（km²）
证据权	45	10623	17	9658	19	76293
C4.5 拟合优度	61	9565	4	9370	16	77641
C4.5 交叉验证	56	9596	9	14268	16	72712

表 8.24　夕卡岩型铁矿点落入潜力区对比

测试方式	高潜力区		中潜力区		低潜力区	
	矿点（#）	面积（km²）	矿点（#）	面积（km²）	矿点（#）	面积（km²）
证据权	45	10623	17	9658	19	76293
C4.5 拟合优度	54	9523	7	12560	1	74493
C4.5 交叉验证	51	9645	9	14159	2	72772

表 8.25　金矿点落入潜力区对比

测试方式	高潜力区		中潜力区		低潜力区	
	矿点（#）	面积（km²）	矿点（#）	面积（km²）	矿点（#）	面积（km²）
证据权	21	8692	11	10623	11	77261
拟合优度	36	9443	4	13478	3	73655
交叉验证	33	9231	6	14873	4	72472

8.3　讨　　论

　　决策树的构造不需要任何领域先验知识和参数的设置，因此适合于探测式知识发现。与统计的方法相比，论文中的 C4.5 方法没有条件独立性假设的限制。例如，证据权方法有条件独立性假设，只有经过独立检验的成矿专题属性图层才能用于该模型。同样的研究区域和数据，证据权方法则不能同时选取印支期侵入岩和地层岩性两个图层，因为它们之间有很大的相关性。但是地质知识又表明该地区的铁矿形成与印支期侵入岩有很大关系，同时又不排除与其他地层岩性的关系。采用决策树方法可以解决这一问题，由于没有条件独立性假设的限制，决策树方法可以选取任意多的相关图层。真实世界中，现象的发生都与一些因子有关，而通过构造决策树，我们可以得到一种现象与因子之间的映射（map）关系，这与神经网络方法类似，但是决策树得到的映射关系（即决策树）是可理解的，并且还可以从决策树中提取类似于关联规则挖掘算法中得到的规则。

　　用 m-branch 方法将决策树转换为概率预测树时，M 值是经验常数，只能通过尝试的方法寻找最优的 M 值，这是该方法的一个不理想的地方。用 m-branch 概率平滑之后，我们得到了相对概率，之所以称为相对概率是因为他与贝叶斯先验概率、后验概率不同，该概率并不严格代表了事件发生的可能性（可以发现 m-branch 平滑后的概率并不在 0~1），但是它却可以表示出可能性的排序关系。例如，图 8.34 部分决策树中左边的分支叶节点包含了 19 个无矿样本，中间 106 个，右边 22 个。可以看出它们的包含无矿样本越多。得到的 m-branch 概率值就越低，这是符合常识的。

　　论文中由于属性和属性的值很多，构造出的决策树巨大，不方便呈现整个决策树，我们提取了部分决策树用作解释说明，如图 8.34 和图 8.35 所示。图 8.34 和图 8.35 中无矿与有矿表示构造决策树时给的分类结果，后面的括号内（A/B）表示有该叶子结点总共包含 A 个样本，其中 B 是误分样本数。决策树的可理解性体现在我们可以从图 8.35 左侧枝干得出：如果一个样本的各个属性满足"印支期侵入岩 = true；不整合相离 = 相交；地层岩性 = 二叠系海西期花岗闪长岩；布格异常 = 460~475；航磁异常 = -50~0"，那么决策树会为该样本分配为有矿类型，而经过概率平滑的概率预测树会为该样本分配 0.408793 的有矿概率。同样，可以从右侧枝干得出：如果一个样本的各个属性满足"印支期侵入岩 = true；不整合相离 = 相交；地层岩性 = 三叠系鄂拉山组；航磁异常 = 100~200；断裂走向 = NW"，那么决策树会为该样本分配为有矿类型，而经过概率平滑的概率预测树会为该样本分配0.46741的预测概率。

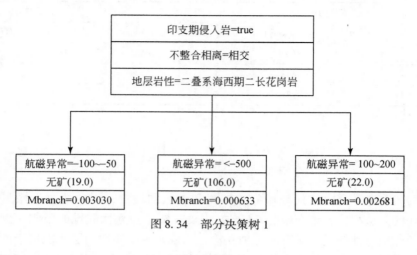

图8.34　部分决策树1

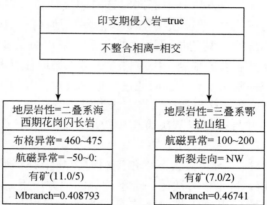

图8.35　部分决策树2

　　m-branch方法对不平衡数据表现良好，适合对本文研究区的不平数据进行处理。决策树方法的高效性和对大规模数据良好可伸缩性在本文实验中也得到充分体现。对于本文中总共96580个样本，10个属性，全部属性加起来总共141个离散属性值的情况，对于全样本进行一次训练与测试仅需要0.896s（含AUC计算）。

参 考 文 献

Bradley A P. 1997. The use of the area under the ROC curve in the evaluation of machine learning algorithms. Pattern recognition, 30 (7): 1145 ~ 1159

Ferri C, Flach P, Hernández-Orallo J. 2002. Learning decision trees using the area under the ROC curve. Proceedings of International Workshop on Machine Learning, 139 ~ 146

Ferri C, Flach P, Hernández-Orallo J. 2003. Improving the AUC of probabilistic estimation trees. Proceedings of Machine Learning: ECML 2003, 121 ~ 132

Hand D J, Till R J. 2001. A simple generalisation of the area under the ROC curve for multiple class classification problems. Machine Learning, 45 (2): 171 ~ 186

Han J, Kamber M. 2006. Data mining: concepts and techniques. Morgan Kaufmann Publisher

Kohavi R. 1995. A study of cross- validation and bootstrap for accuracy estimation and model selection. Proceedings of International joint Conference on artificial intelligence, 1137 ~ 1145

Provost F, Domingos P. 2003. Tree induction for probability- based ranking. Machine Learning, 52 (3): 199 ~ 215

Quinlan J R. 1986. Induction of decision trees. Machine Learning, 1 (1): 81 ~ 106

Quinlan J R. 1993. C4. 5: programs for machine learning. Morgan kaufmann Publisher.

Wu X, Kumar V, Quinlan J R, et al. 2008. Top 10 algorithms in data mining. Knowledge and Information Systems, 14 (1): 1 ~ 37

Zadrozny B, Elkan C. 2001. Learning and making decisions when costs and probabilities are both unknown. Proceedings of the seventh ACM SIGKDD international conference on Knowledge discovery and data mining, 204 ~ 213

第9章 地质空间数据挖掘方法与区域矿产资源预测

9.1 地质空间数据挖掘的理论与技术框架

地质空间数据挖掘过程主要由地质空间数据库构建、地质空间数据选取、地质空间数据预处理、地质空间数据挖掘、不确定性评价和知识表达5个阶段组成,如图9.1所示。为提高数据挖掘的质量,地质空间数据挖掘必须经过充分的数据准备阶段,包括地质空间数据选取和地质空间数据预处理。在数据挖掘阶段,应选择适合的地质空间数据挖掘算法,挖掘潜在有价值的找矿信息。不确定性评价阶段,主要是采用评价指标对挖掘结果进行不确定性度量。最后的知识表达阶段,通过对挖掘结果进行分析,将最有价值的信息予以可视化,圈定区域矿产资源潜力区,方便地矿工作人员分析决策。

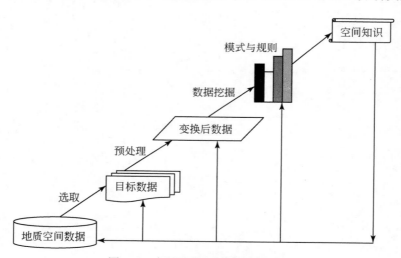

图 9.1 多源地质空间数据挖掘过程

在地质空间数据挖掘过程中,地质空间数据的不确定性是不可避免的事实存在,而且不确定性会直接或间接影响空间数据挖掘所发现知识的质量。因此,在地质空间数据挖掘中,顾及数据不确定性,并采用相关理论和技术处理不确定性是必要的。针对地质空间数据的不确定性特点,本文在地质空间数据预处理、挖掘算法和质量评价方面均考虑了数据的不确定性处理,使得到的结果更具有客观性。

9.1.1 地质空间数据库构建

地质空间数据挖掘的对象是多源地质空间数据库。其模式如图 9.2 所示，数据管理功能是其核心。地质空间数据库存储不同尺度、不同格式的地质矿产数据、地球化学数据、地球物理数据以及遥感影像数据等多源地质空间数据。因此，为后面地质空间数据挖掘提供可靠的数据源，合理地构建地质空间数据库显得尤为重要。针对地质空间数据的多源性特点，采用 ArcSDE 和 Oracle 相结合的管理方式。利用 ArcCatalog 建立 Geodatabase 多源地质空间数据库，将空间数据之间的关系分类别编辑保存在 Oracle 关系数据库中。因为 ArcSDE 对于数据的存储与管理是以要素集的形式实现的，所以在数据库设计中，根据 ArcSDE 的特点，将多源地质空间数据按照数据集、要素集、要素子集、要素类进行分类。各要素集包含多个要素子集，要素集中的要素类就是具体的要素图层。针对数据集、要素集、要素子集、要素类每一类之间的关系建立一张表，每张表通过主外键关联起来，所有组织关系表存放在 Oracle 数据库中。

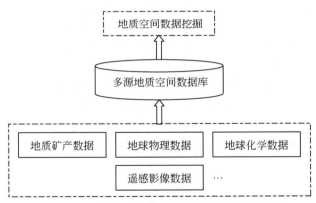

图 9.2 面向数据挖掘的多源地质空间数据库模式

9.1.2 地质空间数据选取

地质空间数据选取，是指在多源地质空间数据库中针对挖掘任务提取地质空间数据挖掘的目标数据集。目的是辨别出需要分析的数据集合，缩小处理范围，既可以提高地质空间数据挖掘的效率，又可以保证挖掘的质量。在地质空间数据选取中，需要对目标数据加以条件约束或限制，挑选出符合条件的数据，通过排除不感兴趣的数据，对可能感兴趣的数据进行保留。因此，必须对地质空间数据的选取确定合适的过滤策略，这样才能保证参加挖掘的目标数据的质量。经过选取，参加地质空间数据挖掘的地质空间数据分为图形数据和属性数据两种。图形数据主要包括地层分布图层、断裂构造图层、矿产图层、遥感影像图层、重力和航磁异常图层等。属性数据包括断裂构造性质、断裂构造走向、矿产类型、地层岩性等。挑选出来的地质空间数据必须经过预处理过程，被整理为合适的形式才能被地质空间数据挖掘方法使用。

9.1.3　基于云模型的地质空间数据预处理方法

在地质空间数据挖掘中，数据的预处理是尤为重要的过程。传统的数据挖掘方法对数量型属性数据预处理方法如下：一种方法是将属性的定义域划分成离散的、互不重叠的区间（何彬彬等，2006），这样明显的区间划分会使得潜在某些区间附近的元素排斥在外，从而导致一些有意义的区间可能被忽略掉（Srikant and Agrawal，1996）。另一种方法是将数量型属性数据划分成几个重叠的区域，这样上面所提到的潜在某些区间附近的元素就有可能同时处于两个区间，由于这些元素对两个区间同时都做贡献，就有可能造成过分强调落入这些交叉区间的元素的作用，从而导致某些区间的意义也被过分地强调了（杜鹃等，2000）。

针对上面所说的"硬划分"问题，有人提出使用模糊集方法将属性定义模糊化，也就是将定义域划分成多个模糊集（Kuok et al.，1998）。模糊集方法虽然得到了广泛的使用，其隶属函数一旦通过人为假定被"硬化"成精确的数值表达后，在概念定义、定理的证明以及不确定性推理等过程中就不再有丝毫的模糊性了。为了解决这一问题，李德毅院士在传统模糊数学和概率统计的基础上提出了以云模型为核心的云理论（李德毅等，1995），实现了定性概念与定量概念之间的不确定性转换，将模糊性和随机性完全集成到一起，构成定性和定量相互间的映射，为定性与定量相结合的信息处理提供了有力手段。本文在多源地质空间数据的预处理过程中使用基于云模型的定性定量转换方法，通过该方法减小数据不确定性对数据挖掘过程的影响。

云模型具有期望值 Ex、熵 En 和超熵 He 3 个数字特征，如图 9.3 所示。

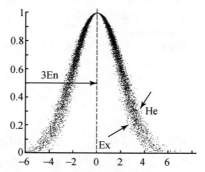

图 9.3　云及其数字特征（邸凯昌，2000）

期望值 Ex 是概念在论域中的中心值，是最能代表这个定性概念的值，换句话说，它 100% 地隶属于这个定性概念。熵 En 是定性概念模糊度的度量，反映了在论域中可被这个概念所接受的数值范围，体现了定性概念亦此亦彼性的裕度（邸凯昌，2000）。熵越大，概念所接受的数值范围越大，概念越模糊。超熵 He 可谓熵 En 的熵，反映了云滴的离散程度。超熵越大，云滴离散度越大，隶属度的随机性越大，云的"厚度"也越大。云定义的独特之处在于仅仅用这 3 个数值就可以勾画出由成千上万个云滴构成的云，把定性表示的语言值中的模糊性和随机性完全集成到一起，实现对数据的软离散化。

云模型的主要特点包括：①云模型的数据 T 在区间［0，1］上存在一对多的映射关系，而不是一条明晰的隶属曲线，从而产生了"云"的概念。②云模型中的分布概率具有可伸缩、边缘不确定、具有一定的弹性的特点。③云模型强调的是数据的整体分布特征，而不是特定的单一样本数据的状态。④云模型的规模应用需要大量的数据处理和模糊运算，一般需要在强大的 IT 系统支持下才能实现。

正态云是最重要的云模型，在表达语言时最为有用，是将专家描述的语言值概念与相应数值表示之间进行不确定性转换的模型，是从定性到定量的映射。公式（9.1）为正态云的数学期望曲线 MEC

$$MEC_A(x) = \exp\left[\frac{(x - Ex)^2}{2En^2}\right] \tag{9.1}$$

正态云生成算法的步骤如下。

①计算 $xi = G(Ex, En)$，生成以 Ex 为期望值、En 为标准差的正态随机数 xi；②计算 $En'i = G(En, He)$，生成以 En 为期望值、He 为标准差的正态随机数 $En'i$；③计算 $ui = \exp[(xi - Ex)^2/2En_i^2]$，令 (xi, ui) 为云滴；④返回①，重复上面的运算直至产生足够的云滴。

给定正态云的三个数字特征值（Ex，En，He）可以用上面的算法生成任意个数云滴组成的正态云。其中正态随机数的生成方法是整个算法实现的关键。给定云的 3 个数字特征和特定的 X 值（$x = p_o$），产生满足上述条件的云滴 drop（p_o，yi）的模块称为 X 条件云发生器（图9.4）。X 条件云发生器实际上表达了这样的一个概念：对于由 En 和 He 表征的一个概念而言，每一个特定的数据 p_o 隶属于此概念的程度。X 条件云发生器的最大特点是对于相同的输入值 p_o 都会得到不同的、有细微变化的隶属度的输出，它正好反映了不同的人们对同一数据隶属于某概念程度大小的不同看法，使得模糊性与随机得到了较好的结合。

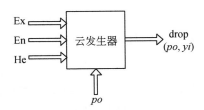

图9.4　X 条件云发生器（邸凯昌，2000）

9.1.4　地质空间数据挖掘的基础算法

空间关联规则挖掘算法基于 Agrawal 等（1993）提出的 Apriori 算法。其基本原理如下：假设 $I = \{i_1, i_2, \cdots, i_m\}$ 是项的集合，另设任务相关的数据 D 是数据库中事务的集合，其中每个 T 是事务的集合，使得 $T \in I$。每个事务有一个标识符，称为 TID。设 A 是一个项集，事务 T 包含 A，当且仅当 $A \in T$。关联规则形如 $A \to B$，其中 $A \in I$，$B \in I$，并且 $A \cap B = \Phi$。并不是所有的规则都是有用的，需要的是实用的和可靠的规则。关联规则的评价标准主要是支持度和置信度。只有那些超过最低支持度阈值和最低置信度阈值的规则才能称为强关联规则。

用 $P(A)$ 表示事务集中出现项目集 A 的概率，$P(B \mid A)$ 表示项目 A 的事务中出现项目集 B 的概率，式（9.2）、式（9.3）分别为它们的表达式

$$Support(A \to B) = P(A \cup B) \tag{9.2}$$

$$Confidence(A \to B) = P(B \mid A) \tag{9.3}$$

最小支持度表示项集在统计意义上的最低重要性，最小置信度表示规则的最低可靠性。给定一个交易集 D，挖掘关联规则需要解决的问题就是产生支持度和信任度分别大于用户给定的最小支持度和最小信任度的关联规则。

与事务型数据库类似，空间数据库也是可以进行空间数据关联规则挖掘的，然而由于空间数据独有的特性，在研究空间关联规则的同时必须考虑空间特征的情况。空间关联规则挖掘一般方法的主要步骤是：首先将空间数据组织成关系表的形式，每一个元组（记录）表达一个空间对象，每个元组包含空间对象的多个属性（一般分为条件属性和决策属性），然后将表中连续型空间属性进行离散化，运用 Apriori 算法提取关联规则（何彬彬，2007）。其形式如下

$$P_1 \wedge P_2 \wedge \cdots \wedge P_m \to Q_1 \wedge Q_2 \wedge \cdots \wedge Q_n (s\%，c\%) \tag{9.4}$$

式中，$P_1 \cdots P_m$，$Q_1 \cdots Q_n$ 至少有一个是空间谓词（关系），包含空间距离、方位和拓扑等关系；$s\%$ 为规则的支持度；$c\%$ 为规则的置信度（何彬彬，2007）。

Apriori 算法是一种挖掘单维布尔型关联规则的算法，传统的 Apriori 改进算法并不适合用于多维属性之间的关联规则挖掘。多维关联规则是指在各个属性维之间挖掘关联规则时，每个数据集中的项目可能有多个属性值，也就是来自不同的维。而多源地质空间数据中每个属性又存在着多个属性值，这就面临着多维关联规则的挖掘。针对上面提到的问题，本文采用一种改进的适用于多维空间关联规则挖掘的 Apiori 算法，主要包括 3 个步骤。

1）针对多维关联规则的量化属性处理

在关联规则挖掘之前建立相关任务事务集时，应对连续数字型属性进行概念离散化，也就是采用前面提到的云模型算法。本文对地质空间数据的属性处理有如下要求：即同一维属性内具有不同属性值，但不能同时出现在其他维属性中。举例说明：在数据库中有 A、B、C、D 四维属性，每一维属性中进行离散化后又有不同的属性值如表 9.1 所示。

表 9.1　不同维属性离散化处理后结果

A	B	C	D
a_1	b_1	c_1	d_1
a_2	b_2	c_2	d_2

假设用 Apriori 算法处理过程中满足最小支持度和最小置信度产生的项集，如果在生成 4-项集时会出现 $\{a_1,\ b_1,\ c_1,\ c_2\}$ 这样的结果，即同一维内不同属性值 c_1 和 c_2 出现在同一个谓词集中，这就需要在生成频繁项集时进行限制，不允许同一维内不同层的属性值同时出现。

2）使用候选项集找频繁项集

Apriori 使用一种称作逐层搜索的迭代方法，k-项集用于搜索（$k+1$）-项集。首先，找出频繁 1-项集的集合，该集合记作 L_1；L_1 用于寻找频繁 2-项集的集合 L_2，而 L_2 用于寻找 L_3，如此下去，直到不能找到频繁 k-项集，查找每个 L_k 需要扫描一次数据库（Han and Kamber，2006）。原有的算法效率太低，为提高频繁项集逐层产生的效率，一种称作 Apriori 性质的重要性质被用于压缩搜索空间，即频繁项集的所有非空子集都必须也是频繁的（李德毅等，1995）。将该性质用于算法中，需要两个步骤来完成，即连接和剪枝，本算法在剪枝过程中对同一维内不同层的属性值不能同时出现在同一个谓词集中做了限制，即通过每个属性各个层次之间是互斥的来对候选项集进行二次剪枝。

3）由频繁项集生成关联规则

找到频繁项集后，可以根据规则右键的选择和最小置信度以及最小提升度的设置获取关联规则。

关联规则生成步骤如下：

①设置关联规则右键，同时设置最小置信度和最小提升度；

②在生成的所有频繁项集的基础上，如果生成的频繁项集满足最小支持度与最小提升度，则输出规则 “$S \to (L - S)$”。

9.1.5　地质空间数据挖掘结果的质量评价

地质空间数据挖掘的最终目的是进行区域矿产资源预测，而成矿关联规则挖掘得到的关联规则数目往往是庞大的，规则之间的重要性就需要得到客观的评价。Apriori 算法的优点是几乎能够挖掘发现出所有隐藏在挖掘数据中的所有关联关系，所以挖掘出的关联规则数量往往非常巨大，对这些关联规则进行恰当的评价，从中筛选出用户真正感兴趣和有意义的关联规则，是一个亟待解决的问题，但是目前对知识评价的研究较少。同时，评价后的关联规则也仅仅是文字形式，字面上的表达并不能给人们带来直观的认识。这就涉及数据挖掘可视化的问题。

传统的针对关联规则的评价指标主要由置信度和支持度两个客观性指标组成，分别反映得到规则的实用性和有效性。然而，满足这两个指标最小阈值的关联规则并不一定是有趣的。因此，本文充分考虑了对挖掘结果的不确定性处理，结合关联规则评价的客观因素和主观因素，针对成矿关联规则挖掘算法为其建立一套关联规则挖掘不确定性综合评价方法。对生成的关联规则选择了 7 项指标并进行有机的结合，从而得到综合质量评价。它们分别是置信度（Confidence）、支持度（Support）、提升度（Lift）、覆盖度

（Coverage）、杠杆作用度（Leverage）、兴趣度（Interesting）和条件项数（Condition），通过这 7 项指标及不确定性综合评价模型对关联规则可以进行较客观的度量。

（1）置信度（Confidence），表示整个空间数据集中规则前件出现的前提下，规则后件出现的概率，如式（9.3）。

（2）支持度（Support），支持度揭示了 A 和 B 同时出现的频率，式（9.3）。

（3）提升度（Lift），用来度量规则是否可用。描述的是相对于不用规则，使用规则可以提高多少，有用的规则的提升度大于 1；当提升度等于 1 时，表明规则两边的项集同时出现属于概率事件，不具有特别意义，即 A 和 B 是独立的；当提升度小于 1 时表明其中一个项集的出现降低了另一个项集出现的可能性。式（9.5）为提升度的计算方式

$$\text{Lift}(A \rightarrow B) = \frac{\text{Confidence}(A \rightarrow B)}{\text{Support}(B)}$$

$$= \frac{\text{Support}(A \rightarrow B)}{(\text{Support}(A) * \text{Support}(B))} \tag{9.5}$$

（4）覆盖度（Coverage），表示整个交易数据集中规则前件 A 出现的概率

$$\text{Coverage} = N(A)/N \tag{9.6}$$

（5）杠杆作用度（Leverage）

$$\text{Leverage} = P(B \mid A) - (P(B) * P(A)) \tag{9.7}$$

杠杆作用度的取值范围为 $[-1, 1]$，如果 Leverage ≤ 0，表明规则前件和规则后件之间强烈独立；Leverage$\rightarrow 1$，表明该关联规则重要。

（6）兴趣度（Interesting）采用 Gray 和 Orlowska（1998）计算关联规则兴趣度的公式

$$\text{Interesting} = \left(\left(\frac{P(X \cap Y)}{P(X)} * P(Y) \right)^{K} - 1 \right) * (P(X) * P(Y))^{m} \tag{9.8}$$

式中，$P(X \cap Y)$ 是 "可信度"；$P(X) * P(Y)$ 是 "支持度"；$P(X \cap Y)/(P(X) * P(Y))$ 是辨别度（discrimination）；k 和 m 是辨别度和支持度相对重要的权重参数。如果 k 和 m 的取值均为 1，则 Interesting 的取值范围为 $[0, 1]$。Interesting$\rightarrow 1$，表明关联规则有趣。

（7）条件项数（Condition），定义为规则左侧的条件项数，如规则形式为 $A \wedge B \wedge C \wedge D \rightarrow G$ 则该规则的条件项数记为 4。

9.2　成矿关联规则挖掘及不确定性评价

本文将空间关联规则挖掘方法拓展应用到区域矿产资源预测，综合考虑地质空间数据的不确定性、地质空间数据挖掘过程中的不确定性和关联规则挖掘质量评价，建立适合区域矿产资源预测的成矿关联规则挖掘及不确定性综合评价方法，基本流程如图 9.5 所示。该方法基本思路为：通过云模型对连续型地质空间数据进行离散化，降低其在预处理过程中的不确定性；以 Apriori 算法为基础，并对该算法进行改进以便对区域成矿条件进行多维关联规则挖掘；采用不确定性评价指标对成矿关联规则进行质量评价；最

后，对研究区进行矿产资源预测综合制图。

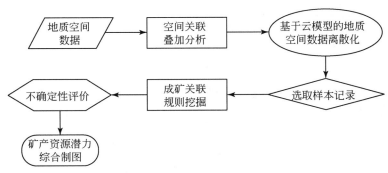

图 9.5　成矿关联规则挖掘及不确定性评价方法流程

9.2.1　数据预处理流程

成矿关联规则挖掘方法中的数据预处理过程主要包括数据选取、格网单元划分、地质空间数据的定性定量转换、数据清理和格式规范 4 个步骤。具体的数据预处理流程如图 9.6 所示。

（1）数据选取主要是根据预测目标成矿区域选择多源地质空间数据，包括地质矿产数据、地球化学异常数据、遥感蚀变异常数据等。选取数据时应注意以下两点：①所选数据包含的信息是否足够满足数据挖掘所要求的挖掘任务。②所选数据对有关挖掘任务的解决是否具有重要性。

本文数据的选取方法是证据权法。选取的数据包括地球化学异常数据、地球物理数据、地质矿产数据（地层、断层、矿点等）、遥感蚀变异常数据等，其中既有矢量数据又有栅格数据。因此，应将所有数据转换为同一坐标系统（本文为 1954 北京坐标系）、同一格式（矢量或栅格）下。

（2）划分格网单元的目的是将研究区域划分为形状相同、面积相等的格网单元，进而将每个格网看作为一个矿产资源预测的评价单元。目前，对于格网单元面积大小的划分还未有明确的标准，本文对格网单元面积的划分依据证据权法得到，划分后保证每个格网单元内最多有一个矿点落入。

（3）地质空间数据的定量定性转换。采用云模型对连续型地质空间数据进行定量定性转换。云模型进行数据离散化的流程图见图 9.7，主要包括确定离散化对象、概念定义与描述、输入数据实现定量定性的转换和输出结果。

（4）数据清理和格式规范，即将所有选取的数据整理为成矿关联规则挖掘方法要求的输入格式。该步骤应注意以下几点：①填写空缺值，平滑噪声数据，解决不一致性。②确认和删除冗余变量。③保证同一属性内的属性值与其他属性内的属性值不同。

成矿关联规则挖掘方法要求输入数据的格式为格网属性记录表，是由研究区域的格网图层与选取的多源地质空间数据（包括已知矿点数据）经过叠加分析，并将格网属性表导出得到。

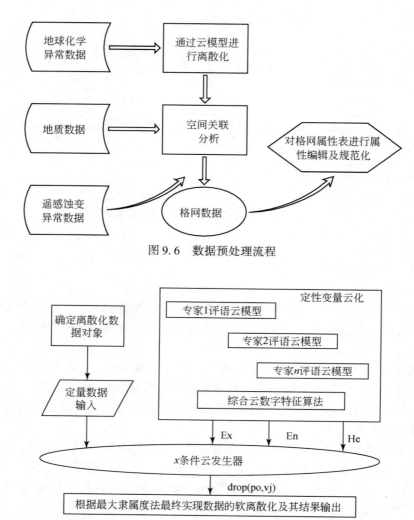

图 9.6　数据预处理流程

图 9.7　基于云模型的连续型地质空间数据离散化流程图

9.2.2　成矿关联规则挖掘流程

地质空间数据经过预处理，得到含有成矿条件的属性记录表。属性表中的每一条记录可以看成是一个交易记录，每个交易记录所包含的属性看作是项集，对其进行成矿关联规则挖掘的流程如图 9.8 所示。首先，将研究区域的所有格网属性记录表（A）导出保存。从含有成矿条件的属性记录表（A）中选取所有含有矿点信息的属性记录，即将有矿点叠加的格网的属性记录导出，该表（B）即是成矿关联规则挖掘的目标数据。其次，给定最小支持度，对表（B）生成频繁项集。进而设置最小置信度、最小提升度和关联规则的右键（即选择对哪种矿产类型进行成矿有利条件的挖掘，如接触交代型铁矿、热液型铁矿等），由频繁项集生成成矿关联规则及规则的各项评价指标值。然后，根据不确定性质量评价模型对每个关联规则的所有评价指标计算综合评价指标，使每个成矿关联规则最终由一个综合评价指标进行质量评价。最后，进行矿产资源预测制图。

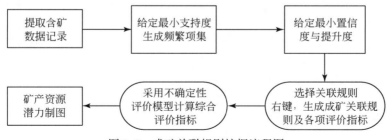

图 9.8 成矿关联规则挖掘流程图

其中，关于规则置信度和支持度的设置是得到关联规则的关键。以支持度-置信度体系为基础的关联规则挖掘方法，在理论上尚缺乏严格的理论基础，其阈值参数的设定也缺乏客观标准和统计学验证。因此，采用基于支持度-置信度体系挖掘关联规则有时可能会产生一些错误或误导，得到的强关联规则不一定是有趣的关联规则（马占欣等，2007）。因此，本文在使用最小置信度与最小支持度选取成矿关联规则的同时，采用提升度来度量生成的规则是否可用。

9.2.3 不确定性综合评价模型

根据成矿关联规则挖掘得到的关联规则结果中同时包含了各个成矿关联规则的所有评价指标，它们分别是置信度、支持度、提升度、覆盖度、杠杆作用度、兴趣度和条件项数。在对生成的成矿关联规则进行综合评价中会遇到如下的问题。

（1）如何判断某一条规则相对于其他规则的重要性。

（2）成矿关联规则挖掘得到的成矿关联规则左键项数个数是从 1 项至 n 项，1 至 n 项中的这些条件项是关联规则的条件项个数为 n 的子项集，所以条件项个数对规则的重要性有很大的影响。在综合评价时必须要保证具有最大条件项个数的规则对预测的影响，即应该强调条件项数在综合评价中的重要性。

（3）目前，已有的层次分析法（AHP）方法是对各评价指标进行权重分配，包含了专家的主观知识，能否找到一个不需要先验知识来对各项评价指标进行分配权重的方法。

针对上述问题，在实际实验中尝试了一些方法。

（1）对所有评价指标（包括条件项数）一起做主成分分析，将主成分 1 当作成矿关联规则的最终综合评价指标值。

结果：该方法并不能突出条件项这一重要评价指标，得到的综合评价指标并不能强调条件项多的成矿关联规则的重要性。

（2）加权 PCA 法，即在主成分分析前先采用 AHP 法对各项指标进行权重分配，再进行主成分分析。

结果：该方法同样不能突出条件项多的成矿关联规则的重要性。

（3）将除去条件项数的其他指标通过主成分分析转化为主成分，计算每个主成分的得分，并构建综合评价函数，从而对所有评价指标进行综合评价。将每个规则所得综合评价分数与该规则条件项数相加得到综合评价指标值（K）。

结果：该方法既不需人为的确定各个指标的权重，又能保证条件项数对成矿关联规则重要性的影响，是一种较客观的评价方法，实验结果证明该评价方法可行。

针对成矿关联规则的不确定性综合评价流程如图9.9所示。

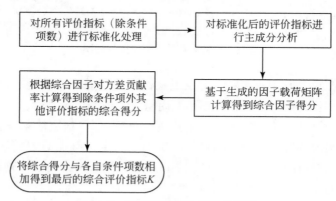

图 9.9　不确定性综合评价流程图

该模型中主要用到的是主成分分析法。主成分分析法是利用降维的思想，在损失很少信息的前提下把多个指标转化为几个综合评价指标的多元统计方法。这些综合指标通常被称为主成分，主成分相比原始变量而言，具有更多的优越性，即在研究许多复杂问题时不至于丢失太多信息，从而使我们更容易抓住事物的主要矛盾，提高分析效率。该方法的核心就是通过主成分分析，选择 n 个主分量 Y_1，Y_2，$\cdots$，Y_n，其中 $Y_i(i = 1，2，\cdots，n)$ 为第 i 个主成分的得分，以主分量 Y_i 的方差贡献率 a_i 作为权数，构造综合评价函数：$Y = a_1 Y_1 + a_2 Y_2 + \cdots + a_n Y_n$。这样当我们把第 i 个主成分的得分算出来后，便可以很快求出综合得分，并且按照得分的高低来排序（陈胜可，2010）。

运用主成分分析法理论对所有评价指标进行综合评价。首先，对除条件项外的其他 6 项评价指标进行主成分分析。为了解决量纲不同不能进行比较的问题，对原始数据进行标准化，消除量纲使其具有可比性。设有 n 个样本和 p 个指标，可得数据矩阵 $X = (x_{ij})_{n \times p}$，其中 $i = 1，2，\cdots，n$；$j = 1，2，\cdots，p$，用 z-score 法对数据进行标准化变换。

$$Z = (x_{ij} - \bar{x_j})/S_j \tag{9.9}$$

式中，$\bar{x_j}$ 为第 j 项指标的平均值，S_j 为第 j 项指标的标准差。进行主成分分析的目的之一是为了减少变量的个数，一般不会取 p 个主成分，而是取 $m < p$，具体视实际情况而定，通常以取 m 使得累积贡献率达到80%以上为宜，即

$$\frac{\sum\limits_{i=1}^{m} \lambda i}{\sum\limits_{i=1}^{p} \lambda i} \geq 80\% \tag{9.10}$$

贡献率为各主成分所解释的方差占总方差的百分比，即各主成分的特征根占总特征根的百分比。累积贡献率为各主成分方差占总方差的累积百分比，最后根据得到的综合因子载荷矩阵计算得到综合因子，再将各综合因子对方差的贡献率根据式（9.11）计算每个规则除条件项外的其他 6 项评价指标的综合得分

$$Y = \frac{\sum\limits_{i=1}^{m} \lambda_i Y_i}{\sum\limits_{i=1}^{m} \lambda_i} \tag{9.11}$$

式中，Y_i 为综合因子，λ_i 为各自的方差贡献率，Y 为除条件项数外的其他 6 项评价指标的综合得分，最后将得到的综合得分与成矿关联规则的条件项数相加得到最后的综合评价指标（K）。

9.2.4　矿产资源预测制图方法

矿产资源预测制图方法的基本思路为：在 9.2 节提到的表 A 中添加属性字段 K，将表中每个格网属性记录的成矿条件属性与成矿关联规则的条件项进行对比。如果有 n 个格网、m 个规则，则需要比较 $n*m$ 次，每个格网的属性记录可以看成是一个交易记录，比较过程中会出现 3 种情况。

（1）某格网的属性记录只与一条规则的全部条件项符合，这种情况下，将该规则对应的 K 值赋给该格网。

（2）某格网的属性记录同时与多个规则的条件项符合，此时记下所有满足的规则编号与 K 值，将其中最大的 K 值赋给该格网。

（3）某格网的属性记录并未有规则的条件项与其相匹配，此时将格网 K 值赋为一个比所有规则 K 值都小的一个值。

根据上面 3 种情况，研究区域每个格网最终都将有相应的 K 值，最后将该表通过格网编号与格网图层进行空间关联分析，关联后选择字段 K 对区域矿产资源预测进行制图。因为规则的 K 值是有限的，关联后的预测图会显得不平滑，对含有 K 值的格网图层进行插值操作可以解决这一问题。本文选择插值方法为克里金插值法，克里金法是一种在许多领域都很有用的地质统计格网化方法。最后，对区域矿产资源预测区进行等级划分，划分等级百分比参照证据权法。最终实现矿产资源预测成图。

9.3　基于成矿关联规则挖掘的青海省东昆仑成矿带矿产资源预测

9.3.1　数据选取及预处理

本书应用成矿关联规则挖掘及不确定性评价方法分别对青海省东昆仑成矿带的铁矿、铜铅锌多金属矿和金矿进行区域矿产资源预测实验，所选取的数据包括地质矿产数

据、地球物理数据、地球化学异常数据和遥感数据等。针对各类型矿种所选取的条件图层略有不同，表9.2 给出了各类型矿种所采用的图层信息。

表9.2 各类矿床所用条件图层

条件图层	所用属性字段	矿床类型
地层	地层岩性	Cu-Pb-Zn
断层	断层走向	Cu-Pb-Zn
区域地球化学异常	Cu、Pb	Cu-Pb-Zn
航磁异常	航磁异常范围	Cu-Pb-Zn
布格异常	布格异常范围	Cu-Pb-Zn
与断层空间关系	铜矿断层相离	Cu-Pb-Zn
与不整合界线空间关系	铜矿不整合界线相离	Cu-Pb-Zn
遥感蚀变异常	ALI、CLI、KLI、OHI、QI、SI	Cu-Pb-Zn
地层	地层岩性	Fe
断层	断层走向	Fe
区域地球化学异常	Fe、Mn	Fe
航磁异常	航磁异常范围	Fe
布格异常	布格异常范围	Fe
与断层空间关系	铁矿断层相离	Fe
与不整合界线空间关系	铁矿不整合相离	Fe
遥感蚀变异常	ALI、CLI、KLI、OHI、QI、SI	Fe
地层	地层岩性	Au
断层	断层走向	Au
区域地球化学异常	As、Au、Sb	Au
航磁异常	航磁异常范围	Au
布格异常	布格异常范围	Au
与断层空间关系	金矿断层相离	Au
与不整合界线空间关系	金矿不整合相离	Au
遥感蚀变异常	KLI、OHI、QI、SI	Au

注：遥感蚀变异常明矾石（Alunite 简称 ALI）；方解石（Calicite 简称 CLI）；高岭石（Kaolinite 简称 KLI）；羟基（Oxhydryl 简称 OHI）；石英（Quartz 简称 QI）；硅化（Silication 简称 SI）

数据预处理主要包括：空间数据预处理、属性数据预处理、应用云模型对地球化学异常数据离散化、空间关系计算以及空间关系数据与属性数据融合。

1）空间数据预处理

首先，对研究区域以地层为背景构建 Polyline 格网图层，然后将 Polyline 格网图层转换为 Polygon 格网图层，再用地层图层去裁剪 Polygon 格网图层，最终生成 1km * 1km 的格网图层。对矿点做半径为 1km 的缓冲区分析，针对铁矿和铜矿，断层做距离为 3km

的缓冲区分析；针对金矿，断层做距离为 1km 的缓冲区分析；对不整合界线做距离为 300m 的缓冲区分析，如图 9.10 所示。

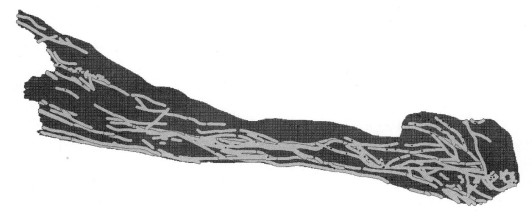

图 9.10　对研究区生成的 1km×1km 格网、对矿点和断层做缓冲区分析

2）属性数据预处理

首先，根据地质空间数据选择相应的属性字段，根据现实需要将属性数据进行调整。然后将各字段的空缺值填补全，如对断层、不整合界线及地球化学异常等属性字段中的空缺值分别填入"无断裂"、"无不整合界线"、"无化学异常"等，即这些空值也将作为一个属性值参与关联规则的挖掘。对断层的走向根据其角度进行如下定义：0°——E；0°～90°——NE；90°——N；90°～180°——NW；180°——W；180°～270°——SW；270°——S；270°～360°——SE；360°——E。对断层类型分为两类：一般断裂和深断裂、区域性大断裂。

3）应用云模型对地球化学异常数据离散化

在确保各相关图层的一致性后，实验对区域地球化学异常数据采用云模型进行离散化。由于云模型是对离散数值型数据进行定量定性转换，而已有的地球化学异常数据的属性值为区间型数据（如：2-3，6-8），因此在进行云模型离散化前应做如下工作：①先将地球化学异常数据进行面转点（质点）操作；②将点数据的属性值赋以区间型数据的均值；③接下来对所生成的点进行插值运算。

再将插值运算得到的结果图层与研究区域格网图层进行叠加，其中每个格网的地球化学异常值取该格网内包含的所有点的均值，最后用云模型进行离散化处理。根据化探异常组合图层和原始图中图例说明对云模型所需各项参数进行设定，然后对地球化学异常数据进行离散化。

4）空间关系计算

对已生成的铜铅锌多金属矿、铁矿、金矿的格网多边形图层属性表添加断层相离字段。用格网中的已知矿点或无矿点的格网中心点到断层的最短距离减去一定距离值，距离值取决于并小于已知矿点到断层最短距离中的最小值，将结果依次填入相离字段（如大于 0 为相离，小于等于 0 为相交）。不整合界线与格网的空间关系的处理和断层与格网的空间关系的处理一样。对已生成的 3 个格网多边形图层属性表添加不整合相离字段。用格网中的已知矿点或无矿点的格网中心点到不整合的最短距离减去一定距离值，距离值取决于并小于已知矿点到不整合最短距离中的最小值，将结果依次填入相离字段（如：大于 0 为相离，小于等于 0 为相交）。

5）空间关系数据与属性数据的融合

根据成矿关联规则挖掘的目的，需要求得研究区格网内的地质及地球化学异常等状况。选取根据研究区域生成的格网图层为目标图层，将其与其他图层进行空间叠加分析，得到的新图层中各格网中将含有对应的地层、断层、矿点及格网与断层、不整合界线的空间关系等信息。经过上一步的空间关系的叠加分析，得到成矿关联规则挖掘所需的属性表，如图 9.11 所示，选择所需要的字段组合，将属性表导出保存，为后续关联规则挖掘做准备。

FID	Shape *	矿种	矿床类型	RS异常泥化	RS异常铁化	DCNAME	航磁value	布格value	RS异常明矾
	48228	Polygon	铁、	沉积型（?）	黏土氧化物	铁氧化物	无断裂	-500	445-460	无RS异常明
	48229	Polygon	铁、	沉积型（?）	无黏土氧化物	铁氧化物	无断裂	-500	445-460	无RS异常明
	48230	Polygon	铁、	沉积型（?）	无黏土氧化物	铁氧化物	无断裂	-500	445-460	无RS异常明
	48245	Polygon	铁、	沉积型（?）	无黏土氧化物	铁氧化物	无断裂	-500	445-460	无RS异常明
	48246	Polygon	铁、	沉积型（?）	黏土氧化物	铁氧化物	无断裂	-500	445-460	无RS异常明
	48247	Polygon	铁、	沉积型（?）	无黏土氧化物	铁氧化物	无断裂	-500	445-460	无RS异常明
	48260	Polygon	铁、	沉积型（?）	无黏土氧化物	铁氧化物	无断裂	-500	445-460	无RS异常明
	48261	Polygon	铁、	沉积型（?）	黏土氧化物	铁氧化物	无断裂	-500	445-460	无RS异常明
	48336	Polygon	铁、	接触交代热液	黏土氧化物	铁氧化物	无断裂	-500	445-460	无RS异常明
	48343	Polygon	铁、	接触交代热液	无黏土氧化物	铁氧化物	无断裂	-500	445-460	无RS异常明
	48344	Polygon	铁、	接触交代热液	无黏土氧化物	铁氧化物	无断裂	-500	445-460	无RS异常明
	48350	Polygon	铁、	接触交代热液	无黏土氧化物	铁氧化物	无断裂	-500	445-460	无RS异常明
	68911	Polygon	铁、	接触交代热液	黏土氧化物	无铁氧化物	无断裂	50-0	405-415	明矾石
	69357	Polygon	铁、	接触交代热液	无黏土氧化物	无铁氧化物	无断裂	50-0	405-415	无RS异常明
	69358	Polygon	铁、	接触交代热液	黏土氧化物	无铁氧化物	无断裂	50-0	405-415	无RS异常明
	69359	Polygon	铁、	接触交代热液	黏土氧化物	无铁氧化物	无断裂	50-0	405-415	明矾石
	69826	Polygon	铁、	接触交代热液	黏土氧化物	无铁氧化物	无断裂	50-0	405-415	明矾石
	69827	Polygon	铁、	接触交代热液	无黏土氧化物	无铁氧化物	无断裂	50-0	405-415	无RS异常明
	69828	Polygon	铁、	接触交代热液	无黏土氧化物	无铁氧化物	无断裂	50-0	405-415	明矾石
	72379	Polygon	铁、	接触交代热液	黏土氧化物	铁氧化物	无断裂	0-50	460-475	无RS异常明
	76537	Polygon	铁、	接触交代热液	无黏土氧化物	铁氧化物	无断裂	50-0	445-460	无RS异常明
	76898	Polygon	铁、	接触交代型	无黏土氧化物	无铁氧化物	无断裂	200-100	445-460	无RS异常明
	76899	Polygon	铁、	接触交代型	无黏土氧化物	铁氧化物	无断裂	200-100	445-460	无RS异常明
	77251	Polygon	铁、	接触交代型	无黏土氧化物	铁氧化物	无断裂	200-100	445-460	无RS异常明
	77252	Polygon	铁、	接触交代型	黏土氧化物	铁氧化物	无断裂	200-100	445-460	无RS异常明
	77253	Polygon	铁、	接触交代型	无黏土氧化物	铁氧化物	无断裂	200-100	445-460	无RS异常明
	77570	Polygon	铁、	接触交代型	无黏土氧化物	铁氧化物	无断裂	200-100	445-460	无RS异常明
	77571	Polygon	铁、	接触交代型	无黏土氧化物	铁氧化物	无断裂	100-50	445-460	无RS异常明
	77880	Polygon	铁、	接触交代热液	无黏土氧化物	铁氧化物	无断裂	0-50	445-460	无RS异常明
	92328	Polygon	铁、	接触交代热液	黏土氧化物	铁氧化物	无断裂	-500	445-460	无RS异常明
	92407	Polygon	铁、	接触交代热液	黏土氧化物	铁氧化物	无断裂	-500	445-460	无RS异常明
	92489	Polygon	铁、	接触交代热液	无黏土氧化物	铁氧化物	无断裂	-500	445-460	无RS异常明
	92490	Polygon	铁、	接触交代热液	无黏土氧化物	铁氧化物	无断裂	-500	445-460	无RS异常明
	4549	Polygon	铁、	海相火山岩型	无黏土氧化物	铁氧化物	一般性断裂	50-0	415-430	无RS异常明

图 9.11　根据空间叠加分析生成的属性表

金矿、铁矿、铜铅锌多金属矿各矿产对条件图层的选择略有不同，因此分别用各自的条件图层与格网图层进行空间叠加关联分析，将新生成的图层的属性表导出作为区域矿产资源预测所需的属性记录数据（3 类矿产共 3 张属性表），即包括研究区域所有格网信息的属性表，如表 9.3 所示（以铁矿为例）。

表 9.3　成矿预测所需属性记录数据

布格异常类	航磁异常类	岩性	断裂走向	断层相离	Fe离散化	Mn离散化	…
460～475	50～0	印支期侵入岩	无断裂	断层相离：true	Fe异常中	Mn异常中	…
460～475	50～0	印支期侵入岩	无断裂	断层相离：true	Fe异常中	Mn异常高	…
445～460	50～0	万宝沟群：上部碳酸盐岩、下部中基性火山岩	无断裂	断层相离：true	Fe异常中	Mn异常中	…
460～475	0～50	灰色、杂色砾石、砂及黏土；印支期侵入岩	NW	断层相离：true	Fe异常中	Mn异常中	…
445～460	0～50	布青山群马尔争组：灰岩、中基性火山岩夹砂岩、硅质岩	NW	断层相离：true	Fe异常中	Mn异常中	…
445～460	0～50	纳赤台群：片岩、基性火山岩、硅质岩、结晶灰岩	NEE	断层相离：true	Fe异常中	Mn异常中	…
445～460	0～50	纳赤台群：片岩、基性火山岩、硅质岩、结晶灰岩	NEE	断层相离：true	Fe异常高	Mn异常中	…
445～460	50～0	海西期花岗闪长岩	无断裂	断层相离：true	Fe异常高	Mn异常中	…
…	…	…		…	…	…	…

同样，将上述各条件图层分别和相应做过缓冲区后的矿点图层进行空间叠加分析，将属性表中含有矿点信息的记录选中导出，作为成矿关联规则挖掘所用属性表，如表 9.4 所示（以铁矿为例），其中遥感蚀变异常类型简写见表 9.2 附注。

表 9.4　成矿关联规则挖掘所用属性

布格异常类	航磁异常类	岩性	RS异常类型	断裂走向	断层相离	矿床类型	…
445～460	0～50	甘家组：砾岩、砂岩、灰岩夹安山岩、板岩	无蚀变异常	NE	断层相离：true	热液型	…
445～460	0～50	甘家组：砾岩、砂岩、灰岩夹安山岩、板岩	无蚀变异常	NE	断层相离：true	热液型	…
445～460	0～50	甘家组：砾岩、砂岩、灰岩夹安山岩、板岩	无蚀变异常	NE	断层相离：true	热液型	…
460～475	0～50	灰色、杂色砾石、砂及黏土；印支期侵入岩	无蚀变异常	NW	断层相离：true	接触交代型	…
460～475	0～50	灰色、杂色砾石、砂及黏土；印支期侵入岩	无蚀变异常	NW	断层相离：true	接触交代型	…
445～460	0～50	纳赤台群：片岩、基性火山岩、硅质岩、结晶灰岩	无蚀变异常	NEE	断层相离：true	热液型	…
430～445	50～0；100～50	印支期侵入岩	QI；CLI	无断裂	断层相离：true	热液型	…
430～445	100～50	纳赤台群：片岩、基性火山岩、硅质岩、结晶灰岩	无蚀变异常	无断裂	断层相离：true	接触交代型	…

布格 异常类	航磁 异常类	岩性	RS 异常 类型	断裂 走向	断层 相离	矿床 类型	…
430~445	100~50	纳赤台群：片岩、基性火山岩、硅质 岩、结晶灰岩	CLI	无断裂	断层相离： true	接触 交代型	…
430~445	50~0	狼牙山组：白云岩、灰岩夹砂岩、板岩	QI；KLI	NW	断层相离： true	沉积 变质型	…
430~445	50~0	狼牙山组：白云岩、灰岩夹砂岩、板岩	QI	NW	断层相离： true	沉积 变质型	…
…	…	…	…	…	…	…	…

9.3.2　成矿关联规则挖掘

这里以铁矿为例，首先导入经过数据预处理的研究区域格网数据属性表（图 9.12），共 642 条记录，10 个属性字段（地层岩性、遥感蚀变异常、矿点与不整合界线的空间关系、断裂走向、矿点与断裂的空间关系、Fe 地球化学异常、Mn 地球化学异常、Fe 矿床类型、航磁异常、布格异常）。

图 9.12　导入整理过的研究区域格网图层数据属性表

设定最小支持度（考虑到支持度对生成的频繁项集数有影响，为了不错过有用的关联规则，实验中设定为 0.2%）生成频繁项集（表 9.5），设置最小置信度（实验中设为 80%）和最小提升度（根据提升度的含义，大于 1 的规则为有用的规则，因此实验中对最小提升度设为 1），选择要生成的关联规则的右键为接触交代型，生成强关联规则（表 9.6）。

表 9.5　根据最小支持度生成的频繁项集

频繁 1 项目集	布格异常类："50～100"；航磁异常类："0～50" 支持度：0.02336449
频繁 5 项目集	航磁异常类："0～50"，地层岩性："鄂拉山组；油沙山组：碎屑岩、含油砂岩夹泥岩、泥灰岩"，矿床类型："接触交代型"，Fe 异常高，MN 异常中 支持度：0.003115265
频繁 6 项目集	布格异常类："445～460"，航磁异常类："0～50"，地层岩性："纳赤台群：片岩、基性火山岩、硅质岩、结晶灰岩"，矿床类型："热液型"，Fe 异常中，MN 异常中 支持度：0.003115265
频繁 6 项目集	布格异常类："445～460"，航磁异常类："0～50"，地层岩性："海西期花岗闪长岩；燕山期钾长花岗岩"，无遥感蚀变异常，断层相离：true，矿床类型："接触交代型" 支持度：0.003115265
频繁 7 项目集	地层岩性："灰色、杂色砾石、砂及黏土；海西期花岗闪长岩"，无遥感蚀变异常，断层走向："NW"，断层相离：true，不整合相离：true，矿床类型："火山岩型"，Fe 异常中 支持度：0.004672897
频繁 7 项目集	矿床类型："金水口岩群：片麻岩、斜长角山岩、混合岩、大理岩；燕山期钾长花岗岩"，无遥感蚀变异常，断层走向："NW"，断层相离：true，不整合相离：true，矿床类型："接触交代型"，Fe 异常中 支持度：0.004672897
频繁 8 项目集	航磁异常类："50～0"，地层岩性："海西期花岗闪长岩"，无遥感蚀变异常，断层走向："NW"，断层相离：true，不整合相离：true，Fe 异常高，MN 异常中 支持度：0.007788162
频繁 9 项目集	布格异常类："445～460"，航磁异常类："-500"，地层岩性："鄂拉山组"，无断裂，断层相离：true，不整合相离：true，矿床类型："接触交代型"，Fe 异常中，MN 异常中 支持度：0.004672897
频繁 10 项目集	布格异常类："415～430"，航磁异常类："0～50"，地层岩性："牦牛山组：上部中基-中酸性火山岩，下部碎屑岩"，无遥感蚀变异常，断层走向："NW"，断层相离：true，不整合相离：true，矿床类型："接触交代型"，Fe 异常中，MN 异常中 支持度：0.004672897
...	

表 9.6　成矿关联规则挖掘结果

规则编号	强关联规则	置信度	支持度	提升度	覆盖度	杠杆作用度	兴趣度	条件项数
1	布格异常类："430～445"，地层岩性："印支期侵入岩"，遥感蚀变异常："OHI；KLI；CLI"，MN 异常中-->接触交代型铁矿	1	0.0031	1.4017	0.0031	0.9978	0.9969	4
2	布格异常类："445～460"，航磁异常类："0～50"，地层岩性："印支期侵入岩；滩间山群"，无遥感蚀变异常，NW-->接触交代型铁矿	1	0.0047	1.4017	0.0047	0.9967	0.9953	5

续表

规则编号	强关联规则	置信度	支持度	提升度	覆盖度	杠杆作用度	兴趣度	条件项数
3	布格异常类："445~460"，航磁异常类："0~50；50~0"，地层岩性："滩间山群；牦牛山组：上部中基-中酸性火山岩，下部碎屑岩"，无遥感蚀变异常，无断裂，不整合相离：true-->接触交代型铁矿	1	0.0031	1.1469	0.0031	0.9978	0.9969	6
4	布格异常类："445~460"，地层岩性："印支期侵入岩；油沙山组：碎屑岩、含油砂岩夹泥岩、泥灰岩"，无遥感蚀变异常，断层相离：true，不整合相离：false，Fe异常中，MN异常中-->接触交代型铁矿	1	0.0031	1.1469	0.0031	0.9978	0.9969	7
5	布格异常类："460~475"，航磁异常类："100~50"，地层岩性："鄂拉山组"，NW，断层相离：true，不整合相离：true，Fe异常高，MN异常中-->接触交代型铁矿	1	0.0078	1.4017	0.0078	0.9944	0.9922	8
...	...		...	...	...	...	...	...

9.3.3　关联规则综合评价

根据9.2.3节中的不确定性综合评价方法，将上面生成的强关联规则的评价指标中的置信度、支持度、提升度、覆盖度、杠杆作用度和兴趣度作为参与主成分分析的变量，得到的标准化后的数据如表9.7所示，方差贡献率如表9.8所示，生成的载荷因子矩阵如表9.9所示。

表9.7　标准化后的各评价指标数据

置信度	支持度	提升度	覆盖度	杠杆作用度	兴趣度
-3.32006	11.95575	-3.32008	11.48777	-6.77490	-7.57879
0.15307	-0.28621	0.15307	-0.26337	0.21677	0.23742
0.15307	0.44103	0.15307	0.37760	-0.01333	-0.06992
0.15307	1.16828	0.15307	1.01857	-0.24342	-0.37726
0.15307	0.56224	0.15307	0.48443	-0.05168	-0.12115
0.15307	-0.28621	0.15307	-0.26337	0.21677	0.23742
-7.70533	3.83484	-7.70531	4.22343	-7.66871	-7.48341
0.15307	-0.16500	0.15307	-0.15654	0.17842	0.18620
0.15307	-0.04380	0.15307	-0.04972	0.14007	0.13497
-2.93416	1.04707	-2.93416	1.01857	-2.70853	-2.67502
0.15307	2.38035	0.15307	2.08686	-0.62692	-0.88950
...	...	...	...	...	...

表 9.8　各综合因子方差贡献率

成分	方差贡献率%	累积方差贡献率%
1	78.987	78.987
2	20.938	99.925

　　基于上面生成的总方差解释，表明从初始解中提取了两个综合因子，其累积方差总贡献率为 99.925%。贡献率为各主成分所解释的方差占总方差的百分比，即各主成分的特征根占总特征根的百分比。累积方差贡献率为各主成分方差占总方差的累积百分比。这里前两个主成分的累积贡献率为 99.925%，大于 80%，因此选取两个主成分即可。

表 9.9　因子载荷矩阵

名称	主成分	
	1	2
置信度	0.964	0.263
支持度	-0.261	0.940
提升度	0.964	0.263
覆盖度	-0.640	0.721
杠杆作用度	0.988	0.151
兴趣度	0.996	0.049

　　基于生成的因子载荷矩阵（表 9.9），从而有线性组合模型

$$Y_1 = 0.964X_1 - 0.261X_2 + 0.964X_3 - 0.640X_4 + 0.988X_5 + 0.966X_6$$
$$Y_2 = 0.263X_1 + 0.940X_2 + 0.263X_3 + 0.721X_4 + 0.151X_5 + 0.049X_6$$

　　综合因子 Y_1 中 X_1、X_3、X_5、X_6 的系数绝对值较大，为 0.964、0.964、0.988、0.996，分别代表置信度、提升度、杠杆作用度和兴趣度，所以综合因子 Y_1 反映了规则的可信度和有效性方面的能力。综合因子 Y_2 中 X_2、X_4 的系数较大，为 0.940 和 0.721，分别代表支持度和覆盖度，所以综合因子 Y_2 代表了规则的出现情况。可以根据上述两个线性组合模型带入标准化的原始数据，计算每个规则的综合因子得分。因为综合因子 Y_1 和 Y_2 对方差贡献率分别为 78.987% 和 20.938%，可以根据式（9.11）计算规则前 6 项评价指标的综合得分。最后将得到的综合得分与规则各自的条件项数相加得到每个规则最后的综合评价指标 K 值。

9.3.4　区域矿产资源预测成果与野外验证

　　根据 9.2.4 节中的矿产资源预测制图方法，将成矿关联规则与前面所述的研究格网属性记录数据进行比较，得到研究区域 96576 个格网的相应的综合评价指标 K 值，最后将其与格网图层进行空间关联。因为关联规则的综合评价指标 K 值是有限的，关联后的预测图会显得不平滑，因此需要对含有综合评价指标 K 值的格网图层进行插值操作。插

值方法为前面提到的克里金插值法。

最后，对区域矿产资源预测区划分为高、中、低潜力区，划分等级百分比参照证据权方法，按 10%、15%、75% 划分等级，如图 9.13～图 9.25 所示，并将已知矿点叠加进行验证分析。

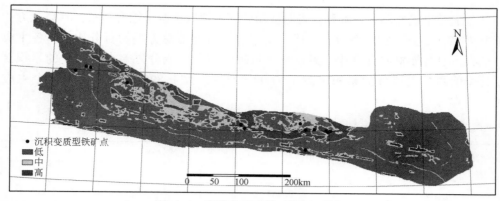

图 9.13　沉积变质型铁矿资源预测图

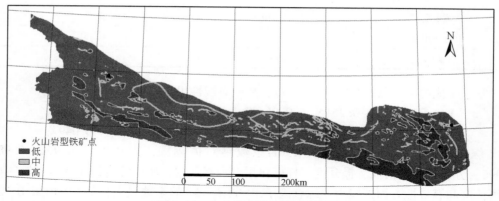

图 9.14　火山岩型铁矿资源预测图

同时，本书分别将生成的铁矿、金矿和铜铅锌多金属矿的主要子类型资源预测图相叠加，得到铁矿、金矿和铜铅锌矿多金属矿的总体资源预测图，并将 2007 年与 2010 年 9 月野外调查矿点数据与铁矿、金矿和铜铅锌多金属矿的总体资源预测图做叠加分析，如图 9.26～图 9.28 所示。铁矿总体资源预测图由接触交代型铁矿和沉积变质型子类型预测图叠加生成。金矿总体资源预测图主要由砂矿型金矿和热液型金矿子类型预测图叠加生成。铜铅锌矿多金属矿总体资源预测图主要由接触交代型铜铅锌矿和热液型铜铅锌矿子类型预测图叠加生成。金矿总体资源预测图按照 9%、11%、80% 划分为高、中、低 3 个等级，铁矿和铜铅锌多金属矿总体资源预测图按照 10%、15%、75% 划分等级。

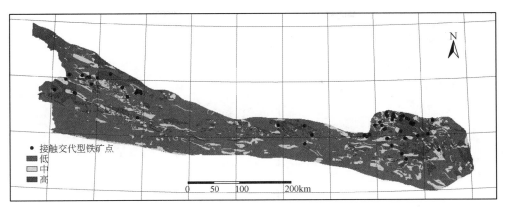

图 9.15　接触交代型铁矿资源预测图

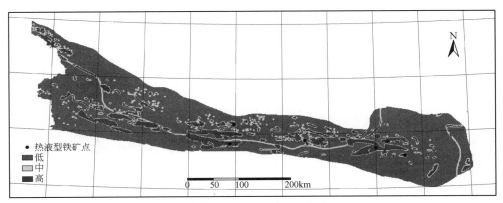

图 9.16　热液型铁矿资源预测图

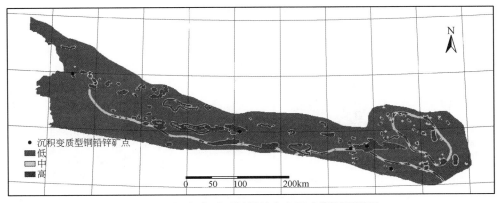

图 9.17　沉积变质型铜铅锌多金属矿资源预测图

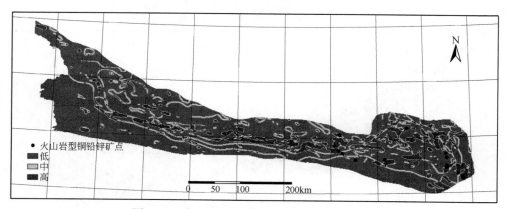

图 9.18　火山岩型铜铅锌多金属矿资源预测图

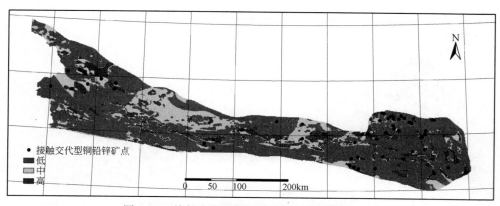

图 9.19　接触交代型铜铅锌多金属矿资源预测图

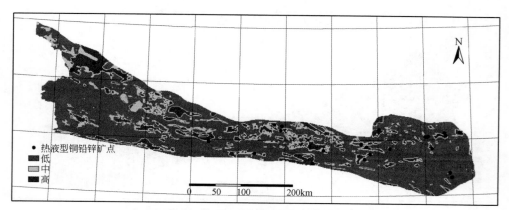

图 9.20　热液型铜铅锌多金属矿资源预测图

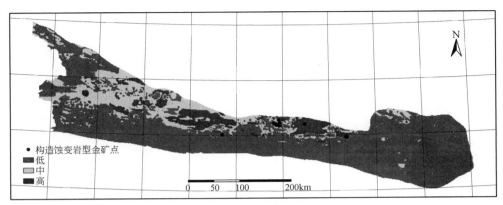

图 9.21 构造蚀变型金矿资源预测图

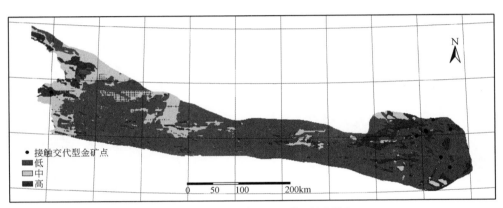

图 9.22 接触交代型金矿资源预测图

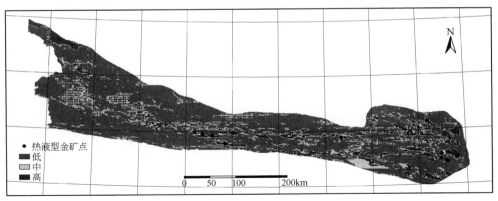

图 9.23 热液型金矿资源预测图

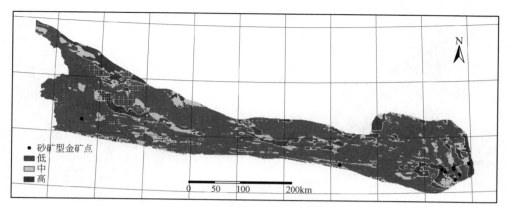

图 9.24　砂矿型金矿资源预测图

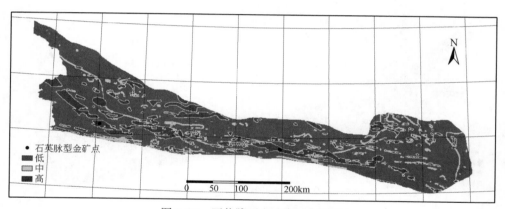

图 9.25　石英脉型金矿资源预测图

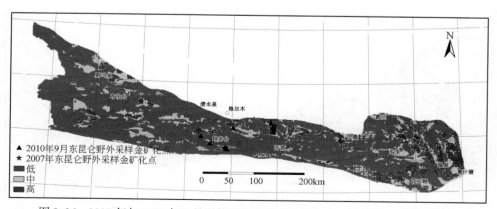

图 9.26　2007 年与 2010 年 9 月野外调查金矿点数据与金矿总体资源预测图叠加

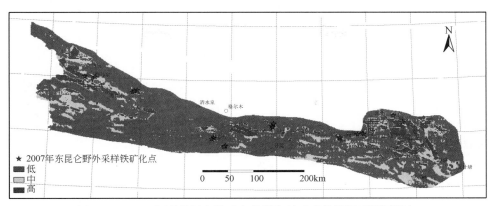

图 9.27　2007 年野外调查铁矿点数据与铁矿总体资源预测图叠加

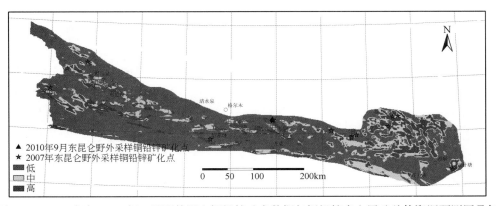

图 9.28　2007 年与 2010 年 9 月野外调查铜铅锌矿点数据与铜铅锌多金属矿总体资源预测图叠加

9.3.5　实验结果统计与分析

表 9.10 为上述各类矿产资源预测图等级划分及面积比例情况。表 9.11 给出了已知子类型矿点落在各矿种子类型矿产资源预测区中的统计情况，已知沉积变质型铜铅锌多金属矿点 5 个全部落入高潜力区，占 100%；已知热液型铜铅锌多金属矿点中有 14 个落入高潜力区，占 53.80%，7 个落入中潜力区，占 26.90%，5 个落入低潜力区，占 19.20%；已知火山岩型铜铅锌多金属矿矿点落入中、高潜力区的有 13 个，占 92.8%；已知接触交代型铜铅锌矿点中有 53 个落入高潜力区，占 93%，4 个落入低潜力区，占 7%；已知的 58 个接触交代型铁矿点全部落入中高潜力区中；已知热液型铁矿点 6 个全部落入高潜力区；火山岩型铁矿点 3 个全部落入高潜力区；已知沉积变质型铁矿点 10 个落入高潜力区，占 77%，3 个落入中潜力区，占 23%；已知接触交代型金矿只有 1 个落入低潜力区，占 12.5%，其余 7 个全部落入高潜力区，占 87.5%；已知构造蚀变型金矿点 9 个落入高潜力区，占 90%，1 个落入低潜力区，占 10%；已知热液型金矿点 8 个落入高潜力区，占 80%，2 个落入低潜力区，占 20%；已知石英脉型金矿点 3 个全部

落入高潜力区；已知砂矿型金矿点 8 个落入中高潜力区，占 89.9%，1 个落入低潜力区，占 11.1%。

表 9.10　各类型矿产资源预测分级划分比例表

矿产类型	低潜力区划分（格网个数，百分比）	中潜力区划分（格网个数，百分比）	高潜力区划分（格网个数，百分比）
沉积变质型铜铅锌多金属矿	(80102, 84.1028%)	(6885, 7.2289%)	(8256, 8.9518%)
热液型铜铅锌多金属矿	(76353, 80.1665%)	(10309, 10.8239%)	(10459, 10.9814%)
火山岩型铜铅锌多金属矿	(70867, 74.4065%)	(15359, 16.1261%)	(9017, 9.4674%)
接触交代型铜铅锌多金属矿	(60741, 71.9307%)	(14746, 15.4825%)	(11988, 12.5868%
接触交代型铁矿	(62382, 65.4977%)	(17082, 17.9352%)	(15779, 16.5671%)
热液型铁矿	(73915, 77.6068%)	(10578, 11.1063%)	(10750, 11.2869%)
火山岩型铁矿	(72595, 76.2208%)	(11656, 12.2382%)	(10992, 11.5410%)
沉积变质型铁矿	(71178, 74.7331%)	(15025, 15.7754%)	(9040, 9.4915%)
接触交代型金矿	(69852, 73.3408%)	(13888, 14.5816%)	(11503, 12.0775%)
构造蚀变型金矿	(69307, 72.7686%)	(15922, 16.7172%)	(10014, 10.5412%)
热液型金矿	(69770, 73.2547%)	(14679, 15.4122%)	(10794, 11.3331%)
石英脉型金矿	(68045, 71.4436%)	(16017, 16.8170%)	(11181, 11.7394%)
砂矿型金矿	(69857, 73.3461%)	(13773, 14.4609%)	(11613, 12.1930%)

表 9.11　已知各类型矿点与资源潜力区叠加统计情况

矿产类型	高（n, %）	中（n, %）	低（n, %）
沉积变质型铜铅锌多金属矿	(5, 100%)	(0, 0%)	(0, 0%)
热液型铜铅锌多金属矿	(14, 53.80%)	(7, 26.90%)	(5, 19.20%)
火山岩型铜铅锌多金属矿	(10, 71.40%)	(3, 21.40%)	(1, 7.14%)
接触交代型铜铅锌多金属矿	(53, 93%)	(0, 0%)	(4, 7%)
接触交代型铁矿	(57, 98.30%)	(1, 0.17%)	(0, 0%)
热液型铁矿	(6, 100%)	(0, 0%)	(0, 0%)
火山岩型铁矿	(3, 100%)	(0, 0%)	(0, 0%)
沉积变质型铁矿	(10, 77%)	(3, 23%)	(0, 0%)
接触交代型金矿	(7, 87.50%)	(0, 0%)	(1, 12.50%)
构造蚀变型金矿	(9, 90%)	(0, 0%)	(1, 10%)
热液型金矿	(8, 80%)	(0, 0%)	(2, 20%)
石英脉型金矿	(3, 100%)	(0, 0%)	(0, 0%)
砂矿型金矿	(5, 56.6%)	(3, 33.30%)	(1, 11.10%)

表 9.12 为 2007 年与 2010 年野外调查矿点落入各矿种总体资源潜力区的验证结果，探明铜铅锌多金属矿 22 个，17 个落入中高潜力区，占 77%，5 个落入低潜力区，占

23%；铁矿点中 7 个落入中高潜力区，占 70%，3 个落入低潜力区，占 20%；金矿 20 个落入高潜力区，占 77%，6 个落入低潜力区，占 23%。

表 9.12　野外调查矿点落入总体矿产资源潜力区验证结果

	高（n，%）	中（n，%）	低（n，%）
铜铅锌多金属矿	（2，9%）	（15，68%）	（5，23%）
铁矿	（5，50%）	（2，20%）	（3，30%）
金矿	（20，77%）	（0，0%）	（6，23%）

根据上面的统计结果可以看出，本文建立的成矿关联规则挖掘及不确定性评价方法在区域矿产资源预测方面是可行的，已知矿点多数落在高潜力区。实验中发现金矿所得到的关联规则多数含有地层岩性，因此预测结果好些。而铜铅锌多金属矿和铁矿的矿点数较多，在支持度设为 3% 的情况下还是会漏掉许多有用的信息，导致其他类型的关联规则无法生成。根据实验结果可以发现矿产资源预测结果与地层岩性信息关系较大，因此地层岩性属性信息的准确度一定程度上也影响着实验的结果。实验结果也验证了不确定性综合评价方法，该方法使得关联规则的条件项数的优势突显出来，同时也很好地处理了其他评价参数之间的关系，避免了人为主观意识对评价参数权重的影响。再有，该方法在用于整体成矿预测图的生成时受到限制，本文只是选择各类型矿床中重要的一两种子类型的矿产资源预测图叠加生成的总体矿产资源预测图，因为并不能直接将各矿种所有的子类型矿产资源预测图叠加计算得到总体的矿产资源预测图。以一格网 A 为例，假设该格网在接触交代型铁矿矿产资源预测图中的 K 值为 a，在热液型铁矿矿产资源预测图中的 K 值为 b，在火山岩型铁矿矿产资源预测图中的 K 值为 c，在沉积变质型铁矿矿产资源预测图中的 K 值为 d，当 a、b、c、d 中既有较大的值又有较小的值，则相加得到的结果值既不能突显其子类型图中原有的潜力高的概念，也不能突显其子类型图中原有的潜力低的概念，实际的潜力高低概念由于相加的图层过多而被埋没。

参 考 文 献

陈胜可 . 2010. SPSS 统计分析从入门到精通 . 北京：清华大学出版社

邸凯昌 . 2000. 空间数据发掘与知识发现 . 武汉：武汉大学出版社

杜鹢，宋自林，李德毅 . 2000. 基于云模型的关联规则挖掘方法 . 解放军理工大学学报，1（1）：29~34

何彬彬 . 2007. 空间数据挖掘不确定性理论及其应用 . 徐州：中国矿业大学出版社

何彬彬，陈翠华，方涛，等 . 2006. 空间数据关联规则挖掘的不确定性处理及度量 . 地理与地理信息科学，22（6）：5~8

李德毅，孟海军，史雪梅，等 . 1995. 隶属云和隶属云发生器 . 计算机研究与发展，32（6）：15~20

马占欣，王新社，黄维通，等 . 2007. 对最小置信度门限的质疑 . 计算机科学，34（6）：216~218

Abedi M，Norouzi G H，Bahroudi A. 2012. Support vector machine for multi- classification of mineral prospectivity areas. Computers & Geosciences，37（12）：1967~1975.

Agrawal R，Imieliński T，Swami A. 1993. Mining association rules between sets of items in large databases. SIGMOD'93 Proceedings of the 1993 ACM SIGMOD international conference on Management of data, 22 (2): 207~216

Chawla N V. 2003. C4. 5 and imbalanced data sets: investigating the effect of sampling method, probabilistic estimate, and decision tree structure. Proceedings of the ICML'03 Workshop on Class Imbalances.

Cui, Y, He B, Chen J, et al. 2010. Mining metallogenic association rules combining cloud model with Apriori algorithm. Proceedings of 2010 IEEE International Geoscience and Remote Sensing Symposium, 4507~4510.

Ferri C, Flach P, Hernández- Orallo J. 2002. Learning decision trees using the area under the ROC curve. Proceedings of International Conference on Machine Learning, 139~146

Gray B, Orlowska M E. 1998. CCAIIA: Clustering categorical attributes into interesting association rules. Lecture Notes in Computer Science, 1394: 132~143

Han J, Kamber M. 2006. Data mining: concepts and techniques. San Francisco: Morgan Kaufmann Publishers Inc.

Hand, D J, Till R J. 2001. A simple generalisation of the area under the ROC curve for multiple class classification problems. Machine Learning, 45 (2): 171~186.

He B, Chen J, Chen C, et al. 2012. Mineralprospectivity mapping method integrating multi- sources geology spatial data sets and case-based reasoning. Journal of Geographic Information System, 4 (2): 77~85.

Hwang S, Guevarra I F, Yu B. 2009. Slope failure prediction using a decision tree: A case of engineered slopes in South Korea. Engineering Geology, 104 (1-2): 126~134.

Kuok C, Fu A, Wong M. 1998. Mining fuzzy association rules in databases. ACM Sigmod Record, 27 (1): 41~46

Provost F, Domingos P. 2003. Tree induction for probability-based ranking. Machine Learning, 52 (3): 199~215

Quinlan J R. 1986. Induction of decision trees. Machine Learning, 1 (1): 81~106

Quinlan J R. 1993. C4. 5: programs for machine learning. San Francisco: Morgan Kaufmann Publishers Inc.

Srikant R, Agrawal R. 1996. Mining quantitative association rules in large relational tables. Proceedings of 1996' ACM-SIGMOD International Conference of management of Data, 1~12

Wu X, Kumar V, Quinlan J R, et al. 2008. Top 10 algorithms in data mining. Knowledge and Information Systems, 14 (1): 1~37

Zadrozny B, Elkan C. 2001. Learning and making decisions when costs and probabilities are both unknown. Proceedings of the seventh ACM SIGKDD international conference on Knowledge discovery and data mining, 204~213

Zhang X, Pazner M, Duke N. 2007. Lithologic and mineral information extraction for gold exploration using ASTER data in the south Chocolate Mountains (California). ISPRS Journal of Photogrammetry and Remote Sensing, 62 (4): 271~282

Zuo R, Carranza E J M. 2010. Support vector machine: A tool for mapping mineral prospectivity. Computers & Geosciences, 37 (12): 1967-1975

第 10 章　证据推理方法与区域
矿产资源不确定性预测

10.1　证 据 理 论

证据理论是一种不确定性推理和处理方法，能较好地处理不确定性信息，Dempster（1967）于 1967 年在研究统计问题时首先提出，后经他的学生 Shafer（1976）于 1976 年进行了系统化改进和完善形成的一种经典的不确定性推理理论，故又被称为 Dempster-Shafer 理论（简称 D-S 证据理论）。D-S 证据理论与贝叶斯推理方法类似，用先验概率分配函数去取得后验的证据区间，量化了明显的可信程度和似然率，放松了贝叶斯方法需有统一的识别框架、完整的先验概率和条件概率知识等要求。另外，贝叶斯理论只能将概率分配函数指定给完备的互不包含的假设，而 D-S 证据理论可将证据指定给互不相容的命题，也可指定给相互重叠、非互不相容的命题。也就是说，D-S 证据理论提供了一定程度的不确定性，这便是 D-S 证据理论的优点所在（戴冠中等，1999）。D-S 证据理论对概率给出了一种新的解释，描述了命题和证据及人之间互动的关系。首先，概率都可以看成是在为一个命题赋真值，只不过这个真值并不是非真即假或非假即真，即不是非 1 则 0，而是可以取 [0，1] 之间的所有值。求某个命题的概率也就是确定它是真的程度。证据理论不仅强调了客观证据的作用，还强调了思维的重要性。而证据是证据理论的核心，是人们对有关问题所做的观察和研究的结果，证据不仅仅是通常意义下的实证据，决策者的经验知识以及他们对问题的观察研究都是可以用来做决策的证据。D-S 证据理论有很多的论述和解释方法，其中最容易接受的便是基本概率分配函数（basic probability assignment），即 mass 函数，它要求决策者根据拥有的证据，在假设空间（或称辨识框架）上产生一个置信度分配函数。mass 函数可以看作是该领域专家凭借自己的经验对假设所做的评价，这种评价对于某一问题的最终决策者来说又可以看作是一种证据。

证据理论方法尤其独有的特点，如包容"无知"、取上下界概率、辨识目标多组合、不同证据与辨识目标之间的关系不要求完全对应等，使证据理论方法比其他概率方法具有更多的灵活性。对于矿产资源评价的应用而言，这些灵活性是十分可贵的，它为用传统数学方法难以解决的矿产资源评价问题提供了新思路（Agterberg F P，1990）。由于空间数据多数情况下是有不同空间分辨率和不完整性的，因此传统的数据驱动模型在使用这样的数据时往往得不到准确的结果。然而 D-S 证据理论方法却非常适用于数据缺失及数据不完整的情况。因此，本文将使用基于证据理论的不确定性地质空间数据挖掘方法对地质空间数据的不完整性进行有效地解决，同时实现对挖掘知识划分确定和不确定。

10.1.1　信任函数理论

D-S 证据理论是建立在一个非空集合 θ 上的理论，θ 称为辨识框架，θ 由一系列互斥且穷举的基本命题组成。对于问题域中的任意命题 A，都应属于幂集 2^θ。在 2^θ 上定义基本概率分配函数 $m : 2^\theta \to [0, 1]$，m 满足下面的关系

$$m(\varnothing) = 0 \tag{10.1}$$

$$\sum_{A \subset \theta} m(A) = 1 \tag{10.2}$$

式中，$m(A)$ 表示证据支持命题 A 发生的信任程度，而不支持任何 A 的真子集。如果 A 为 θ 的子集，如果 $m(A) \neq 0$，则称为证据的焦元。所有焦元的集合称为证据的核。证据由证据体 $[A, m(A)]$ 组成的，利用证据体可以定义 2^θ 上的信任函数 Bel : $2^\theta \to [0, 1]$ 与似真函数 Pl : $2^\theta \to [0, 1]$

$$\mathrm{Bel}(A) = \sum_{B \subseteq A} m(B), \quad \forall A \subset \theta \tag{10.3}$$

$$\mathrm{Pl}(A) = 1 - \mathrm{Bel}(A^c), \quad \forall A \subset \theta \tag{10.4}$$

式中，A^c 为 A 的补集。

信任函数 Bel(A) 表示一个变量对命题 A 的支持程度，即包含在 A 中所有子集的基本概率分配之和，表示对 A 的全部信任程度。似真函数 Pl(A) 表示可能属于集合 A 命题的程度。$[\mathrm{Bel}(A), \mathrm{Pl}(A)]$ 构成证据的不确定区间或信任区间，表示证据的不确定程度。Bel(A) 常被叫做下界概率，Pl(A) 为上界概率，通过上、下界概率可以计算得到一个不确定性变量在 A 集合区间的概率值。这个概率值是不精确的，其不确定性用 Un(A) 表示

$$\mathrm{Un}(A) = \mathrm{Pl}(A) - \mathrm{Bel}(A) \tag{10.5}$$

证据理论正是通过信任函数能够把不知道和不确定区分开来，如图 10.1 所示，区间的大小 $[\mathrm{Pl}(A) - \mathrm{Bel}(A)]$ 的值正好反映了证据对 A 的不确定程度。

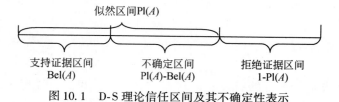

图 10.1　D-S 理论信任区间及其不确定性表示

10.1.2　Dempster 组合规则

Dempster 组合规则是一种数学方法，通过两个或两个以上的信任函数生成一个新的信任函数。假设 Bel_1 是识别框架 θ 上的信任函数，m_1 为 Bel_1 的基本概率值，命题分别为 A_1，$\cdots$，A_n，相关的概率值用 $m_1(A_1)$，$\cdots$，$m_n(A_n)$ 表示。假设在同样的识别框架下有另一个信任函数 Bel_2，基本概率值为 m_2，相关的概率值为 $m_2(B_1)$，$\cdots$，$m_2(B_n)$。应用 Dempster 组合规则通过 Bel_1 和 Bel_2 可以组合得到一个新的信任函数。新的的概率测度值定义如下

$$m(H) = \frac{1}{1-k} \sum_{i,j A_i \cap B_j = H} m_1(A_i) m_2(B_j) \tag{10.6}$$

$$k_{i,j} = \sum_{A_i \cap B_j = \varnothing} m_1(A_i) m_2(B_j) < 1 \tag{10.7}$$

其中，式（10.7）反映了证据冲突的程度。系数 $1/(1-k)$ 的作用就是避免在合成时将非 0 的信任赋给空集 $\varnothing$。上述组合规则为两个信任函数时使用。当有多个信任函数的进行组合时，假设 Bel_1，Bel_2，$\cdots$，Bel_n 都是相同辨识框架 2^θ 上的信任函数，则 n 个信任函数的组合为

$$(((\mathrm{Bel}_1 \oplus \mathrm{Bel}_2) \oplus \mathrm{Bel}_3) \oplus K) \oplus \mathrm{Bel}_n \tag{10.8}$$

如果 m_1，m_2，$\cdots$，m_n 分别代表 Bel_1，Bel_2，$\cdots$，Bel_n 的基本可信任分配函数，则证据组合规则可以表示为

$$(((m_1 \oplus m_2) \oplus m_3) \oplus K) \oplus m_n \tag{10.9}$$

式中，$\oplus$ 表示直和，组合证据在组合完成过程中与次序无关，即满足结合律。

10.1.3　证据理论质量评价

D-S 证据理论方法中，每个证据图层都用两个相互独立的信任函数来表达这个证据图层的信息范围，它们的范围是在 $[0，1]$。较高的信任函数（也就是似真函数 Plausibility）通常认为是对该证据对命题支持的乐观程度，较低的信任函数（也就是支持函数 Support）反映的是对该证据对命题支持的保守程度[68]。似真函数（Plausibility）和支持函数之间差值，即不确定函数（Uncertainty）则反映了证据对命题支持的不确定性。不支持函数（Disbelief）的定义是用 1 减去似真函数，它们之间的关系如图 10.2 所示。每两个证据图层或者更多的证据图层使用 Dempster 组合规则进行融合，融合后的支持函数、似真函数、不支持函数和不确定函数都可以分别制图出来。

基于证据理论的特点，本文采用基于地质证据综合的形式解决矿产资源评价问题。将原始的地质、地球物理、地球化学和遥感等数据，如地层、岩浆岩、构造等作为证据。地质学家需要对每一个证据铜矿化的关系（可能不仅是一种矿化）进行基本概率赋值，然后逐步进行证据合成，最终得到矿化假设的信任函数和似真函数作为对结论信任程度的上概率和下概率。这种评价地质学家工作量大，要求他们对每一个证据铜矿化关系都有清楚的了解，但其评价的基础工作也最为扎实（李裕伟等，2007）。

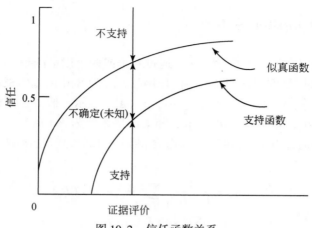

图 10.2　信任函数关系

  通过证据理论推理方法得到的最终结果分别是支持函数图、不支持函数图、不确定函数图、似真函数图，这四张图就可以作为证据理论推理方法的质量评价结果图。四张结果质量评价图可以分别从不同的角度去解释所选择的证据图层对成矿的有利程度，即支持函数越大的地方表明该地区资源潜力越大；不支持函数越大的地方表明该地区的资源潜力越小；证据少或支持度低的地方，资源潜力的不确定度就高；似真函数越大的地方表明该地区的资源潜力支持度和可能性越大。

10.2　基于证据推理的区域矿产资源不确定性预测方法

  基于证据推理的区域矿产资源预测方法流程如图 10.3 所示，主要包括证据图层选取、信任函数的分配、证据图层的不确定性融合以及不确定性评价与制图 4 个部分。该方法基本思路为：首先，从多源地质空间数据库中选取相关的证据图层，研究每个证据图层同矿化的关系，进而对各证据图层进行基本概率赋值；其次，对基本概率图层使用Dempster 组合规则进行不确定性融合；最后，根据生成的最终信任函数进行不确定性评价与制图。

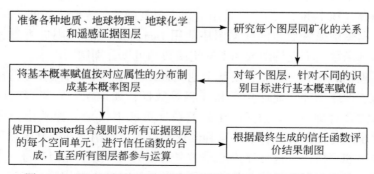

图 10.3　基于证据推理的区域矿产资源不确定性预测方法流程

10.2.1 证据图层选取

进行基于证据推理的矿产资源预测时，证据图层的选取数量不宜太多，以少于 8 ~ 10 个证据为宜，3 ~ 5 个最好。因为如果证据图层太多，地质专家很难掌握各变量同矿化的复杂关系，基本概率的赋值会趋于分散。同时，地质专家还应该审查变量之间的关系，所用的证据之间应该尽量是相互独立的，否则评价结果会夸大矿化的有利程度（李裕伟等，2007）。本文的证据图层选取方法为证据权方法，数据来自课题组建立的多源地质空间数据库。

10.2.2 信任函数的分配方法

如果所需勘探的地区已经被很好地观察研究，或者该地区已被开采的矿产资源信息足够多，则可以用统计的方法来进行信任函数的分配，该方法主要基于传统的概率论理论。然而，当一个地区并没有太多的已知开采矿产资源的信息，这时对信任函数分配主要依赖于地质专家的相关知识和经验（李裕伟等，2007）。

对信任函数的分配过程中会面对两个问题。首先，是对支持函数和不支持函数的区分，有一种倾向认为不支持函数可以是 1 减去支持函数，这样的话就很难定量的表示不确定函数和不支持函数之间的区别；其次，如果两个相组合的证据图层的支持函数都比较大，这样结合后的值就会接近 1，所得到的值再和其他具有较大支持函数的图层相结合后，新组合生成的值就会更接近 1（也就是说不支持函数和不确定函数都会趋向于零），这样的结果很难得到解释。

在本文后面实验中，由于拥有已知矿点的信息，因此可以用这些已知的信息对信任函数的估计给予指导，同时在信任函数的分配过程中采取 Wright（1996）在加拿大中南部雪湖地区实验中使用的一种临时性方法。由于矿点数相对来说并不是很多，对信任函数的分配主要是靠主观完成的。以证据图层 A 的第 i 类（该图层可以有多种类别）为例，该面积单元含有矿点的概率设为 $P(D \mid A_i)$，该概率值是由该单元面积中所有像元数和该单元面积中所包含的矿点的总像元数之比

$$P(D \mid A_i) = \frac{N(D \mid A_i)}{N(A_i)} \tag{10.10}$$

这个值可以认为是信任函数的一种平均水平，某种程度上在支持函数和似真函数范围之间。证据图层 A 的第 i 类的支持函数可以用上面的概率值乘以一个常数系数 α_s，该常数范围在 $[0, 1]$。

$$\text{Spt}_A = \alpha_s P(D \mid A_i) \tag{10.11}$$

α_s 这个常数的大小依赖于专家对计算得到的概率值的确定性，这个常数越大，表明对得到的概率值的不确定性越小。由 $\text{Dis} = 1 - \text{Pls}$ 可以看出不支持函数与信任函数中的上限（也就是似真函数）相关，该方法中用另一个常数 α_D 乘以 1 减去上面计算得到的概率值 $P(D \mid A_i)$，α_D 的范围同样也是在 $[0, 1]$

$$\text{Dis}_{Ai} = \alpha_D * (1 - P(D \mid A_i)) \tag{10.12}$$

式中，α_D 越大，表明计算得到的不确定性就越大。该方法在图 10.4 中予以说明。

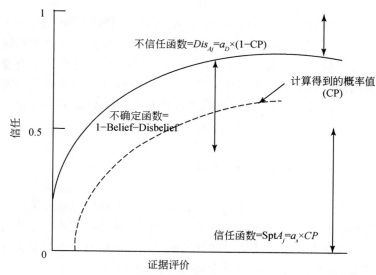

图 10.4　实验中用于估计 Dempster-Shafer 证据理论信任函数的方法

一张证据图层中的每一类都有一个概率值（Probability），是通过计算该类中所含矿点的像元数与该类像元总数之比得到的，然后通过分别乘以常数 α_s 和 α_D 来计算得到各信任函数。在实际实验中，上面 α_s 和 α_D 这两个常数的取值都应保持相对较小值，范围在 0.1 ~ 0.01，这样做的目的是避免对信任函数进行组合的过程中遇到前面说到的问题。这里所有的证据图层都使用一样的 α_s 和 α_D 值。假如已知矿点的数量不是很多，计算得到的概率在分布上就会有些差距，这里我们就要对计算得到的概率再做一次人为的手动平滑。最终的信任函数分配如表 10.1 所示（这里以铁地球化学异常为例）。

表 10.1　铁地球化学异常信任函数分配情况

图层类别	面积（km^2）	矿点数	计算得到的概率值	平滑概率值	支持函数 $\alpha_s = 0.09$	不支持函数 $\alpha_D = 0.01$	不确定函数	似真函数
Nodata	10883	9	$8.26977855370762 \times 10^{-4}$	0.05	0.0045	0.0095	0.986	0.9905
0.43 ~ 1.5	291	1	$3.43642611683849 \times 10^{-3}$	0.05	0.0045	0.0095	0.986	0.9905
1.5 ~ 2	2352	3	$1.27551020408163 \times 10^{-3}$	0.05	0.0045	0.0095	0.986	0.9905
2 ~ 3	13689	19	$1.38797574695011 \times 10^{-3}$	0.1	0.009	0.009	0.982	0.994
3 ~ 4	35924	21	$5.84567420109119 \times 10^{-4}$	0.15	0.0135	0.0085	0.978	0.9915
4 ~ 5	21973	19	$8.64697583397806 \times 10^{-4}$	0.2	0.018	0.008	0.974	0.992
5 ~ 9.52	10131	9	$8.88362451880367 \times 10^{-4}$	0.25	0.0225	0.0075	0.97	0.9925

通过式（10.11）、式（10.12）可以得到铁化学异常范围在 1.5 ~ 2 这一类别的支持函数和不支持函数。

$$\mathrm{Spt}_A = \alpha_s P(D \mid A_i) = 0.090 * 0.05 = 0.0045$$
$$\mathrm{Dis}_{A_i} = \alpha_D * (1 - P(D \mid A_i)) = 0.01 * (1 - 0.05) = 0.0095$$

这两个函数值记录在上表中的第 6、7 列，这里可以看出支持函数小的不支持函数大。不确定函数和似真函数计算如下

$$\mathrm{Unc}_{Ai} = 1 - \mathrm{Spt}_{A_i} - \mathrm{Dis}_{A_i} = 1 - 0.0045 - 0.0095 = 0.986$$
$$\mathrm{Pls}_{A_i} = \mathrm{Spt}_{A_i} + \mathrm{Unc}_{Ai} = 0.0045 + 0.986 = 0.9905$$

10.2.3　证据图层的不确定性融合方法

每张被用来作为支持假设（如"这个单元含有矿点"）的证据图层都有一对相关的信任函数，支持函数和似真函数。在实际应用中，这些函数都被作为一个字段建立在每张证据图层的属性表中，其中每张证据图层的每一类都有一个支持函数值和似真函数值。假设有一张图 A，我们将图 A 的支持函数设为 Sup_A，赋给图 A 的似真函数设为 Pls_A，其中图 A 中又包含不同的类别，这些类分别对应着各自的信任函数值。图 A 的不确定函数设为 Unc_A，在支持函数 Sup_A 和似真函数 Pls_A 给出情况下，可由 $\mathrm{Pls}_A - \mathrm{Sup}_A$ 计算得出，而不支持函数则可由 $1 - \mathrm{Pls}_A$ 计算得到。由此可见，$\mathrm{Sup}_A + \mathrm{Unc}_A + \mathrm{Dis}_A = 1$。其中，不支持函数表明这个假设为假，如"该单元不包含矿点"。这里需要注意的是，似真函数一定是大于等于支持函数的，当似真函数与支持函数相等时，不确定函数为零，$\mathrm{Sup}_A + \mathrm{Dis}_A = 1$，这些关系由图 10.4 可以清楚地看出。

对每一张作为证据的图层来说，两个独立的信任函数必须被给出，这两个独立函数一般为支持函数和不支持函数，或者是支持函数和似真函数，在有些时候也可以选择不确定函数和某一种信任函数。

假设两张证据图层 A 和 B，支持函数和不支持函数分别已知，对支持函数和不支持函数按照 Dempster 的组合规则运算得到组合后的支持函数和不支持函数，还有不确定函数，组合规则如下

$$\mathrm{Spt}_c = \frac{\mathrm{Spt}_A\mathrm{Spt}_B + \mathrm{Spt}_A\mathrm{Unc}_B + \mathrm{Spt}_B\mathrm{Unc}_A}{\beta} \tag{10.13}$$

$$\mathrm{Dis}_C = \frac{\mathrm{Dis}_A\mathrm{Dis}_B + \mathrm{Dis}_A\mathrm{Unc}_B + \mathrm{Dis}_B\mathrm{Unc}_A}{\beta} \tag{10.14}$$

$$\mathrm{Unc}_C = \frac{\mathrm{Unc}_A\mathrm{Unc}_B}{\beta} \tag{10.15}$$

上面三个式子中的分母作为标准化因子用来保证 $\mathrm{Sup}_A + \mathrm{Dis}_A + \mathrm{Unc}_A = 1$，定义如下

$$\beta = 1 - \mathrm{Spt}_A\mathrm{Dis}_B - \mathrm{Dis}_A\mathrm{Spt}_B \tag{10.16}$$

进行证据图层融合前应先将所有图层转换到同一参考坐标系统下，最终将其都转换为栅格形式，图层的处理过程如图 10.5 所示。

对每张证据图层分别设置支持函数、不支持函数函数、不确定函数和似真函数字段，进而对这些函数赋值具体赋值及使用 Dempster 结合规则进行图层融合过程，如图 10.6 所示。

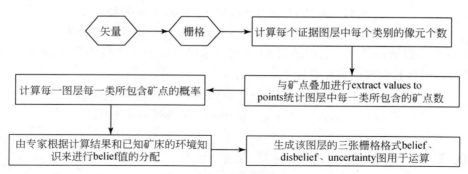

图 10.5 证据图层转换过程

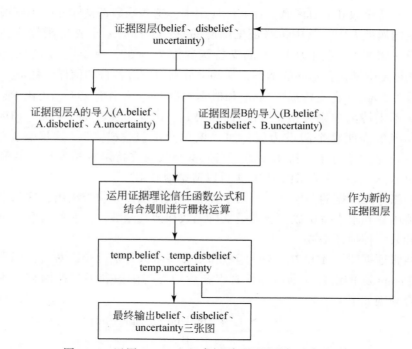

图 10.6 运用 Dempster 组合规则对图层进行融合流程

所有证据图层的信任函数被分配完后，下一步目标就是将它们进行融合生成新的图层。下面将以两张假设的图 *A* 和 *B* 举例来说明两个图层的信任函数是如何应用式（10.13）~式（10.15）进行融合的，*A*、*B* 两图的信任函数如表 10.2 所示已给出。

$$\beta = 1 - \mathrm{Spt}_A\mathrm{Dis}_B - \mathrm{Dis}_A\mathrm{Spt}_B = 1 - 0.02 - 0.035 = 0.9450$$

$$\mathrm{Spt}_c = \frac{\mathrm{Spt}_A\mathrm{Spt}_B + \mathrm{Spt}_A\mathrm{Unc}_B + \mathrm{Spt}_B\mathrm{Unc}_A}{\beta}$$

$$= \frac{((0.05 \times 0.10) + (0.05 \times 0.50) + (0.10 \times 0.60))}{0.945} = 0.0952$$

$$\mathrm{Dis}_C = \frac{\mathrm{Dis}_A\mathrm{Dis}_B + \mathrm{Dis}_A\mathrm{Unc}_B + \mathrm{Dis}_B\mathrm{Unc}_A}{\beta}$$

$$= \frac{((0.35 \times 0.40) + (0.35 \times 0.50) + (0.40 \times 0.60))}{0.945} = 0.5873$$

$$\mathrm{Unc}_C = \frac{\mathrm{Unc}_A \mathrm{Unc}_B}{\beta} = \frac{(0.60 \times 0.50)}{0.945} = 0.3175$$

$$\mathrm{Pls}_C = 1 - 0.5873 = 0.4127$$

表 10.2　图 _A_、_B_ 信任函数分配情况

	Support	Disbelief	Uncertainty	Plausibility
Map A	0.0500	0.3500	0.6000	0.6500
Map B	0.1000	0.4000	0.5000	0.6000
Map C	0.0952	0.5873	0.3175	0.4127

表 10.2 为图 _A_、_B_ 的信任函数的分配情况，其中某一像元的支持函数和不支持函数是已给定的（粗体部分），图 _C_ 是由图 _A_、_B_ 应用 Dempster 组合规则运算生成的，斜体部分为计算得到的应用 Dempster 组合规则。图 _C_ 可以和其他的图层以成对的方式进行组合融合，对所有的图层进行迭代运算，直至所有的图层都参与了组合运算。

10.2.4　不确定性预测制图

根据所有证据图层进行证据合成运算得到的各矿种的不确定性评价结果有 4 类图，分别是证据理论支持函数图、证据理论不支持函数图、证据理论不确定函数图和证据理论似真函数图。对不确定性评价结果全部采用 Natural Breaks 法根据像元统计值来划分类别，其他评价图同理，使得类内差异最小，类间差异最大，其中支持函数图像元值即为该像元支持函数值。

10.3　基于证据推理的青海省东昆仑矿产资源不确定性预测

10.3.1　数据选取及预处理

本文实验中的证据图层选取情况如表 10.3 所示，其中铁矿实验中共用到 9 个证据图层、金矿用到 8 个证据图层、铜铅锌多金属矿用到 8 个证据图层，所有图层均转换到同一参考坐标系统下，最终都转换为栅格形式，图层的处理过程如图 10.5 所示。

表 10.3　证据图层信息

证据图层	数据属性	矿床类型
方解石化	遥感 ASTER 数据–掩膜分析	Fe
羟基蚀变	遥感 ASTER 数据–掩膜分析	Fe

证据图层	数据属性	矿床类型
地层岩性（印支期侵入岩、滩间山群、大干沟组、鄂拉山组、海西期花岗闪长岩、海西期石英闪长岩、海西期二长花岗岩、其他）	地层岩性	Fe
区域断裂走向	构造要素—缓冲 3km	Fe
区域断裂空间关系	包括与断裂相离、相切	Fe
不整合界线空间关系	包括与不整合界线相离、相切	Fe
布格异常	物探数据–掩模分析	Fe
航磁异常	物探数据–掩膜分析	Fe
铁异常	化探数据–掩模分析	Fe
金异常	化探数据–掩膜分析	Au
区域断裂走向	构造要素–缓冲 3km	Au
区域断裂空间关系	包括与断裂相离、相切	Au
不整合界线空间关系	包括与不整合界线相离、相切	Au
羟基蚀变	遥感 ETM 数据–掩模分析	Au
地层岩性（鄂拉山组、土尔根大阪组、印支期侵入岩、第四系、布青山群马尔争组、其他）	地层岩性	Au
布格异常	物探数据–掩模分析	Au
航磁异常	物探数据–掩模分析	Au
区域断裂走向	构造要素–缓冲 3km	CU-Pb-Zn
区域断裂空间关系	包括与断裂相离、相切	CU-Pb-Zn
不整合界线空间关系	包括与不整合界线相离、相切	CU-Pb-Zn
地层岩性（第四系、海西期二长花岗岩、缔敖苏组、印支期侵入岩、金水口群、海西期花岗闪长岩、鄂拉山组、纳赤台群、布青山群马尔争组、万宝沟群、甘家组、小庙组、土尔根大阪组、其他）	地层岩性	CU-Pb-Zn
羟基蚀变	遥感 ETM 数据	CU-Pb-Zn
铜异常	化探数据–掩膜分析	CU-Pb-Zn
布格异常	物探数据–掩模分析	CU-Pb-Zn
航磁异常	物探数据–掩模分析	CU-Pb-Zn

10.3.2 信任函数的分配

根据 10.2.2 节中的信任函数分配方法，分别对铁矿、铜铅锌多金属矿以及金矿的各自所有证据图层进行信任函数值的分配与计算，结果如表 10.4 ~ 表 10.6 所示。

表 10.4　铜铅锌多金属矿证据图层的信任函数值分配与计算结果

证据图层	Spt	Dis	Unc	证据图层	Spt	Dis	Unc
Cu 地球化学异常				航磁异常			
No data	0.0045	0.0095	0.986	No data	0.0009	0.0099	0.9892
1.2~5	0.0045	0.0095	0.986	300~500	0.0009	0.0099	0.9892
5~12	0.0072	0.0092	0.9836	200~300	0.0018	0.0098	0.9884
12~20	0.0135	0.0085	0.978	100~200	0.0045	0.0095	0.986
20~30	0.0162	0.0082	0.9756	50~100	0.009	0.009	0.982
30~120	0.018	0.018	0.974	0~50	0.0135	0.0085	0.978
120~772.1	0.225	0.0075	0.97	−50~0	0.0225	0.0075	0.97
				−100~−50	0.0135	0.0085	0.978
				−200~−100	0.0045	0.0095	0.986
				<−500	0.0045	0.0095	0.986
断层走向				地层岩性			
No data	0.009	0.009	0.982	第四系	0.0045	0.0095	0.986
NW	0.0225	0.0075	0.97	海西期二长花岗岩	0.0045	0.0095	0.986
NWW	0.018	0.008	0.974	缔奥苏组	0.0045	0.0095	0.986
NEE	0.009	0.009	0.982	印支期侵入岩	0.0225	0.0075	0.97
NE	0.009	0.009	0.982	金水口群	0.0045	0.0095	0.986
NNE	0.0009	0.0099	0.9892	海西期花岗闪长岩	0.0045	0.0095	0.986
				鄂拉山组	0.018	0.008	0.974
NNW	0.0135	0.0085	0.978	纳赤台群	0.0045	0.0095	0.986
				布青山群	0.0045	0.0095	0.986
				万宝沟群	0.0045	0.0095	0.0986
				甘家组	0.0045	0.0095	0.0986
				小庙组	0.0045	0.0095	0.0986
				土尔根大阪组	0.0045	0.0095	0.0986
				其他	0.0045	0.00954	0.0986
布格异常				与断裂相离			
No data	0.0009	0.0099	0.9892	Ture	0.018	0.008	0.974
>−405	0.0009	0.0099	0.9892	False	0.0045	0.0095	0.986
−535~−550	0.0018	0.0098	0.9884	与不整合相离			
−520~−535	0.0018	0.0098	0.9884	Ture	0.018	0.008	0.974
−505~−520	0.0018	0.0098	0.9884	false	0.0045	0.0095	0.986
−490~−505	0.0045	0.0095	0.986	羟基蚀变异常			
−475~−490	0.0045	0.0095	0.986	0	0.009	0.009	0.982
−445~−460	0.0225	0.0075	0.97	1	0.0135	0.0085	0.978
−460~−475	0.018	0.008	0.974				
−415~−430	0.009	0.009	0.982				
−405~−415	0.0045	0.0095	0.986				
−430~−445	0.0135	0.0085	0.978				

表 10.5 铁矿证据图层的信任函数值分配与计算结果

证据图层	Spt	Dis	Unc	证据图层	Spt	Dis	Unc
Fe 地球化学异常				航磁异常			
nodata	0.0045	0.0095	0.0096	nodata	0.0009	0.0099	0.9892
0.43 ~ 1.5	0.0045	0.0095	0.0096	300 ~ 500	0.0018	0.0098	0.9884
1.5 ~ 2	0.0045	0.0095	0.0096	200 ~ 300	0.0018	0.0098	0.9884
2 ~ 3	0.009	0.009	0.982	100 ~ 200	0.0135	0.0085	0.978
3 ~ 4	0.0135	0.0085	0.978	50 ~ 100	0.009	0.009	0.982
4 ~ 5	0.018	0.018	0.974	0 ~ 50	0.009	0.009	0.982
5 ~ 9.52	0.225	0.0075	0.97	−50 ~ 0	0.009	0.009	0.982
				−100 ~ 50	0.018	0.008	0.974
				−200 ~ 100	0.009	0.009	0.982
				<−500	0.0045	0.0095	0.986
断裂走向				地层岩性			
Nodata	0.009	0.009	0.982	海西期二长花岗岩	0.0009	0.0099	0.9892
NW	0.0225	0.0075	0.97	印支期侵入岩	0.027	0.007	0.966
NWW	0.018	0.008	0.974	滩间山群	0.018	0.008	0.974
NEE	0.009	0.009	0.982	大干沟组	0.009	0.009	0.982
NE	0.0045	0.0095	0.986	鄂拉山组	0.009	0.009	0.982
NNE	0.0045	0.0095	0.986	海西期花岗闪长岩	0.009	0.009	0.982
NNW	0.009	0.009	0.982	海西期石英闪长岩	0.0045	0.0095	0.986
布格异常				断层相离			
Nodata	0.0009	0.0099	0.9892	Ture	0.009	0.009	0.982
>−405	0.0009	0.0099	0.9892	False	0.0009	0.0099	0.9892
−535 ~ −550	0.0009	0.0099	0.9892	不整合界线相离			
−520 ~ −535	0.0009	0.0099	0.9892	Ture	0.009	0.009	0.982
−505 ~ −520	0.0009	0.0099	0.9892	false	0.0009	0.0099	0.9892
−490 ~ −505	0.0009	0.0099	0.9892	方解石			
−475 ~ −490	0.0018	0.0098	0.9884	其他	0.009	0.009	0.982
−445 ~ −460	0.027	0.007	0.966	CLI	0.018	0.008	0.974
−460 ~ −475	0.009	0.009	0.982	羟基	0.009	0.009	0.982
−415 ~ −430	0.0135	0.0085	0.978	其他	0.018	0.008	0.974
−405 ~ −415	0.009	0.009	0.982	CLI			
−430 ~ −445	0.009	0.009	0.982				

注：CLI 为遥感蚀变异常方解石的缩写

表 10.6　金矿证据图层的信任函数值分配与计算结果

证据图层	Spt	Dis	Unc	证据图层	Spt	Dis	Unc
Au 地球化学				航磁			
No data	0.0009	0.0099	0.9892	No data	0.0009	0.0099	0.9892
0.2~0.3	0.0018	0.0098	0.9884	300~500	0.0009	0.0099	0.9892
0.3~0.6	0.0027	0.0097	0.9876	200~300	0.0009	0.0099	0.9892
0.6~0.8	0.0045	0.0095	0.986	100~200	0.0018	0.0098	0.9884
0.8~1.5	0.009	0.009	0.982	50~100	0.0045	0.0095	0.986
1.5~2.5	0.0108	0.0088	0.9804	0~50	0.018	0.008	0.974
2.5~5	0.0135	0.0085	0.978	−50~0	0.018	0.008	0.974
5~10	0.0162	0.0082	0.9756	−100~50	0.009	0.009	0.982
10~40.5	0.018	0.008	0.974	−200~100	0.0045	0.0095	0.986
>40.5	0.0225	0.0075	0.97	<−500	0.0045	0.0095	0.986
区域断裂走向				地层岩性			
No data	0.009	0.009	0.982	其他	0.009	0.009	0.982
NW	0.0225	0.0075	0.97	印支期侵入岩	0.018	0.008	0.974
NWW	0.018	0.008	0.974	布青山群马尔争组	0.0135	0.0085	0.978
NEE	0.009	0.009	0.982	土尔根大阪组	0.018	0.008	0.974
NE	0.009	0.009	0.982	鄂拉山组	0.018	0.008	0.974
NNE	0.0045	0.0095	0.986	第四系	0.0135	0.0085	0.978
NNW	0.0135	0.0085	0.978				
布格重力				断层相离			
No data	0.0009	0.0099	0.9892	Ture	0.018	0.008	0.974
>−405	0.0009	0.0099	0.9892	False	0.0045	0.0095	0.986
−535~−550	0.0009	0.0099	0.9892	不整合界线相离			
−520~−535	0.0009	0.0099	0.9892	Ture	0.018	0.008	0.974
−505~−520	0.0045	0.0095	0.986	false	0.0045	0.0095	0.986
−490~−505	0.0045	0.0095	0.986	羟基蚀变			
−475~−490	0.0045	0.0095	0.986	无	0.0135	0.0085	0.978
−445~−460	0.009	0.009	0.982	有	0.009	0.009	0.982
−460~−475	0.009	0.009	0.982				
−415~−430	0.009	0.009	0.982				
−405~−415	0.009	0.009	0.982				
−430~−445	0.009	0.009	0.982				

10.3.3　证据合成及不确定性预测制图

最后，有关青海东昆仑地区三类矿产资源的证据理论评价图分别有 4 个，如图 10.7 ~ 图 10.18 所示，分别是铁矿、铜铅锌多金属矿和金矿的证据理论支持函数图、证据理论不支持函数图、证据理论不确定函数图、证据理论似真函数图。为了使研究区域三类矿产资源预测分布更加清晰，本文实验对金矿、铜铅锌多金属矿、铁矿支持函数图按总面积的 75%、15%、10% 划分为低、中、高 3 个类别，如图 10.19 ~ 图 10.21 所示。

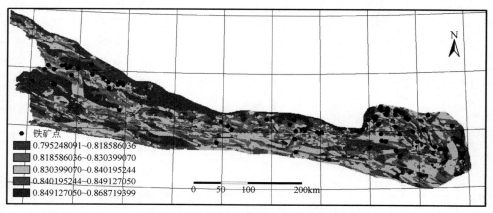

图 10.7　基于 D-S 证据推理的青海东昆仑地区铁矿资源预测支持函数评价图

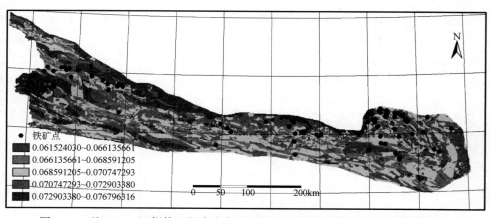

图 10.8　基于 D-S 证据推理的青海东昆仑地区铁矿资源预测不支持函数评价图

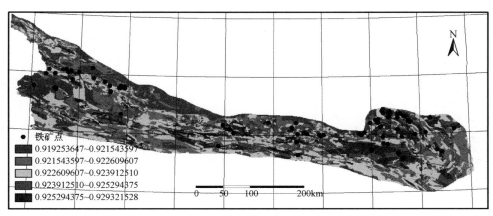

图 10.9　基于 D-S 证据推理的青海东昆仑地区铁矿资源预测似真函数评价图

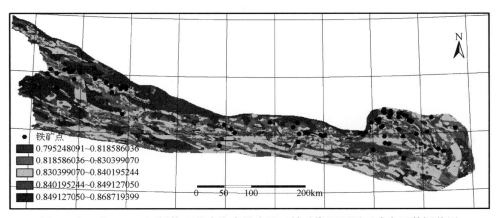

图 10.10　基于 D-S 证据推理的青海东昆仑地区铁矿资源预测不确定函数评价图

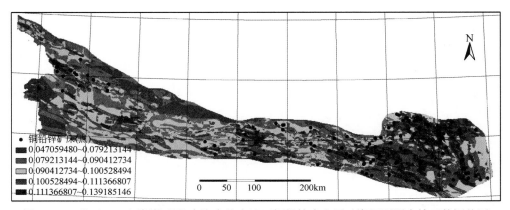

图 10.11　基于 D-S 证据推理的青海东昆仑地区铜铅锌多金属矿资源预测支持函数评价图

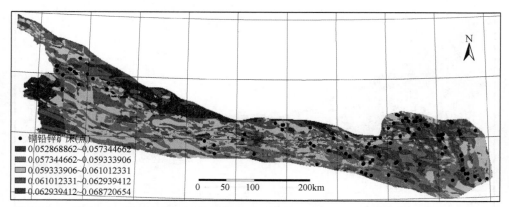

图 10.12　基于 D-S 证据推理的青海东昆仑地区铜铅锌多金属矿资源预测不支持函数评价图

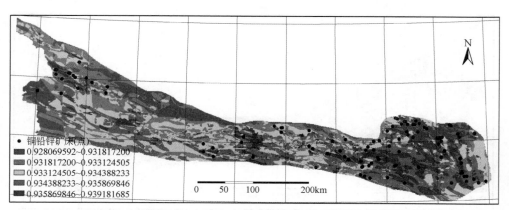

图 10.13　基于 D-S 证据推理的青海东昆仑地区铜铅锌多金属矿资源预测似真函数评价图

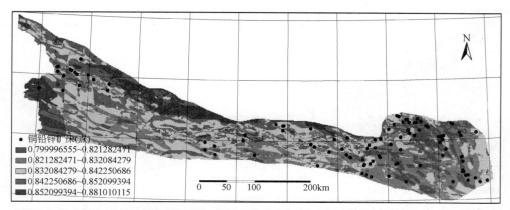

图 10.14　基于 D-S 证据推理的青海东昆仑地区铜铅锌多金属矿资源预测不确定函数评价图

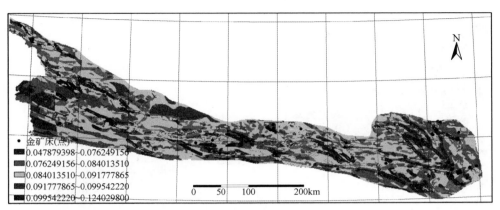

图 10.15　基于 D-S 证据推理的青海东昆仑地区金矿资源预测支持函数评价图

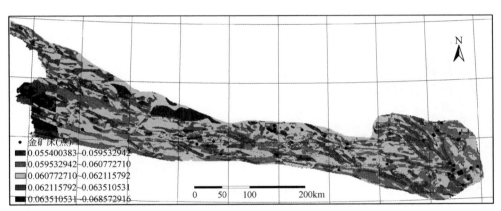

图 10.16　基于 D-S 证据推理的青海东昆仑地区金矿资源预测不支持函数评价图

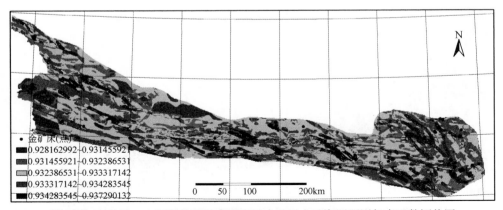

图 10.17　基于 D-S 证据推理的青海东昆仑地区金矿资源预测似真函数评价图

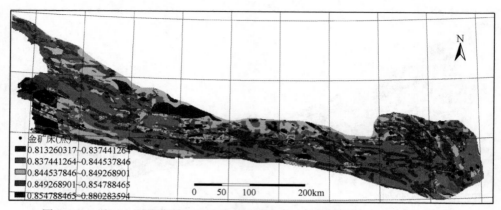

图 10.18   基于 D-S 证据推理的青海东昆仑地区金矿资源预测不确定函数评价图

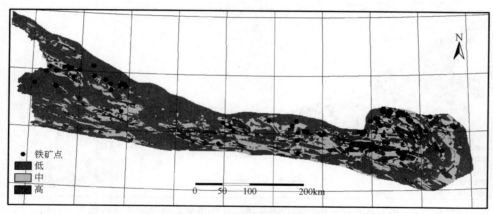

图 10.19   青海东昆仑地区铁矿资源预测支持函数分类评价图

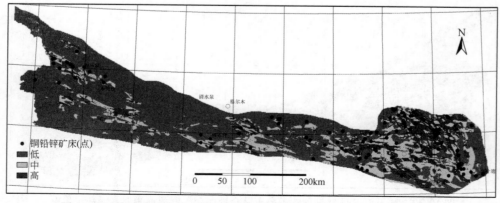

图 10.20   青海东昆仑地区铜铅锌多金属矿资源预测支持函数分类评价图

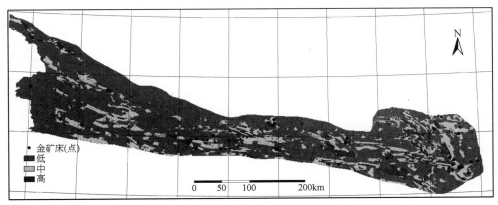

图 10.21　青海东昆仑地区金矿资源预测支持函数分类评价图

10.3.4　实验结果统计分析

从上面三类矿产的不确定性评价图可以看出，支持函数评价图中已知矿点绝大多数落在支持函数较高部分。也有支持函数较高的部分没有已知矿点落在上面，这些部分可以认为是含矿潜力较高地区。以铁矿的不确定性评价图为例对其 4 张评价图进行分析，可以看出在铁矿支持函数图中，北部、西部地区支持函数较低，同时已知矿点也较少或者没有，而这两部分的不支持函数和不确定函数都较高。也就是通常讲的支持函数低的地区，它的不支持函数则高。而支持函数高同时它的不支持函数较低的地区则它的不确定函数较低，如铁矿不确定函数评价图中的中部和东部部分区域。铁矿中不确定函数较高地区主要分布在西北方向，这是因为西面主要地层岩性表面上是第四系，但是铁矿与第四系成矿关系并不大，而地下实际岩性并不清楚，所以对其在支持函数的分配上给予的值较小，不支持函数计算得到的值也较小，不确定性函数由 1 减去上面两个函数，最后得到的不确定函数较大。

将支持函数分为 3 个类别出图，是为了可以方便和成矿关联规则挖掘方法所得到的结果进行对比，表 10.7 为各矿种的已知矿点与潜力区叠加统计及潜力区划分情况。已知铁矿点 63 个落入中高潜力区，占 77.8%，18 个落入低潜力区，占 22.2%；落入中高潜力区的金矿点有 33 个，占 74.2%，11 个落入低潜力区，占 25.8%；铜铅锌多金属矿点 68 个落入中高潜力区，占 64.8%，37 个落入低潜力区，占 35.2%。

表 10.7　已知矿点与潜力区叠加统计及潜力区划分情况

	高	中	低
铁矿支持函数划分范围	0.09218~0.10377 (11176，11.7%)	0.09218~0.10377 (13993，14.7%)	0.05053~0.09218 (70016，73.6%)
落入铁矿点个数	(38，46.9%)	(25，30.9%)	(18，22.2%)
金矿支持函数划分范围	0.10111~0.12403 (7590，7.9%)	0.09504~0.10111 (17492，18.4%)	0.04788~0.09504 (70161，73.7%)

续表

	高	中	低
落入金矿点个数	（18，40.1%）	（15，34.1%）	（11，25.8%）
铜铅锌多金属矿支持函数划分范围	0.11479～0.13919 （10918，11.5%）	0.10691～0.11479 （16473，17.3%）	0.04706～0.10691 （67862，71.2%）
落入铜铅锌多金属矿点个数	（40，38.1%）	（28，26.7%）	（37，35.2%）

  Dempster-Shafer 方法是一种知识驱动模型，它的主要优点在于允许专家在支持和可能两者之间给予不确定性表述。这里需要注意的是，对信任函数的分配并不是一个测量值，而是由专家依靠得到的测量值主观给予分配的。在研究区域环境条件调查很清楚并且出现矿点足够多的情况下，可以采用基于传统概率论的统计方法来分配信任函数。当研究区域勘探得并不很清楚，应主要依靠专家知识和经验来分配信任函数。在证据数据不完全的情况下，证据理论方法提供了较好的解决方法，可以将其支持函数和似真函数分配的低一些，不确定函数分配的高一些，这样得到的结果图中其不确定函数就会较高。再有，使用证据理论方法进行区域矿产资源预测实验时，证据图层不宜选用太多，如果证据图层过多，地质专家将难以掌握各证据同矿化之间的复杂关系，信任函数分配将趋于分散，因为信任函数的分配过程中不只要考虑一个证据内不同类别之间的关系，还要考虑不同证据之间对矿化影响的关系。由实验结果也可以看出，已知矿点多数落在支持函数较高的地区，说明本文采用的基于证据推理的不确定性地质空间数据挖掘方法较适合地质研究程度低的我国西部高寒山区的矿产资源评价，通过已有的海量多源地质空间数据，快速有效的评价和预测远景区，为矿产资源勘查提供较客观的空间决策支持，同时也说明该方法在矿产资源预测方面比其他数据驱动方法更具有灵活性。

参 考 文 献

戴冠中，潘泉，张山鹰，等．1999．证据推理的进展及存在问题．控制理论与应用，16（4）：465～469

李裕伟，赵精满，李晨阳．2007．基于 GMS、DSS 和 GIS 的潜在矿产资源评价方法．北京：地震出版社

Agterberg F P, Bonham-Cater G F, Wright D F. 1990. Statistical pattern integration for mineral exploration. Computer Applications in Resource Exploration and Assessment for Minerals and Petroleum. Oxford: Pergamon Press.

Dempster A. P. 1967. Upper and lower probabilities induced by a multi-valued mapping. Annals of Mathematical Statistics, 38: 325～339

Shafer G A. 1976. Mathematical theory of evidence. Princeton: Princeton University Press, 1～24

Wright D F. 1996. Evaluating volcanic hosted massive sulphide favourability using GIS-based spatial data integration models, Snow Lake area, Manitoba. Ottawa: Ottawa-Carleton Geoscience Centre University Of Ottawa

第 11 章　成矿案例推理模型与区域矿产资源预测

11.1　成矿案例推理模型

同一类型矿床在成矿地质条件和空间分布规律上具有很强的相似性，已探明的典型矿床的成矿地质条件和空间分布特征可以组成成矿预测的历史案例库。而传统的矿产资源预测方法并不能挖掘这些深层次的信息，且缺乏智能化推理功能。案例推理（case-based reasoning，CBR）具有知识获取简单、求解效率较高、可进行知识积累等优点（吴泉源和刘江宁，1995）。本章以案例推理模型为基础，顾及地质空间数据的空间特征，提出一种智能成矿预测方法——成矿案例推理模型与方法，包括耦合空间特征和属性特征的成矿案例表达模型、成矿案例特征权重确定方法、成矿案例库存储组织、成矿案例相似性检索模型。最后，以青海省东昆仑地区铜铅锌矿、铁矿、金矿资源预测为例，进行成矿案例推理实验。详细技术路线见图 11.1。

成矿案例推理模型主要包括成矿案例表达模型、成矿案例库存储组织和成矿案例相似性检索模型。其整个推理流程如图 11.2 所示。

11.1.1　成矿案例表达模型

传统案例表达方式由属性特征和目标特征构成，而成矿地质实体或现象由于空间分布和区域规律性，导致其案例的表达与经典案例表达有所不同。在筛选成矿案例特征时，不仅要考虑属性特征，还需提取空间特征，并对其进行特征描述，再加上案例的结果描述项，一并构成典型案例。

在成矿案例表达模型的构建中，以一定大小格网单元为成矿案例表达对象。首先，提取包含已有矿点的矢量格网单元中与控矿有关的典型特征属性，同时对对应矢量格网单元含矿名称及相关结果值进行厘定。然后，对矢量格网单元提取的典型特征属性按案例表达规则进行描述，同时对上述格网单元厘定的含矿名称及相关结果按案例表达规则的结果形式进行描述。而对空间特征的提取，则对每一矢量格网单元提取与控矿相关的方位关系、度量关系及拓扑关系，并将空间关系转换为属性模式。如此，一个成矿案例可由一般属性项和空间关系属性项等组成，其基本表达形式如下

$$C = (A_{a1}, A_{a2}, \cdots, A_{ak}, A_{s1}, A_{s2}, \cdots, A_{sm}, \mathrm{Result}) \tag{11.1}$$

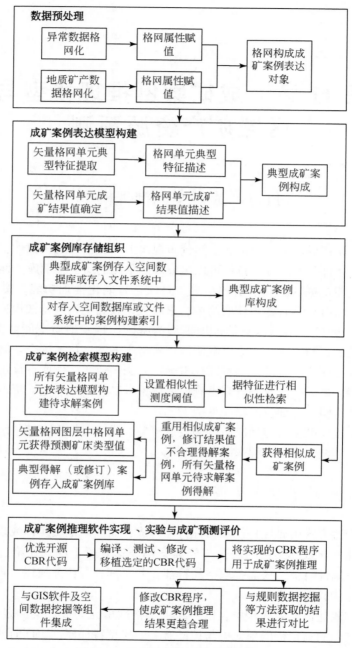

图 11.1　成矿案例推理技术路线框图

式中，A_{ai} 表示一般特征属性项，A_{sj} 表示空间关系特征属性项，Result 为该案例对应的结果。另外，新案例的推理求解也可首先按一定的规则（如空间编码）对历史案例按空间关系提取，得到候选历史案例集；如果存在时间关系特征，先进行时间范围圈定，再按空间关系进行提取。其次再依据属性进行案例相似性测度，并最终在候选历史案例集

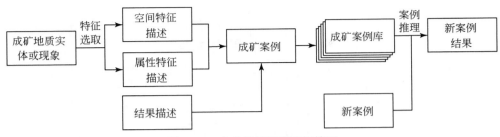

图 11.2　成矿案例推理流程简图

中提取新案例的解。

11.1.2　成矿案例库存储组织

典型成矿案例构建后,将其以数据库表的形式存入空间数据库,或者以文件的方式存入文件系统中。同时,为了提升后续的成矿案例相似性检索性能,对存入空间数据库或文件系统中的案例构建索引,完成典型成矿案例库的构建。

11.1.3　成矿案例相似性检索模型

成矿案例由于其时空特性,与经典案例推理模型有所不同。在成矿案例检索模型构建时,首先,将所有矢量格网单元按成矿案例表达模型构建为待求解案例,即每一案例有典型属性特征描述和空间特征描述,而结果描述(案例决策属性)置空;其次,设置相似性测度阈值,对每一待求解案例进行相似性检索,获得相似成矿案例后,将相似案例结果根据阈值及给定策略赋值给待求解案例。如果待求案例获取的结果值不合理,依据领域知识等对其进行修订,从而确定该待求案例的最终结果值,如此即完成所有矢量格网单元待求解案例的检索、推理;再次,将直接重用相似案例得解的典型成矿案例或修订得解的典型成矿案例存入案例库中,以便扩充、更新案例库(图 11.3)。

成矿案例库构建后,成矿待求解案例将通过成矿案例相似性检索模型获得相似性测度值。新案例与历史案例之间的相似性测度算法如下

$$S_\% = \left(100 * \left(1 - \mathrm{sqrt}\left(\frac{\mathrm{distance}}{\mathrm{sum(weights)}}\right)\right)\right) * \left(\frac{\mathrm{searchedWeightsSum}}{\mathrm{totalWeightsSum}}\right) \qquad (11.2)$$

$$\mathrm{distance} = \mathrm{weight}_1 * \mathrm{dist}_1^2 + \mathrm{weight}_2 * \mathrm{dist}_2^2 + \cdots + \mathrm{weight}_n * \mathrm{dist}_n^2 \qquad (11.3)$$

$$\mathrm{dist} = \min\left(1, \frac{\mathrm{diff(newCaseValue, caseValue)}}{(\mathrm{maxValue - minValue}) * \mathrm{infinityConstant}}\right) \qquad (11.4)$$

式中,"$S_\%$"为全局相似度,取值为 0～100%;"distance"是"dist_i"平方的加权和,为 0～1;"searchedWeightsSum"是新案例和历史案例特征皆不为空的特征权重之和;"totalWeightsSum"是案例全部特征权重之和;"dist_i"代表新案例和历史案例特征的距离,取值为 1 和二者欧几里得距离的最小值;"newCaseValue"为新案例某一特征值;"caseValue"为历史案例某一特征值;"maxValue"和"minValue"分别是历史案例某一

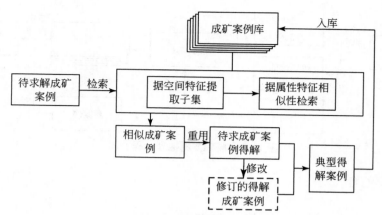

图 11.3　成矿案例相似性检索模型流程

特征的最大值和最小值；"infinityConstant"为设置值较大的常量。相似性测度算法中，"searchedWeightsSum"与"totalWeightsSum"的比值即为新案例与历史案例之间的结构相似度，此乘量意在平衡属性值缺失时全局相似度"$S_\%$"的计算结果。

在推理前，成矿案例的属性特征和空间特征皆需设定相应的权重值，权重的确定和分配采用层次分析法（analytic hierarchy process，AHP）、模糊层次分析法（fuzzy analytic hierarchy process，FAHP）、灰色层次分析法（grey analytic hierarchy process，GAHP）等定性与定量相结合的方法。

相似性测度时，一待求解案例将与案例库中所有案例——进行相似性测度，成矿案例推理模型提供最大值选取、阈值选取、K 近邻选取，依据相应的选取策略返回相应的值，最终待求案例得解。如果相似性测度返回的结果不理想，可以结合返回值及相关成矿预测领域知识进行修改，使其最终获得解。同时，也可将典型得解案例或修订案例存入案例库中以扩充案例库。

11.2　基于成矿案例推理模型的区域矿产资源预测

11.2.1　数据预处理

本文在成矿案例推理研究中优选了地层、不整合、断层、区域化学异常、遥感矿化异常、布格异常、航磁异常、矿点等矢量图层。在构建成矿案例表达模型前，需要在已经矢量化的各种地质、矿产、异常等数据的基础上进行格网划分。首先，以地层为范围背景，划分长、宽分别为 1000m 的格网单元（根据证据权模型实验可知，1km×1km 格网是 1：50 万研究区相对最优的格网划分方法）；然后，用地层图层去裁剪所生成的格网多边形图层，裁剪后将产生与地层完全重合的格网多边形图层；最后，将地层、不整合、断层、区域化学异常（以化探综合异常为线性背景）、Aster 遥感矿化异常、布格异常、航磁异常、矿点等图层——与格网多边形图层进行空间连接，从而使每一格网单元都拥有了相应的属性特征值，进而为成矿案例表达模型的构建做好铺垫。

　　同时，需要对断层、不整合、矿点要素数据进行缓冲区处理。针对铜铅锌矿、铁矿，断层作半径为 3000m 的缓冲分析，针对金矿，断层作半径为 1000m 的缓冲分析（缓冲区设置依据来自证据权模型实验）；不整合由于对控矿的影响不如断层，故将其缓冲区设为保守值 300m；矿点其实是一个面实体，根据文献及野外经验，将其设置为半径为 1000m 的圆形缓冲区。

　　另外，针对铜铅锌矿、铁矿、金矿分别构建一个叠加了相关图层数据的格网多边形图层，区别仅在于叠加的断层缓冲区图层和矿点图层不同。

11.2.2　成矿案例表达模型构建

　　格网多边形图层的每个格网在叠加了各种地矿、异常图层数据后，其每一格网将构成潜在的成矿案例表达对象。分析格网图层属性表，结合控矿影响因素，最终确立岩性、地质年代、不整合性质、断裂性质、区域化学异常（及取值）、遥感矿化异常、布格异常和航磁异常为成矿案例的属性特征，而具体的矿床类型则为目标属性。针对成矿案例的空间特征，对于每一格网单元，提取断层走向为方位关系；提取矿点到断层、不整合的最短距离为度量关系；提取矿点与断层、不整合的相离性为拓扑关系。通常一个格网单元仅能叠加 1 个或 0 个矿点，如果格网单元中没有矿点，则以格网单元中心点代替矿点。为方便成矿案例的构建，将上述空间关系作属性化转换并添加到格网多边形图层属性表中。如此，成矿案例空间特征与属性特征一体化表达模型得以建立。针对铜铅锌矿、铁矿、金矿分别提取空间特征并构成各自的成矿案例。

　　实验采用的案例表达模型如下：C =（不整合性质，区化异常类，布格异常类，航磁异常类，地质年代，岩性，RS 异常类型，断裂性质，断裂走向，至断层短距，至不整合距，断层相离，不整合相离，矿床类型）。

　　其中，各项的含义分别为：①不整合性质：地层不整合界线的性质。②区化异常类：区域地球化学异常类型及取值。③布格异常类：布格重力异常取值。④航磁异常类：航空电磁异常取值。⑤地质年代：地层地质年代。⑥岩性：地层岩性特征描述。⑦RS 异常类型：遥感矿化异常类型。⑧断裂性质：断裂构造的特征描述。⑨断裂走向：断裂构造的线性走向（空间方位关系）。⑩至断层短距：已知矿点或矢量格网单元中心点距离最近断层的最短距离（空间度量关系）。⑪至不整合距：已知矿点或矢量格网单元中心点距离最近不整合界线的最短距离（空间度量关系）。⑫断层相离：已知矿点或矢量格网单元中心点与各断层是否空间相离（空间拓扑关系）。⑬不整合相离：已知矿点或矢量格网单元中心点与各不整合界线是否空间相离（空间拓扑关系）。⑭矿床类型：矢量格网单元对应的矿床成因类型。

11.2.3　成矿案例库存储组织

　　针对叠加了各种属性特征和空间特征的格网多边形图层，对其属性表进行条件选择，选取矿床类型字段有值的所有记录，将其导出作进一步分析。针对铜铅锌矿、铁矿相关格网图层，对属性字段中"地质年代"（实为年代地层）为"第四系"的记录，如果"区化异常类"字段值为空，则删除该记录，如果不为空，则将对应记录的"岩性"和"地质年代"字段值置空。针对金矿相关格网图层，导出记录不做特别处理。最终的记录集以文件方式保存（所有属性值之间以制表符分割），从而构成对应矿床类型的案例库，共计生成 3 个案例库。而将铜铅锌矿、铁矿、金矿相关格网多边形图层属性表全部导出并以文件方式保存，即分别构成各自待求解案例集（所有格网单元都是一个个待求案例对象）。

11.2.4　成矿案例相似性检索模型构建

成矿案例库构建后，成矿待求解案例将通过成矿案例相似性检索模型获得相似性测度值。当前实验基于属性相似性原理进行推理和检索（在构建成矿案例时，已将案例的空间特征属性化）。新案例与历史案例之间的相似性测度算法采用 11.1.3 节提出的算法模型。

在推理前，成矿案例的属性特征和空间特征皆需设定相应的权重值。执行推理时，每一新案例将与案例库中历史案例一一进行相似性测度，其最终相似度值的确定依照推理时选择的策略，如：最大值选取、阈值选取、K 最近邻选取等。如果新案例最终获取的矿床类型不合理，可结合领域知识对其进行修改，从而为其确立新的矿床类型。铜铅锌矿、铁矿、金矿三大类矿床，每一类型格网多边形图层中每一格网单元对应的待求解成矿案例，经相似性测度后，都将被赋予一种矿床类型。根据其相似度的不同（0 ~ 100%），将铜铅锌矿、铁矿、金矿每一类型得解案例文件与其对应的格网多边形图层在 GIS 环境中进行空间关联，通过分级策略即可自动勾画出高、中、低潜力预测分布图。而铜铅锌矿、铁矿、金矿每一大类的子成因类型预测图，则通过将对应子类型的格网单元进行分级设色，而忽略其他成因类型格网单元的方式勾画出来。

11.2.5　成矿案例特征权重的确立

在执行推理前，需要确定成矿案例属性特征和空间特征的权重值。实验中，权重的确定和分配采用的是 AHP 法（Saaty and Vargas, 1987；张万红、陈振斌, 2007）。AHP 法是一种定性和定量相结合的方法，其思想可简述为：针对一组影响目标决策的因素（或方案），将每一因素相对目标的重要性转换为该因素在所有因素中相对目标所占的百分比。AHP 法的基本工作流程为：①构建层次模型；②构建比较（判别）矩阵；③计算权重向量并检验其一致性；④如果需要，计算综合权重向量并检验其一致性。

本文中，层次模型采用两层模式构建（图 11.4），第一层为矿床类型，即目标层；第二层为案例中的属性特征和空间特征，即决定案例矿床类型的因素层。比较矩阵依据领域知识构建，其 AHP 案例特征重要性排序如下：区化异常类 > 断裂走向 > 至断层短距 = 断层相离 > 断裂性质 = RS 异常类型 > 地质年代 = 岩性 > 至不整合距 = 不整合

相离 > 不整合性质 = 布格异常类 = 航磁异常类。

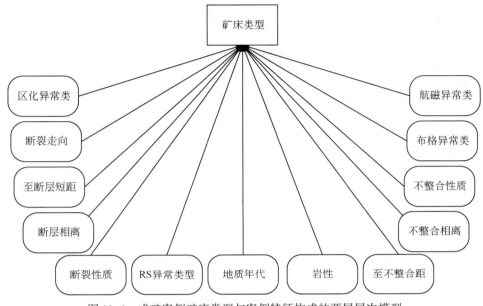

图 11.4　成矿案例矿床类型与案例特征构成的两层层次模型

表 11.1 是 AHP 中成矿案例特征针对成矿案例重要性的比较矩阵。

表 11.1　AHP 中成矿案例特征针对成矿案例重要性比较矩阵

矿床类型 （目标）		不整合 性质	区化 异常类	布格 异常类	航磁 异常类	地质 年代	岩性	RS 异 常类型	断裂 性质	断裂 走向	至断 层短距	至不 整合距	断层 相离	不整合 相离
		B1	B2	B3	B4	B5	B6	B7	B8	B9	B10	B11	B12	B13
不整合性质	B1	1	1/7	1	1	1/3	1/3	1/4	1/4	1/6	1/5	1/2	1/5	1/2
区化异常类	B2		1	7	7	7/3	7/3	7/4	7/4	7/6	7/5	7/2	7/5	7/2
布格异常类	B3			1	1	1/3	1/3	1/4	1/4	1/6	1/5	1/2	1/5	1/2
航磁异常类	B4				1	1/3	1/3	1/4	1/4	1/6	1/5	1/2	1/5	1/2
地质年代	B5					1	1	3/4	3/4	3/6	3/5	3/2	3/5	3/2
岩性	B6						1	3/4	3/4	3/6	3/5	3/2	3/5	3/2
RS 异常类型	B7							1	1	4/6	4/5	4/2	4/5	4/2
断裂性质	B8								1	4/6	4/5	4/2	4/5	4/2
断裂走向	B9									1	6/5	6/2	6/5	6/2
至断层短距	B10										1	5/2	1	5/2
至不整合距	B11											1	2/5	1
断层相离	B12												1	5/2
不整合相离	B13													1

对比较矩阵做等价、简化处理，精简为 7 个特征。经计算，AHP 一致性比率为 0，一致性检验通过，最终计算出成矿案例中各特征权重的值（重要性相同的特征具有相同的权重）（表 11.2）。

表 11.2　AHP 案例推理等价特征比较矩阵及所确立权重

矿床类型（目标）		区化异常类	布格异常类	地质年代	RS 异常类型	断裂走向	至断层短距	至不整合距	所得权重
		B1	B2	B3	B4	B5	B6	B7	
区化异常类	B1	1	7	7/3	7/4	7/6	7/5	7/2	0.250
布格异常类	B2		1	1/3	1/4	1/6	1/5	1/2	0.036
地质年代	B3			1	3/4	3/6	3/5	3/2	0.107
RS 异常类型	B4				1	4/6	4/5	4/2	0.143
断裂走向	B5					1	6/5	6/2	0.214
至断层短距	B6						1	5/2	0.179
至不整合距	B7							1	0.071

11.2.6　成矿案例推理程序设计与实现

成矿案例推理程序基于开源代码 OpenCBR（XIA Wu, 2010）和 FreeCBR（JOHANSON L, 2009），以及 ArcEngine GIS 组件设计、构建，在 Visual Studio 2005 环境中采用 C#语言实现，并直接集成在以 GIS 组件为核心的智能区域成矿预测系统中（图 11.5）。

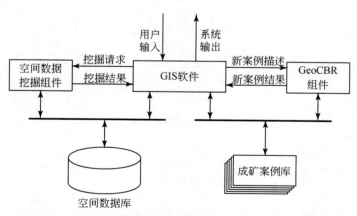

图 11.5　成矿案例推理和空间数据挖掘与 GIS 集成系统框架

11.2.7 实验结果与分析

试验中运用成矿案例推理程序对铜铅锌矿、铁矿、金矿待求解案例集分别进行了推理求解。将得解案例集（每一案例皆有一个相似度值）文件分别与各自格网图层进行链接，然后分别对格网图层以相似度值为基础进行分级设色，从而绘制出研究区铜铅锌矿、铁矿、金矿整体预测分布图。最后在整体预测图中按成因类型进行分选，即获得三类矿床的各成因类型预测分布图。

成图时分级设色采用自然分割和手动调节相结合的方式进行。手动调节以经典证据权模型确定的高、中、低潜力分别所占面积百分比为参照，在自然分割的基础上依据面积百分比分别确立高潜力区、中潜力区和低潜力区的下限。

图 11.6 ~ 图 11.10 为青海东昆仑铜铅锌矿整体及部分成因类型预测分布图；图 11.11 ~ 图 11.15 为青海东昆仑铁矿整体及部分子成因类型预测分布图；图 11.16 ~ 图 11.22 为青海东昆仑金矿整体及部分子成因类型预测分布图。

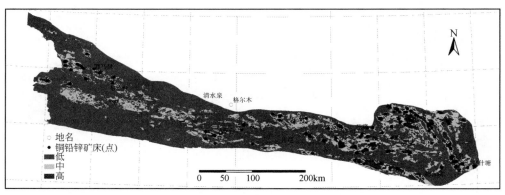

图 11.6　东昆仑铜铅锌矿成矿案例推理预测图

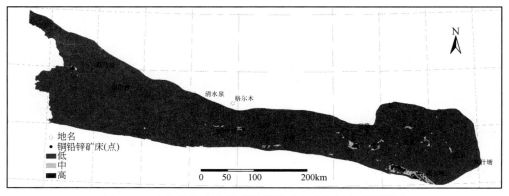

图 11.7　东昆仑沉积变质型铜铅锌矿成矿案例推理预测图

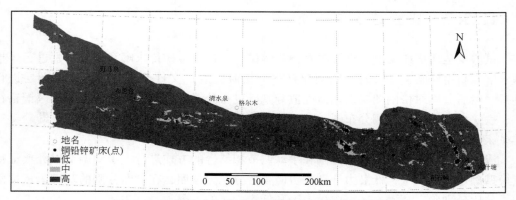

图 11.8　东昆仑火山岩型铜铅锌矿成矿案例推理预测图

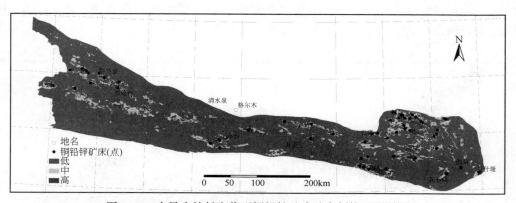

图 11.9　东昆仑接触交代型铜铅锌矿成矿案例推理预测图

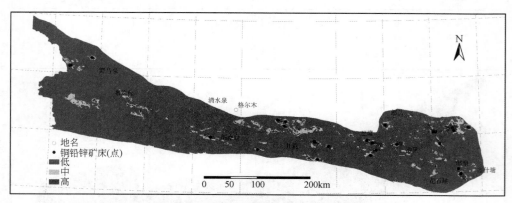

图 11.10　东昆仑热液型铜铅锌矿成矿案例推理预测图

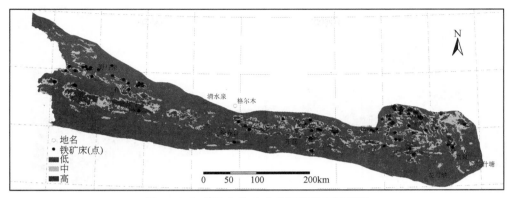

图 11.11 东昆仑铁矿成矿案例推理预测图

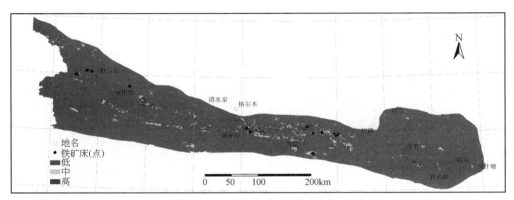

图 11.12 东昆仑沉积变质型铁矿成矿案例推理预测图

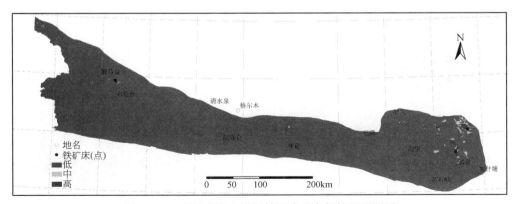

图 11.13 东昆仑火山岩型铁矿成矿案例推理预测图

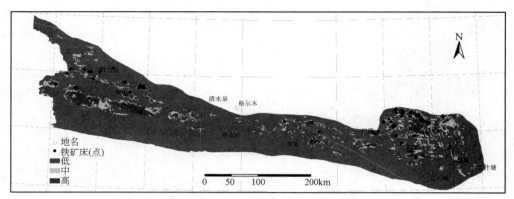

图 11.14　东昆仑接触交代型铁矿成矿案例推理预测图

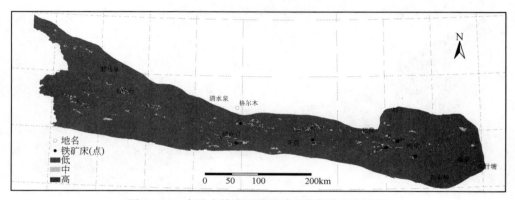

图 11.15　东昆仑热液型铁矿成矿案例推理预测图

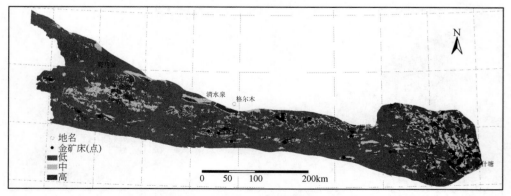

图 11.16　东昆仑金矿成矿案例推理预测图

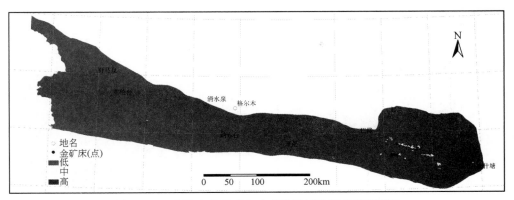

图 11.17　东昆仑斑岩型金矿成矿案例推理成矿预测图

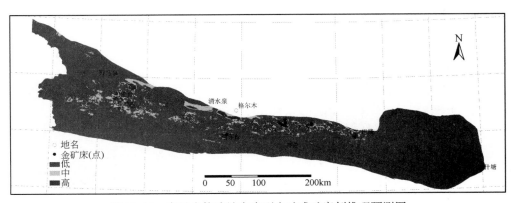

图 11.18　东昆仑构造蚀变岩型金矿成矿案例推理预测图

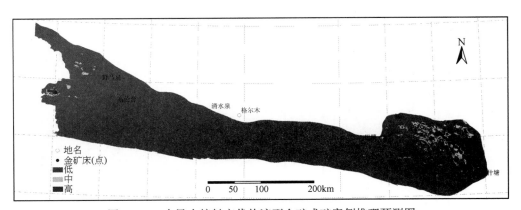

图 11.19　东昆仑接触交代热液型金矿成矿案例推理预测图

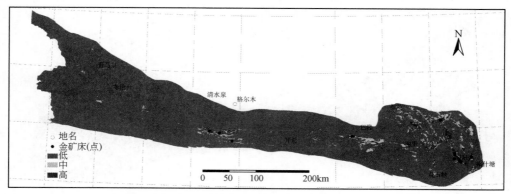

图 11.20 东昆仑热液型金矿成矿案例推理预测图

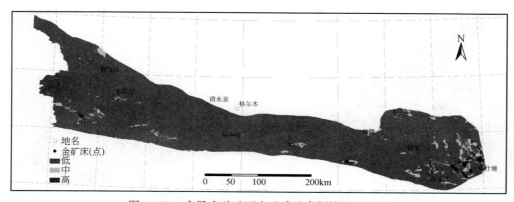

图 11.21 东昆仑砂矿型金矿成矿案例推理预测图

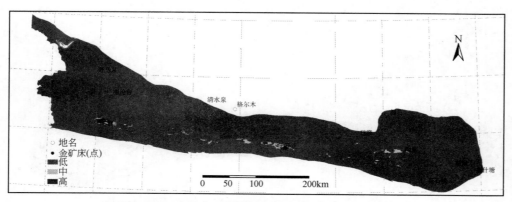

图 11.22 东昆仑石英脉型金矿成矿案例推理预测图

从实验结果与成矿预测图中可知：

（1）已知矿点与推理预测图中的高潜力区吻合度很高，在铜铅锌矿、铁矿、金矿整体预测图中（图11.6、图11.11、图11.16），铜铅锌矿106个已知矿点有100个落入高潜力区，2个落入中潜力区，4个落入低潜力区；铁矿81个已知矿点有69个落入高潜力区，3个落入中潜力区，9个落入低潜力区；金矿44个已知矿点全部落入高潜力区。

（2）对比整体预测图，铜铅锌矿在同等面积比的情况下（高潜力区所占面积比为10%，中潜力区为15%），其总体预测精度（高潜力区和中潜力区占90%以上）明显高于传统的证据权模型预测精度（77%）。铁矿在同等面积比的情况下（高潜力区所占面积比为11%，中潜力区为10%），其总体预测精度（高潜力区和中潜力区占89%）明显高于传统的证据权模型预测精度（77%）。金矿在同等面积比的情况下（高潜力区所占面积比为9%，中潜力区为11%），其总体预测精度（高潜力区和中潜力区占90%以上）明显高于传统的证据权模型预测精度（74%）。由此初步表明，成矿案例推理模型用于区域矿产资源预测还是比较有效的。

11.3 基于节点树的成矿案例相似性匹配方法及预测实验

11.3.1 节点树匹配方法与原理

节点树匹配方法（Tseng et al.，2005）的基本思路为：任何一个事物或者事例都能通过如图11.23这种由端点、顶点和节点组成的节点树来表示，事物的特征或属性可用这些点来表示。在图11.23中，A表示端点，B、C表示节点，D、E、F、G、H表示顶点；整个树的走向是从上至下的。

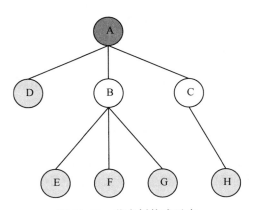

图11.23 节点树构成示意

节点树是由端点、节点和顶点构成的没有回路的树，如图11.23所示。端点是每一节点树的起点；顶点是指节点树中树枝最外端的点；节点是指在节点树中，除了端点和顶点以外的点。节点可以包含顶点，节点也可以包含节点，端点可以包含节点和顶点。节点树的走向或顺序是从上至下的，而包含指的是上一节点包含其下面一个点，包含在图中表示为一条连接两点的直线，如图 11.23 中，A 包含 B。

　　要计算两棵节点树的相似度，也就是计算两棵树所包含的点的相似度。端点和顶点的相似度计算方法是一样的，都是 SIM = W * sim。式中，W 为权重，sim 为各个点对应的相似度，SIM 为各个点最后的相似度。关于权重，这里对于所有的点初始一律置 1，每个节点的权重如此计算：节点的权重等于它本身的权重加上它所包含的节点或者顶点的权重之和。顶点的权重即为 1，端点的权重计算方法和节点权重计算方法一样。节点相似度通过如下公式来计算

$$\text{SIM}(f_j^I, f_{ij}^R) = \frac{\sum_{k=1}^{z} S(f_k^I, f_{ik}^R)}{z} \tag{11.5}$$

式中，f_j^I 表示第 I 个未知案例中的第 j 个节点；f_{ij}^R 表示在 R 这个已知案例库中第 i 个已知案例的第 j 个节点；z 的值为该节点一共包含的顶点和节点数再加 1，而 1 的含义是该节点本身；S 表示的是该节点所包含的点的相似度以及其本身的初始相似度。

　　最后总体的相似度计算公式为

$$\text{Similary}(f^I, f_i^R) = \frac{\sum_{j=1}^{n} W_j \text{Sim}(f_j^I, f_{ij}^R)}{\sum_{j=1}^{n} W_j} \tag{11.6}$$

式中，n 的值应为节点树中所有的点数之和。

　　由于顶点的值以及其类型千变万化，所以计算不同类型的顶点的相似度，方法也不一样。对于字符型的顶点的值，一般就是看是不是完全相等。如果相等，则相似度为1，不相等则可置 0。此处相似度指的是未乘权重前的相似度。

　　要计算顶点的相似度，首先要明确待计算的顶点值属于哪种类型，不同类型的值对应下面不同的算法（张本生和于永利，2002）。

1）确定数值类型

　　确定数值类型的相似度计算方法有很多，如基于海明距离公式或者欧氏距离公式的方法等。海明距离公式为

$$\text{SIM}(X_i, Y_i) = 1 - \frac{|x_i - y_i|}{|\max_i - \min_i|} \tag{11.7}$$

式中，$\text{SIM}(X_i, Y_i)$ 表示案例 X 和 Y 的第 i 个属性的相似度；x_i，y_i 表示案例 X 和 Y 的第 i 个属性值，$\max_i$，$\min_i$ 表示第 i 个属性值的最大值和最小值。此处已经将归一化包含在内了。

2）确定符号属性

　　确定符号类型值属于一种简单枚举值，它列举了该顶点所有可能的取值，顶点的值之间不存在实际意义的量的关系。相似度计算公式为

$$\mathrm{SIM}(X_i,\ Y_i) = \begin{cases} 1, & x_i = y_i \ \text{或} x_i \subset y_i \\ 0, & x_i \neq y_i \end{cases} \tag{11.8}$$

3）模糊概念类型

这种类型的值可以认为是一概念变量，所有这样的类型的值可构成一项目集。项目集中，每一项目对应一模糊概念，如图 11.24 所示。

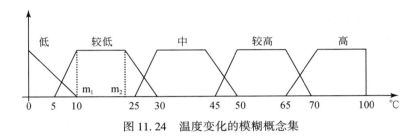

图 11.24　温度变化的模糊概念集

模糊概念和模糊数可以用高斯函数表示，但高斯函数计算过于复杂。为了简化计算，这里采用基于梯形的模糊集合来模拟模糊类型。其形状函数如下

$$L(x) = R(x) = \mathrm{MAX}(0,\ 1 - x) \tag{11.9}$$

所以模糊集 M 的隶属函数表示如下

$$U_M(x) = \begin{cases} L\left(\dfrac{m_1 - x}{p}\right), & x \leqslant m_1 \\ 1, & m_1 < x \leqslant m_2 \\ R\left(\dfrac{x - m_2}{q}\right), & m_2 \leqslant x \end{cases} \tag{11.10}$$

式中，m_1、m_2、p、q 是参数，对于三角形模糊集，$m_1 = m_2$。p 和 q 随类型的不同而不同，对于模糊概念类型，p 和 q 一般由领域专家确定；而对于模糊数或模糊间隔类型，p 和 q 的值一般分别为 cm_1 和 cm_2，其中 c 的默认值为 0.1。

文中用相对面积法来计算两个模糊类型值之间的相似度，该方法通过计算两个隶属函数对应面积的重叠率作为模糊集间的相似度，具有既准确又简单的优点，计算公式如下

$$\mathrm{SIM}(x_i,\ y_i) = \frac{A(x_i \cap y_i)}{(A(x_i) + A(y_i) - A(x_i \cap y_i))} \tag{11.11}$$

式中，A 代表相应隶属函数的面积，$x_i \cap y_i$ 代表两个模糊集的交。

对于属性值缺失的问题，采用奖励或者称补偿机制。所谓奖励机制，就是当案例某些属性的值满足一定条件的时候，可以对其相似度进行补偿。实验中用到了岩性、断裂、矿化蚀变、Fe 异常、Mn 异常、不整合界线、布格重力异常、航磁异常 8 个属性，当属性值缺失时如此处理：在某案例和已知案例的岩性、Fe 异常、Mn 异常、不整合界线、布格重力异常、航磁异常都相等并且断裂属性缺失的情况下，认定其断裂属性值也相等；在某案例和已知案例的岩性、Fe 异常、Mn 异常、布格重力异常、航磁异常都相等并且断裂和不整合界线属性值缺失的情况下，也认定其断裂属性值和不整合界线属性

值相等。如此，相当于对其整体的相似度进行了补偿。

11.3.2　基于节点树案例推理的区域矿产资源预测实验

实验针对研究区铁矿资源进行推理预测，其中选取的图层有：地层、断裂、遥感矿化蚀变异常、区域地球化学异常、布格重力异常、航磁异常、不整合界线、矿点。首先，对选取的图层进行空间关联，得到一个包含这些图层属性的综合图层，对该综合图层进行格网划分，格网大小是 1km×1km。每个格网包含的属性有：格网中心点坐标、断裂的类型、岩性、遥感矿化蚀变异常（QI、OHI、CLI、ALI、KLI、SI）、区域地球化学异常（Fe、Mn）、不整合界线类型、布格重力异常、航磁异常。其中，KLI 为高岭石指数，CLI 为方解石指数，ALI 为明矾石指数，OHI 为羟基蚀变矿物指数，SI 为硅化指数，QI 为石英指数。包含矿点的格网属性值中当然还包括矿点类别这个属性，并且把这些格网导出以后即作为已知的案例库。将所有格网导出以后则作为待匹配案例集或未知案例集。如图 11.25 所示为实验构造的节点树；图 11.26～图 11.29 为依据节点树相似性匹配方法推理得到的东昆仑地区铁矿总体及子类型矿产资源预测图。表 11.3 是青海东昆仑地区铁矿各类别矿产资源预测精度分析表。

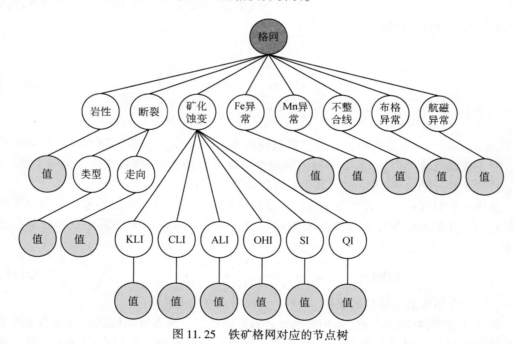

图 11.25　铁矿格网对应的节点树

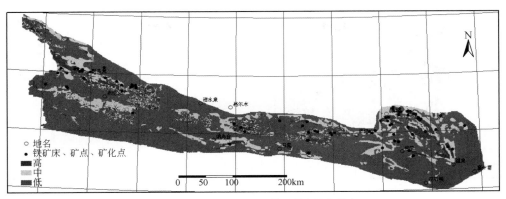

图 11.26　东昆仑地区铁矿资源预测图
（高潜力区占面积的 8%，中潜力区占面积的 16%）

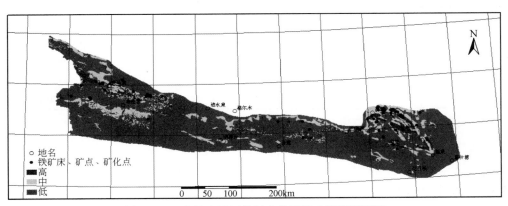

图 11.27　东昆仑地区接触交代型铁矿资源预测图
（高潜力区占总面积的 6.27%，中潜力区占总面积的 12.37%）

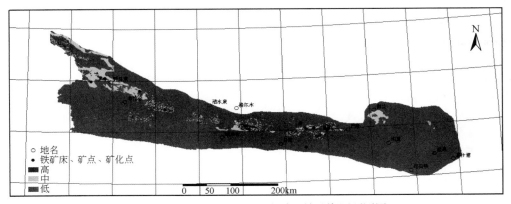

图 11.28　东昆仑地区沉积变质型铁矿资源预测图
（高潜力区占总面积的 2.002%，中潜力占总面积的 5.71%）

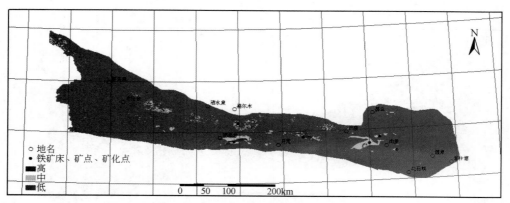

图 11.29　东昆仑地区热液型铁矿资源预测图
（高潜力区总面积的 1.13%，中潜力区占总面积的 2.66%）

表 11.3　青海东昆仑地区铁矿各类别矿产资源预测精度对比

矿产类型	已知矿点数	高潜力区个数	中潜力区个数	低潜力区个数
铁矿	81	49（60.5%）	25（30.8%）	7（8.7%）
接触交代型铁矿	58	34（58.6%）	16（27.6%）	8（13.8%）
沉积变质型铁矿	13	9（69.2%）	3（23.1%）	1（7.7%）
热液型铁矿	6	3（50.0%）	3（50.0%）	0（0.0%）

参 考 文 献

吴泉源，刘江宁. 1995. 人工智能与专家系统. 长沙：国防科技大学出版社

张本生，于永利. 2002. CBR 系统案例搜索中的混合相似性度量方法. 系统工程理论与实践，3：131～136

张万红，陈振斌. 2007. 基于层次分析法的和谐矿区评价体系研究. 中国矿业大学学报，36（6）：848～852

JOHANSONL. FreeCBR. http：//freecbr. sourceforge. net. 2009-07-17

Saaty T L，Vargas L S. 1987. Uncertainty and rank order in the analytic hierarchy process. European Journal of Operational Research，32（1）：107～117

Tseng H，Chang C，Chang S. 2005. Applying case- based reasoning for product configuration in mass customization environments. Expert Systems with Applications，29：913～925

XIAWu. OpenCBR. http：//code. google. com/p/opencbr. 2010-03-13

第 12 章　地质空间场景相似性方法与区域矿产资源预测

　　矿产资源调查过程中，地质专家往往会根据调查区域周围的地质对象分布与组合情况，对该区域的矿产资源前景做出初步判断。其本质是地质学家将当前调查区域的地质情况与已发现的有矿区域的地质情况进行比较，如果调查区域的地质情况与已知矿点相似，地质学家根据经验可以推测此处有矿的可能性。当然，一些反例也可以用来辅助推测，如出现某种岩层的地方一定不可能有某种矿床存在。因此，我们形成了一个初步构想：把已知矿点一定范围内的地质空间分布图形抽象为一个有矿案例，利用案例推理的思想，根据新案例与已知案例的相似性，来推理新案例有矿的可能性。在这个构想中，相似性度量是解决问题的核心。目前，相似性模型主要包括几何模型、要素模型、网络模型、队列模型和转换模型（Schwering，2008）。但是，这些模型都假设相匹配的对象已经被识别（Blaser，2000）。Nedas 和 Egenhofer（2008）提出应用于空间场景查询的相似性模型，该模型将空间场景查询看成一个约束满足问题。通过一定程度的放松约束，可以找到更多的相似场景，而不仅仅是完全匹配的场景。文中用空间场景完整性参数，给予包含不匹配对象的空间场景以惩罚，更符合实际应用需求。

　　我们采用 Nedas 一文中的空间场景相似性度量框架，结合案例推理思路，来度量两个地质矿产资源场景（案例）的相似性。对于一个新的地质空间场景，搜索案例库中已存在的地质矿产空间场景，找出与新场景最相似的案例场景，将它们的相似性作为对新场景有矿概率的预测。论文中采用 AE（ArcGIS Engine）接口，提取匹配的对象和对象之间的空间关系，使得空间对象和关系的识别变得相对简单。基于以上构想，本章提出一种新的矿产资源预测方法，该方法以案例推理为思想，以空间场景相似性度量模型为核心，充分考虑了地质空间数据的空间关系和空间布局特征。

12.1　方　法　原　理

　　首先，选择一定大小的窗口作为地质空间场景的范围，本文实验中选择边长为8000m 的正方形窗口。选择要进行矿产资源预测矿种的矿点图层，利用 AE 接口构建以矿点为中心、边长为 8000m 的正方形窗口。然后，选择成矿专题属性图层，本文中选择了 3 个成矿专题属性图层，它们是面状的地层岩性图层和线状的断层和不整合界线图层。用已经构造好的以已知矿点为中心的正方形窗口，对 3 个图层进行裁剪操作，提取有矿空间场景案例。经过空间对象和关系的提取之后，将有矿空间场景案例存入数据库中，构建矿产资源案例库。在预测过程中，同样对研究区域构建相同边长的正方形窗口，这里按间隔并列的构建窗口覆盖整个研究区域。然后，提取各个未知地质空间场景案例。有了已知矿点案例构造的矿产资源案例库和未知地质空间场景案例后，我们就可以采用案例推理方法，从数据库中找出最匹配的已知有矿案例。其中，匹配过程使用空间场景相似性度量模型度量两个案例之间的相似性。将被比较案例与最匹配的有矿案例之间的空间场景相似性，赋给该被比较案例，作为该案例的矿产资源预测值。最后，我们就可以用预测值，按一定比例划分高中低潜力区，可视化表达预测结果，制作矿产资源预测结果图。该预测方法的技术路线如图 12.1 所示。

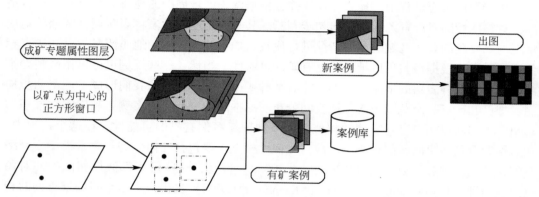

图 12.1　基于地质空间场景相似性度量的区域矿产资源预测方法

12.1.1　语义相似性度量模型

心理学家认为相似性判断可能是人类认知中最核心的概念（Medin et al.，1993；Goldstone，1994；Gentner et al.，1995；Holyoak，2005）。人类用相似性存储和提取信息，比较新的处境与过去经验的相似程度，同时，人类分类学习和概念构成也与相似性有很大的关系。选择适当的相似性模型对地理信息系统有巨大的影响。

相同性和差异性（或语义距离）是相似性度量中两个重要概念。相同性和差异性都是相似性的指示指标，相同性越高不同性越低则相似性越高。一些相似性评价采用结构化比较，而一些采用非结构化比较方法。一些相似性度量使用多维空间作为框架，用欧几里得距离和街区距离作为距离度量。树或网状图中的语义距离被定义为结点之间的最短路径长度。转换距离是通过度量转换的次数或复杂度来计算的。在语义相似性度量中包括对象和概念。地理空间对象被定义为一个单一的地理要素。概念是描述一堆对象的概念，即空间关系（Sloman et al.，1998）。空间对象和概念的语义是复杂的，具有特殊的特征，它们用一些属性来描述，如形状、大小、位置等。而且，关系尤其是空间关系在语义描述中占有特别重要的位置。主要的几类相似性度量模型，包括几何模型、要素模型和转换模型。

几何模型：几何模型首先被用在心理学中，类似于相似性度量的空间（Attneave，

1950；Torgerson，1962；Torgerson，1965）。在几何模型中，概念在多维空间中被建模，用它们之间的空间距离来指示语义相似性。几何模型用空间距离来类比语义距离，相似性通过空间距离函数来计算。最常用的相似性度量是明科夫斯基距离

$$d_{ij} = \Big[\sum_{k=1}^{n} |x_{ik} - x_{jk}|^r \Big]^{1/r} \qquad (12.1)$$

式中，n 是维数；x_{ik} 是第 k 维的第 i 个变量；x_{jk} 是第 k 维的第 j 个变量。明科夫斯基距离实际是一个通式，当 $r = 1$ 时，公式表示街区距离；而当 $r = 2$ 时，公式表示欧几里得距离。相似性是明科夫斯基距离的线性递减函数。几何相似性模型必需满足三个性质：最小性、对称性和三角不等性。

要素模型：几何模型和要素模型都用属性来描述概念。属性在几何模型中是各个维的值，而在要素模型中是布尔变量：对于一个概念，要素要么出现，要么不出现。两个拥有相同要素的概念是相似的。要素模型度量相似性因 Tversky（1977）的著名文章而变得广泛使用。最著名的要素模型是由 Tversky 提出的对比模型，表示相似性是相同和不同要素集的加权组合函数（Tversky，1977；Tversky and Gati，1982；Sattah and Tversky，1987）

$$s(a, b) = F(A \cap B, A - B, B - A) \qquad (12.2)$$
$$S(a, b) = \theta * f(A \cap B) + \alpha * f(A - B) + \beta * f(B - A) \qquad (12.3)$$

式中，f 可以是一个简单决定集合基数的函数，也可以是一个反映各种要素显著性的函数。

$$S(a, b) = \frac{f(A \cap B)}{f(A \cap B) + \alpha * f(A - B) + \beta * f(B - A)} \qquad (12.4)$$

式（12.4）是归一化形式，或称为比率模型。不管是对比模型还是比率模型都反映了 Tversky 的断言，相似性是具有方向性、对称性和三角不等性的。

转换模型：几何模型和要素模型都是用属性来表述概念，通过比较这些属性来度量相似性。转换模型采用一种不同的方法来计算相似性，模型定义从一个概念到另一个概念称为转换，相似性定义为从一个概念转换到另一个概率所需要转换次数。在转换模型中，假设相似性随着转换次数增加单调递减。

$$SimR(A, B) = 1 - \frac{Dis[(R_1(A, B), R_2(A, B)]}{MAX} \qquad (12.5)$$

式中，$SimR(A, B)$ 是 A 和 B 的相似性，$Dis()$ 表示转换个数，则 $Dis[(R_1(A, B), R_2(A, B)]$ 表示关系 R_1 到关系 R_2 在空间关系概念领域图中的转换次数，而 MAX 是概念领域图的最大深度。图 12.2 是空间拓扑关系的概念领域图（Bruns and Egenhofer，1996）

12.1.2　空间场景相似性度量理论

一个空间场景由一系列空间对象以及各个空间对象之间的相对布局构成。度量两个空间场景之间的相似性，实际上是度量一个空间场景的空间对象以及各个空间对象之间的关系与另一个场景对应的对象以及关系之间的相似程度。场景的空间对象由空间对象

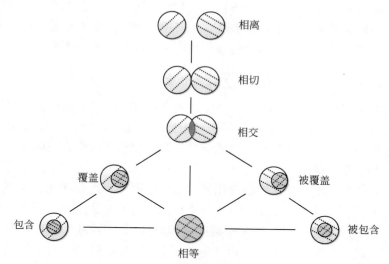

图 12.2　空间拓扑关系的概念领域图

的各个特征（如类属性、几何属性）描述，各个特征组成了一个一元约束集合。而空间关系（如拓扑关系、距离关系）组成了一个二元约束集合，每个二元约束是一组对象对（对象对：两个相似对象，分属不同空间场景；一组对象对：两个或更多对象对）之间的关系。因此，在 Nedas 的空间场景度量模型中，空间场景相似性由空间场景的对象相似性和关系相似性组成。此外，还引入了空间场景完整性给予不匹配对象惩罚。

　　一个空间场景可以抽象为一个无向完全图 $G(V, E)$，其中 V 是图的顶点，对应场景中的对象，E 是图的边，对应场景中两个对象之间的空间关系。两个场景之间的相似性度量可以用一个关联图来表示。假设要度量两个图 $G(V, E)$ 与 $G'(V', E')$ 之间的相似程度，$(V_1, V_2, \cdots, V_n)$ 是 G 的顶点集合，$(V'_1, V'_2, \cdots, V'_m)$ 是 G' 的顶点集合。关联图的构造分为两步：第一步，构造关联图的顶点，我们首先找出 G 与 G' 之间的相似对象对，将每对相似对象对构造为一个新的关联图顶点加入到关联图中；第二步，通过比较两两关联图顶点之间的空间关系是否相似，在关联图中插入关联边。例如，存在关联图结点 $a(i, j)$ 和 $a(k, l)$，其中，$a(i, j)$ 代表 G 中顶点 V_i 和 G' 中顶点 V'_j 组成的相似对象对，$a(k, l)$ 代表 G 中顶点 V_k 和 G' 中顶点 V'_l 组成的相似对象对，如果对象 V_i 和对象 V_k 之间的空间关系与 V'_j 和 V'_l 之间的空间关系相似，则在关联图 $a(i, j)a(k, l)$ 之间添加一条关联边。

　　通过将对象相似性值和空间关系相似性值附加到关联图的顶点和边上，关联图可以转换为一个加权关联图。顶点 (V_i, V'_j) 的权值代表分属两个不同场景的对象 V_i 和 V'_j 的相似程度，而边 $((V_i, V'_j), (V_k, V'_l))$ 的权值则代表分属两个不同场景的 (V_i, V'_j) 之间空间关系和 (V_k, V'_l) 之间空间关系的相似程度。这样，空间场景间可以抽象为一个加权关联图，通过计算构造的加权关联图，就能得到两个空间场景之间的相似性。

　　对象相似性：两个空间场景之间对象相似性 S_{Obj} 由两个场景之间所有相似对象对的

对象相似性共同决定，公式表达如下

$$S_{\text{Obj}} = \frac{\sum\limits_{i=1}^{M} w_{O_i} \cdot S_{O_i}}{\sum\limits_{i=1}^{M} w_{O_i}} \tag{12.6}$$

式中，M 是两个场景之间相似对象对的个数，S_{O_i} 是第 i 对相似对象对之间的对象相似性，w_{O_i} 是第 i 对匹配的对象对的权值。因此，公式实际上是对所有的相似对象对的对象相似性的加权平均。注意区别 S_{Obj} 是场景的对象相似性，而 S_{O_i} 是两个对象之间的相似性。

关系相似性：两个场景之间的关系相似性 S_{Rel} 由加权关联图（前面描述）上标记的二元关系的权值共同决定，公式表达如下

$$S_{\text{Rel}} = \frac{\sum\limits_{i=1}^{M \cdot (M-1)/2} w_{R_i} \cdot S_{R_i}}{\sum\limits_{i=1}^{M \cdot (M-1)/2} w_{R_i}} \tag{12.7}$$

式中，S_{R_i} 是第 i 对二元关系对的关系相似性（对应加权关联图中每条边的权值，代表两个对象对之间的二元关系的相似程度），w_{R_i} 是第 i 对二元关系对的权值。很明显，整个两个场景之间中有 M 个相似对象对（加权关联图中的结点），则存在 $M \cdot (M-1)/2$ 个二元关系对（加权关联图中的边）。

场景完整性：仅通过对象相似性和关系相似性还不足以完整地描述两个场景之间的相似性。我们还必须给予那些不匹配的对象惩罚，即根据不匹配对象的数目相应减少场景之间的相似性值。使得匹配对象对越多，两个场景的相似性越高，这是符合人类认知的。于是，定义了空间场景完整性参数来表达这种惩罚。空间场景完整性度量两个场景之间特性，它是两个场景之间匹配数目与不匹配数目的函数，参数的范围为 0 ~ 1。假设场景中各个对象是同等重要的，则得到公式

$$S_{\text{Comp}} = \frac{M}{M + \alpha \cdot (N_1 - M) + \beta \cdot (N_2 - M)} \tag{12.8}$$

式中，M 是匹配的对象对个数，N_1 和 N_2 分别是两个场景的对象个数，α 和 β 分别是两个场景不匹配对象的权值。书中取 $\alpha = \beta = 1$，表示对两个场景的不匹配对象的具有相同的兴趣或两个场景的不匹配对象具有同等的重要性，它们在相似性计算中是对称的。而在其他一些情况，如空间图形搜索中，一个场景是全部的图形数据库，另一个是输入要查询的空间场景，查询者对要查询的空间场景更感兴趣，因此选择 $\alpha = 1$，$\beta = 0$ 的参数组合。

空间场景相似性：由加权关联图表示的，两个场景之间匹配子图的相似 S'_{Scene} 由空间场景的对象相似性和关系相似性的加权平均进行计算，得到

$$S'_{\text{Scene}} = \frac{w_{\text{Obj}} \cdot S_{\text{Obj}} + w_{\text{Rel}} \cdot S_{\text{Rel}}}{w_{\text{Obj}} + w_{\text{Rel}}} \tag{12.9}$$

式中，是 w_{Obj} 是对象相似性的权值，而 w_{Rel} 是关系相似性的权值。引入空间场景完整性，最终的空间场景相似性 S_{scene} 由完整性参数对 S'_{Scene} 校正得到

$$S_{scene} = S'_{Scene} \cdot (w_{Comp} \cdot (S_{Comp} - 1) + 1) \tag{12.10}$$

式中，w_{Comp} 是完整性参数的权值。

12.1.3　地质对象空间场景相似性度量

12.1.2 节已经描述了完整的空间场景相似性度量的框架，应用这个框架就能计算出两个空间场景之间的相似程度。要应用这个框架，还有一个未解决的问题是计算式（12.6）中的 S_{Obj}，它代表了两个场景之间分属不同场景的两个对象的相似性。场景的空间对象是由空间对象的各个特征描述的，包括类属性、几何属性等。类属性主要描述了对象属于哪一类别，例如，如果是在一个城市的空间场景，一个对象对应着一个建筑物，它的类属性就是这个建筑物的类别。几何属性包括几何形状、面积和周长等特征。该研究的示范应用中，场景中的对象是地质对象，它的类属性是岩性和地质年代。一个地层对象的岩性并不只是一个单一属性，而是由多重岩石成分组合而成。例如，一个地质对象的类属性为缔敖苏组（灰岩、砂岩、砾岩），缔敖苏组是地质年代属性，括号中的是岩性属性。可以看到岩性属性有 3 个岩石组分构成：灰岩、砂岩和砾岩。

考虑到地质年代和岩性对成矿作用的同等重要性，为了度量地质对象的相似性，必须同时比较这两种属性。此外，对于岩性属性，如果仅以属性值严格匹配的对象作为一组相似对象，得到的匹配对象将会很少。因此适当放宽岩性属性值的约束，将包含相同岩性组分的两个对象归入相似对象对。当然，岩性完全相同的两个对象与只有部分岩性组分相同的对象之间的相似性是不同的，完全相同的两个对象具有更高的相似性。另外，考虑到侵入岩对成矿的重要作用，相同侵入时期的侵入岩具有更高的相似性。因此，综合地质年代、岩性和岩性组分 3 个方面的因素，利用专家知识将地质对象之间的相似程度划分为 7 类，并对每类的相似性打分，打分值在 0 和 1 之间，如表 12.1 所示。

表 12.1　地质对象相似性等级

对象相似级别	相似性打分	描述
1	1.0	完全相似
2	0.7	侵入时期相同，侵入岩不同
3	0.6	非侵入时期地质年代不同，岩性完全相同
4	0.5	非侵入时期地质年代相同，岩性有相同组分
5	0.3	非侵入时期地质年代不同，岩性有相同组分
6	0.2	非侵入时期地质年代相同，岩性没有相同组分
7	0	完全不相似

为了简化处理，此处只考虑了岩性有无相同组分，而没有根据相同组分所占比例，进一步对地质对象之间的相似程度细分。另外，由于侵入岩一般只有一种岩性属性，因此没有对侵入岩划分是否具有相同组分。

12.1.4 地质空间场景相似性度量案例

从青海东昆仑实验区地质矿产数据中选取了两个相对简单的场景作为案例，如图 12.3 所示，具体阐述 12.1.2 节和 12.1.3 节中提到的空间场景相似性度量模型是怎样工作的。令左边的场景为场景 1，而右边的场景为场景 2。可以看出场景 1 和场景 2 相似度极高，而实际上，场景 2 就是对场景 1 向左下方位移少许得到的。场景中存在三类地质对象，两类线状对象，一类面状对象。三类对象分别是线状的断层、不整合界线和面状的地层岩性。

抽象场景 1 与场景 2 为两个无向完全图，G_1 和 G_2，如图 12.4 所示。图中顶点表示场景中的空间对象，而边则表示空间对象之间的二元空间关系。在图中虚线的边表示拓扑关系 disjoint，而实线的边表示拓扑关系 touch。以场景 2 的抽象图 2 中的 a 结点为例，与 a 顶点连接的边描述了对象 a 与其他对象的空间关系，其中，a 对象与 b 和 c 对象是 touch 关系，而与 d 对象是 disjoint 关系。

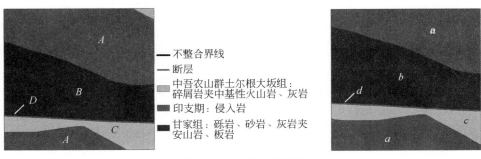

图 12.3　两个空间场景

按照 12.1.2 节中描述的两步构造加权关联图方法，构造出如图 12.4 所示的加权关联图，并根据关联图利用式（12.6）～式（12.10）计算出两个空间场景之间的相似性。场景 1 中的对象 A 和场景 2 中的对象 a 的类属性都是印支期：侵入岩，它们就有完全相同的类属性，我们可以在关联图中构造一个结点 (A，a)，结点的权值即 A 与 a 的对象相似性为 1（参照表 12.1）。同样，我们可以构造出 (B，b)，(C，c)，(D，d)，由于每个对象对都是完全相似，所以它们的相似性都是 1。接着，需要为关联图添加边。除了对象对 (A，a) 与 (D，d) 的二元关系不同 (A，D 之间是 touch 关系，而 a，d 之间是 disjoint 关系)，其他对象对之间的关系都是相同。于是，除了结点 (A，a) 与 (D，d) 没有添加边，其他结点之间都添加了边，如图 12.5 所示。为了简化取 12.1.2 节中公式的权值为 1，即认为每个对象，对象之间的关系是同等重要的。由式（12.6）计算出场景 1 和场景 2 之间的对象相似性

$$S_{Obj} = \frac{1 \times 1 + 1 \times 1 + 1 \times 1 + 1 \times 1 +}{1 + 1 + 1 + 1} = 1, \qquad (12.11)$$

关系相似性

$$S_{Rel} = \frac{5 \times 1 \times 1}{4 \times (4 - 1)/2} = 0.83 \qquad (12.12)$$

两个场景之间的完整性

$$S_{Comp} = \frac{4}{4 + 1(4 - 4) + 1(4 - 4)} = 1 \qquad (12.13)$$

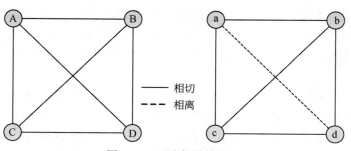

图 12.4　两个场景抽象图

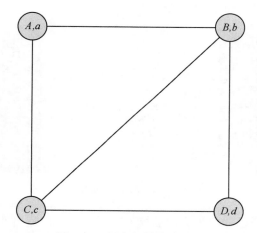

图 12.5　两个场景的关联图

两个空间场景的相似性

$$S'_{scene} = \frac{1 + 0.83}{1 + 1} = 0.915 \qquad (12.14)$$

$$S_{scene} = 0.915 \times (1 \times (1 - 1) + 1) = 0.915 \qquad (12.15)$$

　　因此，根据文中采用的空间场景相似性模型，计算得到本例中场景 1 与场景 2 之间的相似性是 0.915。

12.1.5　集成地质空间场景相似性和案例推理

　　集成地质空间场景相似性和案例推理的核心思想是：用已知矿点案例预测未知矿点案例。该方法中，一定范围内的矿产资源研究区域被抽样为一个空间场景，表示该地质对象及它们的空间布局或空间关系。一个以矿点为中心的空间场景被定义为有矿案例。

首先，所有以已知矿点为中心的空间场景被当作有矿案例存入矿产资源案例库。当给予一个新的空间场景，找出案例库中与之最匹配的或相似程度最高的已知有矿案例，新空间场景与这个已知矿点空间场景的相似性作为这个新的空间场景的矿产资源预测值。这是易于理解的，如果案例库中存在一个案例与当前比较案例拥有完全相同的地质对象和空间关系，那么称之为完全相似。完全相似表示两个空间场景具有完全相同的地质环境。按照案例推理方法中的"用旧的问题来解决新的问题"的原则，用于比较的新未知空间场景一定存在矿床，因为它与一个有矿案例有完全相同的地质环境。如之前所述，空间场景相似性的范围在 0 ~ 1，其中，1 发生在空间场景完全相似的情况，而 0 发生在空间场景完全不相似的情况，那么，0 ~ 1 的值就是部分相似情况。

12.2　集成地质空间场景相似性和案例推理的青海东昆仑矿产资源预测

　　该节使用 12.1 节阐述的集成地质空间场景相似性和案例推理的矿产资源预测方法对青海东昆仑成矿带的铁矿和铜铅锌多金属矿产资源进行预测应用。为了方便阐述，文中简称其为相似性方法。实验中所使用的数据同样来自于课题组构建的多源地质空间数据库。实验中的算法全部由 C#语言借助 AE 二次开发 API 进行开发。方法中的矿产资源案例库由 SQL Server 2008 关系数据库构建。

12.2.1　构造空间场景

　　该方法中空间场景被定义为一定范围内的空间对象和它们的空间布局。把空间场景抽象为边长为 L 的正方形窗口，该窗口内的空间对象和空间对象分布就是一个空间场景。在算法实现过程中，利用 AE 接口构造以矿点为中心的边长为 L 的正方形窗口，再用正方形窗口对研究区各要素图层做裁剪操作（ArcGIS 中空间分析的 clip 工具），裁剪下来的各要素就组成了有矿空间场景。实际上，在应用过程中包括多个要素图层，因此需要依次对每个要素图层进行裁剪，一个空间场景是一个窗口裁剪的所有要素组成的要素集。因此定义有矿案例场景为以矿点为中心构造的边长为 L 的正方形窗口内的空间对象和它们的空间布局。图 12.6 和图 12.7 分别是利用 AE 接口对铁矿和铜铅锌矿构造的以矿点为中心的正方形窗口。对整个青海东昆仑区域采用 CBR 进行推理需要整个区域的各个空间场景。对各个格网，构造以格网中心为中心的边长 L 的正方形窗口，构造得到的整个区域的空间场景如图 12.8 所示。

　　在构造以格网中心为中心正方形窗口时，首先需要获得各个格网的中心坐标，因此我们用 ArcGIS 对格网图层进行处理，提取格网中心坐标，操作的流程图如图 12.9 所示。提取得到的格网中心坐标表如表 12.2 所示。接着，将数据表导入数据库中，就可以在程序中自动创建每个格网中心的正方形格网。将数据表导入数据库的代码如图 12.10 所示。

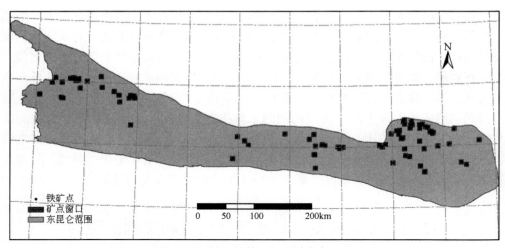

图 12.6 铁矿空间场景构造

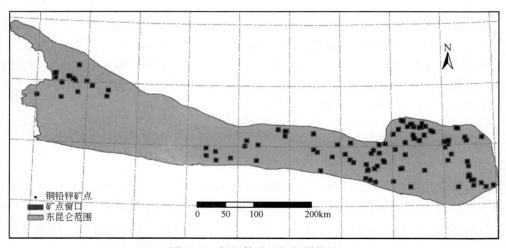

图 12.7 铜铅锌矿空间场景构造

表 12.2 格网中心坐标表

ID	X	Y
...	...	...
181	807233.612148	3882381.567260
182	808221.483216	3882396.388950
183	809182.348480	3882549.977700
184	810090.295705	3882730.183270
185	810746.680768	3882875.101860
186	759424.018507	3883757.740730
187	760287.004585	3883592.600030
...	...	...

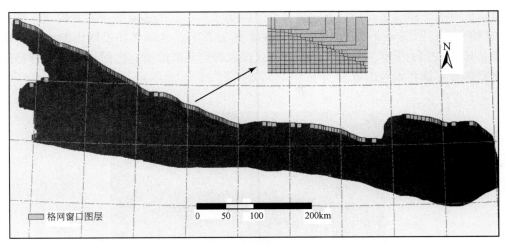

图 12.8　格网窗口

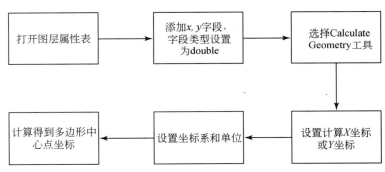

图 12.9　提取格网中心坐标流程

```
exec sp_configure 'show advanced options ',1
reconfigure
exec sp_configure 'Ad Hoc Distributed Queries',1
reconfigure
```

```
SELECT * INTO CentriodXY FROM
OPENDATASOURCE('Microsoft.Ace.OLEDB.12.0',
'Data Source=G:\相似性实验\格网中心坐标.xlsx;Extended
Properties=Excel 12.0')...[sheet 1$]
```

```
exec sp_configure 'Ad Hoc Distributed Queries ',0
Reconfigure
exec sp_configure 'show advanced options ',0
reconfigure
```

图 12.10　坐标导入数据库代码

组合空间场景相似性和案例推理的方法应用实验中，只选择了 3 个专题属性图层，它们是断层、不整合界线和地层岩性。构造有矿空间场景时，依次用窗口图层中的每个窗口依次对 3 个图层进行裁剪，这样每个空间场景实际上由 3 个图层要素构成。按照矿点 ID 编号，将图层 shape 文件编号存储在本地磁盘上。本地文件提取出的一个有矿空间场景如图 12.11 所示。采取同样处理方式提取研究区域的所有空间场景，同样将图层按格网编号存储在本地磁盘。

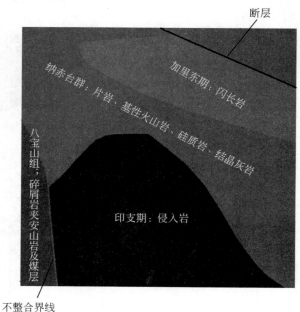

图 12.11　提取的一个空间场景

12.2.2　提取场景内的对象及空间关系

要比较空间场景间的相似性，必须提取场景内的对象和对象之间的关系。我们采用 AE 相关接口进行提取。首先，每个矢量数据存储在每个对应空间对象中，我们只需要调用 AE 接口遍历图层内的每个对象，再提取出对象的类属性即可。对于空间关系的提取，期望调用类似于这样的接口，输入两个对象，然后得到两个对象的空间关系。但是遗憾的是，AE 并没有提供类似接口。换种思路，利用空间查询工具，我们也能得到两两对象之间的关系。

实验中用到的成矿相关要素矢量图层包括地层岩性图层、不整合界线图层和断层图层。多边形的地层岩性图层的各个对象是一个紧挨一个的（类似于行政区划图），它们一同组成了研究区域的地层岩性图层。在这种空间结构中，地层岩性对象之间会存在 touch 和 disjoint 两种拓扑关系。不整合界线和断层要素图层是线图层。线对象与多边形对象之间除了 touch 和 disjoint 两种关系外，还存在 cross 关系，指线对象穿过多边形对象的内部。目前存在的拓扑关系模型，包括四交集（Egenhofer and Franzosa, 1991），九交集（Egenhofer, 1993）和 RCC 模型（Clark, 1981, 1985）等。考虑到本文应用的空间数据实际情况，我们只提取了三种拓扑关系，touch, cross 和 disjoint 关系。在提取过程中，由于误差的存在可能导致两个对象同时满足几种关系，在实际提取过程中，我们按 cross>touch

>disjoint 的优先级进行提取，当两个对象之间的拓扑关系取优先级最高的拓扑关系。

提取的空间场景对象和关系按一定的形式进行编码存储在本地的文本文件中，如表 12.3 所示。每个案例的编码部分包括三个区域，@ no、@ objects 和@ relations。@ no 表示案例的编号，@ objects 存储空间地质对象的属性，@ relation 存储该空间场景内各空间对象之间的空间关系。Objects 中的每一行代表一个地质对象的类属性，而 relations 中的每一行代表一个二元关系描述。每一个二元关系描述以 $a \mid R \mid b$ 的形式描述，a 和 b 分别是两个地质对象，中间的 R 表示了两个地质对象之间的关系。

表 12.3　案例编码方式

@ no

1

@ objects

印支期：侵入岩

甘家组：砾岩、砂岩、灰岩夹安山岩、板岩

中吾农山群土尔根大坂组：碎屑岩夹中基性火山岩、灰岩

印支期：侵入岩

海西期：花岗闪长岩

断层

@ relations

印支期：侵入岩｜touch｜甘家组：砾岩、砂岩、灰岩夹安山岩、板岩

甘家组：砾岩、砂岩、灰岩夹安山岩、板岩｜touch｜印支期：侵入岩

甘家组：砾岩、砂岩、灰岩夹安山岩、板岩｜touch｜中吾农山群土尔根大坂组：碎屑岩夹中基性火山岩、灰岩

中吾农山群土尔根大坂组：碎屑岩夹中基性火山岩、灰岩｜touch｜甘家组：砾岩、砂岩、灰岩夹安山岩、板岩

中吾农山群土尔根大坂组：碎屑岩夹中基性火山岩、灰岩｜touch｜印支期：侵入岩

印支期：侵入岩｜touch｜中吾农山群土尔根大坂组：碎屑岩夹中基性火山岩、灰岩

印支期：侵入岩｜touch｜海西期：花岗闪长岩

海西期：花岗闪长岩｜touch｜印支期：侵入岩

断层｜touch｜甘家组：砾岩、砂岩、灰岩夹安山岩、板岩

断层｜touch｜中吾农山群土尔根大坂组：碎屑岩夹中基性火山岩、灰岩

断层｜cross｜甘家组：砾岩、砂岩、灰岩夹安山岩、板岩

断层｜cross｜中吾农山群土尔根大坂组：碎屑岩夹中基性火山岩、灰岩

@ no

2

@ objects

印支期：侵入岩

甘家组：砾岩、砂岩、灰岩夹安山岩、板岩

中吾农山群土尔根大坂组：碎屑岩夹中基性火山岩、灰岩

印支期：侵入岩

海西期：闪长岩

断层

@ relations

印支期：侵入岩｜touch｜甘家组：砾岩、砂岩、灰岩夹安山岩、板岩

甘家组：砾岩、砂岩、灰岩夹安山岩、板岩｜touch｜印支期：侵入岩

甘家组：砾岩、砂岩、灰岩夹安山岩、板岩｜touch｜中吾农山群土尔根大坂组：碎屑岩夹中基性火山岩、灰岩

中吾农山群土尔根大坂组：碎屑岩夹中基性火山岩、灰岩｜touch｜甘家组：砾岩、砂岩、灰岩夹安山岩、板岩
中吾农山群土尔根大坂组：碎屑岩夹中基性火山岩、灰岩｜touch｜印支期：侵入岩
中吾农山群土尔根大坂组：碎屑岩夹中基性火山岩、灰岩｜touch｜海西期：闪长岩
印支期：侵入岩｜touch｜中吾农山群土尔根大坂组：碎屑岩夹中基性火山岩、灰岩
印支期：侵入岩｜touch｜海西期：闪长岩
海西期：闪长岩｜touch｜中吾农山群土尔根大坂组：碎屑岩夹中基性火山岩、灰岩
海西期：闪长岩｜touch｜印支期：侵入岩
断层｜touch｜甘家组：砾岩、砂岩、灰岩夹安山岩、板岩
断层｜touch｜中吾农山群土尔根大坂组：碎屑岩夹中基性火山岩、灰岩
断层｜cross｜甘家组：砾岩、砂岩、灰岩夹安山岩、板岩
断层｜cross｜中吾农山群土尔根大坂组：碎屑岩夹中基性火山岩、灰岩

12.2.3　构造矿产资源案例库

采用 SQL server 2008 数据库构造案例数据库。首先创建了一个名为 MineCases 的数据库来存储所有的有矿案例场景，数据库中主要包含了 CaseObject 和 CaseRelations 两个表，如表 12.4 所示。CaseObject 表用来存储每个场景内的对象，而 CaseRelations 用来存储每个场景内各个对象之间的空间关系。我们用以矿点为中心边长为 L 的正方形窗口 1 次对 3 个图层进行裁剪，得到了有矿案例场景。我们遍历每个裁剪后的图层，将对象类属性插入 CaseObject 表。然后，分别以 touch、cross 和 disjoint 关系查询条件，依次对每个对象查询满足空间关系的对象，将得到的<对象，对象，空间关系>插入 CaseRelations 表。

表 12.4　案例数据库数据表

数据表	列名	数据类型	描述
CaseObjects	CaseID	int	案例场景的编号
	ObjectName	nchar（100）	案例中对象的类型名
CaseRelations	CaseID	int	案例场景的编号
	Object1	nchar（100）	对象 1
	Object2	nchar（100）	对象 2
	Relation	nchar（50）	对象 1 和对象 2 之间的空间关系

12.2.4　地质对象相似性

如 12.1.2 节所述，我们将地质对象相似性定义为两个地质对象类属性的相似性程度，考虑了 3 个因素：地质年代相似性、岩性相似性、岩性组分相似性。在考虑这 3 个因素的基础上，将地质对象相似性划分为 7 个等级，并对每个等级进行了专家打分，分配了相似性数值。在具体实施地质对象相似性判断的时候，判断的流程如图 12.12 所示。在编程实现中，直接按照字符串对地质对象类属性进行比较，如果两个字符串相

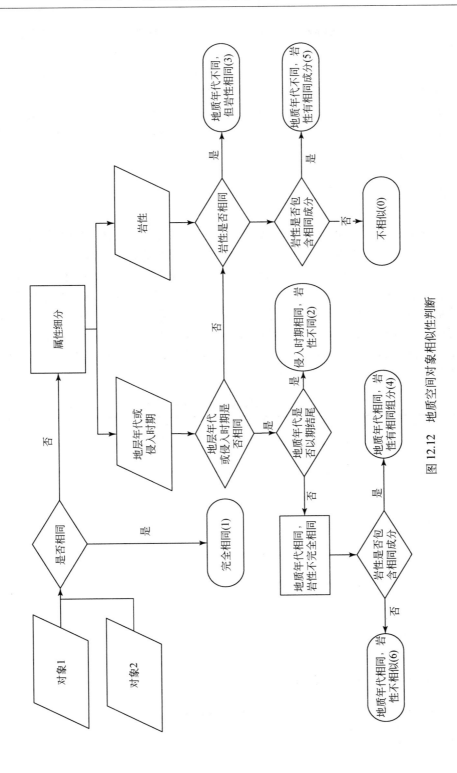

图 12.12　地质空间对象相似性判断

等，那么就得到相似性级别 1：完全相同。然后以冒号 "："为分隔符，将字符串分为地质年代和岩性两部分，分别比较两边的相似情况。对于地质年代直接按字符串是否相等进行比较，而对于岩性，由于还要考虑岩性组分，在岩性字符串不直接相等的情况下，需要继续将岩性划分为不同组分，实施过程中以顿号 "、"为分隔符，划分出不同的组分，再一次比较组分之间是否有相同的。对于组分相似性，本文中仅局限于考虑是否有相同的组分，而没有进一步划分有几个组分相似，并针对不同比例的组分相似而分配不同的相似性值。

12.2.5　算法流程

该方法的部分主要步骤代码如表 12.5 所示，算法流程图如图 12.13 所示。在构造案例库阶段，我们对矿点构建正方形窗口，然后用窗口裁剪相关要素图层，接着提取窗口内每个空间场景的对象类属性和空间关系，并将其保存到案例库中。同样，我们也将整个青海东昆仑范围划分为一个接一个的空间场景，并将每个空间场景内的对象类属性和空间关系按空间场景号编号存储在数据库中。在案例推理阶段，依次将每个格网窗口内的空间场景与有矿案例空间场景进行比较，计算相似性，将得到的最大相似性赋于该格网，作为该格网的矿产资源预测值。在计算相似性的过程中，我们有步骤地比较对象相似性和空间关系相似性，如图 12.14 所示。

表 12.5　空间场景相似性算法代码

```
1     /* 根据 XY 坐标构建窗口图层 */
2     Similarity_ Measurement. CreateWinLayer (X, Y);
3
4     /* 用构造的窗口图层裁剪要素图层 */
5     for (int i=0; i<address. Length; ++i)
6       {
7       ClipByWin (address [i]);
8       }
9
10    /* 提取窗口内对象信息和空间关系 */
11    Extract_ Spatial_ Info (idn, myConn);
12
13    /* 计算最大相似性 */
14    double max=0;
15    try
16      {
17      for (int id=1; id<=MAX_ ID; ++id)
18        {
19        SimilarityFactory sf=new SimilarityFactory (0, id, myConn);
20        double r=sf. SceneSimilarityMeasurement ();
21        if (r>max)
22          {
23          max=r;
```

续表

24	}
25	}
26	}
27	catch （Exception ex）
28	{
29	MessageBox. Show （ex. Message）;
30	}

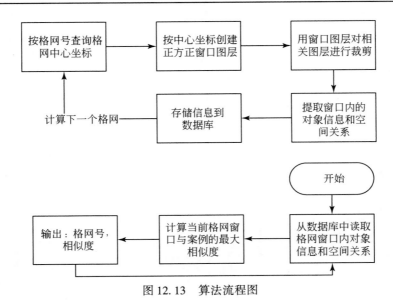

图 12.13 算法流程图

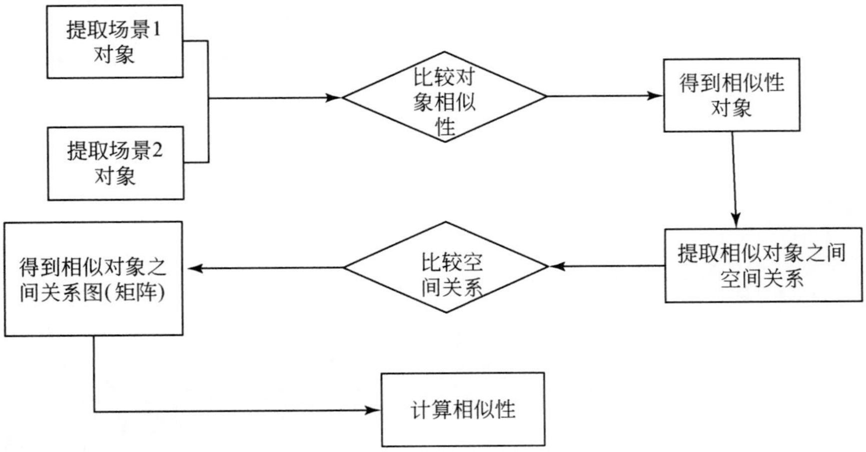

图 12.14 相似性计算步骤

实验中，采用两种方式对铁矿和铜铅锌矿在青海东昆仑成矿带进行了预测，一种是拟合优度测试，另一种是抽样测试。在拟合优度测试中，我们用所有已知矿点提取以这些矿点为中心的空间场景，作为有矿案例存储到案例库中，然后我们用所有已知矿点对预测结果进行验证。在抽样测试中，按照 3：1 的比例将所有已知矿点分成了两部分，将其中的 3/4 用作构建矿产资源案例库，剩下的 1/4 用作验证预测结果。

12.2.6　结果与分析

1. 相似性方法拟合优度铁矿实验

相似性方法拟合优度实验是将全部 81 个铁矿点用于构造矿产资源案例库，再对这 81 个铁矿点进行验证预测效果。融合 C4.5 决策树和 m- branch 的方法被用来与该实验作对比。为使 C4.5 实验与相似性实验的条件一致，本章运用 C4.5 方法的预测中，并没有对矿点做 1km 的缓冲，直接基于 81 个铁矿点构造矿产资源案例库。运用该实验流程得到相似性方法拟合优度铁矿资源预测图如图 12.15 所示，为了方便目视查看矿点落入潜力区情况，图 12.15（a）没有叠加铁矿点，图 12.15（b）叠加了铁矿点。对矿点落入潜力区统计如表 12.6 所示。

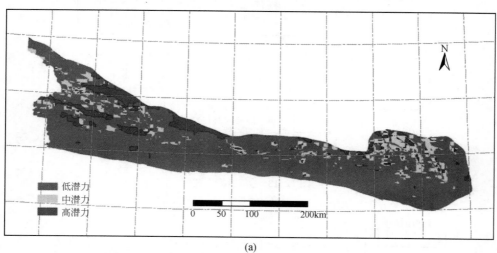

(a)

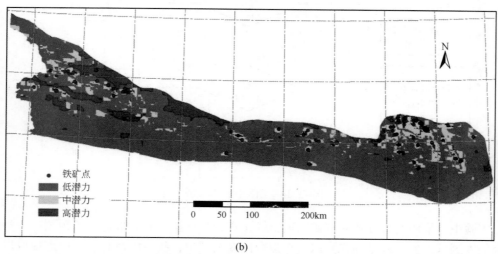

(b)

图 12.15　相似性方法拟合优度测试铁矿资源预测图

相似性方法相比 C4.5 方法得到了更好的预测效果，更多的铁矿点落入了高中潜力区（高潜力区间：91668～1.00000；中潜力区间：0.66667～0.91667），而更少的矿点落入低潜力区（低潜力区间：0.00000～0.66666）。其中，79.01% 的铁矿点落入高潜力区（总面积的 9.99%），17.28% 的铁矿点落入中潜力区（总面积的 10.29%），3.71% 的铁矿点落入低潜力区（总面积的 79.72%）。

表 12.6　相似性拟合优度铁矿实验结果及对比

模型	高潜力区		中潜力区		低潜力区	
	矿点（#）	面积（km²）	矿点（#）	面积（km²）	矿点（#）	面积（km²）
C4.5 拟合优度	47	9527	6	9370	28	77679
C4.5 交叉验证	16	9786	38	14316	27	72474
相似性	64	9644	14	9939	3	76993

从这个实验可以看出，C4.5 方法是基于数据驱动的矿产资源预测方法，因此对样本的依赖较高，由于没有对矿点做缓冲，有矿格网大幅减少（81∶641），这样 C4.5 方法的预测效果也有所下降。而在 C4.5 方法实验的交叉验证中，随机抽样存在很大的随机性，再加上少量的矿点样本使随机性更大，于是使得 C4.5 交叉验证的预测效果继续下降。

2. 组合方法铁矿实验

当前对相似性方法的应用中，由于算法效率和计算设备的限制，仅加入了 3 个成矿专题属性图层，因此要期望有更好的预测效果，需要添加更多与成矿相关的图层。我们提出了一种将 C4.5 预测结果与相似性预测结果组合成一种综合结果的方法，用相似性结果代表空间场景上和空间推理上对矿产资源的预测，而用 C4.5 结果代表属性上对矿产资源的预测。从尺度上来讲，相似性结果代表了大尺度上对矿产资源的预测（空间场景采用 8000m×8000m 的正方形窗口提取），而 C4.5 结果代表小尺度上对矿产资源的预测（格网大小为 1000m×1000m）。为了阐述方便，我们简称这种方法为组合方法。

由于相似性预测结果与 C4.5 预测结果量纲不同，所以首先要统一量纲，对 C4.5 预测结果进行归一化。这里选择了最大最小归一化方法：

$$v' = \frac{v - \min_a}{\max_a - \min_a}(\text{new}\_\ \max_a - \text{new}\_\ \min_a) + \text{new}\_\ \min_a \qquad (12.16)$$

在该实验中分别用 C4.5 方法和组合方法对青海东昆仑资源进行预测，用 81 个铁矿点用作训练或构造案例库，用 2007 年野外采集的 10 个新铁矿点验证预测性能。得到的铁矿资源预测图如图 12.16 和图 12.17 所示。10 个新发现铁矿点落入潜力区的统计结果如表 12.7 所示。

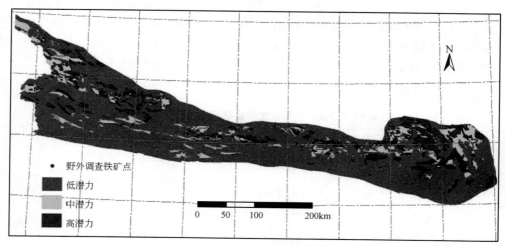

图 12.16　C4.5 方法铁矿资源预测图

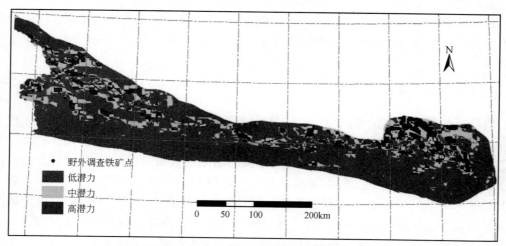

图 12.17　组合方法铁矿资源预测图

表 12.7　C4.5 和组合方法统计结果

模型	高潜力区		中潜力区		低潜力区	
	矿点（#）	面积（km²）	矿点（#）	面积（km²）	矿点（#）	面积（km²）
C4.5 方法	7	9565	0	9370	3	77641
组合方法	9	9533	0	14764	1	72283

从统计结果来看，C4.5 方法效果并不好，只有 70% 的野外调查铁矿点落入了中高潜力区（总面积的 19.61%），这与参与训练铁矿样本点较少有关（没有做缓冲只有 81 个有矿样本）。应用空间场景相似性的组合方法明显提高了预测精度，增加了矿点落入中高潜力区的比例，降低了落入低潜力区的比例。其中，90% 的野外调查铁矿点落入了

高中潜力区（总面积的 25.16%），10% 的矿点落入低潜力区（总面积的 74.84%）。

3. 相似性方法铜铅锌矿抽样实验

在本实验中，我们采用一致样本对 C4.5 方法、相似性方法和组合方法预测效果进行比较，将三种方法应用在铜铅锌矿资源预测中。采用等距抽样，按 3∶1 的比例将 108 个已知铜铅锌矿点分为两份，一份（81 个矿点）用于训练或构件案例库，一份（27 个矿点）用于验证预测效果。抽样之后的训练样本和验证样本分布如图 12.18 所示。三种方法得到的铜铅锌预测图如图 12.19 ~ 图 12.21 所示。矿点落入潜力区的统计结果如表 12.8 所示。

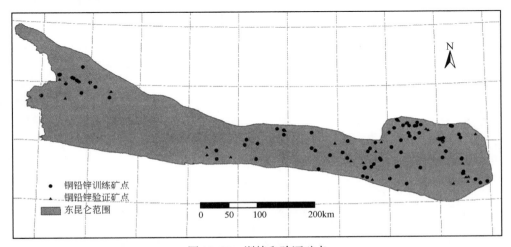

图 12.18　训练和验证矿点

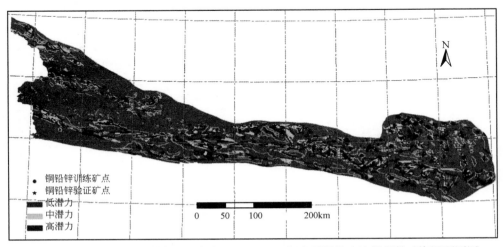

图 12.19　融合 C4.5 决策树、证据权和 m-branch 概率平滑的方法铜铅锌矿资源预测图

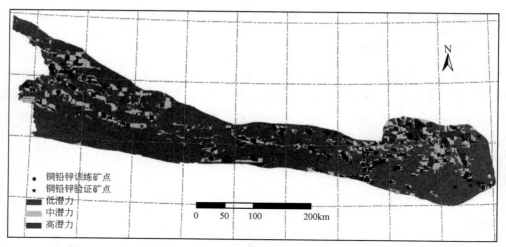

图 12.20　组合空间场景相似性和案例推理的方法铜铅锌矿资源预测图

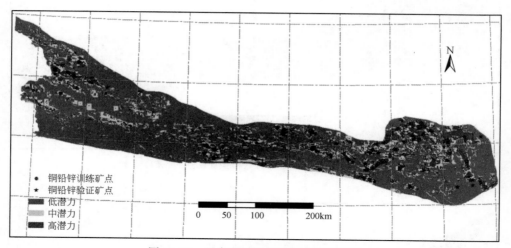

图 12.21　组合方法铜铅锌矿资源预测图

表 12.8　三种方法结果统计

模型	高潜力区		中潜力区		低潜力区	
	矿点（#）	面积（km²）	矿点（#）	面积（km²）	矿点（#）	面积（km²）
C4.5	8	9786	5	14316	14	72474
相似性	8	11499	6	11263	13	73814
组合	9	9658	5	14483	13	72435

　　从统计结果来看，整体的效果都不甚理想，铜铅锌验证矿点只有 50% 左右落入高中潜力区。这一方面，还是与训练样本较少有关，前面已经提到过，由于 C4.5 方法是基于数据驱动型的方法，由于没有对矿点做 1km 缓冲，造成有矿样本较少，导致预测效果下降。另一方面，矿点类型的异质性造成了预测模型的不准确，导致预测效果降

低。铜铅锌矿种实际上包含了三种元素矿种，铜、铅和锌。而具体到每个矿点的矿种类型也具有多样性，有的单独属于铜矿，有的是铜、铅、锌矿的混合矿种，甚至有的是铅、锌、金矿、铜钴金矿等。在矿点采样时，将包含铜、铅、锌任一元素的矿种（不管是混合矿种还是纯矿种）都归入了论文中使用的铜、铅、锌矿点图层。除了矿种之外，矿床类型的差异也造成了异质性。即是，就算同一矿种，不用的矿床类型也会造成它们成矿条件的不同。例如，书中在第 8 章的夕卡岩型铁矿实验就充分考虑了这种异质性，严格筛选了一致性的夕卡岩型铁矿进行实验，实验效果明显好于全部铁矿的预测实验。

12.3　讨　　论

集成空间场景相似性和案例推理的区域矿产资源预测方法存在场景窗口大小选择问题，本文并没有对其做讨论，而是统一采用了边长 8000m 的正方形窗口。该方法与C4.5 方法的比较时，为使数据条件（是否对矿点做缓冲）一致，可以采取两种方法，即都做缓冲或都不做。

在都做缓冲的条件下，笔者也进行过实验，实验预测结果与矿点拟合得较好。因为，在相似性算法的计算流程中，用每个场景与所有有矿场景比较，将最大相似性赋给当前比较场景作为它的预测值，这就导致了在拟合优度测试时，每个矿点的测试场景的预测值都应该是 1，因为它至少与自己在案例库中场景是完全相似的。实际上，由于矿点位置和有矿格网中心位置并不是完全重合的，导致这种测试下的预测效果并不是100%。但是，对矿点做缓冲后，这种位置不完全重合都不存在的，这种测试下的预测效果是没有说服力的。

文中阐述了矿点都不做缓冲的测试实验。在不对矿点做缓冲的条件下，有矿样本数量急剧下降，导致基于数据驱动型的 C4.5 方法因缺乏足够样本而效果不好。抽样实验使有矿样本继续减少，C4.5 方法预测效果继续下降。而相似性方法在样本较少的情况下，仍然能得到较好的预测效果，这是相似性方法的一个优点。然而相似性方法是基于案例推理的方法，案例推理同样要求以丰富案例为基础，实验区已知矿点较少同样导致了相似性方法的效果不会太好。

总的来说，地质空间场景相似性度量方法对基于属性的矿产资源预测方法做出了重要突破，但是该方法还有待继续完善，算法效率、窗口大小是两个最主要的问题。有理由相信，考虑空间关系和布局的地质空间场景相似性度量方法在解决好上述两个问题后，会比基于属性的预测方法效果好。

参 考 文 献

Attneave F. 1950. Dimensions of similarity. The American journal of psychology, 63（4）：516~556

Blaser A D. 2000. Sketching spatial queries. Orono：The University of Maine. 199

Bruns T, Egenhofer M. 1996. Similarity of spatial scenes. Proceedings of 7 th Symposium on Spatial Data Handling, Pelft. 31~42

Clark B L. 1981. A calculus of individuals based on connection. Notre Dame Journal of Formal Logic Notre-Dame, 22 (3): 204～219

Clark B L. 1985. Individuals and points. Notre Dame Journal of formal logic, 26 (1): 61～75

Egenhofer M J. 1993. A model for detailed binary topological relationships. Geomatica, 47 (3): 261～273

Egenhofer M J, Franzosa R D. 1991. Point-set topological spatial relations. International Journal of Geographical Information System, 5 (2): 161～174

Gentner D, Markman A B, Rattermann M, et al. 1995. Similarity is like analogy. Similarity in language, thought, and perception. Milam: University of San Marino. 111～148

Goldstone R L. 1994. The role of similarity in categorization: providing a groundwork. Cognition, 52 (2): 125～157

Holyoak K J. 2005. The Cambridge handbook of thinking and reasoning. Cambridge: Cambridge University Press

Medin D L, Goldstone R L, Gentner D. 1993. Respects for similarity. Psychological Review, 100: 254～254

Nedas K A, Egenhofer M J. 2008. Spatial-scene similarity queries. Transactions in GIS, 12 (6): 661～681

Sattah S, Tversky A. 1987. On the relation between common and distinctive feature models. Psychological Review, 94 (1): 16～22

Schwering A. 2008. Approaches to semantic similarity measurement for geospatial data: a survey. Transactions in GIS, 12 (1): 5～29.

Sloman S A, Love B C, Ahn W K. 1998. Feature centrality and conceptual coherence. Cognitive Science, 22 (2): 189～228

Torgerson W S. 1962. Theory and methods of scaling. New York: Wiley and Putnam

Torgerson W S. 1965. Multidimensional scaling of similarity. Psychometrika, 30 (4): 379～393

Tversky A. 1977. Features of similarity. Psychological Review, 84: 327～52

Tversky A, Gati I. 1982. Similarity, separability, and the triangle inequality. Psychological Review, 89 (2): 54～123

第13章　综合预测方法与野外验证

13.1　综合预测方法

综合预测方法的基本思路为集成地质空间数据挖掘、成矿案例推理和证据权模型，以多种预测模型预测的结果图为输入数据，经成矿单元（格网单元或栅格像元）空间叠加，对单元值进行算术加和，并最终输出综合预测结果。图13.1是综合预测技术方法框图。首先，将数据挖掘预测图与案例推理预测图进行成矿单元空间叠加，对单元值进行算术加和，得到两方法综合后的结果数据；其次，将前次的结果数据与证据权模型预测图进行成矿单元空间叠加，对单元值进行算术加和，如此得到三方法综合后的结果数据，对结果数据进行分类分级并着色渲染，即获得某一类型矿产资源的综合预测结果图。

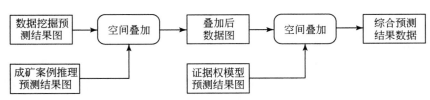

图 13.1　综合预测技术方法框图

在空间叠加前，各预测模型预测的结果数据与其成矿单元须大小一致、分级相同、分级值表达一致。如：潜力区分为高、中、低三级，其对应栅格像元值可为1、0、−1。如此，三方法综合后的结果数据，其单元取值将为：−3、−2、−1、0、1、2、3。对其进行三级重分类，则潜力高、中、低的划分原则列于表13.1中。

表 13.1　三方法综合的三级重分类原则

单元取值	组合	潜力类型
3	1，1，1	高
2	1，1，0	高
1	−1，1，1；0，1，0	高
0	−1，0，1；0，0，0	高
−1	−1，0，0；−1，−1，1	中
−2	−1，−1，0	低
−3	−1，−1，−1	低

对综合预测结果数据进行三级重分类的目的，在于与其他预测模型的预测结果进行对比。当然，也可直接对结果进行七级着色渲染。

13.2　预测精度对比评价

13.2.1　数据预处理

集成地质空间数据挖掘、成矿案例推理和证据权模型进行综合预测实验。对数据挖掘、案例推理获取的铜铅锌矿、铁矿和金矿资源预测图分别进行栅格化（矢量向栅格转换），设置栅格单元大小为1000m×1000m，栅格单元值对应字段设置为代表潜力大小的数值型数据。对转换后的栅格图进行三级重分类，高、中、低所占百分比基于经典证据权模型所确立的百分比（铜铅锌矿潜力高10%、中15%、低75%，铁矿潜力高11%、中10%、低79%，金矿潜力高9%、中11%、低80%），并对应将栅格单元值针对潜力高、中、低分别设置为1、0、−1，然后输出各重分类图。对经典证据权模型获取的铜铅锌矿、铁矿、金矿资源预测图直接进行栅格三级重分类，高、中、低所占百分比由其自身确立，并对应将栅格单元值（后验概率值）针对潜力高、中、低分别设置为1、0、−1，然后输出各重分类图。如此，各类型矿产资源重分类图，即可依据前述综合预测方法进行叠加预测。

13.2.2　实验结果与分析

对青海东昆仑地区铜铅锌矿、铁矿、金矿资源分别进行综合预测，然后对结果进行三级重分类并着色渲染，即获得三类矿床的综合预测分布图。图13.2～图13.4为三类矿床的三级划分（高、中、低）重分类预测图；图13.5～图13.7为七级划分预测图。

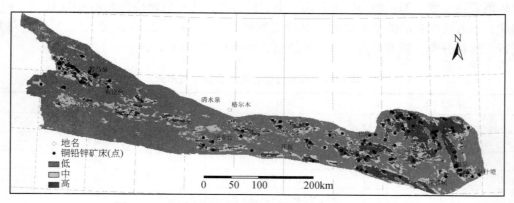

图13.2　东昆仑铜铅锌矿资源综合预测图（3级划分）

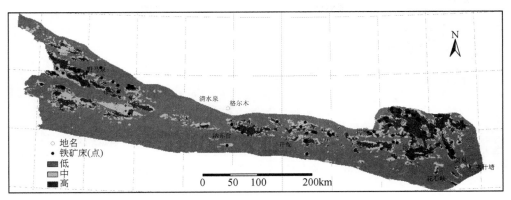

图 13.3　东昆仑铁矿资源综合预测图（3 级划分）

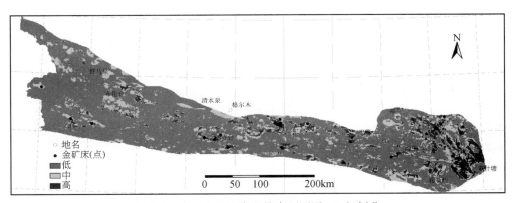

图 13.4　东昆仑金矿资源综合预测图（3 级划分）

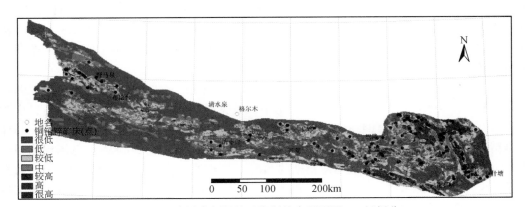

图 13.5　东昆仑铜铅锌矿资源综合预测图（7 级划分）

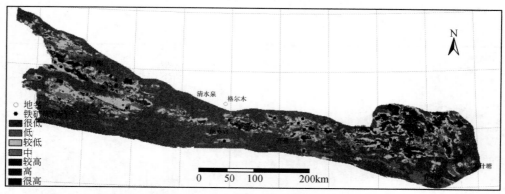

图 13.6　东昆仑铁矿资源综合预测图（7 级划分）

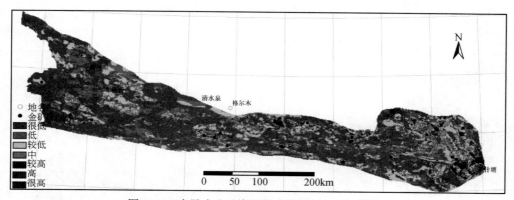

图 13.7　东昆仑金矿资源综合预测图（7 级划分）

从实验结果与综合预测图中可知以下几点。

（1）已知矿点与预测图中的高潜力区吻合度很高，在铜铅锌矿、铁矿、金矿整体预测图中（图 13.2 ~ 图 13.4），铜铅锌矿 106 个已知矿点有 84 个落入高潜力区，19 个落入中潜力区，3 个落入低潜力区；铁矿 81 个已知矿点有 59 个落入高潜力区，17 个落入中潜力区，5 个落入低潜力区；金矿 44 个已知矿点有 33 个落入高潜力区，11 个落入中潜力区。

（2）对比整体预测图，针对铜铅锌矿，综合预测精度，高为 79.2%，中为 17.9%，总体预测精度为 97.1%。而单一预测模型中，数据挖掘预测精度，高为 61.9%，中为 22.9%，总体预测精度为 84.8%。案例推理预测精度，高为 94.3%，中为 1.9%，总体预测精度为 96.2%。证据权模型预测精度，高为 40.6%，中为 36.8%，总体预测精度为 77.4%。由此可知，对高潜力区精度的预测，"案例推理" > "综合预测" > "数据挖掘" > "证据权模型"；对总体精度的预测，"综合预测" > "案例推理" > "数据挖掘" > "证据权模型"。

（3）针对铁矿，综合预测精度，高为 72.8%，中为 21.0%，总体预测精度为 93.8%。而单一预测模型中，数据挖掘预测精度，高为 71.6%，中为 19.8%，总体预测精度为 91.4%。案例推理预测精度，高为 85.2%，中为 3.7%，总体预测精度为 88.9%。证据权模型预测精度，高为 56%，中为 21%，总体预测精度为 77%。由此可知，对高潜力区精度的预测，"案例推理" > "综合预测" > "数据挖掘" > "证据权模型"；对总体精度的预测，"综合预测" > "数据挖掘" > "案例推理" > "证据权模型"。

（4）针对金矿，综合预测精度，高为 75%，中为 25%，总体预测精度为 100%。而单一预测模型中，数据挖掘预测精度，高为 67.6%，中为 13.5%，总体预测精度为 81.1%。案例推理预测精度，高为 100%，中为 0%，总体预测精度为 100%。证据权模型预测精度，高为 48.8%，中为 25.6%，总体预测精度为 74.4%。由此可知，对高潜力区精度的预测，"案例推理" > "综合预测" > "数据挖掘" > "证据权模型"；对总体精度的预测，"综合预测" = "案例推理" > "数据挖掘" > "证据权模型"。

由此初步表明，综合预测方法应用于各类型矿床总体精度的预测还是比较有效的（整体处于第一位）；对高潜力区精度的预测整体处于第二位，较案例推理预测精度低，但高于数据挖掘及经典证据权模型。

综合三种预测模型，即案例推理、数据挖掘和证据权模型构建的综合预测方法，由此绘制了上述 6 幅预测图（金矿、铁矿、铜铅锌多金属矿），分别按 7 级和 3 级对研究区域资源潜力进行等级划分进而圈定成矿远景区。以研究区 3 等级划分的预测图（图 13.2 ~ 图 13.4）为例，有利的找矿区域（包括高潜力区和中潜力区）在 3 幅预测图中的空间分布有很多相似性，多呈带状沿 NNW–NW 向分布，与该地区整体的大地构造背景一致，明显地受区域性断裂控制。

从东昆仑铜铅锌矿综合预测图（图 13.2）分析，潜在的找矿靶区主要集中在东昆仑东部地区，受温泉深断裂的影响，沿该断裂及其次级断裂形成了优越的成矿环境，该地区隶属都兰–鄂拉山成矿带；在东昆南花石峡一带，沿江千–布青山断裂，也是寻找铜铅锌多金属矿的有利区域；在巴隆地区南部及沟里一带，在这一带已发现多个矿点、矿化点，有进一步发现具有经济意义的矿床的潜力；在东昆仑中部地区，纳赤台和开荒一带，有利的铜铅锌多金属成矿潜力多零星分布，该带隶属于昆南大洋玄武岩高原和陆块拼贴带，地质构造复杂，有寻找中-大型铜铅锌多金属矿床的潜力；在东昆仑西部地区，有利的勘探区域主要集中在野马泉地区，大地构造背景为祁漫塔格弧后盆地裂陷带，在该地区以夕卡岩型铁铜铅锌多金属矿和喷气/沉积型铜铅锌矿这两种矿化类型为主，并已经发现多个铜铅锌多金属矿床。

从东昆仑铁矿综合预测图（图 13.3）分析，铁矿资源预测图与铜铅锌多金属矿预测图有很多相似的地方。针对寻找铁矿床的优越地段，在东昆仑东部地区仍集中在都兰–鄂拉山一带以及巴隆–沟里一带；在东昆仑中部，有利的铁矿成矿潜力区域主要分布在东昆北一带，如五龙沟地区；在东昆仑西部地区，主要分布在野马泉一带，且已经发现了多个具有经济意义的矿床，如野马泉铁多金属矿床和尔格头铁矿床等。

从东昆仑金矿综合预测图（图 13.4）分析，潜在的金矿资源主要集中在东昆仑东部地区和东昆仑中部地区，东昆仑西部地区潜在的金矿资源分布较低。在东昆仑东部，有利金勘探地段主要沿温泉断裂及其形成的次级断裂分布，如塞什塘地区；中昆仑中部地区是迄今寻找金矿床最有成效的区域，已发现多个具经济价值的矿床，如五龙沟金矿床、驼路沟钴金矿床等，在该地区具有进一步勘探、寻找中-大型金矿床的潜力。

第14章　智能区域成矿预测系统设计与实现

智能区域成矿预测系统集成了课题组的主要研究成果：证据权方法、逻辑斯谛回归、地质空间数据挖掘、成矿案例推理、证据推理等区域矿产资源预测算法模型，具有**数据管理、空间分析、模型预测、专题制图**等一体化功能，联合实现区域固体矿产资源预测，为相关区域固体矿产资源的进一步指导性勘探和开发提供决策支持。尤其适合于地质勘探程度低的西部高寒山区的固体矿产资源潜力预测与评价。软件系统具有通用性，对油气等资源潜力的评价具有借鉴意义。

14.1　系统需求规定

智能区域成矿预测系统旨在实现多源地质空间数据的数据库管理、空间分析、模型预测、专题制图等功能。表14.1给出了智能区域成矿预测系统功能概要划分。图14.1给出了智能区域成矿预测系统的功能构成。

表 14.1　智能区域成矿预测系统功能模块划分简表

系统名称	模块	功能
智能区域成矿预测系统	数据管理	实现对多源地质空间数据的数据库管理
	空间分析	实现对多源地质空间数据的各种空间分析操作
	预测模型	实现对区域成矿潜力的多模型预测
	专题制图	实现对各预测模型预测结果的专题成图
	公共工具	实现相关辅助功能

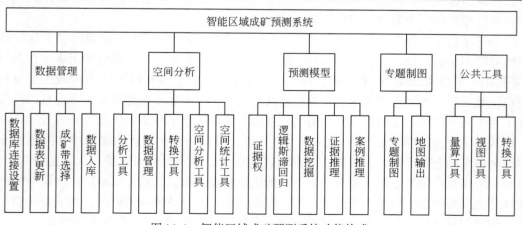

图 14.1　智能区域成矿预测系统功能构成

14.2　系统运行与开发环境

（1）硬件平台

硬件最低要求：CPU P4 2G 以上 PC 机，内存 1G 以上，硬盘 160G 以上。

（2）软件平台

操作系统：Windows2000、Windows XP、Windows 2003、Windows 7 等。

数据库系统：Oracle 10g 数据库系统、文件系统。

支撑运行库：. NET Framework 2. 0 运行期库、ArcEngine 9. 2 运行期库、ArcSDE 9. 2 运行期库、Matlab7. 7 运行期库。

（3）开发环境

开发工具：Visual Studio 2005。

开发语言：C#开发语言、Matlab 开发语言。

14.3　系统设计原则

智能区域成矿预测系统基于客户/服务器模式开发，保证数据库系统的物理独立性。开发完全遵循面向对象的思想，保证应用系统具有良好的系统结构。系统设计遵从实用性、先进性、可扩展性、可靠性、安全性、易用性与友好性等原则。

技术上，采用了如下相关技术。

1) 面向对象程序设计技术

面向对象程序设计（objected-oriented programming，OOP）既是一种程序设计范型，同时也是一种程序开发方法论。它以对象为程序的基本单元，将数据和方法封装其中，以提高软件的重用性、灵活性和扩展性。目前，面向对象程序设计思想与开发语言已广泛应用于信息技术领域大、中、小各类型软件系统研发中。

2) 组件对象模型技术

组件对象模型（component object model，COM）是微软公司为了计算机工业的软件生产更加符合人类的行为方式而开发的一种新的软件开发技术。在 COM 构架下，开发者可以开发出各种各样功能专一的组件，然后将它们按照需要组合起来，构成复杂的应用系统。如此，可方便地采用新组件替换系统中的原有组件，以便随时进行系统的升级和定制；并且可以在多个应用系统中重复利用同一个组件；可以方便地将应用系统扩展到网络环境下。组件对象模型与语言、平台无关的特性使开发人员可以充分发挥自己的才智与专长编写各种组件模块。

3）组件式开发技术

组件式软件开发的基本思想是把软件的各大功能模块划分为若干个组件，每个组件完成不同的功能。各个组件之间，可以方便地通过可视化的软件开发工具集成起来，形成最终的系统应用。组件如同一堆各式各样的积木，它们分别实现不同的功能，根据需要把实现各种功能的"积木"搭建起来，从而构成应用系统。组件式软件开发具有多语言开发、小巧灵活、开发简捷、功能强大等特点。

14.4　系 统 结 构

图14.2是智能区域成矿预测系统整体结构。

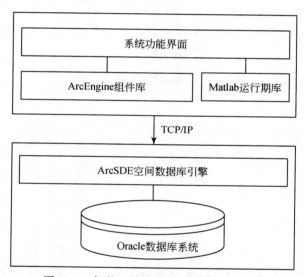

图 14.2　智能区域成矿预测系统整体结构

系统整体采用客户/服务器结构。客户端即系统功能主程序，服务器端即数据库系统部分。客户端构建于 ArcEngine GIS 组件之上，同时集成采用 Matlab 语言编写并构建的 COM 组件。服务器端以 Oracle 数据库系统为主，在其上配置 ArcSDE 空间数据库引擎。客户端与服务器采用 TCP/IP 网络协议进行通信。系统支持分布式多客户端访问数据库模式，即部署于多台不同机器上的客户端可以远程访问部署在另外一台机器上的数据库系统。

14.5　系统数据库设计

智能区域成矿预测系统所使用的地质空间数据主要分为遥感影像数据和矢量数据。

其中遥感影像数据包括 ETM 数据、北京一号小卫星数据和 Aster 数据等；矢量数据包括不同尺度的地质矿产数据、地球化学数据和地球物理数据等。针对地质空间数据的多源性特点，本文对数据采用的是空间数据库引擎 ArcSDE 和 Oracle 相结合的管理方式。利用 ArcCatalog 建立 Geodatabase 多源地质空间数据库，将空间数据之间的关系分类别编辑保存在 Oracle 关系数据库中，基于 Oracle 的 ArcSDE 体系结构如图 14.3 所示。

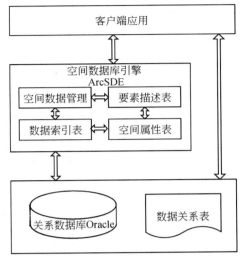

图 14.3　基于 Oracle 的 ArcSDE 体系结构

在数据库设计中，根据 ArcSDE 空间数据库引擎的特点，把数据按照数据集、要素集、要素子集、要素类进行分类（这主要是针对矢量数据；而栅格数据采用相同的表结构，只是含义有所不同，可理解为类别集、数据集、数据子集、栅格图层），形成四级树形目录，即每级目录建立一张表，将其存放在指定用户空间下，每张表通过主键关联起来。其表结构如表 14.2～表 14.5 所示。

表 14.2　数据集设计表

表名称：CatalogDefinition			备注：数据集设计表	
字段名	中文含义	是否主键	类型	长度
OID	序号	false	INTEGER	—
CatalogID	数据集编号	true	INTEGER	—
CatalogName	数据集名称	false	VARCHAR	50

表 14.3　要素集设计表

表名称：DatasetDefinition			备注：要素集设计表	
字段名	中文含义	是否主键	类型	长度
OID	序号	false	INTEGER	—
DatasetName	要素集名称	false	VARCHAR	50
DatasetAlias	要素集别名	false	VARCHAR	50
DatasetID	要素集编号	true	INTEGER	—
CatalogID	数据集编号	false	VARCHAR	50

表 14.4　要素子集设计表

表名称：SubDatasetDefinition			备注：要素子集设计表	
字段名	中文含义	是否主键	类型	长度
OID	序号	false	INTEGER	—
SubDatasetID	要素子集编号	true	INTEGER	—
SubDatasetName	要素子集名称	false	VARCHAR	50
DatasetID	要素集编号	false	VARCHAR	50

表 14.5　要素类设计表

表名称：LayerDefinition			备注：要素类设计表	
字段名	中文含义	是否主键	类型	长度
OID	序号	false	INTEGER	—
DatasetID	要素集编号	false	INTEGER	—
LayerName	图层名称	false	VARCHAR	50
LayerAlias	图层别名	false	VARCHAR	50
SubDatasetID	要素子集编号	false	INTEGER	—

数据导航数据库的呈现形式是以四级树形目录表现出数据集、要素集、要素子集、要素类之间的分级结构。

系统使用的空间数据，其组织关系如表 14.6 ~ 表 14.9 所示。

表 14.6　多源地质空间数据库数据组织划分表

数据集	要素集	要素子集（个数）	要素类（个数）
地质矿产数据	1：50 万地质矿产数据	1	5
	1：20 万地质矿产数据（16 带）	16	144
	1：20 万地质矿产数据（17 带）	13	107
	1：5 万地质矿产数据（16 带）	10	41
	1：5 万地质矿产数据（17 带）	3	11
地球物理数据	1：50 万布格重力数据	1	2
	1：50 万航磁数据	1	1
	1：10 万航磁数据	1	2
地球化学数据	1：50 万地球化学	25	25
	1：20 万地球化学数据（16 带）	2	38
	1：20 万地球化学数据（17 带）	3	64
遥感影像数据	ETM 数据	2	96
	ASTER 数据	2	90
	北京一号数据	2	4
	Hyperion 数据	3	726

表 14.7　数据集表

序号	数据集编号	数据集
1	10	地质矿产数据
2	20	地球物理数据
3	30	地球化学数据
4	40	遥感影像数据

表 14.8　要素集表

序号	要素集名称	要素集别名	要素集编号	数据集编号
1	Mineral50	1：50 万地质矿产	110	10
2	Mineral20_ Z16	1：20 万地质矿产（16 带）	120	10
3	Mineral20_ Z17	1：20 万地质矿产（17 带）	130	10
4	Mineral5_ Z16	1：5 万地质矿产（16 带）	140	10
5	Mineral5_ Z17	1：5 万地质矿产（17 带）	150	10
6	Gravity50	1：50 万布格重力异常	210	20
7	Aeromagnetic50	1：50 万航磁异常	220	20
8	Aeromagnetic10	1：10 万航磁异常	230	20
9	Geochemistry50	1：50 万地球化学异常	310	30
10	Geochemistry20_ Z16	1：20 万地球化学异常（16 带）	320	30
11	Geochemistry20_ Z17	1：20 万地球化学异常（17 带）	330	30
12	ETM	ETM 数据	410	40
13	ASTER	ASTER 数据	420	40
14	BJ-1	北京一号数据	430	40
15	Hyperion	Hyperion 数据	440	40

表 14.9　要素子集表

序号	要素子集编号	要素子集名称	要素集编号
1	110001	东昆仑地质矿产	110
2	120015	纳赤台—马尔争	120
3	120016	小盆地—野马泉	120
4	130009	德龙区域地质矿产	130
5	130010	瑙木浑	130
6	130011	白日其利—红水川	130
7	130012	柯柯赛—香日德	130
8	130013	西藏大沟—两湖	130
9	140001	和尔格头	140

序号	要素子集编号	要素子集名称	要素集编号
10	140002	卡尔却卡	140
11	140003	卡尔却卡矿产	140
12	140004	骆驼沟	140
13	140005	野马泉	140
14	140006	黑刺沟	140
15	140007	水泥厂	140
16	140008	五龙沟黑石山	140
17	140009	忠阳山	140
18	140010	五龙沟	140
19	150001	科尔	150
20	150002	塞什塘	150
21	150003	那日玛拉根	150
22	210001	东昆仑布格重力	210
23	220001	东昆仑航磁	220
24	230001	察汉乌苏航磁	230
25	310010	Li 异常	310
26	310011	Mn 异常	310
27	410001	ETM 数据（16 带）	410
28	410002	ETM（17 带）	410
29	420001	ASTER 数据（16 带）	420
30	420002	ASTER（17 带）	420
31	430001	BJ-1 多光谱数据	430
32	430002	BJ-1 全色数据	430
33	440001	野马泉数据	440
34	440002	五龙沟数据	440
…	…	…	…

14.6　系统主要功能模块的实现

在 Windows XP 操作系统环境下，采用微软 Visual Studio 2005 开发工具，以 C#为开发语言，采用迭代、增量方式对智能区域成矿预测系统进行了开发。其中证据权、逻辑斯谛回归预测模型模块采用 Matlab 语言开发，并编译为 COM 组件，后集成于系统中。而成矿案例推理预测模型模块基于开源代码 OpenCBR 和 FreeCBR 开发，并集成于系统中。整个系统实现了需求规定中所要求的功能。

14.6.1　数据管理模块

该模块主要用于实现数据挖掘前期的数据导入导出功能。如图 14.4 为智能区域成矿预测系统的登录界面。

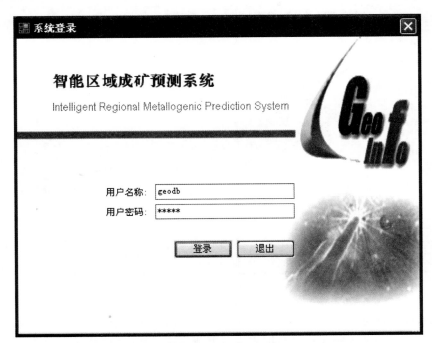

图 14.4　智能区域成矿预测系统登录界面

ArcSDE 数据库连接设置主要用于设置 ArcSDE 数据库连接参数，具体操作界面如图 14.5 所示。

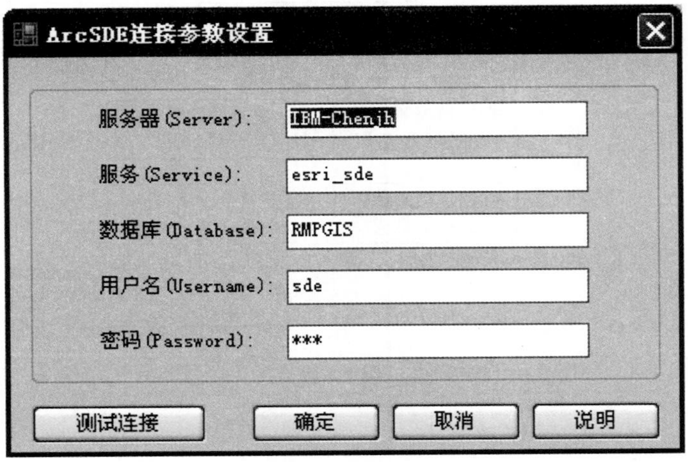

图 14.5　ArcSDE 连接参数设置界面

　　数据库连接成功后，加载青海东昆仑成矿带信息到主窗体的左侧。通过复选框选择需要加载的数据，在复选框前将其勾中，数据便可加载到数据视图中，如图14.6所示。

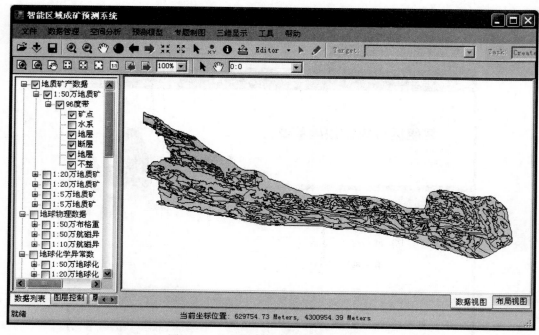

图 14.6　空间数据库数据加载后主界面

　　如需对矢量数据或者栅格数据进行入库操作，需要先将数据有关信息对数据库中的数据表进行修改、插入等操作，数据表进行更新后选择相应数据进行入库操作，数据入库流程图如图14.7所示。

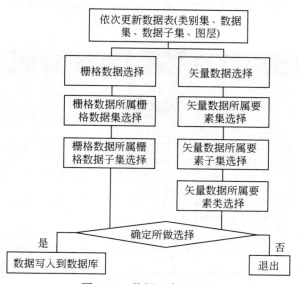

图 14.7　数据入库流程图

　　若要对数据库中的数据表做修改操作，可以选择数据管理→数据表更新选项，数据表更新中包括与树形结构相关的几张表信息，更新数据表操作界面如图 14.8 所示。

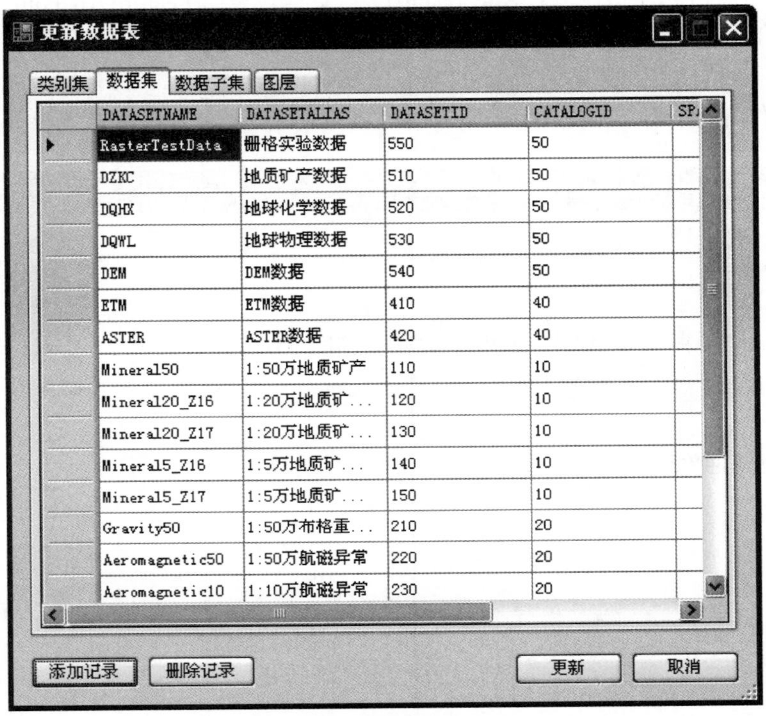

图 14.8　数据库数据表更新界面

　　数据入库包括栅格数据入库和矢量数据入库。如果是矢量数据入库，则在入库过程中应准确地选择该数据所属的要素集、要素子集以及要素类。具体操作界面如图 14.9 所示。

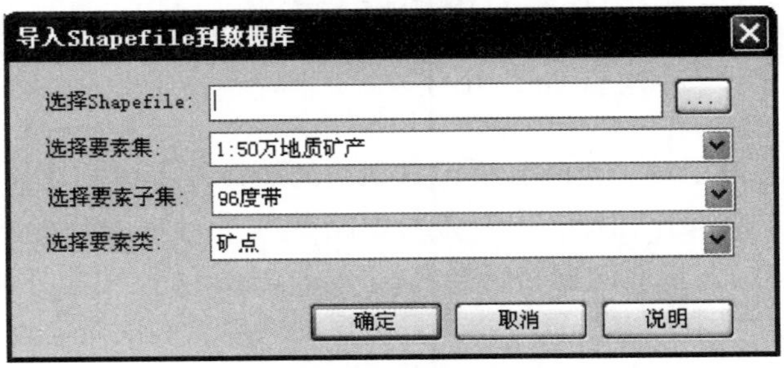

图 14.9　矢量数据入库界面

14.6.2　空间分析模块

空间分析模块主要包括分析工具、数据管理、转换工具和空间分析工具等。其中分析工具由裁剪（Clip）、缓冲区（Buffer）、最短距离（Near）和空间关联（Spatial Join）组成，可以为系统中预测模型部分的数据预处理提供相关功能。

　　数据管理包括创建格网（Create Fishnet）、要素转点（Feature To Point）、要素转面（Feature To Polygon）、栅格向矢量点转换（Raster To Polygon）、定义投影系统（Define Projection）和线打断为多线段（Split Line At Vertices）功能。图 14.10 为创建格网和要素转面的操作界面，生成的格网图如图 14.11 所示。

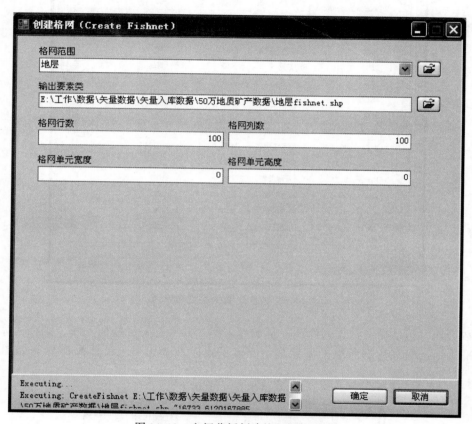

图 14.10　空间分析创建格网操作界面

　　空间分析下的转换工具、空间分析工具和空间统计工具中的功能操作都与上面的分析工具和数据管理工具操作相似，主要是对栅格数据进行空间分析处理，图 14.12、图 14.13 是转换工具中的矢量面向栅格转换（polygon to raster）功能界面及转换后的结果。从矢量向栅格转换过程中，应尽量保持矢量图形的精度，在决定属性值时尽可能保持空间变量的真实性和最大信息量。

14.6.3　预测模型模块

　　该模块主要由 5 部分组成，分别是证据权、逻辑斯谛回归、数据挖掘、证据推理和成矿案例推理预测模型。

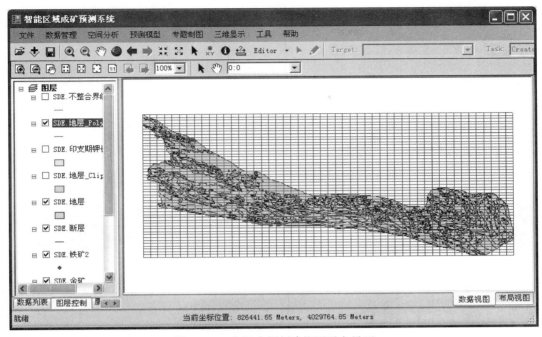

图 14.11　空间分析创建格网后主界面

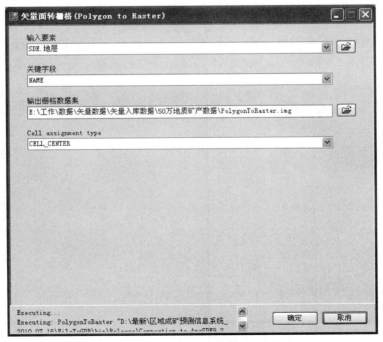

图 14.12　空间分析矢量面转栅格操作界面

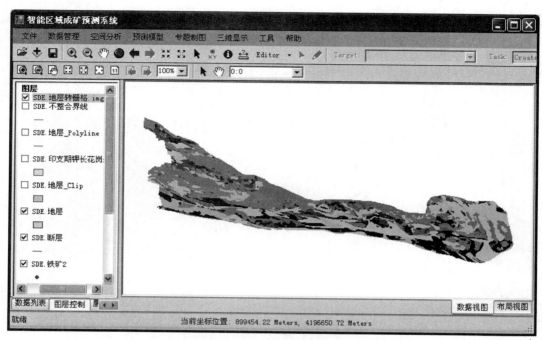

图 14.13　空间分析矢量面转栅格处理后主界面

1. 证据权预测模型模块

以金矿点为例,对矿点图层和所选的印支期钾长花岗岩证据图层进行空间叠加分析,操作界面如图 14.14 所示。图 14.15 为证据权预测模型中的证据合成界面。

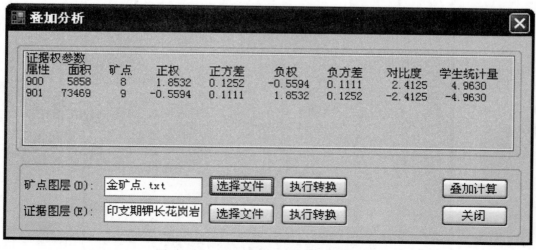

图 14.14　证据权预测模型中叠加分析界面

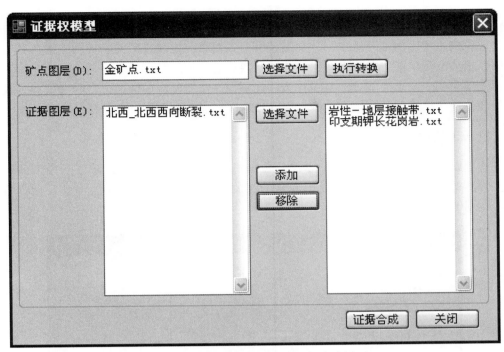

图 14.15　证据权预测模型中证据合成界面

2. 逻辑斯谛回归预测模型模块

以金矿矿点图层为例，选取所需的证据图层，运用逻辑斯谛回归模块进行回归计算，进行潜在矿产资源评价。操作界面如图 14.16 所示。

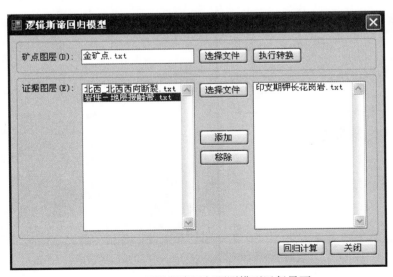

图 14.16　逻辑斯谛回归预测模型运行界面

3. 数据挖掘预测模型模块

该模块主要由两部分组成，分别是云模型数据离散化和成矿关联规则挖掘。其中云模型数据离散化功能主要用来对连续数字型数据进行软离散化处理，属于数据挖掘中数据预处理中的一个重要部分。Apriori 关联规则挖掘功能是对前面通过空间分析和云模型预处理化的数据进行关联规则挖掘，进一步为区域成矿预测提供预测结果。

1）云模型模块

这里以对 Fe 矿的区域地球化学异常数据进行离散化为例，介绍基于云模型的定量定性转换模块。首先对 Fe 地球化学异常的相关概念进行设置，即定性概念云化参数设置，如图 14.17 所示。

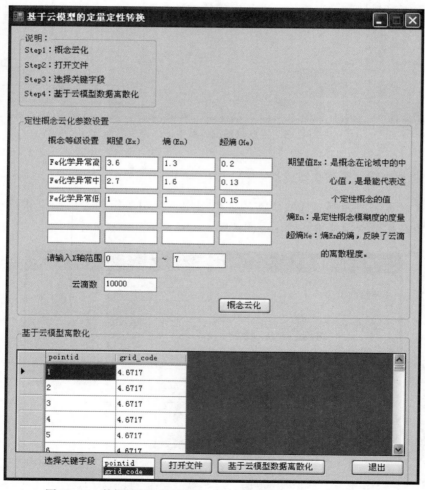

图 14.17 数据挖掘预测模型中基于云模型的定量定性转换界面

相关的定性概念云化参数设置完后，选择概念云化，即可观察到概念云化结果（图

14.18），可以根据生成的云化结果不断地对定性概念云化参数做调整，直至设置符合实际需要，将离散化结果保存为文本形式（图 14.19）。

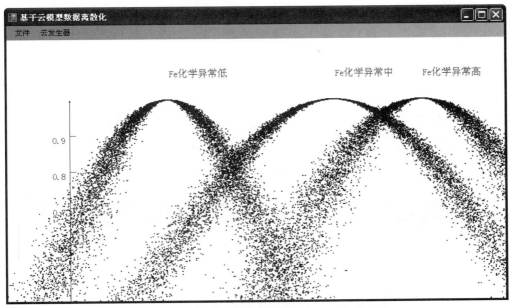

图 14.18 数据挖掘预测模型中概念云化结果界面

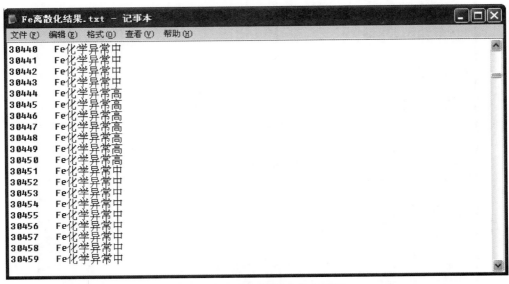

图 14.19 云模型数据离散化结果

2）成矿关联规则挖掘模块

成矿关联规则挖掘模块的具体功能描述如图 14.20 所示。

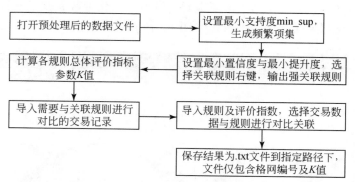

图 14.20 成矿关联规则挖掘模块功能图

生成频繁项集的界面以及生成强关联规则的界面如图 14.21、图 14.22 所示。

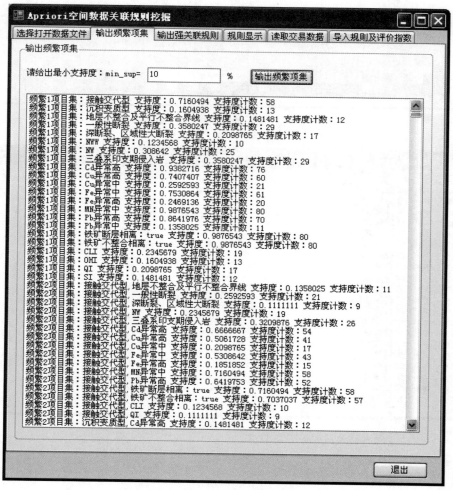

图 14.21 生成频繁项集界面

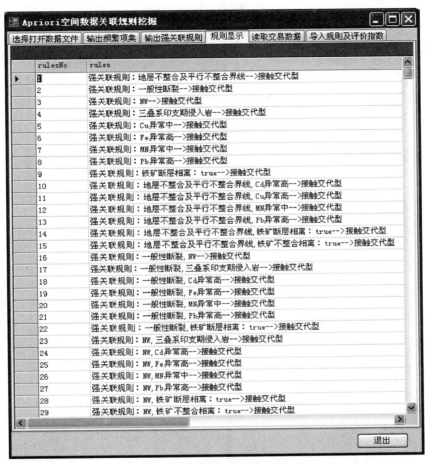

图 14.22　数据挖掘预测模型中强关联规则显示界面

图 14.23 和图 14.24 分别是数据挖掘预测模型中导入规则及评价指数界面以及生成的区域成矿预测结果界面。

3）不确定性综合评价模块

该模块主要有两部分组成即主成分分析和综合得分两部分。模块实现界面见图 14.25、图 14.26。首先，选取变量进行主成分分析得到标准化后的数据以及相关的因子载荷矩阵和方差贡献率，进而根据标准化后的数据和因子载荷矩阵计算得到综合因子。然后根据得到的各综合因子数据以及各自的方差贡献率，计算得到成矿关联规则的综合评价得分。

4. 证据推理预测模型模块

证据推理主要包括证据图层的 3 个信任函数图层的输入，其格式均为栅格数据格式。分别选取两个证据图层的支持函数、不支持函数和不确定函数进行证据推理运算，

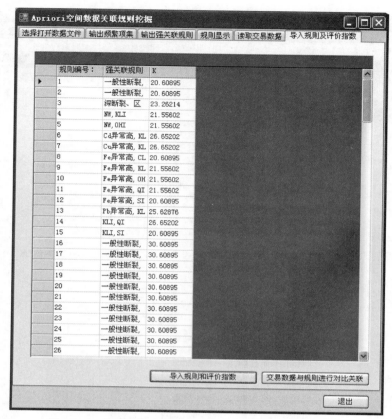

图 14.23　数据挖掘预测模型中导入规则及评价指数界面

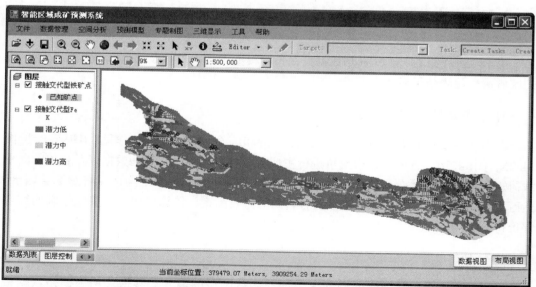

图 14.24　数据挖掘预测模型关联规则挖掘生成的区域成矿预测结果界面

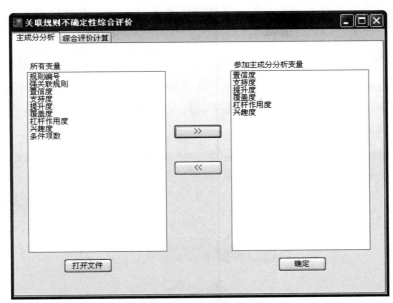

图 14.25　关联规则不确定性综合评价界面一

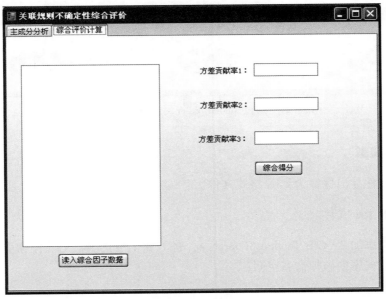

图 14.26　关联规则不确定性综合评价界面二

结果保存为 3 个新的信任函数图层，进而继续作为新的证据图层参加运算。由于证据推理中涉及的数据主要是栅格数据，且其计算过程的重复性很强，中间结果较多，所以有必要进行自动化的处理。ArcGIS 下面的 toolbox 正好提供了 Model Builder 空间分析建模这一工具，可以将该方法的实现简易化，也减少了程序中出错的机会。本文通过该工具实现了证据理论算法，并将其导出保存为 .tbx 格式文件，在主程序中将其引用。使用

. NET 的反射技术，把模型转换为类，直接实例化类作为动态链接库直接导入使用，程序中只需调用该接口即可。

1）建立模型

首先在 arctoolbox 下选择新建工具箱，在新建的工具箱下选择新建模型，建立模型过程中主要是对输入输出数据类型的选择以及运算过程的设计，运算流程见第 9 章图 9.6，建模过程如图 14.27 所示。

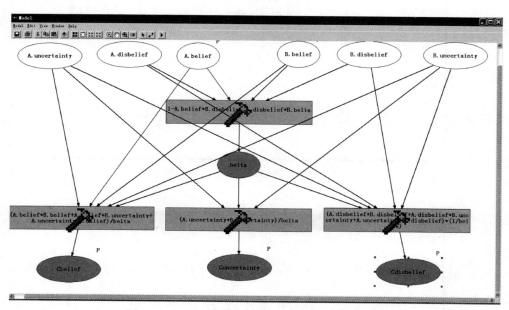

图 14.27　通过 ModelBuidler 对证据理论进行建模

2）保存模型

将模型文件导出保存为 . tbx 格式文件。

3）调用 . tbx 文件

在项目中添加 ArcGIS Toolbox Reference，将上面生成的 tbx 文件作为引用添加到项目中，并在主程序中添加命名空间：

```
usingESRI.ArcGIS.esriSystem;
usingESRI.ArcGIS.Geoprocessor;
usingDempster_ ShaferTool;
```

C#中将该模型转换成了类，在程序中可以直接调用其中的参数、方法，调用程序代码如下：

```
Geoprocessor gp = new Geoprocessor ();
//对于 SDE 空间数据库数据类，须有此句。
gp.SetEnvironmentValue ( " workspace ", GPRunTooler.GetSDEConnectionWSpace ());
```

```
//设置证据推理所需参数
Dempster_ ShaferTool.Model DSmodle = new Model ();
DSmodle.A_ belief = mpInputAbeliefRaster;
DSmodle.A_ disbelief = mpInputAdisbeliefRaster;
DSmodle.A_ uncertainty = mpInputAunceraintyRaster;
DSmodle.B_ belief = mpInputBbeliefRaster;
DSmodle.B_ disbelief = mpInputBdisbeliefRaster;
DSmodle.B_ uncertainty = mpInputBunceraintyRaster;
DSmodle.Cbelief = mpOutputCbeliefRaster;
DSmodle.Cdisbelief = mpOutputCdisbeliefRaster;
DSmodle.Cuncertainty = mpOutputCunceraintyRaster;
rtbxExecutedMessage.Text = " Executing... \r \n";
//执行运算
GPRunTooler.RunTool (gp, DSmodle, null);
rtbxExecutedMessage.Text += GPRunTooler.ReturnMessages (gp);
btnOK.Enabled = true;
```

证据推理模块操作界面如图 14.28 所示。生成的结果（图 14.29）保存下来，作为下一次的证据参与运算。

图 14.28　证据推理预测模型主界面

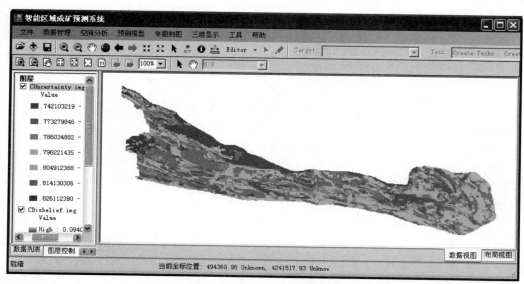

图 14.29　证据推理预测模型推理结果界面

5. 成矿案例推理预测模型模块

以铁矿成矿潜力预测为例，在成矿案例推理预测模型主界面（图 14.30）中，分别选取已知案例库和待求解案例库，并对推理参数进行设置（图 14.31），执行推理后，显示铁矿的案例推理结果（图 14.32）。

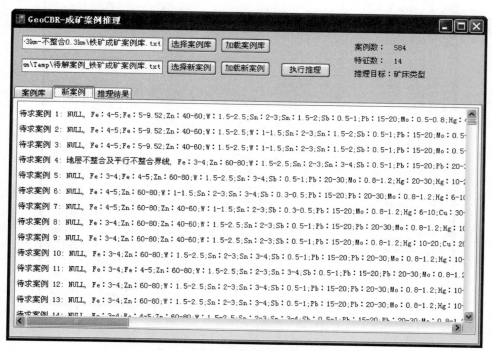

图 14.30　成矿案例推理预测模型主界面

图 14.31　成矿案例推理预测模型特征参数设置界面

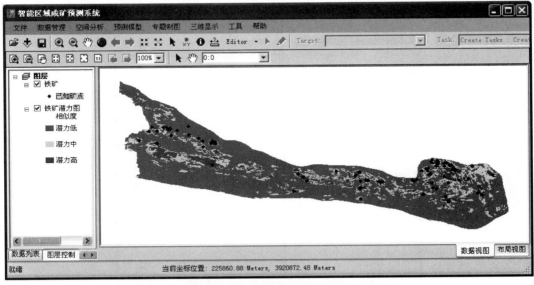

图 14.32　成矿案例推理预测模型推理结果界面

14.6.4 专题制图模块

该模块主要实现对区域成矿预测结果的可视化处理。如成矿关联规则挖掘模块处理得到的结果是文本型数据，包括格网编号以及每个格网的综合评价指标 K 值。通过空间分析中的空间关联操作，可以将该文本文件与格网矢量数据图层关联在一起，再通过可视化功能模块对该数据图层进行等级划分，进行显示，具体流程图如图 14.33 所示。

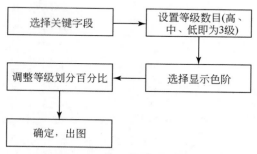

图 14.33　可视化模块功能描述图

对于矢量数据，将生成的 .txt 文本文件与格网图层进行空间关联分析操作，选择综合评价指标 K 作为划分等级关键字段；对于栅格数据直接进行操作，选择图层属性，进行分级设色生成矿产资源潜力预测结果，数据挖掘可视化功能模块界面如图 14.34 所示，分级结果如图 14.35 所示。

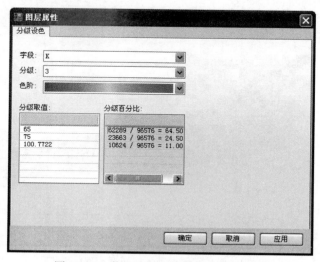

图 14.34　数据挖掘可视化功能模块界面

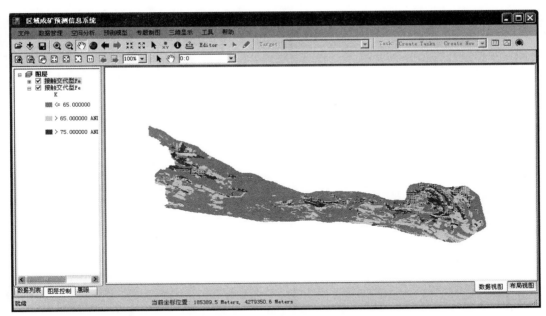

图 14.35　分级结果图

图　　版

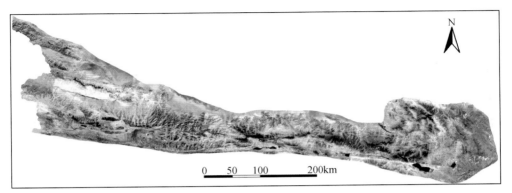

图 2.2　青海东昆仑 TM 遥感影像（R：band7；G：band4；B：band1）

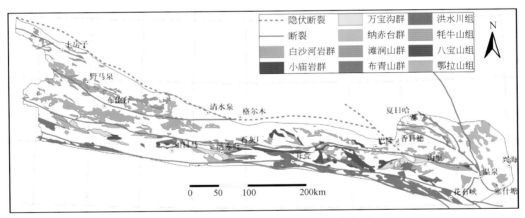

图 2.4　青海东昆仑地区主要地层分布图

图 4.1　东昆仑地区 ETM 彩色合成图像

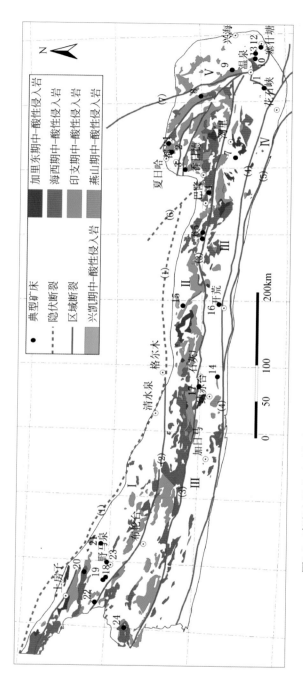

图2.3 青海东昆仑地区构造分区及中酸性岩岩浆岩分布图（据青海省地质调查院资料汇编）

构造分区：Ⅰ-昆北构造带；Ⅱ-昆中构造带；Ⅲ-昆南构造带；Ⅳ-阿尼玛卿构造带；Ⅴ-鄂拉山构造带

断裂构造：(1)-那凌郭勒河隐伏断裂；(2)-昆北断裂；(3)-昆中断裂；(4)-昆南断裂；(5)-阿尼玛卿断裂；(6)-柴北缘隐伏断裂；(7)-哇洪山—温泉断裂

典型矿床产地：1-小卧龙；2-海寺；3-白石崖；4-托克妥；5-青水河；6-洪水河；7-督冷沟；8-什多龙；9-索拉沟；10-铜峪沟；11-苦海；12-赛什塘；

13-日龙沟；14-驼路沟；15-五龙沟；16-开荒北；17-小干沟；18-青德可克；19-虎头崖；20-乌兰乌珠尔；21-沙林格；22-鸭子沟；23-野马泉；24-素拉吉尔

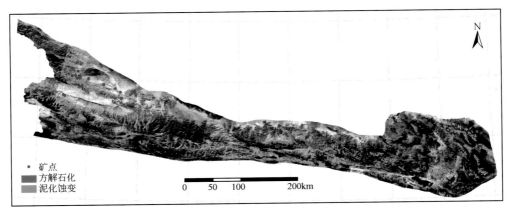

图 5.6　遥感蚀变异常与铁矿点叠加

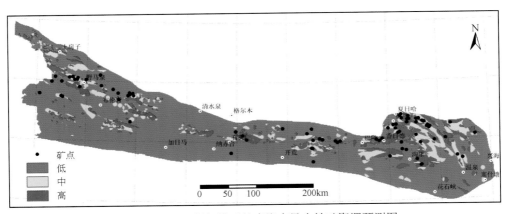

图 5.8　基于证据权模型的青海东昆仑铁矿资源预测图

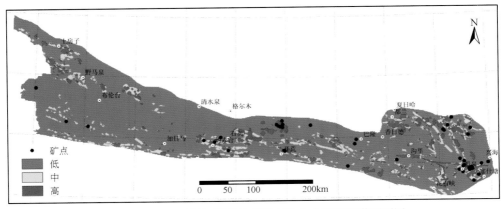

图 5.14　基于证据权模型的青海东昆仑金矿资源潜预测图

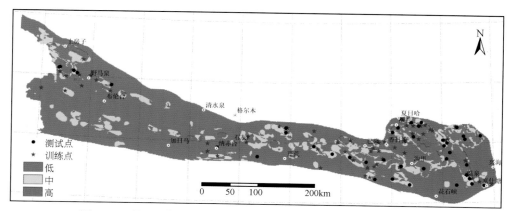

图 5.21　基于证据权模型的青海东昆仑铜铅锌多金属矿资源预测图

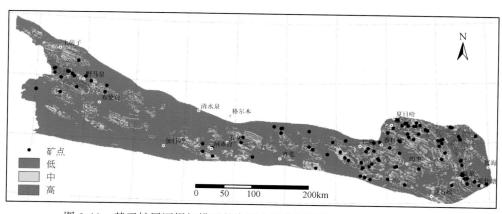

图 6.11　基于扩展证据权模型的青海东昆仑铜铅锌多金属矿资源预测图

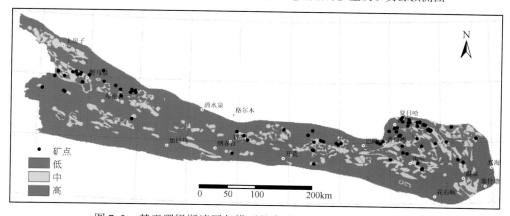

图 7.3　基于逻辑斯谛回归模型的青海东昆仑铁矿资源预测图

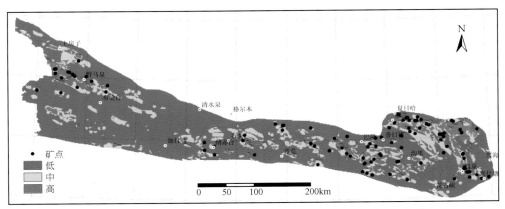

图 7.4　基于逻辑斯谛回归的青海东昆仑铜铅锌多金属矿资源预测图

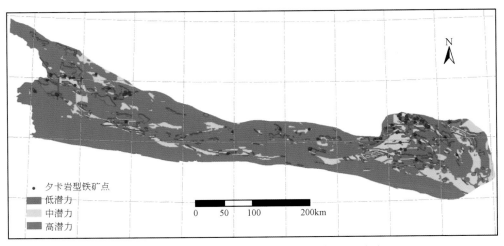

图 8.25　拟合优度测试夕卡岩型铁矿资源预测图

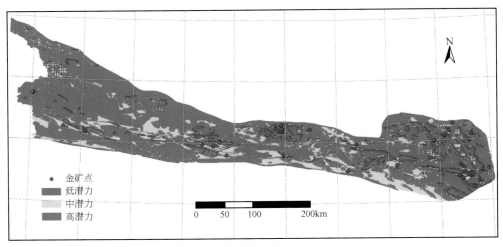

图 8.27　拟合优度测试金矿资源预测图

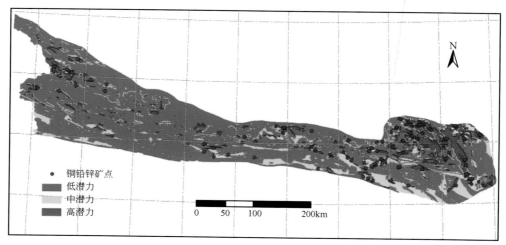

图 8.29 拟合优度测试铜铅锌矿资源预测图

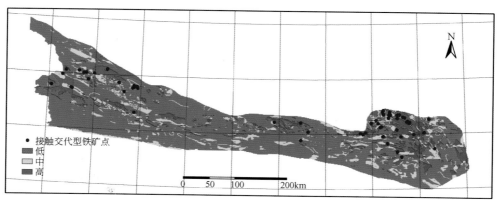

图 9.15 接触交代型铁矿资源预测图

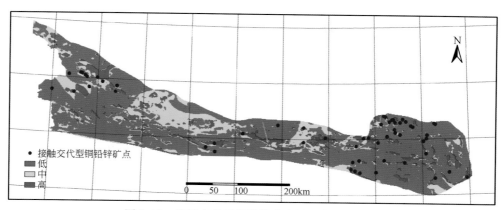

图 9.19 接触交代型铜铅锌多金属矿资源预测图

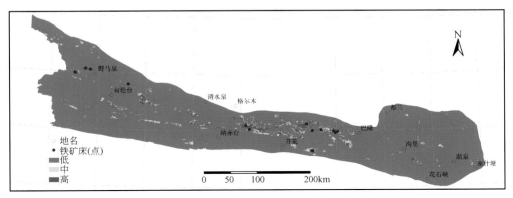

图 11.12 东昆仑沉积变质型铁矿成矿案例推理预测图

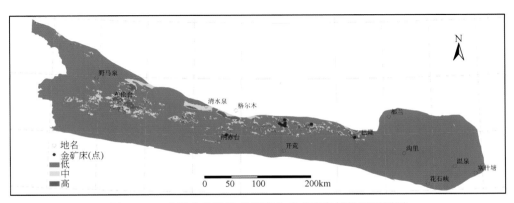

图 11.18 东昆仑构造蚀变岩型金矿成矿案例推理预测图

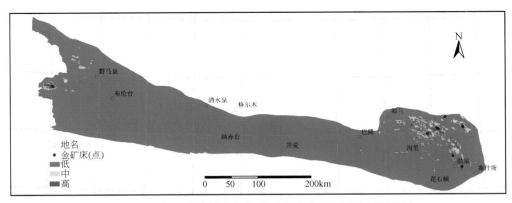

图 11.19 东昆仑接触交代热液型金矿成矿案例推理预测图

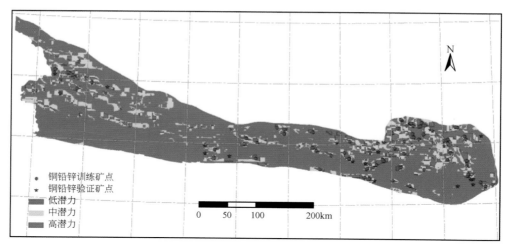

图 12.20　组合空间场景相似性和案例推理的方法铜铅锌矿资源预测图

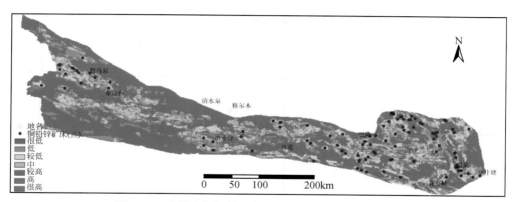

图 13.5　东昆仑铜铅锌矿资源综合预测图（7级划分）

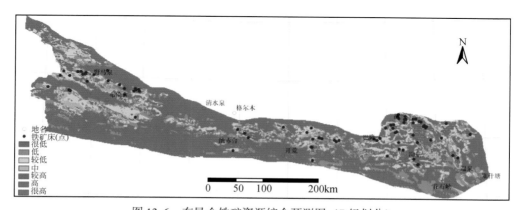

图 13.6　东昆仑铁矿资源综合预测图（7级划分）

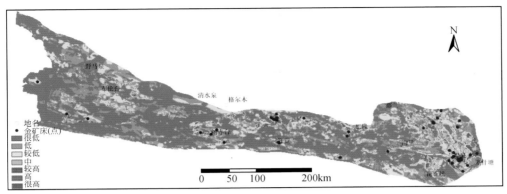

图 13.7　东昆仑金矿资源综合预测图（7 级划分）

图 14.4　智能区域成矿预测系统登录界面

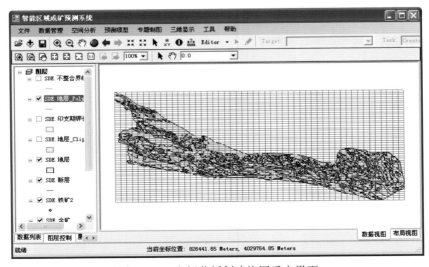

图 14.11　空间分析创建格网后主界面

图 14.31　成矿案例推理预测模型特征参数设置界面

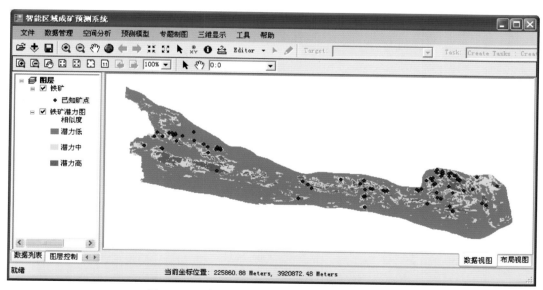

图 14.32　成矿案例推理预测模型推理结果界面